"十三五"国家重点图书

湖北省学术著作
Hubei Special Funds for 出版专项资金
Academic Publications

U0163561

海洋测绘丛书

海洋测绘学概论

阳凡林　翟国君　赵建虎　陈永奇　张立华

杨　鲲　暴景阳　许　军　付庆军　　编著

Oceanic
Surveying And Mapping

WUHAN UNIVERSITY PRESS
武汉大学出版社

图书在版编目(CIP)数据

海洋测绘学概论/阳凡林等编著. —武汉:武汉大学出版社,2022.3
(2023.12 重印)
海洋测绘丛书
"十三五"国家重点图书 湖北省学术著作出版专项资金资助项目
ISBN 978-7-307-22919-8

Ⅰ.海… Ⅱ.阳… Ⅲ.海洋测量 Ⅳ.P229

中国版本图书馆 CIP 数据核字(2022)第 026972 号

审图号:GS(2022)5567 号

责任编辑:杨晓露   责任校对:汪欣怡   版式设计:马 佳

出版发行:**武汉大学出版社** (430072 武昌 珞珈山)
　　　　　(电子邮箱:cbs22@ whu.edu.cn 网址:www.wdp.com.cn)
印刷:武汉邮科印务有限公司
开本:787×1092 1/16 印张:23.25 字数:548 千字 插页:1
版次:2022 年 3 月第 1 版   2023 年 12 月第 2 次印刷
ISBN 978-7-307-22919-8   定价:80.00 元

序

现代科技发展水平，已经具备了大规模开发利用海洋的基本条件；21 世纪，是人类开发和利用海洋的世纪。在《全国海洋经济发展规划》中，全国海洋经济增长目标是：到 2020 年，海洋产业增加值占国内生产总值的 20%以上，并逐步形成 6~8 个海洋主体功能区域板块；未来 10 年，我国将大力培育海洋新兴和高端产业。

我国实施海洋战略的进程持续深入。为进一步深化中国与东盟以及亚非各国的合作关系，优化外部环境，2013 年 10 月，习近平总书记提出建设"21 世纪海上丝绸之路"。李克强总理在 2014 年政府工作报告中指出，抓紧规划建设"丝绸之路经济带"和"21 世纪海上丝绸之路"；在 2015 年 3 月国务院常务会议上强调，要顺应"互联网+"的发展趋势，促进新一代信息技术与现代制造业、生产性服务业等的融合创新。海洋测绘地理信息技术，将培育海洋地理信息产业新的增长点，作为"互联网+"体系的重要组成部分，正在加速对接"一带一路"，为"一带一路"工程助力。

海洋测绘是提供海岸带、海底地形、海底底质、海面地形、海洋导航、海底地壳等海洋地理环境动态数据的主要手段；是研究、开发和利用海洋的基础性、过程性和保障性工作；是国家海洋经济发展的需要、海洋权益维护的需要、海洋环境保护的需要、海洋防灾减灾的需要、海洋科学研究的需要。

我国是海洋大国，海洋国土面积约 300 万平方千米，大陆海岸线约 1.8 万千米，岛屿 1 万多个；海洋测绘历史"欠账"很多，未来海洋基础测绘工作任务繁重，对海洋测绘技术有巨大的需求。我国大陆水域辽阔，1 平方千米以上的湖泊有 2700 多个，面积 9 万多平方千米；截至 2008 年年底，全国有 8.6 万个水库；流域面积大于 100 平方千米的河流有 5 万余条，内河航道通航里程达 12 万千米以上；随着我国地理国情监测工作的全面展开，对于海洋测绘科技的需求日趋显著。

与发达国家相比，我国海洋测绘技术存在一定的不足：（1）海洋测绘人才培养没有建制，科技研究机构稀少，各类研究人才匮乏；（2）海洋测绘基础设施比较薄弱，新型测绘技术广泛应用缓慢；（3）水下定位与导航精度不能满足深海资源开发的需要；（4）海洋专题制图技术落后；（5）海洋测绘软硬件装备依赖进口；（6）海洋测绘标准与检测体系不健全。

特别是海洋测绘科技著作严重缺乏，阻碍了我国海洋测绘科技水平的整体提升，加重了从事海洋测绘科学研究等的工程技术人员在掌握专门系统知识方面的困难，从而延缓了海洋开发进程。海洋测绘科技著作的严重缺乏，对海洋测绘科技水平发展和高层次人才培养进程的影响已形成了恶性循环，改变这种不利现状已到了刻不容缓的地步。

与发达国家相比，我国海洋测绘方面的工作起步较晚；相对于陆地测绘来说，我国海

1

洋测绘技术比较落后，缺少专业、系统的教育丛书，相关书籍要么缺乏，要么已出版20年以上，远不能满足海洋测绘专门技术发展的需要。海洋测绘技术综合性强，它与陆地测绘学密切相关，还与水声学、物理海洋学、导航学、海洋制图学、水文学、地质学、地球物理学、计算机技术、通信技术、电子科技等多学科交叉，学科内涵深厚、外延广阔，必须系统研究、阐述和总结，才能一窥全貌。

基于海洋测绘著作的现状和社会需求，山东科技大学联合从事海洋测绘教育、科研和工程技术领域的专家学者，共同编著这套《海洋测绘丛书》。丛书定位为海洋测绘基础性和技术性专业著作，以期作为工程技术参考书、本科生和研究生教学参考书。丛书既有海洋测量基础理论与基础技术，又有海洋工程测量专门技术与方法；从实用性角度出发，丛书还涉及了海岸带测量、海岛礁测量等综合性技术。丛书的研究、编纂和出版，是国内外海洋测绘学科首创，深具学术价值和实用价值。丛书的出版，将提升我国海洋测绘发展水平，提高海洋测绘人才培养能力；为海洋资源利用、规划和监测提供强有力的基础性支撑，将有力促进国家海权掌控技术的发展；具有重大的社会效益和经济效益。

《海洋测绘丛书》学术委员会

2016 年 10 月 1 日

前　　言

　　海洋测绘是研究海洋和内陆水域及其毗邻陆地空间地理信息采集、处理、表达、管理和应用的测绘科学与技术学科分支，是海洋测量、海图制图及海洋地理信息工程的总称。

　　作为测绘学的一个分支，海洋测绘在坐标框架、测绘基础理论、定位方法等方面与测绘学是一脉相承的，但由于海洋环境的不可通视性和动态性，使得海洋测绘在理论和方法上又有其独特之处。海洋占地球表面积的71%，受日月引力和风流浪涌的作用，海洋表面时刻都处在动态之中，这就导致海洋测量不可能像陆地上的测量那样能够做到精确地重复观测，导致海洋测量精度普遍较陆地测量精度低，同时由于海洋的动态性，也使得海洋测量难以将要素测量和船只定位分割开来，一般都是测量和定位同时进行。海水对无线电波和光波的吸收和衰减，使得无线电波测距和光学测距难以用于水深测量，而只有声波在海水中具有良好的传播特性，所以水深测量一般都是用声学换能器发射和接收信号来达到测量水体深度的目的，只有在水深小于50m的浅水区才会考虑利用机载激光测深系统进行水深测量。此外，由于海洋环境的特殊性，水下声学定位也成为有别于陆上定位的特色技术。总之，海洋测量与陆上测量既有相同之处，又有显著差别。即使测量要素与陆地相同，比如重力测量和磁力测量，在特定动态环境的影响下，其测量平台、测量仪器以及数据处理方法等与陆地测量相比仍有很大不同。

　　考虑到海洋环境的特殊性和海洋测绘的定义，本书重点介绍了海洋环境特性、海洋测绘的定义与内涵、垂直基准建立与水位控制、海洋定位、海底地形测量、海洋重力与磁力测量、空间数据管理、海洋工程测量和海洋调查方法等。

　　本书共8章，全书内容由作者集体讨论、分工编写完成。其中，本书框架由陈永奇、翟国君和阳凡林制定；第1章、第3章由赵建虎编写；第2章由许军、暴景阳编写；第4章由阳凡林、暴景阳、翟国君编写；第5章由翟国君编写；第6章由张立华、王瑞富、韩李涛编写；第7章由杨鲲编写；第8章由付庆军编写。全书由阳凡林、翟国君负责统稿。

　　本书在编写过程中，得到了宁津生院士、陈永奇教授、李建成院士等专家教授的大力支持，并提出了许多宝贵意见。辛明真、卜宪海、崔晓东等博士，以及亓超、孙健、屠泽杰、李劭禹、刘骄阳、任成才、张晓飞、王峰、沈瑞杰、陈嘉阳等研究生参与整理和编辑。在此一并表示衷心的感谢。

　　由于作者水平有限，书中错误与不当之处在所难免，敬请读者予以批评指正。

目 录

第1章　海洋与海洋测绘

地球表面被各大陆地分隔为彼此相通的广大水域称为海洋，海洋的中心部分称作洋，边缘部分称作海。海洋总面积约为3.6亿平方千米，约占地球表面积的71%，平均水深约3795m。地球四个主要的大洋为太平洋、大西洋、印度洋、北冰洋。

1.1　海洋

1.1.1　海洋概述

海洋区域广袤无垠，在全球分布并不均匀。海洋底部山脊海沟，起伏不平。海水物质组分复杂，温度、盐度、密度是描述海水物理特性的重要参数。本节将主要从地理分布、海水物理性质的角度对海洋作一概述。

1. 全球海洋分布

地球表面海洋和陆地分布极不平衡。地球表面总面积为 $5.10 \times 10^8 km^2$，其中，海洋面积为 $3.62 \times 10^8 km^2$，占地球表面总面积的70.8%；陆地面积为 $1.49 \times 10^8 km^2$，占地球表面总面积的29.2%；海陆面积之比为 $2.5 : 1$。

对比南、北半球，海洋和陆地的分布比例极不均衡。南、北半球海洋和陆地占全球面积的比例见表1-1，可以发现南半球被海水覆盖的面积为4/5，北半球被海水覆盖的面积略多于3/5（见图1.1）。海洋在地球表面上的分布虽然是不均匀的，但海洋和陆地在地球表面上的分布，具有对称现象。如图1.1所示，南极洲为大陆，北极为海；欧、亚、非三大洲与南太平洋的面积相近；北半球的大陆部分成环状分布，南半球的海洋也成环状分布。

表1-1　　　　　　　　　　　南、北半球海陆面积的比例

	海洋比例（%）	陆地比例（%）
北半球	60.7（42.1）	39.3（66.1）
南半球	80.9（57.9）	19.1（33.9）

注：①括号内数字为南、北半球的海洋和陆地分别占其总面积的比例；
②无论如何划分地球，任一半球海洋比例均大于陆地比例；
③海洋是相通的，而陆地则是相互分离的。

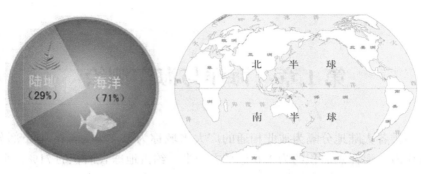

（a）海洋与陆地比例　　　　　　　　（b）北半球与南半球

图 1.1　地球上的海陆分布

海、陆在地球表面的不同纬度上，其分布也是不均匀的。除了 45°N 到 70°N 之间以及南纬高于 70°S 的南极洲地区，陆地面积大于海洋面积之外，其余大多数纬度上海洋面积均大于陆地面积。而在 56°S 至 65°S 之间几乎没有陆地，地球这部分的表面均被海洋覆盖。地球上高度不同的陆地和深度不同的海洋，其所覆盖的面积也是不同的。就整个地球而言，海洋储存着大约 1.37×10^{10} km³ 的海水，平均深度约为 3795m，因此海洋是一个相当深广的空间。

2. 海与洋

人们一般习惯于把海和洋统称为海洋，其实海和洋是两个不同的概念。海洋的中心部分称为"洋"，边缘部分称为"海"。海与洋的区别如表 1-2 所示。海与洋的差异相对明显，海作为陆地与大洋的中间过渡地带，受陆地、大洋环境的共同影响显著；洋中的海洋要素则基本相对稳定，自成系统。

表 1-2　　　　　　　　　　　　　　　　**海洋面积、体积和平均深度**

内容	海	洋
面积	面积小，占海洋总面积的 11%	面积大，约占海洋总面积的 89%
水深	平均水深较浅，一般小于 3000m，有的平均只有几十米深	深度大，平均水深一般在 2000m 以上
潮汐潮流	受大洋流系和潮汐的支配；近岸的潮汐潮流比较显著	独立的洋流和潮汐系统；潮汐变化较小
水文要素	受大陆影响大，海洋水文要素随季节变化大，海水透明度较差	受陆地影响小，水温、盐度等要素比较稳定，海水的透明度大
板块	是陆壳向海域的延伸；具有陆壳性质	独立板块；具有洋壳性质

地球上共有四大洋：即太平洋、大西洋、印度洋和北冰洋，各大洋的面积、体积以及

平均深度见表 1-3。图 1.2 描述了四大洋在全球的分布、四大洋的面积及在整个海洋中所占的比例。

表 1-3　　　　　　　　　　　　　　　　　海洋面积、体积和平均深度

四大洋	面积（×10^3km^2）	体积（×10^3km^3）	平均深度（m）
太平洋	179680	723700	4028
大西洋	93360	338523	3626
印度洋	74910	291924	3897
北冰洋	13100	15720	1200
面积、体积总和及平均深度	361050	1369918	3795

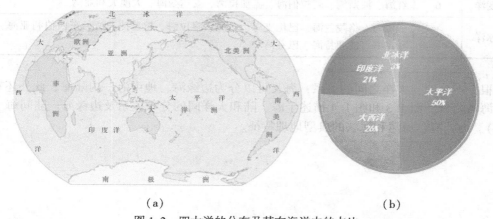

（a）　　　　　　　　　　　　　　　　（b）

图 1.2　四大洋的分布及其在海洋中的占比

1）太平洋

位于亚洲、大洋洲和美洲之间，是地球上最大和岛屿最多的大洋。北起白令海，南到南极的罗斯海，东至巴拿马，西至菲律宾的棉兰老岛。西部经马六甲海峡与印度洋相通，东面由巴拿马运河与大西洋相连接。

2）大西洋

位于欧洲、非洲和美洲之间，是地球上的第二大洋。南临南极洲，北连北冰洋，并与太平洋和印度洋的水域相通。形状细长，呈"S"形，两头宽中间窄，在四大洋中南北长度最长，东西宽度最窄，在赤道附近宽度仅有 1500nmile 左右。

3）印度洋

位于亚洲、非洲、大洋洲和南极洲之间，是一个热带洋。形状呈扁平形，东西长，南北短，大部分洋区在赤道附近。

4）北冰洋

位于欧洲、亚洲和北美洲大陆之间，基本上以北极为中心，是地球上四大洋中面积最小、温度最低的寒带洋，终年被巨大的冰层所覆盖。

表1-4列出了四大洋主要附属海。

表1-4   四大洋主要附属海

四大洋	数量	附 属 海 名
太平洋	28	白令海、鄂霍次克海、日本海、渤海、黄海、东海、南海、苏禄海、苏拉威西海、马鲁古海、哈马黑拉海、斯兰海、爪哇海、巴厘海、弗洛勒斯海、萨武海、班达海、帝汶海、阿拉弗拉海、俾斯麦海、珊瑚海、所罗门海、塔斯曼海、罗斯海、阿蒙森海、别林斯高晋海、阿拉斯加湾、加利福尼亚湾
大西洋	20	波罗的海、北海、爱尔兰海、比斯开湾、地中海、利古里亚海、第勒尼安海、亚得里亚海、爱奥尼亚海、爱琴海、马尔马拉海、黑海、亚速海、加勒比海、墨西哥湾、圣劳伦斯湾、哈得逊湾、几内亚湾、斯科舍海、威德尔海
印度洋	6	红海、波斯湾、阿拉伯海、孟加拉湾、安达曼海、大澳大利亚湾
北冰洋	10	挪威海、格陵兰海、巴伦支海、白海、喀拉海、拉普捷夫海、东西伯利亚海、楚科奇海、波弗特海、巴芬湾

根据与陆地、大洋之间的关系，海又可以分为边缘海、地中海、内陆海，此外还有海湾和海峡之分。图1.3和图1.4描述了海、陆和大洋间的分布关系及边缘海、陆间海（地中海）、内陆海、海湾和海峡的典型地理特征。

（a）边缘海——南海　　　　　　　　　　（b）陆间海和内陆海——地中海

图1.3　边缘海、陆间海和内陆海

5）边缘海

一边以大陆为界，一边以岛屿、半岛为界，与大洋分开的海为边缘海，如我国的黄海、东海和南海等。边缘海的水文状况受陆地、海洋、岛屿的综合影响。

6）陆间海及内陆海

介于大陆之间的海为陆间海，例如欧、亚、非大陆之间的地中海；深入大陆内部的海称为内陆海，如我国的渤海。陆间海和内陆海，均为地中海，其水文状况主要受陆地的影响。

7）海湾

海湾指洋或海延伸进入大陆部分的水域，其深度逐渐减小。海湾中海水的性质与其相

（a）海湾——渤海湾　　　　　　　　　（b）海峡——马六甲海峡

图 1.4　海湾与海峡

近的洋或海中水的状况相似，由于海湾不断变窄、变浅，因此容易发生最大的潮汐。

8）海峡

海峡指海洋中相邻海区之间宽度较窄的水道，其海洋状况的最大特点是潮流速度很大。海峡有深有浅、有宽有窄，是连接洋与洋、洋与海、海与海的咽喉，如马六甲海峡是连接太平洋与印度洋的通道；直布罗陀海峡是地中海与大西洋之间的要冲。据统计，全世界有上千个海峡，其中著名的约 50 个，另外人们为了交通上的方便，还开挖了苏伊士运河和巴拿马运河，也具有类似于海峡的功能。

3. 海与陆

海陆之间相互作用的地带为海岸带，与之关联的有海岸、海岸带和海岸线 3 个相关概念（图 1.5）。

图 1.5　海岸、海岸带和海岸线

1）海岸

海岸是陆地与海洋相互作用、相互交界的地带，可分为海、陆之间现今正在相互作用着的现代海岸，和过去曾经相互作用过的古代海岸两种。

2）海岸带

海岸带是海陆交互的地带，其外界应在 15~20m 等深线一带，这里既是波浪、潮流对海底作用有明显影响的范围，也是人们活动频繁的区域；其内界的海岸部分为特大潮汐（包括风暴潮）影响的范围，河口部分则为盐水入侵的上界。由此可见，海岸这一概念可以包括在海岸带这一概念之中。

　　3）海岸线

　　海岸线是地图上将海洋和陆地截然分开的分界线，近似于多年平均大潮高潮的痕迹所形成的水陆分界线，可根据海岸植物的边线、土壤的性质（颜色、湿度、硬度等）以及冲积物的分布（流木、水草、贝壳等）来确定，全球海岸线总长度约为 439100km。

1.1.2　海底地貌及其特征

　　一个半世纪以前，人们普遍认为海底基本是平坦的，最深的区域位于海洋的中央。海底地形测量、跨洋电缆作业等成果表明，海底地貌与陆地有相似之处，同样存在山脉、盆地、平原、沟壑和峡谷等（图 1.6）。此外，海洋地质学家分析海底地貌时，认识到特定的地貌不仅指示了海底的历史，也指示了地球的历史；地球内部应力引起的地壳运动，缓慢地改变着地球包括海底的地貌形态（图 1.7）。

图 1.6　海底地貌

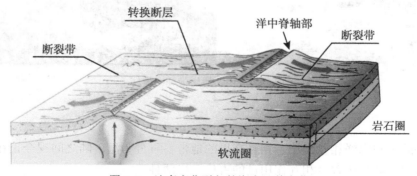

图 1.7　地壳变化引起的海底地貌变化

海底地形（图1.8）通常包括大陆边缘、深海盆地和大洋中脊（图1.7）三个部分，也可分为海岸带、大陆边缘和大洋底三部分。

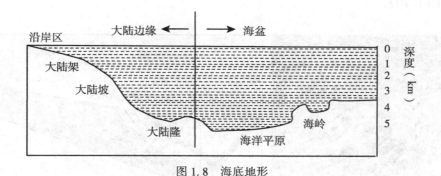

图 1.8　海底地形

1. 海岸带

如前所述，海岸带是海陆交互作用的地带，其地貌主要是在波浪、潮汐和海流等作用下形成的。海岸带由海岸、海滩及水下岸坡组成（图1.9）。

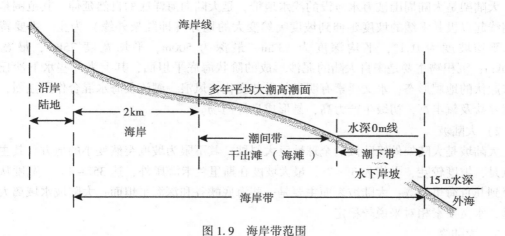

图 1.9　海岸带范围

1）海岸

海岸是高潮线以上狭窄的陆上地带，大部分时间裸露于海水面之上，仅在特大风暴潮时才被淹没，故又称为潮上带。潮上带地形地貌特征与陆地近似。

2）海滩

海滩是高低潮之间的地带，高潮时被水淹没，低潮时露出水面，故又称为潮间带。潮间带地形地貌特征主要受沿岸地形、当地的潮汐和潮流变化、沉积物等因素的综合影响。

3）水下岸坡

水下岸坡是低潮线以下直到波浪作用所能到达的海底部分，又称为潮下带，其下限相当于海浪1/2波长的水深处，通常约10~20m。潮下带的地形地貌特征影响因素与潮间带的基本相同。

2. 大陆边缘

大陆边缘是指大陆与大洋盆地的边界地，包括大陆架、大陆坡、大陆隆以及海沟等海底地貌（图 1.10）。

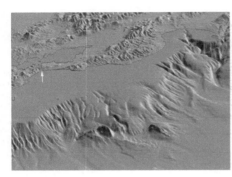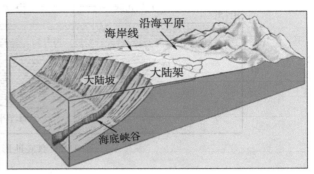

图 1.10　大陆、大陆架、大陆坡的三维图像

1）大陆架

大陆架是大陆周围被海水淹没的浅水地带，是大陆向海洋底的自然延伸，其范围是从低潮线起以极其平缓的坡度延伸到坡度突然变大的地方（即陆架外缘）为止。主要特点是：平均坡度为 0.1°，平均深度为 132m，最深为 500m，平均宽度 75km，最宽为 1000km；沉积物主要是来自大陆的泥沙形成的阶状海底平坦面，其上为一些水下沙丘或丘状起伏的地貌形态；水文要素有明显的季节变化，风浪、潮流及海水混合作用强烈；海水营养盐及氧丰富，初级生产力高，易形成良好渔场。

2）大陆坡

大陆坡是大陆架外缘陡倾的全球性巨大斜坡，其下限为坡度突然变小的地方。其主要特点是，坡度较陡，平均为 3°～7°，最大坡度在斯里兰卡海岸外，达 35°～45°，宽度从几海里到几百海里不等；大陆坡表面主要是一些海底峡谷和深海平坦面；大陆坡水域离大陆较远，水文要素相对来说较稳定。

3）大陆隆

大陆隆是从大陆坡下界向大洋底缓慢倾斜的地带，又称大陆基或大陆裙（图 1.11）。主要特点是：大陆隆表面坡度平缓，水深在 2500～4000m；沉积物深厚，形成深海扇形地貌，富含有机质，蕴藏大规模的海底油气资源。

4）海沟

海沟是大陆边缘底部狭长的海底陷落带，深度通常大于 6000m，多数海沟分布在太平洋四周（图 1.11）。

3. 大洋底

大洋底是大陆边缘之间的大洋全部部分，由大洋中脊和大洋盆地构成。

1）大洋中脊

大洋中脊是贯穿世界四大洋、成因相同、特征相似的巨大海底山脉系列（图 1.12

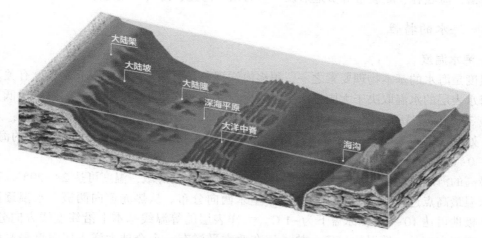

图 1.11　海底地形示意图

（a））。全球海底大洋中脊全长约 65000km，平均顶部水深 2~3km，平均高出大洋底 1~3km，部分大洋中脊会露出海面形成岛屿。大洋中脊的宽度数百至数千千米不等，面积约占整个大洋底部面积的 32.8%，是世界上规模最巨大的环球山脉。

不同大洋的中脊分布形态各异。大西洋中脊延伸方向大致与两岸平行；印度洋中脊呈"人"字形；太平洋中脊偏居东侧且边坡较平缓，故有东太平洋海隆之称。各大洋中脊的北端分别延伸至陆地，南端相互连接。

大洋中脊的顶部有沿其走向延伸的陷落谷地，深 1~2km，宽 10~100km，称为中央裂谷（图 1.12（b））。中央裂谷是海底扩张中心和海底岩石圈增生的场所，扩张和增生主要通过沿裂谷带的广泛火山活动来实现。

（a）大洋中脊

（b）中央裂谷

图 1.12　大洋中脊

2）大洋盆地

大洋盆地是位于大洋中脊和大陆边缘之间的宽广洋底。大洋盆地的坡度变化极小，约为 0.3°~0.7°，深度约为 6000m，面积约占世界海洋面积的一半。大洋盆地上通常分布着一些海槽、海底谷、断裂带等负地形及一些海山、海丘、海岭等正地形。

1.1.3　海水的特性

1. 海水温度

温度是海水的基本物理要素之一，很多海洋现象乃至地球现象都与海水温度有关。

海水表层的水温取决于太阳辐射，因而，低纬度海区水温高，高纬度海区水温低，高低相差30℃。水温一般随深度的增加而降低，在水深1000m处，水温为4~5℃；水深2000m处，水温为2~3℃；水深3000m处，水温为1~2℃。占大洋总面积70%的海水，温度在0~6℃之间；全球海洋的平均温度为3.8℃。

最高的海水表面温度出现在西太平洋和印度洋近赤道海域，温度可达28~29℃。若将大洋水温最高点连接起来，称为热赤道，呈东西向分布。从热赤道向两极，水温逐渐降低，在极地可达10~0℃，冰盖下为−1℃。大洋表层的等温线基本上沿纬度线方向分布，在寒、暖流交汇处，等温线较密。热赤道在西太平洋有一个全球大洋表层温度最高的区域，称为"暖池"，是全球大气运动的主要热源，其变化对于全球气候变化有着关键性的影响作用。

全球海洋温度变化如图1.13所示。

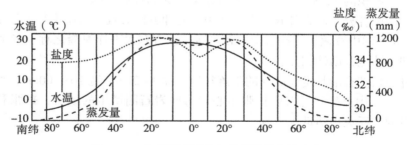

图 1.13　全球海洋温度和盐度随纬度的变化

2. 海水盐度

海水的盐度是海水含盐量的定量量度，是海水最重要的理化特性之一，绝对盐度是指海水中溶解物质质量与海水质量的比值。同温度一样，盐度也是计算海水中声波传播速度的一个关键参数。盐度与温度结合，几乎可以描述大洋中所有水团和定常流的运动特征。

全球海洋盐度变化如图1.13所示。各大洋盐度平均值以大西洋最高，为34.90‰，印度洋次之，为34.76‰，太平洋最低，为34.62‰。

3. 海水密度

海水密度是海水的基本物理要素之一。海水密度是指单位体积海水含有的质量，是海水温度、盐度和压力的函数，盐度高则密度大，温度高，则密度小。一切影响温度和盐度的因子也都会影响到海水的密度，海水的密度随地理位置、海洋深度都有复杂的分布，并随时间而变化。

由于太阳辐射和蒸发的作用，从总体来看，赤道地区海水密度低，向两极则逐渐增大。表层海水密度的水平分布受海流的影响较大，有海流的地方，密度的水平差异比较大。

在垂直方向上，密度向下递增，在海洋的上层，密度垂直梯度较大；约从1500m开始，密度的垂直梯度便很小；在深层，密度几乎不随深度而变化。

4. 海洋声速

海水中的声速随着温度、盐度和压力的增加而增加，是压力 P（bar）或深度 Z（m）的线性函数，是温度 t（℃）、盐度 S 的非线性函数。海水中的声速可以用声速剖面来描述。声速剖面亦称"声速垂直分布"，反映的是声速沿深度的变化规律。经实际测量，海水温度变化1℃，海水声速变化约为原来的0.35%；盐度每增加1‰，声速约增加1.14m/s；深度每增加100m，声速约增加1.75m/s。其中以水温变化对声速影响为最大。根据海区常见的水文条件（图1.14(a)）及静压力随深度的变化（图1.14(b)），海洋中声速剖面的典型变化如图1.14(c)所示。

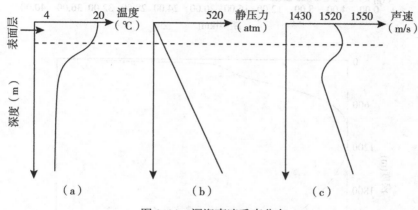

图1.14　深海声速垂直分布

声波在海水中传播时，在不同介质的界面上或同一种介质性质发生变化时会发生反射和折射，且符合反射、折射定律。折射的程度与声速差有关，声线总是向声速较小的区域弯曲。

由于折射，当声速随深度增加而增加时，声线向上弯曲并经海面反射；当声速随深度增加而减小时，声线弯向海底并经海底反射。由于水面反射的损耗远比海底小，浅海冬季声波传播较夏季远得多，表层温度很高的夏季声波的传播条件最差。

当声波在海洋中传播时，若有一部分声能在海中某一水层内而不逸出该水层，则称此水层为声道，亦称声波道。在沿深度方向声速极小处，声源发出的声线将向上和向下弯曲返回极值区，而保留在该水层上下两个声速相等的深度之间传播（图1.15）。

理想情况下，声源在声道轴上，被声道最初捕获的声能可以一直留在声道中，在实际海洋里，由于温度、盐度微结构变化而产生的声速场的微小扰动，都要引起一些能量向声道之外散射，初始声线的方向与声道轴之间的夹角，表示声线离声源的初始情况。利用声波在声道中的超远距离传播特性，可在大洋不同海域建立声发接收站以确定远距离目标方

11

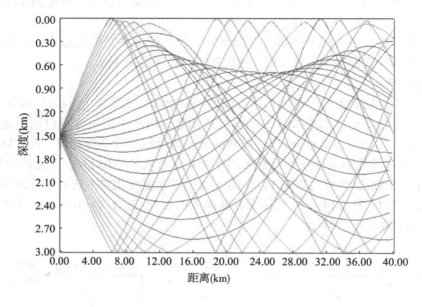

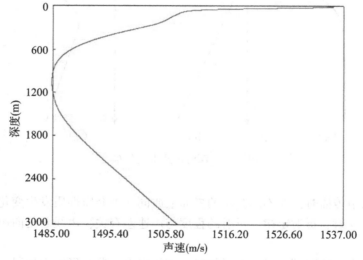

图 1.15　某一个深水声道产生的典型声线图

位,或者利用声道进行远距离通信。

5. 海水透明度和水色

　　海水透明度和水色是两个关键的海洋水文要素,决定着海洋测量中水深遥感、机载激光测深的作用深度范围和精度,在海洋测量中具有重要的作用。

　　透明度是表示海水能见程度的一个量度,数值越大,透明度越高。水色是指海水的颜色,是由水质点及海水中的悬浮质点所散射的光线来决定的。海水水色与海洋水体所包含的物质成分密切相关,故大洋和近海的水色有明显的差异。在清洁的大洋中,悬浮颗粒少，粒径小，分子散射起着重要的作用，使大洋海水的颜色呈深蓝色。近海中含有较多的有机和无机悬浮物，因此，近海海水的颜色呈现蓝绿色甚至黄褐色。此外，海洋中含有多种不同颜色的浮游生物，它们在海体中大量繁殖，影响了水域的颜色。在近岸和河口水域，因悬浮大量的泥沙，水色变黄。

水色与透明度之间存在着必然的联系，一般来说，水色高（水色号小）、透明度高，水色低、透明度低。决定水色和透明度分布和变化的主要因素是悬浮物质（包括浮游生物）。此外，海流的性质、入海径流的多少和季节变化等都将影响透明度和水色。

6. 海洋波动类型及其影响

海洋中的波动是海水的重要运动形式之一，从海面到海洋内部处处都可能出现波动。波动的基本特点是，在外力的作用下，水质点离开其平衡位置做周期性或准周期性的运动。由于流体的连续运动，必然带动其邻近质点，导致其运动状态在空间的传播，因此，海洋中的波动是时间与空间的函数。

海洋由于受到众多力的影响（如风应力、地震、天体引力等），使得海洋存在许多的波动。这些波动可就其形状、尺度、性质不同分成许多类型。按照波动周期的大小可把海洋中的波动分为图 1.16 所示的几种类型。

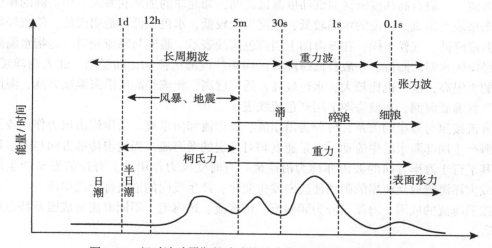

图 1.16　相对波动周期的波动能量分布以及各种波动的周期

海面上最为常见的波动是风浪和涌浪，合称为海浪，波浪级别的划分和测量方法在后述章节有详细介绍，此处不再赘述。风浪亦称风成波，是在风力的直接作用下海面产生的波动，属强制波。风浪的特点是波面比较杂乱粗糙，波形比较尖陡，波向基本与风向相同。风浪的盛衰取决于风要素的大小和作用时间长短（即风区和风时）。在给定的风速下，风区和风速足够大，海浪达到最大尺寸，此时，风传递于波的能量与波破碎和涡粘消耗能量达到平衡状态的风浪为充分成长状态。

涌浪属于自由波，特点是波面圆滑，波形对称，波陡小，其波峰线比风浪的长，波向明显。涌浪的大小决定于风区内的风浪大小和向外传播的距离。涌浪的周期随传播距离增大，而波高随之减小。风暴水域传播出来的涌浪先头波，其波速比风暴中心移动速度快得多，可以用来预报风暴的来袭。

7. 海流

海流亦称洋流，是海洋中海水以相对稳定的速度，沿一定的方向做大规模的非周期性运动。其流动方向有水平方向，也有垂直方向。环绕大洋或者海区作循环流动的流称为海洋环流。海流的强弱用流速表示，单位为 cm/s 或 kn；流向是指海流流去的方向，以方位角表示，与风向的表示恰恰相反。一般表层的流速为每秒几厘米到每秒 300 厘米，深层流速则在每秒 10 厘米；垂直流速非常小，一般在每天数十厘米。

海流发生的原因主要是海面风力、海水压强梯度力、地球偏向力和摩擦力的作用，同时还受到海底地形、海岸轮廓和水深的影响。由盛行风产生的流称为风生海流，具有独自的体系。受海面受热冷却不均匀、蒸发降水不均匀、结冰融冰及大陆径流等因素影响，使海水的温度、盐度发生变化而导致海水密度分布不均匀产生压强梯度力，由此产生的海流称为热盐环流。风生环流影响的范围仅限于海洋上层和中层，而热盐环流既可以发生在海洋的上层和中层，又可以发生在深层。

海流按照流经海洋温度的差异，可分为寒流和暖流。寒流是指水温低于所流经海区水温的海流，一般自高纬度海区向低纬度海区流动，如北非的加那利寒流、中美洲的秘鲁寒流和东格陵兰寒流。寒流的水温较低，盐度也比较低，水色较低，透明度低，使流经海区沿海温度降低、气候干燥，在航海图上用蓝色流线表示。暖流与寒流相对，是指水温高于所流经海区水温的海流。一般自低纬度海区向高纬度海区流动，如黑潮、北大西洋暖流。暖流的水温高，盐度也比较大，水色较高，透明度高，使流经海区沿海温度升高，湿度增加，气候温暖湿润，在航海图上用红色流线表示。

海流按照与海岸的关系，可分为沿岸流、离岸流和向岸流。沿岸流由风力作用或江河水入海产生局部海水沿岸流动，也是速度相对稳定的弱海流。当波浪传播方向与海岸斜交时，其平行于海岸方向的波流亦称为沿岸流。有时受风力作用冲上海岸的海水产生的回流，或大洋海流遇到海岸的阻挡使流向发生变化，产生反向的逆流称为离岸流。

按照海流的成因，海流又分为倾斜流、密度流、风海流。不同海流的成因及特点如表 1-5 所示。

表 1-5　　　　　　　　　　　　　　几种不同成因的海流比较

成因类型	倾斜流	密度流	风海流
形成原因	外部因素如气压变化、风引起的增水减水等	海水内部密度水平分布不均匀	风对海面的切应力和施加在海浪迎风面的正压力
受力情况	水平压强梯度力与地转偏向力取得平衡时的海流	水平压强梯度力与地转偏向力取得平衡时的海流	风的切应力与摩擦力、地转偏向力取得平衡时的海流
表面流流向	与水平压强梯度力垂直且在地球北半球偏右	与水平压强梯度力垂直且在地球北半球偏右	与风向成 45° 夹角，北半球偏右，南半球偏左
流向随深度变化	无	无	不断偏转

续表

成因类型	倾斜流	密度流	风海流
流速随深度变化	上下一致	逐步减小	以指数规律递减
流速计算公式	$V=\dfrac{g\tan\alpha}{2\omega\sin\varphi}$	$V=\dfrac{g\tan\alpha}{2\omega\sin\varphi}$	$V=\dfrac{0.0127u}{\sqrt{\sin\varphi}}$
与纬度有无关系	有	有	有
作用深度	整个水层	深度大	深度较小

　　潮汐现象的存在，使得海面随时间呈现规律性的升降变化。伴随海面周期性的升降运动而产生的海水周期性的水平方向流动称为潮流。和潮汐一样，潮流主要起因于月亮和太阳的引力，可以理解为同一个问题的两个方面，即引力作用海面使得海水升降的同时海水进行堆积和扩散运动。因引力的周期性变化，所以潮流呈现着周期性的往复流动，其流速和流向也随之发生变化。在我国多数海区，潮汐的升降与潮流进退两者的周期是相同的，这也表明，潮汐的上涨使外海海水涨潮潮流流入，落潮是海水流向外海的结果。但也有些海区潮汐的升降与潮流进退两者的周期是不相同的。例如在秦皇岛附近的海区，潮汐属于规则日潮性质，而潮流则属于半日潮流性质。对于潮汐与潮流的异同，可以用各海区的潮波运动理论解释。总之，不同地点的潮流性质是不同的，需要实际观测和计算才能深入认识和了解。

　　潮流的典型形式有往复式潮流和回转式潮流两种，图 1.17 给出了两种潮流的特征。

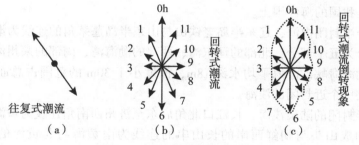

图 1.17　往复式和回转式潮流

　　往复式潮流又称直线式潮流，在海峡、水道、河口或狭窄港湾内的潮流，受地形限制潮流一般为往复式交换。在外海某些海区，若处于右回旋式或左回旋式潮流的交界处，也会出现往复式潮流。往复式潮流的特点是流向只有两个，如东西向或南北向对流，流速是变化的。

　　回转式潮流又称八卦流，若海区内同时有几个潮波存在时，便可产生相互干扰作用，因此可形成回转式潮流。例如有两个往复式潮流成斜交时，此时潮流可形成回转式潮流。

　　如图 1.18 所示，图中 A 及 B 分别为两往复式潮流系统，在 C 点合成后形成回转式潮流。在北半球，回转式潮流的方向是顺时针方向旋转；在南半球，其方向是逆时针方向旋转。产生这种现象是由于地球自转效应的结果。潮流的回转现象，不仅在广阔的海上观测得到，就是在某些较宽的海峡也能观测得到。

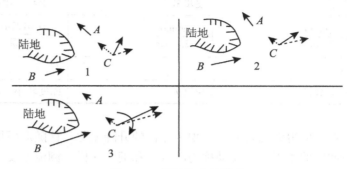

图 1.18　回转潮流的形成

1.1.4　我国海域

我国既是一个幅员辽阔的大陆国家，又是一个拥有漫长的海岸线、优良的海湾、众多的岛屿、辽阔的海域和开阔的大陆架的海洋国家。在我国的东、南面，与长达 18000km 的大陆海岸线相邻的渤海、黄海、东海和南海，都是西北太平洋的陆缘海，组成一个略呈向东南凸出的弧形水域，这一海域东西横越经度 32°，南北跨越纬度 44°，总面积达 470 多万平方千米。其中属于我国领海和内水的海域面积有 35 多万平方千米，而根据《联合国海洋法公约》规定，能够划归我国的专属经济区和大陆架的面积，也应有几百万平方千米，这些都是我国的海洋国土。

渤海是一个半封闭内海，辽东半岛老铁山与山东半岛蓬莱角的连线为渤海与黄海的分界线。渤海可分为五个部分：北部的辽东湾、西部的渤海湾、南部的莱州湾、中部的中央盆地和东部的渤海海峡。渤海平均水深 18m，深度小于 30m 的范围占总面积的 95%。渤海坡度平缓，是一个近封闭的浅海。

黄海也是半封闭的陆架浅海，长江口北角启东至济州西南角连线为黄海与东海的分界线，山东半岛的成山头与朝鲜西岸的长山串的连线为南黄海与北黄海的分界线。面积 380000km^2，平均深度 44m。山东半岛东端成山角与朝鲜半岛长山串连线可将黄海分为北、南两部分，北黄海平均深 38m，南黄海平均深 46m，最深处在济州岛北，约 140m。

东海为太平洋边缘海，西北接黄海，东北从济州岛至五岛列岛与朝鲜海峡为界，东面以琉球群岛与太平洋相连，南面自福建东山岛至台湾南端与南海相通。东海面积为 $7.7 \times 10^5 km^2$，平均水深 349m，大陆架由海岸向东南缓缓倾斜。

南海东北经台湾海峡与东海相通，东面接菲律宾、巴拉望、加里曼丹等与太平洋分隔，南面接马来半岛、纳土纳群岛、加里曼丹等与印度洋分隔，面积为 $3.5 \times 10^5 km^2$，由周边向中心有较大坡降的菱形海盆；平均深度 1212m，最深处达 5377m。

在我国广阔的海域中还分布着数量众多的、大小不等的 6500 多个岛屿（岛屿面积大于 500 m^2），其中分布在东海海域中的约占 60%，分布于南海的约占 30%，分布在渤海和黄海中的仅占 10% 左右。这些岛屿除台湾和海南岛的面积超过 $3.0 \times 10^4 km^2$ 以外，其余的面积均不大于 $2.0 \times 10^3 km^2$，它们一般离大陆较近，但南海诸岛则离大陆较远，最远的曾母暗沙距华南大陆 1800 多千米。

我国拥有如此广阔的海域和丰富的海洋资源，随着国民经济建设的飞速发展，海洋开发工作将会变得越来越重要，同时海洋开发事业也需要海洋测量技术发展提供保障。

1.2 海洋与人类

海洋蕴含着丰富的海洋资源，包括矿物、油气、生物等与人类活动密切相关的资源，海洋对于人类生存与发展至关重要，人类的可持续发展要求在发展和应用海洋科技谋求海洋利益的同时，必须对海洋科技创新进行生态和伦理视角的系统思考。人类的举动都会影响到海洋，而海洋也影响着人类的生活，要想实现共同发展，就必须了解海洋与人类生活的关系。

1.2.1 海洋资源与人类的生存和发展

在地球表面储存着总体积约 $1.37 \times 10^{10} km^3$ 的海水，比高出海平面的陆地的体积大 14 倍，其控制着自然界的水循环，对地球上的生态环境产生绝对的影响。海水是一种密度比空气大得多，且热容量较大、流动性较低的物质。因此地球上的海洋，实际上起到了巨大的太阳能"吸收器""分配器"和地理外壳的"调节器"的作用，大气和地球水圈中的游离氧主要来源于海洋植物的光合作用，每年进入大气约 $2.5 \times 10^{12} t$ 的氧气中，至少有 50%~60% 是由海洋输出的。海洋和大气之间的物质和能量交换是引起大气环流的主要因素，决定天气和气旋的主要动因是海洋通过蒸发和凝结过程而输入大气的热能造成的，这种热能值为 $4.1868 \times 10^{16} J/s$，是地表太阳总辐射能的 30%~50%。由此可见，作为人类和其他动植物生活环境的地理外壳的各种主要特性完全取决于海洋的影响，也可以说如果没有海洋，地球上的生命也就不可能产生和存在。长期以来，由于科学技术条件的限制，人们对如此广阔的海洋的认识是相当不够的，因此只能在它的影响下生存，而无法对其进行大规模的开发利用，即使有也仅仅是进行"兴鱼盐之利，行舟楫之便"这样传统的开发利用。经过近百年来各国海洋科技工作者的共同努力，尤其是 20 世纪 60 年代以来进行的大量海洋调查成果表明，在海洋这广深的空间中储存着极其丰富的资源可供人类使用。这些资源对于人类而言，无疑是一项极其重要和宝贵的财富，在未来的社会发展中，人类对海洋的依赖将逐步增加，从海洋获取的利益也会越来越多，海洋资源必将成为人类赖以繁衍和维持高度物质文明和精神生活的重要物质基础。因此，加深对海洋的认识，发展海洋科学技术，扩大海洋开发的深度和广度，是人类走向未来的一项历史任务。

据初步统计，海洋中储存的海洋能、矿物资源和生物资源大致如下：

1. 海洋能

海潮的涨落、潮流和由风引起的波浪中都蕴藏着巨大的能量，例如由于海潮的作用，在我国的长江中潮流可上溯到镇江一带，而美洲的亚马孙河，由于其河面宽、河道直，因此潮水可沿河上逆 1400km 左右。另外，我国钱塘江口的杭州湾其潮高可达 8~10m。美洲的芬迪湾（Bay of Fundy），是世界上潮汐变化最大的地方，最大潮差可达 18m。

据估计，世界海洋中的潮汐能、波浪能、温差能、海流能、盐差能等海洋能的蕴藏量约为 $1.48 \times 10^{11} \text{kW}$。目前对于海洋能的开发尚且处于早期阶段，对海洋能的小规模应用已经开展，如何对其进行有效的大规模开发利用仍有待研究。部分国家已成功研制出波力发电机，从而为海上浮标灯塔提供电力；潮汐发电站（图 1.19）的建立也得到广泛关注，如我国自 20 世纪 70 年代开始分别在广东、福建和浙江等地建造了小型试验性潮汐电站；海上风资源丰富的国家纷纷推出了海上风电的规划，我国自 21 世纪初在海上风电场建设方面取得了快速发展（图 1.20）。

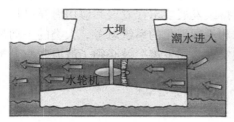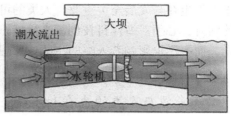

图 1.19　海洋潮汐能发电

图 1.20　海洋风能及风电场

2. 海洋矿物资源

海洋矿物资源是指海水中包含的矿物资源、海底表面沉积的矿物资源和海底各种地质构造中埋藏的矿物资源的总称。

海洋在全球物质循环交流系统中占有相当重要的地位，海水总量约为 $1.37 \times 10^{10} \text{km}^3$，占地球总水量的 97%，而淡水只占 3%。海水中几乎包含了地球的一切元素，其中的无机物主要是河流输入的陆源物质，也有火山喷发物和陨石的衍生物等，海水中的有机物则多半是海洋生物产生的。海水运动使得海水中各种元素的分布比较均匀，而海洋生物的活动,以及大气与海洋、海洋与海底之间的物质交换,又在不断地破坏这种均匀状态,这种从均匀到不均匀再到均匀的过程,造成了海洋水中各种矿物元素的不断积累。海水中溶解的大量固体和气体杂质使得海水又咸又苦,杂质中以氯化钠为主,也含有苦味的氯化镁,杂质的总量为 $4.8×10^{18}$ t,已知的元素有 60 多种。海水中的物质资源储量相当可观,例如在海水中就储存着 $5.5×10^6$ t 的金、$4.1×10^6$ t 的银、$4.1×10^7$ t 的铜和 $4.1×10^7$ t 的锡等。

石油和天然气资源在地球上分布极广,在海洋里的 $2.71×10^7 km^2$ 的大陆架、$2.87×10^7 km^2$ 的大陆坡和大约 $2.50×10^7 km^2$ 的大陆隆中也都可能蕴藏着石油和天然气。据估计,海底石油的储藏量可能和陆上石油的储藏量相当,约 $2.07×10^{12}$ gal。自 20 世纪 90 年代,我国开展了天然气水合物调查(图 1.21(a)),近 10 年来在海底天然气水合物探测和开采方面取得了快速发展。

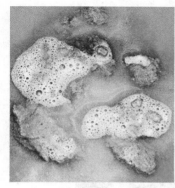

　　(a)天然气水合物　　　　　　　　　　　　(b)锰结核

图 1.21　海底天然气水合物与锰结核

除石油之外,值得注意的是在大洋底广泛蕴藏着锰结核矿(图 1.21(b)),分布在太平洋、大西洋和印度洋,但基本处于水深 3500~4500m 的深海海底表面。锰结核的组成成分为:锰 57%~76%、镍 0.06%~2.37%、钴 0.008%~2.99%、铜 0.013%~2.92%以及其他金属元素,表 1-6 中给出了根据海洋调查推算出的海底锰结核蕴藏量,可见其埋藏量大于陆上的埋藏量若干数量级,而且其埋藏量还在逐年增长。

表 1-6　　　　　　　　　　　　　　　　海底矿产资源蕴藏量

元素名	埋藏量（t）	与陆地埋藏量之比（倍）	结核生长量（t/a）
Mn	$3.58×10^{14}$	4000	$1.300×10^4$
Fe	$2.07×10^{14}$	4	$1.400×10^4$
Co	$5.20×10^{12}$	5000	$0.360×10^4$
Ni	$1.47×10^{13}$	1500	$0.102×10^4$
Cu	$7.90×10^{12}$	150	$0.105×10^4$

除了石油、天然气和锰结核之外，海底还蕴藏着相当数量的铁砂、磷矿、锡砂和硫磺等矿产资源。

3. 海洋生物资源

海洋中有大量的鱼类和海藻类植物可供人类食用（图 1.22），而水产生物资源的一大特点是即使进行高效率的捕获，也不容易导致资源的枯竭。在合理捕捞的情况下，世界渔业每年可提供 2×10^9 t 以上的鱼产品；而海藻类植物的繁殖速度也是相当快的，也可以为人类提供数量可观的食品。但在这里也必须注意，海洋环境的污染将会对海洋生物资源起到极大的破坏作用。

图 1.22   海洋渔业

海洋对人类的生存有着巨大的影响，尤其是随着世界人口的不断增长，陆上资源日趋枯竭，人类必须到大陆以外寻求新的资源。当代科学技术的发展，使人们有能力打开海洋这一"绿色的资源宝库"。过去人类主要受到海洋的被动影响，现在进入了人类主动向海洋进军、从海洋索取物质资源的新纪元。可以预料，海洋与人类的关系将会越来越密切，这将推动海洋调查研究工作的广泛开展，从而也对海洋测量工作提出更高的标准和要求。

1.2.2   海洋科学

1. 海洋科学的研究对象及其特点

海洋科学是研究地球上海洋的自然现象、性质及其变化规律，以及和开发与利用海洋有关的知识体系的科学。

海洋科学的研究对象为：

（1）占地球表面近 71% 的海洋，其中包括海洋中的水以及溶解或悬浮于海水中的物质，生存于海洋中的生物；

（2）海洋底边界——海洋沉积和海底岩石圈，以及海洋侧边界——河口、海岸带；

（3）海洋上边界——海面上的大气边界层，等等。

海洋科学的研究内容为：

（1）海水运动规律、海洋中的物理、化学、生物、地质过程，及其相互作用的基础理论；

（2）海洋资源开发、利用以及有关海洋军事活动所迫切需要的应用研究。这些研究与力学、物理学、化学、生物学、地质学以及大气科学、水文科学等均有密切关系，而海洋环境保护和污染监测与治理，还涉及环境科学、管理科学和法学，等等。世界大洋既浩瀚又互相连通，从而具有统一性与整体性，海洋中各种自然过程相互作用及反馈的复杂性，人为外加影响的日趋多样性，主要研究方法和手段的相互借鉴、相辅而成的共同性，等等，促使海洋科学发展成为一个综合性很强的科学体系。

海洋科学的特点为：

（1）明显依赖于直接观测；

（2）信息论、控制论、系统论等方法在海洋科学研究中越来越显示其作用，借助这些方法对已有资料信息进行加工和系统模拟，可以取得较好的结果；

（3）学科分支细化与相互交叉、渗透并存，而综合与整体化研究的趋势明显。

2. 海洋科学的分支

海洋科学体系既有基础性科学，也有应用与技术研究，还包括管理与开发的研究。属于基础性科学的分支学科包括物理海洋学、化学海洋学、生物海洋学、海洋地质学、环境海洋学、海气相互作用以及区域海洋学等。属于应用与技术研究的分支有卫星海洋学、渔场海洋学、军事海洋学、航海海洋学、海洋声学、光学与遥感探测技术、海洋生物技术、海洋环境预报以及工程环境海洋学等。管理与开发研究方面的分支有海洋资源、海洋环境功能区划、海洋法学、海洋监测与环境评价、海洋污染治理、海域管理等。

1）基础性科学的分支学科

（1）物理海洋学

物理海洋学是海洋科学的一个重要分支，是运用物理学的观点和方法，研究发生在海洋中的流体动力学和热力学过程，其中包括海洋中的热量平衡和水量平衡，海水的温度、盐度和密度等海洋水文状态参数的分布和变化，海洋中各种类型和各种时空尺度的海水运动（如海流、海浪、潮汐、内波、风暴潮、海水层结的细微结构和湍流等）及其相互作用的规律，等等。

（2）化学海洋学

化学海洋学是用化学的原理和方法解决海洋中有关问题的科学，其基本内容就是研究海水的化学组成和特性，包括发生在海水中的各种均相化学过程、海水与大气界面上的各种气-液界面化学过程以及海水与沉积物、悬浮颗粒等固-液界面上的化学过程。

化学海洋学是海洋科学的一个重要分支，为海洋科学其他方向的发展提供了化学的基础，也和它们结合形成了新的研究方向和新兴学科。如研究海洋环流、水团等需要利用示踪方法跟踪海水的运动，进行海水化学成分的分析也有助于确定其运动和来源；生物海洋学研究海洋初级生产力必须借助化学手段；化学海洋学对海洋沉积和海水-底质的物质交换研究，则是海洋地质学的重要组成部分。

（3）生物海洋学

生物海洋学是海洋科学的一个分支，是研究发生在海洋中的生物学现象和过程，它们自身的规律和它们与其他物理的、化学的乃至地质的现象和过程之间的相互关系，以及在资源开发利用，海上经济与军事活动和海洋环境保护方面的有关生物学问题的学科。

生物海洋学研究内容主要包括：海洋中有生命的和非生命的有机物质、生物生产的过程、生源元素和物质的生物地球化学循环、生态系统的动态研究与监测等内容。

（4）海洋地质学

海洋地质学是地质学分支学科，是研究地壳被海水淹没部分的物质组成、地质构造和演化规律的学科。研究对象涉及海岸与海底的地形、海洋沉积物、洋底岩石、海底构造、大洋地质历史和海底矿产资源。海洋地质学是地质学的一部分，又与海洋科学存在密切联系，是地质学与海洋科学的交叉科学。

海洋地质学的研究内容十分广泛，涉及许多学科领域，具有极强的综合性，而且与技术方法的研究，特别是测深技术、地球物理、海洋钻探、海底观测和取样技术的研究都有十分密切的联系。海洋地质学的主要研究内容包括：海底地貌学、海底沉积物、大洋构造和海洋矿产资源等内容。

（5）环境海洋学

环境海洋学是环境学的一个分支，研究污染物进入海洋的途径，污染物在海洋中的分布、迁移、转化的规律和对海洋生物，以及对人体的影响，并在此基础上提出保护和改造海洋的措施。环境海洋学是环境学的一部分，又与海洋科学存在密切联系，是环境学与海洋科学的交叉科学。

环境海洋学的主要研究内容包括：海洋环境中物质通量，污染物进入海洋后的迁移、转化规律，海洋污染的生物学效应和防治措施等内容。

（6）海洋气象学

海洋气象学是研究海上大气的物理信息，以及海洋与大气相互作用规律的学科。海洋气象学既涉及大气又涉及海洋，因此它是大气科学和海洋科学共同研究的领域。由于地球表面的绝大部分为海洋所覆盖，而海水又具有和陆地迥然不同的物理、化学性质，这就决定了海洋在海洋气象学研究中的重要地位。

海洋气象学的主要研究内容包括：①海洋气象的观测和试验：包括海洋气象观测方法的研究、海洋气象观测仪器和装置的研制、局部或大范围海域的海洋气象调查研究；②海洋天气分析和预报：研究海上的天气和天气系统及与其密切相关的海洋现象，包括海雾、海冰、海浪、风暴潮、海上龙卷风、热带风暴、温带气旋的机理分析及其预报方法；③海洋和大气的相互作用：在海洋气象学中所研究的海-气相互作用，主要是海洋和大气之间各种物理量，包括热量、动量（或动能）、水分、气体和电荷等的输送和交换的过程及其时空变异，海-气边界层的观测和理论，及大尺度海-气相互作用。

在大尺度海-气相互作用的范畴内，重点研究大气环流和海洋环流的生成及其对应关系，大洋西边界流（湾流和黑潮）对于其邻近海区的天气、天气系统和气候的影响，热带海洋对局部乃至全球大气环流和气候的影响（例如厄尔尼诺现象），大气中二氧化碳含量的增加和海洋对此过程的作用及其对气候变迁的影响等。

（7）区域海洋学

区域海洋学是综合地研究一个海区中各种海洋现象的科学，是海洋科学的一个分支学科，也是自然地理学的一个组成部分。区域海洋学的研究领域十分广泛，其主要内容包括对海洋的物理、化学、生物和地质过程的基础研究，海洋资源开发利用，以及海上军事活动等的应用研究。

对较大海域区域海洋学来说，一般应包括如下内容：海域的地理位置和疆界；海岸形状和岸线长度；海域的长度、宽度和面积，平均深度和最大深度；海底地貌及其特点；海底沉积物，包括其来源、性质、粒度、厚度、化学成分和悬浮体等；海底构造，包括大构造带、火山活动、重要的造山运动和板块构造等；海区气象特点；海流情况和环流形式；平均水文状况，包括海水的温度、盐度、密度分布和时空变化，水团或水系的划分及其主要示性特征和配置情况，水色、透明度等；潮汐、潮流和波浪；水化学要素，包括溶解氧、营养盐类（如氮、磷、硅等）、总碱度、二氧化碳系统、微量元素和痕量元素、放射性物质和污染物质等；冰情；海洋生物，包括海洋动植物的种类、分布、区系、自然生态和生物量等；海洋资源，包括渔业资源、海底油气资源、动力资源（如潮能、波能、温差发电等），以及岸边及海底矿产资源（如海滨重金属砂矿、锰结核等）。

在描述某一具体海区时，还应根据海区的具体特点，既要强调区域内各种海洋现象的综合性，又要着眼于区域的特色。由于海洋里的各种自然现象在不同程度上都受到环流形式和水文动力状况的影响或控制，故区域海洋学应以环流和平均水文动力状况为其基本内容。对于小范围的海域，则应以描述其特色为主，不必门门齐全。

2）应用性科学的分支学科

（1）卫星海洋学

卫星海洋学是利用卫星遥感技术观测和研究海洋的一门分支学科，是卫星技术、遥感技术、光电子技术、信息科学与海洋科学相结合的产物。卫星海洋学主要包括两个方面的研究，即卫星遥感的海洋学解释和卫星遥感的海洋学应用。卫星遥感的海洋学解释涉及对各种海洋环境参量的反演机制和信息提取方法的研究，卫星遥感的海洋学应用涉及运用卫星遥感资料在海洋学各个领域进行研究。

卫星海洋学具体涉及的内容包括：①海洋遥感的原理和方法：包括遥感信息形成的机理、各种波段的电磁波（可见光、红外和微波）在大气和海洋介质中传输的规律以及海洋的波谱特征；②海洋信息的提取：包括与海洋参数相关的物理模型、从遥感数据到海洋参数的反演算法、遥感图像处理和海洋学解释、卫星遥感数据与常规海洋数据在各类海洋模式中的同化和融合；③满足海洋学研究和应用的传感器的最佳设计和工作模式：包括光谱波段和微波频率的选择、光谱分辨率和空间分辨率的要求、观测周期和扫描方式的研究以及传感器噪声水平的要求；④反演的海洋参数在海洋学各领域中的应用。卫星遥感所获得的海洋数据具有观测区域大、时空同步、连续的特点，极大地深化了对各种海洋过程的认识，引起了海洋学研究的一次深刻变革。卫星遥感资料和卫星海洋学的研究成果在海洋天气和海况预报、海洋环境监测和保护、海洋资源的开发和利用、海岸带测绘、海洋工程建设、全球气候变化以及厄尔尼诺现象监测等科学问题上有着广泛的应用。

（2）渔场海洋学

渔场海洋学，是从海洋学的角度出发，研究海洋生物资源分布机理的学科。其主要内容是研究海洋生物资源生存的环境条件，时、空与数量分布规律，进行海况分析和预测、预报。其核心任务是探明海洋环境与渔业资源、渔场的关系。渔场海洋学属于海洋学与渔业学的交叉学科，其学科发展的水平取决于上述两学科的发展水平及其集成。

（3）军事海洋学

军事海洋学是研究和利用海洋自然规律，为海上军事行动提供科学依据和实施海洋保障的科学，是在海洋科学和军事科学基础上结合发展起来的研究领域。

军事海洋学研究的问题范围很广，归纳起来有三个方面：海洋学调查研究、海洋工程技术、海洋环境保障。①海洋学调查研究是利用各种海洋观测仪器、设备和实验手段获取海洋物理、化学、生物、地质等方面的数据资料，采用统计分析、数值模拟、实验室或现场试验等方法，研究海洋环境要素的分布变化规律，进而研究如何把这种规律应用于舰艇航行作战、工程施工、武器设计使用、后勤保障服务之中。研究的范围已从早期的海洋地理学、海道测量学、海洋气象学扩展到海水的物理化学性质、海底及海底深部的地质构造、海洋生态系统、海-气相互作用、大洋动力学和海洋医学等领域。②海洋工程技术除研制用于军事目的的海洋观测仪器、技术装备外，重点研究深潜技术、防腐技术、大型物体打捞技术、水下施工技术等。③海洋保障服务包括海洋资料、海洋制图和海洋预报工作。其中海洋预报包括海洋自然环境要素的预报，如海上天气预报、温度预报、盐度预报、波浪预报、潮汐潮流预报、海冰预报、海雾预报、反潜战环境预报、最佳航线预报、海洋声学器材作用距离的预报等。

军事海洋学这三方面内容有许多是海洋学的基础性通用性工作。军事海洋学的研究重点是：①海洋声学，包括海洋声学特性、声学器材；②深海研究，包括深海底地质地貌、海底工程和水下施工技术；③深潜技术，包括深潜装置、潜水医学和潜水技术等；④反潜战环境预报。

军事海洋学同海洋学的各分支学科以及气象学、水文学、地理学、测量学、制图学等学科关系密切，并需要应用电子技术、遥感技术、电子计算机技术和人造卫星等新兴科学技术。军事海洋学的历史不长，但近 20 年来发展迅速。

（4）航海气象学与海洋学

航海气象学与海洋学是研究大气、海水的运动变化规律以及海-气相互作用在航海活动中应用的学科，其性质属于物理学的范畴。

（5）海洋声学、光学和电磁学探测技术

海洋声学是研究声波在海洋水层、沉积层和海底岩层中的传播规律，及在海洋探测和海洋开发中的应用的学科，其主要研究内容包括海洋中声的传播和声速分布、声吸收和声散射、海洋中的自然噪声、海洋水层中的声学探测、海底声学特性和海底声学勘探，等等。

海洋光学的研究内容，在基础研究方面主要是海洋辐射传递过程的研究，以及海面光辐射、水中能见度、海水光学传递函数、激光与海水相互作用等的研究；在应用研究方面主要是遥感、激光、水下摄影等海洋探测方法和技术的研究。海洋电磁学主要研究海洋电磁特性，天然电磁场和电磁波的运动形态及传播规律，电磁波在海洋探测、通信及开发中的应用。

1.2.3 海洋开发

1. 海洋开发内容

海洋中蕴藏着丰富的资源。海洋资源按其属性可分为海洋生物资源、海底矿产资源、海水资源、海洋能与海洋空间资源。在当今全球粮食、资源、能源供应紧张与人口迅速增长的矛盾日益突出的情况下，开发海洋资源是历史发展的必然。

1）海洋生物资源

海洋生物资源又称海洋水产资源。指海洋中蕴藏的经济动物和植物的群体数量，是有生命、能自行增殖和不断更新的海洋资源。其特点是通过生物个体种和种下群的繁殖、发育、生长和新老替代，使资源不断更新，种群不断补充，并通过一定的自我调节能力达到数量相对稳定。

海洋生物资源是人类食物的重要来源；海洋生物资源还提供了重要的医药原料和工业原料，海龙、海马、石决明、珍珠粉、龙涎香、鹧鸪菜、羊栖菜、昆布等，很早便是中国的名贵药材；海洋生物药物已在提取蛋白质及氨基酸、维生素、麻醉剂、抗菌素等方面取得进展；贝壳制造工艺品已成为一种行业；海鸟粪含磷达 20%，是极好的天然肥料；海藻的提取物，特别是褐藻胶和琼胶在工业上也有广泛的用途。

2）海洋油气资源

海底石油开采，可追溯到 19 世纪末，1896 年，美国开始在加利福尼亚的圣巴巴腊海峡钻井；1947 年，美国在墨西哥湾钻出第一口商业性油井，这是浅海开发石油的起点。从此，海底采油技术不断发展。1973 年，爆发第四次中东战争，阿拉伯石油禁运和不断上涨的油价，使得海底开采石油的利润大大提高。现在，海底油气资源勘探、开发，已成为沿海国家的重要经济活动内容，成为某些国家的经济支柱。据估计世界海底石油的潜在可采储量约有 3000 亿吨，基本集中在大陆边缘地区，其中 80%~95% 分布在离岸 200nmile 范围内，包括大陆架和上部陆坡。大陆架面积约为 2750 万平方千米，可能蕴藏海底石油总储藏量的 55%~70%。

3）海洋能

海洋能属于可再生能源，主要包括潮汐能、潮流能、波浪能、温差能和盐差能等。海洋可再生能源具有总蕴藏量大、可永续利用、绿色清洁等特点，是有利于人类社会和谐发展的重要能源之一。在当今海洋强国建设背景下，加快推进中国海洋可再生能源的开发利用，对缓解沿海地区用电紧张，解决边远沿海地区特别是海岛电力供应短缺，满足沿海经济社会的发展具有十分重要的意义。

在海洋能开发中，波浪发电和潮汐发电技术比较成熟，如日本、英国等国已成功研制了波浪发电装置，法国建成了郎斯潮汐电站。我国近海及其毗邻海域，蕴藏着丰富的海洋可再生能源，虽然开发和利用海洋能起步较晚，但发展较快。在潮汐能开发方面，目前独立研建的位于浙江温岭的江厦潮汐试验电站是中国潮汐能开发利用的国家级试验电站，基本达到商业化程度；我国的潮流能开发始于 20 世纪 80 年代，研制的大型海洋潮流能发电机组于 2016 年 8 月下海，并成功发电，使我国成为亚洲首个、世界第三个实现 MW 级潮流能并网发电的国家；在波浪能开发方面，中国波浪能发电技术研究已有 20 多年的历史，先后研建了 100kW 振荡水柱式和 30kW 摆式波浪能发电试验电站,利用波浪能发电原理研制的海上导航灯标已形成商业化产品并对外出口,100kW 鹰式波浪能发电装置"万山号"已完成海试,转换效率已实现国际领先;在温差能开发和利用方面,我国从 1986 年开始进行温差能利用技术研究,目前完成了实验室原理试验,并开展了电厂温排水温差能发电试验;在盐差能开发和利用方面,我国采用渗透压能法已研制出功率不低于 100W、系统效率不低于 3% 的原理样机。

4)海洋空间资源开发

海洋空间资源是指与海洋开发利用有关的海岸、海上、海中和海底的地理区域的总称。将海面、海中和海底空间用作交通、生产、储藏、军事、居住和娱乐场所的资源。包括海运、海岸工程、海洋工程、临海工业场地、海上机场、海流仓库、重要基地、海上运动、旅游、休闲娱乐等。

交通运输空间:海洋交通运输的优点是连续性强、成本低廉,适宜对各种笨重的大宗货物作远距离运输;缺点是速度慢,运输易腐食品需要辅助设备,航行受天气影响大。

海上生产空间:海上生产项目建设的优点是可大大节约土地,空间利用代价低,交通运输便利,运费低,能免除道路等基础设施建设费用;冷却水充足,取排方便,价格低廉,可免除污染危害。缺点是基础投资较大,技术难度高,风险大。

海底电缆空间(通信、电力输送等):通信电缆包括横越大洋的洲际海底通信电缆、陆地和海上设施间的通信电缆,电力输送主要用于海上建筑物、石油平台等和陆地间的输电。

储藏空间:利用海洋建设仓储,具有安全性高、隐蔽性好、交通便利、节约土地等优点。

文化、生活、娱乐空间:随着现代旅游业的兴起,各沿海国家和地区纷纷重视开发海洋空间的旅游和娱乐功能,利用海底、海中、海面进行娱乐和知识相结合的旅游中心综合开发建设。如日本东京附近的海底封闭公园,游人可直接观赏海下的奇妙世界。美国利用海岸、海岛开发了集游览和自然保护为一体的保护区公园。

2. 海洋开发技术

随着海洋开发和利用活动的深入,服务于海洋资源开发和利用的各项技术也有了飞速的发展,具有代表性的主要有:

1)水面调查平台技术

大型水面运输和调查平台的出现,极大地提高了海上运输的能力,同时也促进了海洋资源的开发工作。近二十年来,我国的海洋资源调查和航运平台发展迅速,先后建成了"向阳红"系列、"海洋地质"系列等现代化的海洋调查船,一些临海省份和高校也建成了自己的大型科考船。在大型船舶建设方面,我国已形成了比较完整的造船科研、设计和生产能力,为国防建设和国民经济建设提供了大量的舰船及其他装备,船舶产品尤其是大型船舶已进入国际市场,取得了令人瞩目的成就。

2)深潜器技术

为了开发利用海洋资源,就必须对海底进行探查,但一般海洋的平均深度达数千米,由于水压力随着水的深度增加而增加,因此要使潜水器下探到万米的深处,就必须承受一千个大气压的压力。美国的"特里亚斯德"号深潜器，已可潜达深为 1×10^4m 的海底。我国的潜器近十余年来发展迅速，代表性潜器为我国自主研发的"蛟龙"潜航器，目前可以深潜到水下 7000m。2020 年 11 月 10 日，我国自主研制的"奋斗者"号载人潜水器在马里亚纳海沟成功坐底，坐底深度 10909m，表明我国已可以实现全水深载人潜行。

3）深水钻探技术

目前，深水钻探的能力和提取海底石油的能力在迅速提高。为了对海底的地质情况进行考察和进行海底石油的勘探，必须在海上对海底地层进行钻探和开采石油，这一技术从 20 世纪 40 年代起就逐渐被人们重视，并获得迅速发展，目前已经有设备完善、技术先进的各种类型的海上钻井平台投入生产使用。一些工业发达国家研制了一种张力脚平台，由于这种平台的水下浮体被紧拉并固定在海底的锚具上面，有效地减少了上下运动而改善了钻井操作条件，同时这种平台还具有造价低、易于脱离井位转移到其他海域工作的优点，现在已研制成功的这种平台的高度，相当于地面上 42 层楼。我国在该领域已达到了世界先进水平，研制的深水半潜式钻井平台海洋石油 982 平台可以实现深海钻探作业，已经发现多个深水油气田。

4）海洋定位

海洋定位已有精确定位的技术。以往在大洋中间船舶的定位精度一般为公里级，但自 20 世纪 80 年代以来，美国将全球定位系统（Global Positioning System，GPS）作为一种非常可靠的、高精度和全天候的导航系统，向各类船舶提供了有效的服务。我国于 2020 年 6 月，完成了所有北斗卫星的发射，形成了完备的北斗星座和定位系统，可实现全球海洋导航定位，满足不同用户及不同精度要求的海洋开发和利用活动。

5）水下调查技术

海底电视、水下相机、多波束测深技术和高精度测深侧扫声呐技术的发展和应用，使人们能对海底详情进行深入的考察。尤其是最近十年，随着 ROV/AUV 技术的突飞猛进，这些技术与其记录仪器和精确导航技术相配合，将会使人们像在陆地上进行空中摄影那样，对海底进行摄影和测量。

总之，在广泛吸收各种现代技术的同时，海洋技术也逐步完善起来，形成了完整的体系。海洋技术体系包括探测技术、开发技术、通用技术三部分。探测技术是海洋开发前期工作的技术手段，其任务是探测海洋环境的变化规律，探索可供开发的海洋资源并确定其所在的位置。探测技术包括卫星、浮标、调查船、观测站、潜水器等，是对海洋进行立体探测的整个网络技术。开发技术是各产业部门致力发展的生产技术。通用技术是各种海上活动都需要的基础技术。

综上所述，海洋开发工作已从传统的阶段发展到目前的现代化开发阶段，这对人类而言是一项具有战略意义的大事。因此，当前人们普遍认为海洋的开发是新的技术革命的特征之一，同时国际上的科学界人士一再强调，海洋资源的开发将对未来社会的经济发展产生重大的影响，我国在这方面已经给予相当的重视，况且我国又有丰富的海洋资源，因此即使我国的海洋开发工作还处于初创阶段，但前景是相当令人鼓舞的，要发展海洋开发工作，提供测绘保证是一项艰巨而又重要的工作，为此随着海洋开发事业不断取得进展，就必须加速大力发展海洋测量工作。

1.2.4　海洋法公约

随着人类文明、科学技术的发展，人们对海洋的认识也由浅入深地完善起来，尤其通过近一个世纪以来人们对海洋进行的广泛调查和近几十年来海洋石油的成功开采，使人们深知海洋除了作传统的载舟之航道外，更重要的是其中储藏着无数的海洋生物资源、海洋矿产资源和可被利用的各种海洋能源，这些都是地球上迅速增长的人类总量今后生存和发展所需依赖的。因此，近几十年来，一些沿海国家纷纷提出扩大领海范围的要求，一些内陆国家也提出了海洋资源的共有问题，鉴于上述情况，有关海洋法的制定工作就成为当今世界上一项重要的政治任务。自第二次世界大战以来，经历了将近 40 年的时间，终于在1982 年 11 月，由联合国组织有关国家和机构起草的《联合国海洋法公约》（以下简称《公约》）得以在牙买加蒙得哥湾开放签字，自此形成了世界海洋的新格局。

《公约》定义了内水、领海、毗连区、大陆专属经济区、大陆架、公海、国际海底区域（图 1.23），明确了临海国家的权利。

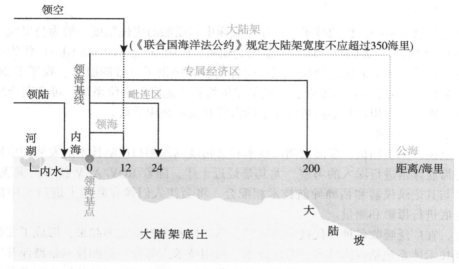

图 1.23　领海基线、领海、毗连区、专属经济区划分

1. 内海

内海亦称内水，指领海基线以内的水域。《公约》第 8 条第 1 款规定，领海基线向陆一面的水域为国家内水的一部分，内水从海岸线起向海一侧延伸至领海基线。换言之，领海基线为内水的外部界限，即内水与领海的分界线，国家对其享有完全的排他性主权。除外国船只在直线基线制度确立前不被视为内水的区域内有无害通过权外，一国对其内水行使全部的主权（《公约》第 8 条第 2 款）。有关的海峡制度适用于被直线基线所包围的海峡。

2. 领海

为沿海国的主权及于其陆地领土及其内水以外邻接的一带海域，在群岛国情形下则及于群岛水域以外邻接的一带海域，称为"领海"（《公约》第2条第1款），即沿海国主权之下的，与其陆地或内水相邻接的一定宽度的水域。1982年《公约》规定，领海宽度不超过12nmile。目前各国已宣布的领海宽度有3、4、6、12、15、20、24、50、70、100、150和200nmile。领海外部界限是一条线，其每一点同基线上最近点的距离等于领海宽度（《公约》第4条）。由主权国按照一定原则，在确定领海基线和领海宽度之后，以规定的方式划出。各国可根据本国的地理特点、经济发展和国家安全需要自行确定其领海范围和划定方法。领海是沿海国领土的组成部分，国家对领海的主权及于其上空、海床和底土。

3. 毗连区

为一种毗连国家领海并在领海外一定宽度的、供沿海国行使关于海关、财政、卫生和移民等方面管制权的一个特定区域。《公约》第33条规定，毗连区的宽度从领海基线量起不超过24nmile。以按确定的宽度所形成的水域之外缘，为其外部界限。

4. 大陆专属经济区

为领海以外并邻接领海，介于领海与公海之间，具有特定法律制度的国家管辖水域。该区域内沿海国家具有勘探和开发、养护和管理自然资源的主权权利，以及一些特定事项的管理权；其他国家则享有航行、飞越、铺设海底电缆和管道等自由。专属经济区的宽度从领海基线量起，不应超过200nmile（《公约》第57条），其外部界限为按照确定的宽度形成的水域之外缘。

5. 大陆架

指沿海国陆地向海的自然延伸部分，又称陆架、陆棚、大陆棚。国际海洋法中，大陆架定义为：沿海国的大陆架包括其领海以外依其陆地领土的全部自然延伸，扩展到大陆边缘外缘的海底区域的海床和底土，或者从测算领海宽度的基线量起到大陆边缘外缘的距离不到200nmile，则扩展到200nmile的距离（《公约》第76条）。与地理学上的大陆架定义显然不完全一致。

在严格的规定下，大陆架定界主要采用三种方法：①从领海基线到大陆边缘外缘的距离不足200nmile的，可扩展至200nmile。②从领海基线到大陆边缘外缘超过200nmile的，大陆架外部界线的各定点，不应超过从测量领海的宽度的基线量起350nmile。③或不应超过2500m等深线100nmile。由此可见，国际海洋法对大陆架外部界限的确定，主要体现了地形、距离和深度三种标准，是确定大陆架定义的最根本的问题。而陆地向海的自然延伸原则，则是确定大陆架法律概念的最基本原则。

沿海国对大陆架海域，以勘探大陆架和开发其自然资源为目的，对大陆架行使主权权利以及其他特定事项的管辖权；上述权利是专属性的，即如果沿海国不勘探大陆架或开发其自然资源，任何人未经沿海国明示同意，均不得从事这种活动，其他国家仅享有航行、飞越、铺设海底电缆和管道等自由（《公约》第77条）。

6. 公海

指沿海国内水、领海、专属经济区和群岛国的群岛水域以外不受任何国家主权管辖和支配的全部海域。公海对所有国家开放，应仅用于和平目的，任何国家不得将公海的任何部分置于其主权之下。规定有关公海各种制度的国际公约为《公约》《公海公约》，后者于 1958 年 4 月 29 日在日内瓦签订，1962 年 9 月 30 日生效，共 37 条。

7. 国际海底区域

国家管辖海域范围以外的海底、洋底及其底土。《公约》称其为"区域"。《公约》规定在"区域"内授予或行使的任何权利，不应影响"区域"上覆水域的法律地位，或这种水域上空的法律地位。"区域"及其资源是人类的共同继承财产。从自然意义上看，国际海底区域一般指水深在 2000～6000m 或更深的海底，这样的区域占大洋总面积的 60%以上。那里蕴藏着丰富的矿物资源，如锰结核和金属软泥。国际海底管理局是代表全人类组织和控制"区域"内活动的国际性组织。

1.3　海洋测绘

一切海洋活动，无论是经济、军事还是科学研究，如海上交通、海洋地质调查和资源开发、海洋工程建设、海洋疆界勘定、海洋环境保护、海底地壳和板块运动研究等，都需要海洋测绘提供不同种类的海洋地理信息要素、数据和基础图件。因此海洋测绘在人类开发和利用海洋活动中扮演着"先头兵"的角色，是一项基础而又非常重要的工作。

1.3.1　海洋测绘的发展历程

公元前 1 世纪，古希腊已经能够绘制表示海洋的地图。公元 3 世纪，中国魏晋时期刘徽所著《海岛算经》中已有关于海岛距离和高度测量方法的描述。1119 年，中国宋代已有测天定位和嗅泥推测船位的方法，朱彧所著《萍洲可谈》记载："舟师识地理，夜则观星，昼则观日，阴晦则观指南针或以十丈绳钩取海底泥嗅之，便知所至。"13 世纪，欧洲出现了波特兰航海图，图上绘有以几个点为中心的罗经方位线。13 世纪末，意大利在热那亚成立了第一个海道测量学校，同时在威尼斯和马略卡岛也建有相似的学校。15 世纪中叶，中国航海家郑和远航非洲，沿途进行了水深测量和底质探测，编制了著名的郑和航海图。1504 年，葡萄牙在编制海图时，采用逐点注记的方法表示水深，这是现代航海图表示海底地貌基本方法的开端。1569 年，荷兰地图制图学家墨卡托创立了等角正圆柱投影，此方法被各国在海图编制中沿用至今。1681 年，英国海军开始对英国沿岸和港口进行测量，于 1693 年出版了沿岸航海图集。17 世纪以后，海洋测绘的范围日益扩大，俄国开始测量黑海海区，后又测量了波罗的海海区。1775 年，英国海道测量人员默多克和他的侄子发明了三杆分度仪，加之广泛使用的六分仪和天文钟，为海上测量定位提供了技术保障。这一时期还出现了以等深线表示海底地貌的海图。19 世纪，海洋测绘逐渐从沿岸海区向远海和大洋发展。

早期测深采用人工器具，主要是测深杆和水砣等，由于原理简单、操作方便，几个世纪以来一直沿用这种测深方法。15 世纪中期，尼古拉·库萨发明了通过测量球体上浮时间来测量水深的测深仪。16 世纪，佩勒尔对这种测深器做了改进，利用水压变化来测量水深。1851 年前后，继布鲁克型测深器，先后出现了锡格斯比型测深器和开尔文测深器。1891 年前后，英国电信公司推出了卢卡斯型测深器。1807 年，法国科学家阿喇果提出

"回声测深"的构思。1907 年费尔斯取得回声测深的专利。1914 年，美国费森登设计制造了电动式水声换能器。1917 年，法国物理学家郎之万发明了装有压电石英振荡器的超声波测距测深仪。1920 年，回声测深仪用于船舶航行中连续测深，提高了工作效率。1921 年，国际海道测量局成立，开展学术交流活动，修订了《大洋地势图》，并陆续出版国际海图。20 世纪 40 年代开始，在海洋测绘中试验应用航空摄影技术。20 世纪 70 年代问世的多波束测深系统，作为精密水下地形测量的主要技术之一，将传统的测深方式从原来的点、线扩展到面，实现了海底全覆盖测量。定位手段由采用光学仪器发展到广泛应用电子定位仪。定位精度由几千米、几百米提高到几十米、几米。测量数据的处理已经采用电子计算机。20 世纪 70 年代末，随着机载激光测深技术、多光谱扫描和摄影技术的发展，海洋遥感测深逐步发展，特别是应用卫星测高技术对海洋大地水准面、重力异常、海洋环流、海洋潮汐等问题进行了探测和研究。海洋测量已从测量水深要素为主发展到测量各种专题要素的信息和建立海底地形模型所需的多种信息。为此建造的大型综合测量船可以同时获得水深、底质、重力、磁力、水文、气象等资料。综合性的自动化测量设备也有所发展。1978 年，美国研制的海底绘图系统能够采集高分辨率测深数据，探明沉船、坠落飞机等水下障碍物，以及底质和浅层剖面数据等，并可同时进行水深测量、海底浅层剖面测量。在海图制图过程中已广泛采用自动坐标仪定位、电子分色扫描、静电复印和计算机辅助制图等技术，除普通航海图的内容更加完善外，还编制出各种专用航海图、海洋专题图以及海图集。20 世纪 90 年代以来，卫星导航定位技术不断成熟，全球导航卫星系统（Global Navigation Satellite System，GNSS）以全天候、高精度、自动化、高效益等特点使得海洋测绘的精度不断提高，海洋测绘的范围不断扩大。基于载波相位观测值的实时动态（Real-time Kinematic，RTK）、动态后处理差分（Post-processing Kinematic，PPK）改变了传统的水深测量模式，使高精度潮位观测和地形测量可快速实施，提高了海道测量的作业效率和精度。

21 世纪以来，随着 GNSS、遥感（Remote Sensing，RS）、地理信息系统（Geographic Information System，GIS）的快速发展，突破了传统海洋测绘的时空局限，以自动化及智能化技术为支撑，进入以数字式测量为主体的现代海洋测绘新阶段。

海图制图完成了由传统海图制图生产体系向数字化海图制图生产体系的转变。随着以海洋测绘数据库为核心的信息化海图制图生产体系的建设，海图制图技术产生了质的变化，不仅缩短了生产周期，使作业流程更加科学高效，而且解决了数字海图和纸质海图在一个平台生产等问题，实现了动态的海洋地理环境信息全球化综合服务。

海洋测绘学科经历了从传统的海道测量技术到现代海洋测绘学，以及与相关学科的交叉融合发展历程，而与大地测量相关的理论和技术则从狭义的海洋大地测量发展为广义的海洋大地测量。

1. 传统海道测量技术到现代海洋测绘学

海道测量技术伴随着人类的航海实践具有悠久的历史，20 世纪前叶，由航海技术及海洋科学调查分化形成了较为完备的理论、技术与服务保障体系。随着水声技术的广泛应用、导航定位技术的跨越式进步，以及多样化服务需求的牵引，海道测量技术逐渐学科化，由航海图测绘逐步延展为海底地形地貌测量、浅层地质测量、海洋重力和海洋磁力测量、海洋水文测量等海洋空间信息、地球物理和地质信息、水文信息的获取、处理和分析的理论技术体系。信息表达也由海图制图扩展为地理信息分析、管理和动态服务。在技术方法上，实现了由模拟技术到自动化、数字化技术的发展，进入智能化时代。在卫星导航定位技术、水声技术、遥感技术和地理信息技术的支撑下，服务目标由航海保证、海洋工程建设与海洋开发利用、海洋权益维护扩展至海洋立体空间地理信息监测与智慧海洋建设与服务。

2. 学科交叉融合发展

海洋测量与海洋科学、声学、水文学、环境科学等相关学科交叉渗透日益活跃，与传感器技术、自动控制技术深度融合，使海洋测量表现出新兴边缘学科与多技术集成的特点。随着测量仪器设备的发展以及测量要素、作业方法、数据处理和成果应用等技术的进步和需求的加强，海洋测量与海洋调查在海底地形测量、海底底质探测、海洋重磁测量等方面，与海洋地质在海床表面底质探测和浅表层层析和底质分布研究等方面，与海洋水文在温度、盐度、密度、潮位、流速、浑浊度测量和研究等方面的学科交融性正在日益增强。

3. 狭义海洋大地测量到广义海洋大地测量

作为陆地大地测量在海域的扩展，海洋大地测量的研究内容不再局限于建立海洋大地控制网、测定平均海面、海面地形和大地水准面等内容，而是通过海洋重力测量、海洋磁力测量、大洋海底板块运动监测等技术，更广泛参与解决大地测量和地球物理学的全球性科学研究问题。而且随着海洋观测网、海洋无缝垂直基准建立等理论与方法研究，为全球变化研究和海洋灾害观测预警提供关键理论和技术支撑。融入空间大地测量、物理大地测量、动力大地测量等研究内容的海洋大地测量，实现了由狭义到广义的提升与扩展。

1.3.2　现代海洋测绘的定义与内容

1. 海洋测绘的定义与结构体系

海洋测绘是研究海洋和内陆水域及其毗邻陆地空间地理信息采集、处理、表达、管理和应用的测绘科学与技术学科分支，是海洋测量、海图制图及海洋地理信息工程的总称。

根据测量要素，海洋测量的基本结构体系由基础要素测量和组合要素测量构成。基础要素测量主要包括海洋导航定位支持下的水深、重力、磁力、底质与浅层地质、水文等测量；组合要素测量则是由两个或两个以上基础要素组合而开展的测量。联合海图制图及海洋地理信息工程形成的海洋测绘结构体系如图 1.24 所示。根据测量理论和方法的独立性及综合性，海洋测绘的基本结构体系又可划分为基础测量和综合测量。基础测量主要包括海洋大地测量、海底地形地貌测量、海洋地球物理测量、海岸带测量、海洋水文测量等；综合测量包括海道测量、海洋工程测量、海籍与海洋划界测量等内容。联合海图制图及海洋地理信息工程形成的海洋测绘结构体系如图 1.25 所示。

2. 海洋测绘的内容

根据海洋测绘的定义和结构体系，海洋测绘包括海洋测量、海图制图与海洋地理信息工程。就海洋测量而言，无论是综合要素测量、基础测量还是组合测量，均建立在基础要素测量的基础上。为此，下面将从基础要素测量、基础海洋测量、综合海洋测量、海图编

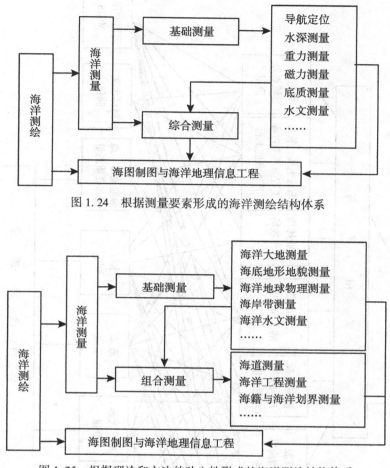

图 1.24　根据测量要素形成的海洋测绘结构体系

图 1.25　根据理论和方法的独立性形成的海洋测绘结构体系

制、海洋地理信息工程五个方面对海洋测绘的内容进行介绍，海洋测绘任务和内容间的关系描述见图 1.26。

1）基础要素测量

（1）海洋定位

海洋定位是利用仪器设备确定海洋上被测点位置的技术，是海洋测量中最基本的工作，与陆地测量定位相比，海洋测量定位有许多独特之处，其中最显著的就是陆地测量定位一般在静止状态下进行，并可通过重复观测来提高被测点精度，而海洋测量定位一般在运动状态下进行，重复观测几乎是不可能的；另外一个重要的不同之处是海洋测量定位的实时性要求高，由于海洋环境条件的影响，海洋测量定位精度低于陆地测量定位。海洋测量定位的方式主要有光学仪器定位、无线电定位、水下声标定位和卫星定位等。

光学仪器定位是应用全站仪、经纬仪和六分仪等光学仪器确定被测点位置的方法。光学仪器定位的方法主要有前方交会法、后方交会法、侧方交会法和极坐标法。光学仪器的

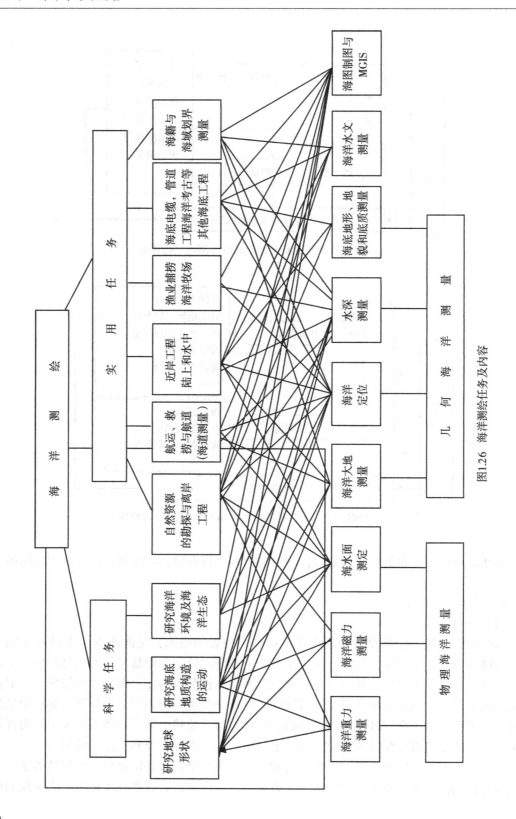

图1.26 海洋测绘任务及内容

作用距离一般在视距范围内，适用于近岸海洋测量定位。光学定位一般根据两条线的角度或方位位置线的交点确定被测点位置，为保证定位精度，要求位置线交角通常介于30°～150°之间。为提高定位精度和可靠性，可采用多余观测的方法，即同时观测多个角度或方位，采用最小二乘平差等方法计算被测点的最或然点位。

无线电定位是利用无线电定位设备测定海上被测点至岸台的距离或距离差，从而确定被测点位置的方法。无线电定位可分为三种：

①按照定位方式可分为圆圆（两距离）定位和双曲线（距离差）定位。圆圆（两距离）定位原理是同时测得被测点到两个已知点的距离，分别得到以两个已知点为圆心，以距离为半径的等距圆弧，两圆弧的交点即为被测点的位置。双曲线（距离差）定位原理是在被测点上测得主台与一个副台的距离差，得到的距离差函数等值线就是以两个岸台为焦点的双曲线，同时测得主台与两个副台的距离差，根据两条双曲线的交点就可得到被测点位置。

②按照工作原理可分为脉冲计时法、相位比较法和脉冲相位法。脉冲计时法就是测定主台和副台发射的脉冲信号到达被测点的时间差以确定距离差。相位比较法是测定主台和副台发射的信号到达被测点的相位差以确定距离差。脉冲相位法是组合脉冲计时和相位比较两种方法，即同时测定信号到达的时间差和相位差以确定距离差。

③按照作用距离可分为近程（0～40km）、中程（40～150km）和远程（150～2000km）定位系统。

水下声标定位是利用水声设备，通过超声波测向和测距方式确定水面或水下载体位置的方法。水下声标定位系统可分为长基线（LBL）、短基线（SBL）和超短基线（USBL）定位系统。长基线系统通常由基线长度为几千米的海底应答器阵和被测载体上的问答机组成。短基线系统水下部分仅需要一个声标（或应答器），被测载体上的接收基阵一般由三个换能器组成，三个换能器构成互成正交的基阵。超短基线系统的构成与短基线系统类似，但其水听器阵是将三（或四）个敏感元件集中安装在一只精密的容器内，敏感元件之间的间距仅为几个厘米。实践中常常将三种系统进行组合，如长基线与短基线（L/SBL）、长基线与超短基线（L/USBL）和短基线与超短基线（S/USBL）等。

卫星定位是利用全球导航卫星系统（GNSS）确定被测点位置的方法。按照定位方式可以分为单点定位和差分定位。应用于海洋测量定位的卫星定位技术主要有：①伪距单点定位技术：卫星接收机同时接收4颗或以上卫星信号，测得接收机至卫星的伪距，利用空间距离后方交会法，计算接收机的位置，在全球任何地点实现20m以内的实时定位精度要求。②伪距差分定位技术：在基准站上架设卫星接收机，通过观测可见卫星的伪距，计算各个卫星的伪距改正数，利用数据链实时传送给用户接收机，可以达到米级的定位精度。目前在中国沿海岸线布设的基于伪距差分技术的信标差分（RBN-DGNSS）系统从南到北由20个台站组成，在海上300km范围内可实现米级实时定位精度要求。③实时动态载波相位差分（RTK）技术：在基准站上架设卫星接收机，同时测得可见卫星的伪距和载波相位数据，并将其观测数据及其改正数通过数据链，实时地传送给用户接收机，在距离基准站20km范围内可实现厘米级的实时动态定位精度。在水深测量定位中，通过RTK技术直接测定海底的图载深度而无须验潮进行水位改正，该方法称为RTK无验潮模式水深测量。RTK 无验潮模式水深测量还可采用后处理差分（PPK）模式，PPK 无验潮模式水深测量只需连续记录基准站和流动站的原始观测数据，而无须在站间进行实时数据通信。后处理时利用 IGS 提供的精密星历或广播星历、原始记录数据和基准站的已知坐标，计算出基准站的相位改正数。PPP 无验潮模式水深测量一方面其作用距离可以不受距基准站 20km 范围的限制，可以达到 50~80km，同时不需要数据链实时数据传输，减少系统成本。④星载差分定位技术：利用卫星代替地面基准站，向用户接收机传送差分改正数据，在全球除极地外（75°S~75°N 之间）任何地点满足分米级实时定位精度要求。目前可提供全球实时服务的星站差分系统有 Veripos、StarFire 和 OmniSTAR，三者均标称可提供分米量级的实时导航定位服务；而我国北斗星站差分定位技术也已经打破国际企业的技术垄断和封锁，弥补了我国卫星导航产业在精度、可用性和完好性方面的不足。

卫星定位具有全球性、全天候、实时连续的精密三维导航定位能力，特别是随着差分定位技术在各种海洋测量定位中的广泛应用，卫星定位技术已经成为海洋测量定位的主要手段。

（2）水深测量

水深测量是测定水面至水底垂直距离和对应位置的技术，是海道测量和海底地形测量的主要工作内容。其目的是为编制航海图、海底地形图等提供水深和航行障碍物等基础地理数据。

目前，水深测量可通过船载、机载等多种方式来实现。常见的船载水深测量工作主要包括：技术设计、数据获取、数据处理和精度评估。

①技术设计。水深测量前，先要根据测量任务确定测区范围、测量等级、测图比例尺，设计图幅，标定免测范围或确定不同比例尺图幅之间的具体分界线，布设计划测深线，设计验潮站和水位改正方案，确定验流点和水文站的位置，制订航行障碍物探测计划，统计工作量，明确实施水深测量工作中的重要技术保证措施、编写技术设计书和绘制有关附图等内容。

②数据获取。水深测量时，必须选择适当的测深线间隔和方向。测量船沿预定测深线连续测深，并按一定间隔进行定位。配合水深测量须同时进行水位观测和声速剖面测量。测量中要确定礁石、沉船等各种航行障碍物的准确位置，探清最浅水深及其延伸范围。同时还要进行底质调查，测定流速和流向，以及收集水温和盐度等各项资料。

③数据处理。水深数据处理的主要目的是绘制成果图板和编写技术报告书。水深数据处理的工作内容有：数据编辑与改正、水深成果图绘制、技术报告书编写。

④精度评估。精度评估主要用于检查分析水深测量各工序作业质量，如平面控制、高程控制和定位点的精度，航行障碍物探测的完善性，测深线布设的合理性，水深点的密度和精度，以及等深线勾绘的准确程度等。为评定水深测量成果的精度，测区内应适当布设检查线，用主测线和检查线的交点水深不符值评定。另外，还须检查与邻图拼接处相对应水深的符合程度。对其中相差较大或存在系统误差的深度点，要找出引起误差的原因，一般海底平坦处着重从测深方面检查，在海底地貌变化较大处，着重从测深点定位方面检查。

（3）海洋重力测量

海洋重力测量是测定海域重力加速度值的理论与技术，是海洋测量的组成部分。为研究地球形状和地球内部构造、探查海洋矿产资源、保障航天和战略武器发射等提供海洋重力场资料。

海洋重力测量主要包括传统的海底重力测量和船载重力测量，以及后续发展的航空重力测量、卫星测高反演海洋重力场和卫星重力测量等方法。

①海底重力测量：即将重力仪安置在海底，利用遥测装置进行测定，通常适用于在深度浅于200m的海域作业，现代化的海底重力仪可在深达4000m的海底开展工作。特点是几乎不受海上各种动态环境因素的影响，观测值为离散点值，精度可达±0.02～±0.2mGal，但实施技术难度大，效率低，仅少数特殊应用需求采用此种测量方式。

②船载重力测量：将海洋重力仪安装在测量船上，在航行中进行重力测量，是海洋重力测量的基本方法。海面船载重力测量的测线网一般布设成正交的形状，主测线尽量垂直于区域地质构造线方向。在作业时，测量船尽量按计划测线匀速航行。测量精度主要取决于重力仪的观测精度和定位精度。

仪器受到的干扰加速度影响主要有：

a. 厄特弗斯效应。又称科里奥利加速度影响。因载体相对于地球运动，改变了作用在重力仪上的惯性离心力而对重力观测值产生的影响。

b. 水平加速度影响。因波浪、海流和机器震动等因素，引起载体在水平方向上的周期性干扰加速度对重力观测的影响。

c. 垂直加速度影响。因波浪、海流和机器震动等因素，引起载体在垂直方向上的周期性干扰加速度对重力观测的影响。

d. 交叉耦合效应，又称 C. C. 效应（Cross Coupling Effect）。摆杆型重力仪安置在陀螺稳定平台上进行测量时，由于周期相同、相位不同的垂直加速度和水平加速度共同作用在摆杆上产生的一种效应。船载重力测量是获取高频海洋重力场信息的主要方法，其分辨率可达 1～2km，测量精度可达±1.0～±2.0mGal。

③航空重力测量：是将重力测量系统安装在飞机上，在飞行过程中对海区实施的重力测量，是 20 世纪末 GNSS 精密导航定位技术、激光技术、计算技术和数据采集技术在重力测量领域高度集成的产物。机载重力测量系统主要包括重力传感器分系统、定位传感器分系统、数据采集记录分系统、高度和姿态测量等辅助分系统。重力传感器分系统用于测定瞬时比力，定位传感器分系统用于测定载体的位置、速度和加速度。航空重力测量与船载重力测量一样，同属动态重力测量，需对观测数据进行垂直加速度改正、厄特弗斯改正、水平加速度改正和姿态改正，为了获得海面点的重力值还需将空中重力值向下延拓，航空重力测量数据处理技术难度远比船载重力测量复杂。航空重力测量可快速获取海陆交界的滩涂地带及浅水区域等困难区域的高频重力场信息，其分辨率可达 10km，测量精度可达±2.0mGal。

④卫星测高反演海洋重力场：利用雷达测高仪测得卫星到海平面的距离，运用数值计算方法反演得到海面重力值。主要的反演方法有数值积分法、最小二乘配置法和谱方法等反演计算方法。卫星测高反演海洋重力场技术较好地解决了海洋重力场的确定问题。但由其推算的海域重力高频信息的精度和分辨率仍与船载重力测量、航空重力测量方式有一定

的差距，在离海岸较近的浅水区域，这种差距尤为明显，并在两极地区存在盲区。

⑤卫星重力测量：是利用星载重力传感器、定位传感器、姿态传感器和星间距离跟踪传感器组合系统进行空间重力测量的技术。根据观测原理的不同，卫星重力测量可分为卫星重力梯度测量（SGG）和卫星跟踪卫星测量（SST）。前者通过在卫星上安装重力梯度仪，直接测定海面重力场参数；后者通过观测两颗卫星之间的距离变化，直接测定地球重力场的细部结构，进而反演海面重力场参数。卫星重力梯度测量法和卫星跟踪测量法只能测定地球重力场的中长波分量，所推求的地球重力场模型相应地面分辨率可达 80km。

（4）海洋磁力测量

海洋磁力测量是利用磁力仪测定海洋表面及其附近空间地磁场强度和方向的技术，是陆地磁力测量的拓展与延伸，是海洋测量的组成部分，也是海洋地球物理勘探的主要内容之一。其是以海底岩石和沉积物的磁性差异为依据，通过观测并研究海域地磁场强度的空间分布和变化规律，可探明区域地质特征，如断裂带的位置和走向、火山口的位置，寻找海底矿产资源，如铁磁性矿物、石油、天然气等，军事上可用于探明水下沉船、未爆军火、海底管道和电缆等，为舰艇安全航行和正确使用水中武器提供地磁资料信息。

根据观测位置和磁力测量设备搭载的载体不同可分为船载海洋磁力测量、海底磁力测量、航空磁力测量和卫星磁力测量等。

①船载海洋磁力测量：利用普通舰船拖曳海洋磁力仪，沿计划测线航行的同时，连续采集地磁场强度数据，是海洋磁力测量常用的方法。20 世纪 50 年代中期质子旋进式磁力仪的出现，使高密度高精度的船载海洋磁力测量成为可能。测量前要在海上进行船体磁场影响和传感器沉放深度试验，并对仪器进行调试和稳定性检核。船载海洋磁力测量需布设主测线和与主测线正交的联络测线，根据主测线与联络测线的交叉点不符值消除系统误差、计算测量精度。1958 年梅森通过船载海洋磁力测量，在东北太平洋发现明显的条带状磁异常分布图案。1961 年瓦奎尔、梅森和拉夫等通过船载海洋磁力测量分别证实条带状磁异常在大洋中广泛存在，对海底扩张学说提供了强有力的支撑。

②海底磁力测量：海底磁力测量始于 20 世纪 70 年代末，将质子旋进磁力仪安置在海底直接测量地磁场强度。海面和海底同时进行测量，可以得到地磁场的垂直梯度。

③航空磁力测量：航空磁力测量有两种类型：一种是由飞机携带总强度磁力仪，在空中连续采集地磁场强度数据；另一种是使用分量磁力仪同时测量地磁场强度和方向，但精度较低。航空磁力测量适用于舰船无法达到的复杂海域，具有效率高、费用省、不受海底地形或海面障碍物影响等优点。

④卫星磁力测量：卫星携带总强度磁力仪和分量磁力仪，可实现对近地空间的地磁场强度和方向的探测。1958 年，苏联发射了第一颗装有磁通门矢量磁力仪的卫星，但只能测定地磁场强度。1979 年 10 月 30 日，美国发射的地磁卫星轨道通过两极上空，能覆盖整个地球表面。卫星上装有光泵磁力仪、磁通门矢量磁力仪和星像照相机，能较准确地确定卫星的飞行姿态，可同时测量全球地磁场强度和方向。

（5）海底底质探测

海质底质探测按照测量方式可分为底质取样探测和底质声学探测两类。

底质取样探测主要包括海底底质取样、海上测深和定位、取样样本底质属性实验室分析以及底质类型分布图绘制等内容。

海底底质取样方法有：①采样器取样。依托测量船，利用现场取样设备采集海床表面底质样品。常用的底质采样器有水砣、箱式采泥器、蚌式采泥器、重力式取样管、重力活塞式取样管和挖泥机等。其中，用于深水作业的底质取样管采到样品后，取样管留在海底，上浮装置将装有样品的衬管带到海面，由船只回收。取样管采集的柱状样品可达 1~2m。②钻探取样。采用海上钻探获取浅表层柱状底质样本。海底底质取样可在某个特定位置实施，也可按照一定分辨率要求实施等间隔分布的面采样。

定位和测深是辅助底质取样的测量工作，用于确定底质取样点的位置和深度。定位主要借助全球导航卫星系统（GNSS）定位技术来实现，测深主要借助单波束测深仪来实现，在近海还需同步观测潮位。

实验室分析是确定底质属性的测量工作。将底质样本烘干磨碎，通过称量单位体积沉积物的重量，确定其密度；借助显微镜或专用的粒度分析仪量测，确定其粒径等属性信息。对于钻孔取芯获得的柱状样本，需要按照一定的深度间隔开展上述量测工作，确定不同层的底质密度、粒径等属性参数，以确定不同底质层的类型分布。

底质类型分布图绘制是根据实验室分析和量测得到的不同位置、深度的底质类别，绘制底质分布图的工作。对于区域海床取样测量，可绘制平面底质分布图，对于按照一定分辨率开展的钻孔取芯测量，则需要绘制浅表层底质三维分布图和每个钻孔取芯位置的底质垂直剖面分布图。

底质声学探测是借助声呐设备发射的声波及接收来自海底的回波信息，结合海底不同沉积物底质类型的声学特征或声波回波强度的统计特征，判别海底沉积层类型、厚度和底质变化。包括：

①声呐底质测量。借助单波束测深仪、多波束测深仪、侧扫声呐系统、浅地层剖面仪等声学设备发射声波，并接收来自海底的回波信息；对回波强度信息进行声波传播损失、设备增益、海底地形坡度等补偿，获得与声波频率、入射角以及海底底质相关的回波强度数据。

②底质声学特征。提取和分析与海底底质强相关的声学特征参数或声波的回波强度统计特征参数，是底质声学分类的基础。底质的声学特征参数包括反射系数、声阻抗、声吸收系数等，声波的回波强度统计特征参数包括平均值、信息熵、标准差、高阶矩等，其中与底质类别强相关的声学特征参数需要通过显著性分析才能获得，强相关声学特征参数对于提高底质声学分类的效率以及可靠性作用显著。

③底质声学分类。借助底质的声学特征参数或声学统计特征参数实现底质类型划分。常用的方法有声学参数反演法和声波回波强度统计特征分类法。声学参数反演法是基于不同海底底质对声波回波信号的相干分量贡献的不同这一机理，通过反演海底表层不同沉积物的声阻抗、声吸收系数等声学参数，结合不同沉积物的密度、声速、孔隙率和颗粒度等物理参数，通过构建经验模型，实现海底底质分类。声波回波强度统计特征分类法利用不同海底底质的回波强度或振幅的统计特征，借助聚类分析方法，通过构建分类器实现不同底质类型的划分。按照是否具备先验底质样本，声波回波强度统计特征分类法又分为监督分类和非监督分类两种。监督分类通过构建先验底质样本与对应位置的回波强度之间的关

系模型实现底质分类,通常采用的方法有模板匹配法、判别函数法和神经网络分类法;非监督分类无须先验底质样本,只需根据回波强度间的相似性关系,实现底质分类,通常采用的分类方法有自组织神经网络分类法、聚类分析法。非监督分类结果也可在后续具备底质样本后,将非监督分类结果与实际底质样本对照,实现底质类型的划分。

④底质分布图绘制。根据底质声学分类结果,绘制平面或三维底质类型分布图。对于借助单波束测深仪、多波束测深仪和侧扫声呐系统测量的回波强度数据底质分类得到的海床表面底质及其分布,可绘制二维底质分布图,并用不同的颜色表示不同的底质类型;对于借助浅地层剖面仪回波强度底质分类的海底浅表层底质类别和层界分布,可绘制三维底质分布图;也可绘制以横坐标为断面起点距、纵坐标为深度、不同颜色表示不同层底质类型的二维底质断面图。

取样探测划分的海底底质类型是通过实验室分析获得的,划分的底质类别比较精细,但海上取样工作量大,成本较高;底质声学测量实施简单方便,成本低,但因采用反演法或聚类分析法,获得的海底底质类别相对粗糙,通常只能对沙、泥、砾石和基岩等 8 类差别较显著的底质类别进行区分。以上两类底质测量方法在港口和近海工程建设中常综合应用。

海底底质及其分布信息可作为水深图或海图的附属信息。

(6) 海洋水文测量

海洋水文测量是对海洋水文要素量值、分布和变化状况进行的测量或调查。目的是了解海洋水文要素运动、变化或分布规律。以船舶、水面浮标、飞机、卫星为载体,按规定时间在选定的海区、测线或测点上布设或使用适当的仪器设备,进行海流等观测项目的数值测量或进行海冰等水文要素分布状况调查。内容包括:水深、潮位、海流、波浪、盐度、水温、泥沙、海冰、水色、海水透明度、海发光等。

海洋水文观测按观测水域可分为海滨观测和海上观测两大类:

海滨观测指沿海、岛屿、平台上实施的观测。海滨观测主要可分为三种方式:①单要素观测。为观测单一水文要素设立的长期连续观测站(如潮位观测站、波浪观测站),以沿岸或近岸建站为主,采用便于维护、性能稳定的自动仪器作为观测设备进行观测。②综合性观测。为同时观测多个水文要素而设立的长期连续观测站,通常采取沿岸建站或利用观测浮标建站的形式,采用多种自动仪器作为观测设备进行观测。③临时站观测。为海洋工程科研、设计、建设提供基础水文数据实施的观测活动,实际观测项目随调查任务而定。以船舶、浮标、潜标等为载体,在计划的时间内采用适当的观测仪器完成指定海域上具有代表性的单站或多站同步观测,每次进行一昼夜以上的连续观测。一般选择三次符合良好天文条件的周日连续观测。

海上观测指在远离海岸的海区实施的观测,多用于海洋调查类的观测项目,可分为三种方式:①采取随测随走的方式进行的大面观测或断面观测,即在调查海区布设若干观测站或几条有代表性的若干观测站组成的断面,每隔一定时间(一个月或一个季度)在各观测站或断面上观测一次。②连续观测和同步观测,即在调查海区布设若干有代表性的观测站,按任务要求在每一观测站上或在多个观测站上同时进行一昼夜以上的连续观测。③综合立体监测,以位于水下、水面和空中的载体,搭载观测仪器对相关水文要素进行观测。

海洋水文观测按观测方法可分为直接观测和遥感观测两大类：

直接观测是利用仪器设备直接测量水文要素特性。观测原理是仪器中感应元件在水文要素变化时产生的物理、化学性质相应变化，利用两者间的变化关系和技术手段转换成可直接测量的形式。直接观测仪器按结构原理分为五类：①声学式。如声学测深设备、声学多普勒海流剖面仪、声学测波仪、声速仪等。②光学式。如光学测波仪、浊度仪等。③电子式。如电磁海流计、投弃式深温计、投弃式温盐深计等。④机械式。如转子式海流仪、浮子式验潮仪等。⑤其他形式。用于波浪观测的测波杆、加速度计测波仪，用于海水透明度观测的塞式盘，用于潮汐、波浪观测的压力式潮位仪和压力式潮波仪，集多种观测功能于一体的仪器（如温盐深浊度剖面仪）。直接观测仪器安装或作业方式分为固定式、悬挂式、拖曳式、自返式和投弃式等。固定式观测是将观测仪器固定安装于观测平台上，按预先设定的参数采集观测数据。观测平台为岸基平台（如海洋环境监测站、验潮站、海洋站等）、海面平台（如海洋石油平台、海上风电塔等）和海床基观测平台等。悬挂式观测是利用观测平台上的绞车、吊杆等工具将观测仪器放入水中，在锚系或走航状态下观测水文要素。观测平台为水面船舶或浮标。拖曳式观测是以水面船舶为观测平台，在船尾利用拖缆将观测仪器放入水中拖曳走航观测。自返式观测是以潜航设备为观测平台，观测时潜入水中，观测结束自动浮出水面。投弃式观测是以水面船舶为观测平台，观测时将其传感器部分投入海中，测量的数据通过导线或无线电波传递到船上，传感器用后不再回收。

遥感观测是利用仪器无接触、远距离地探测并记录海洋的电磁辐射信息，通过分析所探测到的电磁辐射信息，以获得海洋水文要素的时空分布状况。观测原理是仪器发射、接收电磁波，利用电磁辐射信息与海洋水文要素和环境条件之间的内在关系，提取或反演海洋水文要素特性。遥感观测系统平台分为岸基平台、空基平台和天基平台。岸基平台是在海岸或海上平台设立雷达站，雷达站发射工作波段的电磁波，经过海面反射后接收其回波信号，通过分析处理后获得观测数据。常用于中、长期对目标海域的表层海流、波浪、潮汐等水文要素的观测。空基平台是以飞机、飞艇、热气球为载体，携带遥感探测仪器接收海洋对太阳辐射的反射电磁辐射信息，通过分析处理后获得影像资料或观测数据。常用于海底地形、海水水温、水色、海冰等水文要素的一次性观测或定期观测。天基平台是以人造地球卫星、空间站等航天器为载体，遥感探测方式与空基平台相同，只是其可探测面积更大、适用范围更广。

观测数据的整理分析是海洋水文观测的重要环节，按时效分为实时资料处理和非实时资料处理两类。实时资料处理要求迅速、及时，主要通过计算机程序控制，将接收到的水文资料立即进行识别、格式检验、质量控制和分类编辑等处理后，按要求送往不同的终端提供给用户使用。同时将保存相关资料为非实时资料处理使用。非实时资料处理是对水文资料按要求进行整理、分析，时限要求较宽松，但对质量控制要求更严格。经整理分析形成规格和质量标准统一的数据集，以及各类报表、图形、图像等成果。

2）基础海洋测量

（1）海洋大地测量

海洋大地测量是以确定海洋测量控制基准为目的，为海洋测绘建立平面和垂直基准体系与维持框架的大地测量技术。任务是建立海洋大地控制点网、研究海面形状与变化，为船舶精密导航、海洋资源开发、海洋划界、海面和海底工程设计和施工，以及研究海底地壳运动和潮汐变化等提供各种数据。

海洋大地测量的主要内容与应用包括：①海底控制网建立。由按照一定的形状和密度布设在海底的控制点组成。这些控制点是安置在海底的一些声应答器，它们的三维位置以统一的大地基准为参考，利用声学测距技术进行测定。海底控制网以阵列的形式来布设，每一阵列至少有 3 个应答器。测定海底控制点的位置时，必须借助于海面上的测量船（或者卫星导航定位系统浮标），以其位置为过渡点，来建立已知点同海底控制点之间的联系。已知点可以是陆地上的大地控制点，也可以是空间控制点——已知位置的人造卫星。②平均海面的测定。测定方法一般是在沿海设立验潮站，测定该站每小时的水位，计算出日、月、年和多年平均海面。平均海面是指某地一定时间内每小时海面高度的算术平均值，又称平均海水面。多年平均海面以 18.6 年（潮汐天文周期）或更长时间的连续观测资料算得较为准确。③海面地形测定。平均海面不是一个重力等位面，它相对于一个与之接近的等位面（大地水准面）的起伏称为海面地形。也有人把海面地形定义为海面相对于大地水准面的高。海面地形测定方法有几何水准法、海洋水准法和卫星测高法。测定近岸海域的海面地形，可采用几何水准法。测定深海的海面地形，可以采用海洋水准测量法。卫星测高法是利用多年的卫星测高数据得到的平均海面和由某一给定的地球重力场模型计算得到的大地水准面，即可得到海面地形。④海面定位。近岸海域的定位可采用光学定位、无线电定位、卫星定位和声学定位等方法来实现；较远海域的定位则主要采用卫星定位、声学定位和各种无线电定位系统，其中卫星定位可以全天候作业，实时定位，应用广泛，定位区域不受限制。⑤水下定位。确定水下运载体的位置，主要采用惯性导航系统和声学定位系统。惯性导航系统利用惯性运动单元来测量运载体的加速度，然后由计算机对它进行两次时间积分，求得运载体的位置。这种方法的主要问题是随着时间的延长，定位误差会产生积累，因此每隔一定时间，需要利用其他定位方法进行订正。声学定位是利用海底的声应答器来进行定位。通常有长基线定位、短基线定位和超短基线定位。⑥海洋大地水准面的测定。大地水准面形状是综合利用地面和空间大地测量技术确定的。地面大地测量技术包括重力测量、天文大地测量、卫星导航定位系统、水准测量等；空间大地测量技术包括卫星测高、卫星激光测距、卫星重力测量等。表征大地水准面形状的模型有数学模型和数字模型。数学模型是采用球谐/椭球谐函数来表示大地水准面与地球椭球面的差距；数字模型则以网格形式将一定范围内大地水准面与地球椭球面的差距作离散化数字表示。

随着科学技术的发展，海洋大地测量也发生着深刻的变化。平均海面的确定不再局限于传统的几何水准方法，卫星测高技术的发展已经实现了可以优于 10cm 精度的水平确定全球海域的平均海面。海底控制网的位置精度大大提高，确定海底控制点位置的方法除了利用船只作为过渡点外，还可以应用海面浮标作为过渡点，海底控制点的点位精度优于2m。海洋大地水准面的确定可由卫星测高数据单独实现，也可以通过卫星测高数据和海洋重力测量数据共同实现，其精度优于 10cm。

（2）海底地形测量

海底地形测量是利用声波或激光等探测信号，测定海底地形起伏变化的技术和方法。是海洋测量的重要组成部分，为航海图和各类专题海图的编制、海洋工程设计与施工、水下潜器导航定位等提供基础数据。

全覆盖测定海底地形的技术手段主要有：①多波束声学测量方法。向海底发射宽波束声波扇面，实现对海底一定角度范围的声照射。对从海底反射回来的声波进行角度分割接收，形成一定数量的接收波束。根据每个波束声波的往返时间，完成对海底照射区（称为脚印）的距离测量，结合倾角（掠射角）和测量载体的运行方向，确定波束所对应海底点的三维坐标。这样，一次声波发射和接收过程便可实现测量载体运行垂直方向上多个点的海底三维位置信息。随着测量载体的运动，实现海底地形的条带式探测。多个条带探测结果的拼接，完成对设定海域的海底地形三维信息稠密采样测量。在这种测量方式中，全覆盖探测具有两层含义，一是每次发射的宽角度声波对照射区形成全覆盖，二是根据声波的辐射宽度设定航线间距，保证对设定海域探测的全覆盖。分辨率指标主要体现在对海底地貌和地物目标的分辨程度上，与接收的波束宽度相关，每个接收波束的声波照射的区域获得一个位置记录，因此声波波束的宽度决定了对海底特征物的分辨尺寸，声波宽度越窄，声波收发设备距海底越近，则可测定和记录更加精细的地形信息，具有越高的分辨率。利用多波束声波探测技术开展海底地形测量，通常是以海面航行的测量船作为平台实施，为了保证海底地形探测的分辨率，在波束角度不变的前提下，通常采用水下机器人等作为多波束系统的载体，抵近海底实施所需分辨率的探测。为了保证对海底探测的高分辨率，也存在一种与探测距离基本无关的基于声学相干技术的多波束探测方法。除探测海底的几何特征信息外，通过声波回波强度的记录和分析，可以判别海底的物质属性，测定底质结构。②机载激光扫描测量方法。以飞机为载体，利用双频激光扫描方式，发射和接收两个频率的激光束，其中一个频率的激光束可以穿透一定深度的海水，并被海底反射，另一个频率的激光束则由海面反射。两个频率的激光束被接收后，根据返回的时间差，以及飞机的航向和激光的发射角，确定所测海底点的三维坐标。机载激光扫描测量方式实现一个扇面的海底点序列测定。通过飞机的飞行实现对海底地形的条带式探测，多航线测量任务规划和实施实现设定海域的海底起伏形态和特征物测量。机载激光扫描测量方法测定的海底地形的分辨率取决于激光束的扫描频率。鉴于激光能量在水中传播时会显著衰减，海底地形的这种机载激光扫描测量方法只能应用于浅海清澈水域。

（3）海底地貌测量

海底地貌测量是用侧扫声呐、多波束、合成孔径声呐等扫测技术对特定海域进行的面状测量，获得海底地貌图像，以查明航行障碍物、获取海底纹理、底质等变化信息的工作。

安装于测量船或拖曳于测量船后的侧扫声呐，波束平面垂直于航行方向，沿航线方向束宽较窄，开角一般小于2°，以保证有较高的分辨率；垂直于航线方向的束宽较宽，开角约为20°~60°，以保证一定的扫描宽度。工作时发射出的声波投射在海底的区域呈长条形，换能器阵接收来自照射区各点的反向散射信号，经放大、处理和记录，在记录条纸上显示出海底的图像。回波信号较强的目标图像较强，声波照射不到的影区图像色调较弱即目标阴影，根据碍航物阴影的长度可以估算目标的高度。为了解决声呐正下方声图分辨率较差的问题，在扫测测线布设中要求总体覆盖率达到 120%～200%，用以满足区域内航行障碍物无遗漏扫测。由于侧扫声呐图中像素的横向位置仅是回波时间的函数，即方向不可精确确定，所以侧扫声呐扫海法中探测障碍物位置和高度的精度有限。通常在扫测到碍航物后，需要进行加密水深测量，以确定碍航物的精确位置和深度。侧扫声呐分辨率可分为平面分辨率和垂直分辨率，根据侧扫声呐的水平和垂直波束角确定。平面分辨率指在声图上辨别出一个小目标，一般认为必须连续记录出 3～5 个回波信号像素点，由此计算小目标不漏扫的最小距离。垂直分辨率指垂直于探测航行方向两侧，能够分辨离拖鱼不同距离两个目标间的最小距离，取决于目标的反射能力、目标的高度、声图比例尺以及脉冲宽度等因素。拖鱼至探测近端的水平距离主要存在扫测遗漏区和扫测盲区两种影响因素。扫测遗漏区是指扫测声呐水平波束角的波束连续两次发射在海底的照射区域之间未覆盖的部分，减小探测遗漏区的有效途径是控制探测船只的航速。扫测盲区是指侧扫声呐的垂直波束角在拖鱼的下方海底形成的未能覆盖的区域。通过确定扫测遗漏区和扫测盲区，进而计算拖鱼至探测近端的水平距离，作为扫测计划线布设依据之一。

安装在测量船上的多波束声呐以条带测量的方式测量，每个条带的覆盖宽度可以达到水深的数倍。在获得高精度的水深地形数据的同时，利用回波声强信息，同时获得类似侧扫声呐测量的海底声像图，可客观全面地反映所测水域的海底地形地貌信息。

利用安装在测量船或者拖体、潜航器上的合成孔径声呐，利用小尺寸基阵沿空间匀速直线运动来虚拟大孔径基阵，在运动轨迹的顺序位置发射并接收回波信号，根据空间位置和相位关系对不同位置的回波信号进行相干叠加处理，从而形成等效的大孔径，获得沿运动方向的高分辨率声呐成像，反映海底的地貌变化。

（4）海岸带测量

海岸带测量是对海陆交界区域开展的水深、地形测量。主要内容包括浅海水深、海岸线、干出滩、近海陆地和岛礁地形测量。

由于海岸带区域地形图与海图的测绘标准不统一，表示内容和方法存在着许多差异，因此，海岸带地形测量的主要成果是海岸带地形图，是地形图、海图之外的一种新图种。

海岸带测量与陆地地形测量相比有以下特点：①测量范围为沿海岸线的狭长地带；②干出滩和干出礁受潮汐的影响，涨潮时被海水淹没，退潮时显现；③对影响近海航行和登陆作战的目标，如对海岸、助航标志、干出滩等的测量精度和表示的详细程度要求较高。

海岸带地形图作为陆地地形要素和海洋地形要素的融合图种，在测绘时既要兼顾与两者的衔接，又要突出自身的特点。其平面坐标采用国家统一规定的大地坐标系，投影采用高斯-克吕格投影。以海岸线作为高程（深度）基准的分界线，海岸线以上陆地的高程采用 1985 国家高程基准，海岸线以下干出滩和浅海水深采用理论最低潮面作为深度基准面。测图比例尺采用 1∶10000、1∶25000，也可根据需要采用 1∶5000、1∶50000 比例尺。其中 1∶5000、1∶10000 比例尺按 3°分带，小于（含）1∶25000 比例尺按 6°分带。分幅和编号与地形图相同，表示内容与地形图和海图相协调。

海岸带地形测量时，通常以半潮线为界分为陆部和海部测量。陆部可采用陆地地形测量方法，海部通常采用水深测量方法。

陆部地形测量方法主要包括常规测量方法和遥感地形测量方法。

常规测量方法利用电子全站仪、全球导航卫星系统实时动态载波相位差分（GNSS-RTK）等测量设备，在野外测绘地形要素。该方法技术成熟，适应于小范围地形测量，但劳动强度大、效率低，难以快速实施大范围全覆盖测量。

遥感地形测量方法利用光学摄影机或其他遥感设备获取的信息确定地物形状、大小、位置、性质及相互关系。根据测站位置可分为地面、航空和航天遥感地形测量方法，按照传感设备类型可分为光学测图、雷达干涉测量和激光扫描测量。

常见的地面遥感地形测量方法有近景摄影测量、固定式三维激光扫描测量和移动式（车载、船载）三维激光扫描测量。近景摄影测量、固定式三维激光扫描测量作业时间灵活，比较容易在低潮时获取海岸、干出滩数据，但因海岸带环境恶劣、布站困难，不宜进行大面积地形测量。移动式三维激光扫描作业机动灵活，适用于各类复杂的海岸、干出滩测量。

航空遥感地形测量是陆地地形测量的主要手段。常见的航空遥感地形测量方法有航空摄影测量、机载合成孔径雷达干涉测量（InSAR）和机载激光扫描测量（LiDAR）等，其中机载 LiDAR 测深系统（Airborne LiDAR Bathymetry, ALB）能测量地形坡度的精细结构，较适合陆部大比例尺地形测量。

浅海水深探测方法主要有：声学测深、机载激光测深和遥感测深。

①声学测深。以测量船为运载平台，按照计划航线航行，通过声学测深仪器向海底发射声波并接收回波获取海底地形数据，是获取深度数据的主要手段。但船载水深测量容易受海洋环境，特别是海况、船只条件的制约和各种外界因素的影响。声学测深设备主要有单波束回声测深仪、多波束测深系统及海底地貌探测系统。

②机载激光测深。以飞机作为激光探测仪器的载体，利用蓝绿激光较易穿透海水而红外光不易穿透海水的特点，通过专门的扫描装置同时对海面测高和海底测深，结合定位和姿态控制，经数据处理与分析来测量浅水海域海底地形。激光测深采用主动测量方式，不依靠太阳光反射，因此可以全天候获取深度信息。机载激光测深系统对清澈海水的最大探测深度为 $50\sim70m$，对混浊水体的探测深度相对较低，测深精度可达到 $0.3\sim1m$。

③遥感测深。利用遥感手段探测浅水水深的方法。主要有光学影像水深反演、合成孔径雷达水深反演、双介质摄影水深测量和雷达干涉水深测量。遥感数据获取平台可以是卫星和飞机。相对于现场采用测线方法获取水深数据的手段，遥感水深探测获取的是整体和面状信息，对海岸周边水下地形、礁石、暗礁探测较为有利。因海岸带地形测量通常只测量海岸附近浅于 15m 海域，遥感水深探测在海岸带地形测量中具有较大的发展潜力。当测区周边海域有较小比例尺海图数据时，以离散实测水深数据（海图上采用实测水深注记）为控制，采用多源遥感数据融合、多种方法联合进行浅水水下地形探测，可进一步提高水深探测的精度。

海洋地球物理测量主要包括海洋磁力测量、海洋重力测量等内容，前面已经对各基本要素进行了介绍。海洋水文测量前面已经介绍，这里不再赘述。

（5）海洋遥感测量

海洋遥感测量是用飞机、卫星搭载传感器进行海洋测量的技术，是海洋测量的重要内容之一。通过专门的光学、电子学、电子光学和声学探测仪器，获取水体和海底对电磁波、声波的辐射或反射信号，处理并转换为可识别的数据、图形或图像，从而揭示所探测对象的性质及变化规律。

海洋遥感主要包括电磁波遥感和声波遥感，即使用电磁波或声波将远距离需要测量的物理量变成电量，利用通信线路传输到观察地的遥测终端设备，进行记录、处理、判读或显示。电磁波遥感是利用紫外线、可见光、红外线和微波感测海洋上空、水面的环境要素；声波遥感是利用声波感测水下、水底的环境要素。海洋遥感能对大面积的海域进行监测，获得同步性、整体性、连续性和实时性均佳的数据和信息，主要用于获取和更新海洋地理空间数据，为国家海洋经济、国防建设和科学研究提供各种地理空间信息。

根据遥感器搭载平台的不同，海洋遥感测量可分为航空遥感测量和航天遥感测量；根据技术性质，可分为可见光遥感、多光谱遥感、高光谱遥感、红外遥感、微波遥感、海洋声波遥感等测量。机载或星载遥感设备有可见光摄像、激光雷达、红外辐射计、合成孔径雷达、微波散射计、微波辐射计、雷达测高仪等。

遥感测量技术的发展，除了遥感平台和传感器的不断改进以外，还表现在地面处理系统的完善，数字图像的获取与实时修正，信息的提取与综合。数字图像处理、判读和数据反演是遥感技术应用的关键。由于海洋遥感遥测对象是双介质或多介质，以及海水的运动状态，其图像和数据处理具有特殊的要求。大面积的遥感数据需要通过反演，与海面、空中平台上的直接测量结果进行验证，从而获得准确的垂直与水平分布参数。

海洋遥感测量的应用范围和内容主要包括：①海面地形探测。测量平均海水面与大地水准面之间的差距。微波雷达测高仪实时测量卫星到瞬时海面的高度、波浪高度、海面反向散射系数等，通过数据处理和分析，绘制海面地形图和确定大地水准面形状。②海底地貌探测。利用卫星可见光技术和卫星微波技术对海底地形进行的探测。前者利用卫星图像的可见光波段对水体有一定穿透能力，其图像灰度值与水深有一定的相关性，据此可以提取深度信息；后者则是基于流体力学的调制机理，通过观测海面粗糙度的方法，建立海面纹理与海底地貌的关系。③海面和水下物体探测。对水下天然-人工物体、船舶和船只尾迹的探测。主要用于保障船舶安全航行和军用船舶侦察等。高分辨率遥感图像可用于判定水面船只的形状与大小。④海岸带地形探测。对岸线以上陆地地形进行的探测。可用于航海图的修测，是大范围获取海岸地形的重要手段。

3）综合海洋测量

（1）海道测量

海道测量是以测定与地球水体、水底及其邻近陆地的几何与物理信息为主要目的的测量与调查技术。是数据获取与处理的实用性和基础性测量工作，主要服务于船舶航行安全和海上军事活动，同时也为国家经济发展、国防建设和科学研究等提供水域和部分陆域的地理和物理基础信息。

按照测量区域分为港湾测量、沿岸测量、近海测量、远海测量和内陆水域（江河、湖泊等）测量。内容主要包括：①控制测量。在高等级大地测量控制点的基础上加密平面和高程控制点，为水深测量、扫海测量、海岸带地形测量和助航标志测定等提供平面控制和高程控制基础。对远离大陆的岛屿地区，利用卫星定位技术来确定平面控制点，并采用当地的平均海面作为高程起算面。利用声学应答器在海底建立控制点（网），也可为海道测量提供控制基础。②水深测量。是海道测量的一项主要工作，包括定位和深度测量，航行障碍物的位置、深度、分布的测定。③扫海测量。对海区进行面的详尽探测，查明航行障碍物的位置、深度与性质以及区域水深净空。④海底底质探测。测定水底地质结构和表层沉积物特征，可用机械采泥器、水砣获取底质样品，或结合回声测深仪、侧扫声呐、多波束测深系统等回波记录，分析海底不同底质的分布情况。⑤海岸带地形测量。测定海岸带地貌和地物，包括确定海岸线位置和海岸性质，测量显著航行目标、港口建筑、沿海陆地和干出滩的地形。⑥海洋水文观测。测定海域的水文要素。主要包括水位观测和测流。水位观测为海道测量提供平均海面、深度基准面和水位改正数据；测流是测定海水的流向、流速及其变化的情况（分为表层测量和水体剖面测量）。⑦助航标志测定。测定岸上和水上各种助航标志位置的工作，目的是获取助航标志如导航台、灯塔、灯桩、立标、浮标、罗经校正标和测速标，显著的人工与天然目标如电塔、大厦、岛礁、山峰等的精确位置和高度数据，以及形状与颜色特征。⑧海区资料调查。对测区区域内自然、人文和地理信息的搜集和分析。包括地形、气象、交通管理、港口管理、行政归属的现时或历史情况，用于辅助海图图形表示和编制航行参考资料。

（2）海洋工程测量

海洋工程测量是海洋工程建设勘察设计、施工建造和运行管理阶段的测量工作，是海洋测量的组成部分，为利用、开发和保护海洋提供基础支撑。

海洋工程测量按区域可分为海岸工程测量、近岸工程测量和深海工程测量等；按类型可分为海港工程测量、海底构筑物测量、海底施工测量、海洋场址测量、海底路由测量、海底管线测量、水下目标探测等；按海洋工程建设进行的过程分为规划设计阶段测量、施工阶段测量和运营管理阶段测量。

规划设计阶段测量内容有：控制测量、海岸地形测量、水深测量、障碍物探测、底质探测、水文观测等。主要提供工程所需的平面、高程和深度控制基准，工程区域的地形图和水深图、障碍物分布图、海底沉积物和底质分布图以及潮汐、波浪等水文资料。以海底管线路由测量为例，规划设计阶段的测量应根据海底路由前期的桌面研究报告确定路由测量的宽度和路径，分阶段开展的测量工作包括：用全站仪或三维激光扫描仪等测量登陆点地形图，用单波束或多波束测深仪测量路由水深地形，用侧扫声呐和磁力仪等对路由区域的障碍物进行探测，使用面层和重力取样器对海底底质进行取样分析，利用浅地层剖面仪对海底地层进行探测，并同时使用潮位仪和海流计等观测路由区域的潮汐、潮流。

施工阶段测量：水下地形主要采用单波束和多波束回声测深仪测量，定位测量多采用全球导航卫星系统（GNSS）。大部分海洋工程施工会用到移动的施工船体和专用施工平台，因而，须采用高精度的导航定位测量。以海上石油平台为例，平台定位测量要求多点同步的高精度定位，必要时需要采用动力定位系统（Dynamic Positioning System），以使平台位置达到设计的要求。而海底管道和电缆的敷设施工不但要求实时的高精度导航定位测量，还需要采用侧扫声呐、多波束声呐或者水下电视等手段进行实时检测，检查管道和电缆敷设后的掩埋状况，确保施工的质量。而沉管安装过程也涉及高精度的导航定位、实时的水深测量、波浪和潮流等水文观测、海底浮泥厚度测量等内容，同样会利用水下摄影等设备实时监测，以确保沉管对接精度在厘米级范围内。

运营管理阶段测量：海洋工程施工期间及竣工之后，由于海底地质条件、工程构筑物荷载、海流或波浪冲刷、台风和风暴潮等极端海况作用，会对工程安全造成不利甚至严重影响，如岸坡、堤坝、码头、人工岛的沉降变形、海上平台桩基和海底构筑物的基底受海流冲刷掏空引起承载力下降、海底管道和电缆因冲刷或海底沙波流动引起承载力变化和拉拽作用等都会对工程安全产生严重的影响。因此，在海洋工程的营运管理期间需要对工程开展必要的周期性重复观测和自动化的持续监测。以海岸工程为例，港口工程建筑物形变观测基本采用陆地建筑物形变监测的技术和手段，即采用全站仪（或者经纬仪）、水准仪、GNSS 观测港口码头等建筑物的水平位移和垂直沉降。海底冲刷和海底沙波移动等状况的监测主要采用周期性的重复测量，使用的手段包括侧扫声呐、多波束声呐、浅地层剖面仪、三维水下激光和水下摄影等，进行海底地形测量、海底障碍物与地貌测量、海底底质调查等工作。对于跨海大桥形变监测最常见的是采用 GNSS 连续观测桥面沉降和多波束声呐、三维扫描声呐等的桥墩底部泥沙冲刷监测。对于海洋勘探平台，实时在线监测是主要的发展趋势，沉降观测主要采用 GNSS 定位传感器、光纤变形沉降传感器等方式。观测和监测成果应及时整理和分析，对工程设计和施工质量进行后评估，判断工程的安全状况，对可能的影响作出科学的预测预报，为工程管理部门提供处置依据，为采取必要的应对措施提供支持。

（3）海籍测量

海籍测量是对宗海界址点位置、界线和面积等开展的测量工作。包括平面控制测量、宗海界址测量、面积计算、编制或修改海籍图、绘制宗海图等。海籍测量平面基准采用2000 中国大地坐标系（China Geodetic Coordinate System 2000，CGCS 2000），高程基准采用 1985 国家高程基准，深度基准采用理论最低潮面。

海籍测量的主要内容：①平面控制测量。建立高精度的海籍测量平面控制网，满足常规测量仪器对沿岸项目用海测量的需要。国家大地网（点）及各等级的海控点、GNSS 网点、导线点均可作为平面控制测量基础，也可选用实时动态差分测量（RTK）或全站仪极坐标法等加密作业区控制点，以满足海籍测量需要，海籍测量平面控制点的定位误差不超过±0.05m。②宗海界址测量。一般采用 GNSS 定位法、全站仪极坐标法、信标差分法、GNSS 广域差分法、GNSS-RTK 等方法获取界址点坐标。位于人工海岸、构筑物及其他固定标志物上的宗海界址点或标志点，其测量误差应不超过±0.1m，其他宗海界址点或标志点测量误差应满足：所测海域离岸 20km 以内，测量误差不超过±1m；所测海域离岸 20～50km，测量误差不超过±3m；所测海域离岸 50km 以外，测量误差不超过±15m。③面积计算。基于测量海域界线拐点的坐标值，利用坐标解析法或采用计算机专用软件计算海域面积。④编制或修订海籍图。海籍图是所在辖区海域使用管理的重要基础资料，反映所在辖海域内的宗海分布情况。海籍调查成果经主管部门批准登记后，应根据现场绘制的宗海草图编制或对已有海籍图进行修订。海籍图成图采用计算机辅助制图或传统制图方式，以界址点的解析坐标为基础，依据检核后的宗海草图数据编制或修订。⑤绘制宗海图。宗海图是海籍测量的最终成果之一，也是海域使用权证书和宗海档案的主要附图，包括宗海位置图和宗海界址图。宗海图以全部界址点的解析坐标为基础，精确记载宗海位置、界址点、界址线及与相邻宗海的关系，是申明海域使用权属的重要依据。其中，宗海位置图内容包括海籍编号、宗海面（点）、水深渲染、毗邻陆域要素（岸线、地名等）、明显标志物、坐标点、指北线、比例尺等，用于反映宗海的地理位置；宗海界址图内容包括所处海籍图编号、本宗海海籍编号、用海类型、宗海面积、界址点号和坐标、界址边长、相邻宗海界址及其海籍编号、指北线、比例尺、测量单位及测量人等，用于清晰反映宗海的形状及界址点分布。

（4）海洋划界测量

海洋划界测量是海岸相邻或相向国家之间为划分领海、专属经济区或大陆架边界开展的海底地形测量。测定拟划界海域海底地形地貌形态、主要航道位置、大陆架边界等地理信息，为海洋划界提供依据。海底地形测量的主要测量平台是水面舰船，测量舰船按照预定的计划测深线，实施走航式测量作业，通常采用全球导航卫星系统（GNSS）测定测量船的位置并实时导航，同时用多波束测深系统或单波束测深仪测定水深，根据地形地貌的复杂程度，确定适当的间隔，实施海底底质采样。

为了划界工作的需要，有时还需要在海底地形图测量的基础上，进一步开展海洋重力、海洋磁力、海洋地球物理综合剖面等调查工作，并结合其他海上勘探工作，确定拟划界海域海洋资源分布情况。

4）海图编制

海图是以海洋及其毗邻的陆地为描绘对象的地图，其描绘对象的主体是海洋，海图的主要要素为海岸、海底地貌、航行障碍物、助航标志、水文及各种界线。海图还包括为各种不同要素绘制的专题海图。海图是海洋区域的空间模型、海洋信息的载体和传输工具，是海洋地理环境特点的分析依据，在海洋开发和海洋科学研究等各个领域都有着重要的使用价值。

海图是通过海图编制完成的。利用海洋测量成果、海图资料和其他地理资料，按照制图规范和图式要求，编制成可以显示、阅读、标识和计算的海图出版原图，以满足不同用户需求。

作业过程通常分为：①编辑设计。根据制图任务和要求确定制图区域范围、数学基础；确定图的分幅、编号和图幅配置；研究制图区域地理特点；分析、评价和选择制图资料；确定海图内容、综合原则与选取指标、表示方法；制定出原图编绘和出版准备工作的技术性指导文件。②原图编绘作业。根据制图任务和编辑文件进行具体制作新海图的过程。包括数学基础的展绘，制图资料的加工处理，资料的转绘，各要素内容的选取和图形概况（综合），原图的校对和审查等。③出版准备。将编绘原图复制加工成符合图式、规范、编图作业方案和印刷要求的出版原图，制作制版、印刷参考的分色样图和试印样图。

随着制图技术的进步，原图编绘和出版准备工作都淘汰了手工作业模式，而在计算机制图系统上完成。现代纸质海图生产作业是从海图数据库中提取数字海图数据，将数据转换为出版要求的数据格式，然后进行修编、分版、符号化处理成制版胶片，最后进行制版印刷。作业员、编辑和校对员对彩色合成样和分版样进行全面校对和审查。现代数字海图生产作业包括：①资料准备与编辑设计。主要任务是进行海图资料的搜集、整理、扫描建库，提供制图资料。制图编辑进行制图区域研究、资料分析采用和数字化图幅范围、填写图历表。②海图数字化作业。主要任务是根据不同数据源进行资料的加工转换、编辑作业，然后经校对、修编、验收，最后入库。对纸质资料进行扫描矢量化，录入图表资料，转换数字资料格式，然后进行制图编辑作业，成图后打印属性样图、全要素样图，然后对数字海图全要素的空间数据和属性数据进行校对、修编和复校；打印属性样图、全要素样图由编辑人员进行检查验收；打印全要素样图送交质量控制部门对数字海图重点要素如障碍物、地名、国界等进行审查验收，返还作业员修编、复审。最后将成图和数据提交入海图数据库。③海图数据的入库与维护。主要任务是海图数据的建库和入库、海图数据的维护与更新、海图数据的输出服务。按照数字海图入库工艺规定，对数字海图进行数据结构检查、拓扑结构检查、要素错误检查，通过坐标转换、数据剪切和数据入库预处理，最后入库。④数字海图输出。由制图编辑制定生产方案，从数据库中提取数据进行剪切、坐标系统转换、数据格式转换，并提交数据，对数据进行加密、封装，预安装测试，无误后制作数字海图母盘，检查验收，最后按生产计划复制光盘。

5）海洋地理信息工程（MGIS）

地理信息系统（Geomatics Information System，GIS）在 20 世纪 80—90 年代得到迅速发展和广泛应用，除了民用事业及商业应用以外，它还为军事和战争解决空间数据处理和管理问题提供最新式的武器。就地球科学而言，GIS 是空间信息处理、分析、管理和显示的一种强有力的手段，这个手段已在陆地制图、地市及企业管理、建立空间数据分析模型等方面得到广泛应用。近年来，由于全球环境变化研究及海洋资源与环境管理的需求，海量的海洋数据综合分析和管理促使海洋地理信息系统（Marine Geographic Information System，MGIS）学科蓬勃兴起。

MGIS 的研究对象包括海底、水体、海表面、大气及沿海人类活动 5 个层面，其数据标准、格式、精度、采样密度、分辨率及定位精度均有别于陆地，在发展 MGIS 的过程中，对计算机应用软件的特殊需求为：能适应建立有效的数字化海洋空间数据库；使众多海洋资料能方便地转化为数字化海图；在海洋环境分析中可视化程度较高，除 2-D、3-D 功能以外，能通过 4-D 系统分析环境的时空变化和分布规律；能扩展海洋渔业应用系统和生物学与生态系统模拟；能增强对水下和海底的探测能力；能改进对海洋环境综合分析的效果；能作为海洋产业建设和其他海事活动辅助决策的工具。

一般 GIS 处理分析的对象大多是空间状态或有限时刻的空间状态的比较；MGIS 则主要强调对时空过程的分析和处理，这是 MGIS 区别于一般 GIS 的最大特点。

1.3.3 海洋测绘的任务及特点

1. 海洋测绘的任务

海洋测绘是水域一切活动的先导，具有国际性、全局性和基础性等特征，不仅为地球形状、海底地质构造运动和海洋环境等科学研究目标服务，也为国家主权和权益维护、航行安全、海洋工程、海洋资源开发和利用等社会和经济活动提供基础支撑。根据海洋测量工作的目的不同，可把海洋测量任务划分为科学性任务和实用性任务两大类。

1）科学性任务

这一任务包括三大部分内容，一是为研究地球形状提供更多的数据资料。为此，要连续不断地测定海洋表面形态的变动情况，并进行分析研究，从而推算出和大地水准面的差距（海面地形）；同时还要在广阔的海洋领域中，进行重力场的测定工作，为研究地球形状和空间重力场结构提供广泛的、精确的观测数据。二是为研究海底地质的构造运动提供必要的资料。为此，要对海底地质构造的重点地段进行连续的观测，以探明海底地壳运动的规律，另外，要为海洋地质工作者提供海底宏观的地形和地貌特征图，以及在海洋地质调查时提供测绘保障。三是为海洋环境研究工作提供测绘保障。人类为了进一步了解海洋，进而向海洋进军，开发利用海洋，就要在海洋中进行大量的调查研究工作，如对海洋气候、海洋地质、海洋资源、海潮、海流以及海水的特性等，所有这些工作都要凭借船舶提供工作场所，为了标明所有取样的地点，就必须知道船舶的位置，也就是说所有取样点的三维坐标是由海洋测量工作者提供的。

2）实用性任务

关于海洋测量的实用性任务，主要指的是对各种不同的海洋开发工程，提供它们所需要的海洋测量服务工作。也可以把这部分任务称为海洋工程测量。它们的服务对象主要有：海洋自然资源的勘探和离岸工程（亦称近海工程）；航运、救援与航道；近岸工程（包括陆上和水中的）；渔业捕捞；其他海底工程（包括海底电缆、管道工程等）；海上划界等。其中关于海上实际定界的作业方法，目前仍然处在探索之中，一般方法是：在海底布设不连续的控制网，并根据这些控制网，在船上用定位系统把船舶精确地导航到领海、大陆架、经济区等的边界上，然后投放浮标作为海面标志。划界工作因属于国家的主权，所以对海底控制网的精度要求很高。对于渔业范围的划分虽然也属于划界范围，但是对边界精度要求不高。

2. 海洋测绘的特点

海洋测绘具有测绘学科各分支技术的综合性特点，又有测量作业环境、技术方法、测绘内容等方面的独特性。海洋测绘的主要特点如下：

1）测量方法的独特性

受海水中介质的传播距离影响，陆地上常采用的光学、电磁学测量技术和方法在海洋测量中受到限制，而声波在海水中以其优良的穿透性能，在海洋测量中得到广泛使用。目前，约90%以上的海洋测量工作借助声学测量来完成。

2）海洋测量的动态性、时变性和复杂性

海洋测量工作环境一般在起伏不平的海上，受风、海流、海浪、海洋潮汐等海洋气象和海洋水文等环境因素影响，大多为动态测量，无法重复观测，精密测量施测难度较大，无法实时达到陆地测量的精度水平。为了提高海洋测量的精度，往往需要辅以船舶姿态测量、海水声速测量等加以改正，同时对各要素观测的同步性也提出了更高的要求。此外，动态海洋环境、动态测量也增加了海洋测量的复杂性。

3）海底地貌的不可视性

测量人员不能通过肉眼观测到海底，海底探测一般采用超声波探测。在完善显示海底地貌、探清海区的航行障碍物和探测海底底质等方面无法达到陆地测量的完整性。

4）深度基准的区域性

海洋测绘确立海图基准面的原则是在保证航行安全的前提下提高航道的利用率，因此，海图基准面一般采用基于当地平均海面的最低潮面，即理论最低潮面，该基准面具有区域性，在全海域难以构成连续的基准面。

5）测量内容的综合性

海洋测量涵盖多种观测项目，诸如水深测量、底质探测、海洋重力测量、海洋磁力测量，以及海洋水文要素测量等，需要多种仪器设备配合施测，与陆地测量相比，更具综合性的特点，且随着与其他学科的交叉融合和海洋活动的需求增加，海洋测量的内容会得到进一步的拓展。

6）海图制图的专业性

海图表示内容侧重于海岸、海底地形地貌、航行障碍物、助航标志、海底底质、水文及各种界线等；同时，海图投影常用墨卡托投影、高斯-克吕格投影和日晷投影。另外，与陆地绘图中采用固定比例尺按经纬度分幅不同，海图在保证地理要素完整性的基础上，综合考虑绘图比例尺大小和图幅规格进行分幅设计。

现代海洋测绘在传统海洋测绘的基础上，更加突出其现代特色。主要体现为：

1）测绘内容更加广泛

现代海洋测绘不但强调定义中过去作为主要内容的部分（如海洋大地测量、水深测量、海上定位、重力磁力测量、海底地形、海洋工程测量等），还突出了如海洋水文要素调查、海底地貌调查以及海水中声速测量等与海洋测绘关系密切的以及与其他学科存在交叉的内容；同时，随着计算机技术和地理信息技术的发展，电子海图和海洋地理信息系统也成了现代海洋测绘研究的重要内容。

2）采用的技术手段更加先进

主要表现为在继承传统测量方法和手段的基础上，更加突出现代"立体"海洋测绘的概念，即卫星定位技术、卫星遥感技术、机载激光测深技术、多波束测量技术、高精度测深侧扫声呐技术和基于 AUV/ROV 等水下载体的水下测绘技术和手段。

1.3.4　海洋测绘学与其他学科的关系

海洋测绘学与海洋科学、声学、水文学、环境科学、地质学等相关学科的交叉渗透日益活跃，与传感器技术、自动控制技术深度融合，使海洋测量表现出新兴边缘学科与多技术集成的特点。海洋测绘学与同属测绘科学与技术一级学科中的二级学科分支在基础理论、方法等方面存在密切联系。在测绘基准、精密位置信息获取与导航定位方面可归结为大地测量理论和技术向海洋区域的延伸，所开展的重力测量、磁力测量分别与物理大地测量或地球物理密切相关。随着卫星技术的发展以及大面积海面、海岸带测量活动的深入，海洋遥感测量已成为目前研究的一个热点领域，与航空航天学、遥感技术以及摄影测量学等相关学科的关系密切；除传统的船载测量技术外，航空航天测量平台、水下潜器、无人船等测量平台对海洋水深、重力、磁力等信息获取的贡献不断增强，海洋测绘学与导航学的关系也变得日益密切；海洋测绘学中的海图制图理论和技术的发展，对地图学和地理信息工程的新成果的依赖性与日俱增；部分海洋学信息的可视化表达也是海洋测绘的重要研究内容，且部分海洋学参数是海洋测绘数据改正的必备数据。

海洋测绘学与其他学科的关系可以表示为图 1.27。

海洋测绘的基础支撑理论主要为水声学、海洋物理学和测绘科学与技术。海水环境决

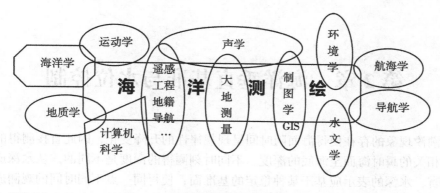

图 1.27　海洋测绘与其他学科的关系

定了声波是实施海洋测量的主要手段，而其他学科分支中几何要素测量常采用的光学、无线电则受到了制约；无论测量海洋中的几何要素还是物理要素，海洋测绘均需顾及海洋中的各种物理现象和运动变化规律，海洋物理学因此成为海洋测绘学的一个必要的基础支撑理论。海洋测量多借助声学测量来实现，测绘科学与技术中的测量、数据处理和信息表达等理论成为海洋测绘学的另一个基础支撑理论，但受测量介质、测量对象特点影响，海洋测绘学中的测量、数据处理和信息表达理论又有其独特性，1.3.3 节中的海洋测绘特点表明，海洋测绘采用的方法体系与其他学科分支又存在较大差异。

　　以上叙述表明，海洋测绘学与其他学科分支交叉融合，但却是测绘科学与技术学科中的一个重要的、独立的分支学科。

第2章 海洋垂直基准与水位控制

海洋潮汐现象的存在使得海面随时间呈现规律性的升降变化，因此直接测得的水深都是与时间相关的瞬时海面至海底的深度，不同时刻测得的深度是不同的。从水深成果的表示角度而言，水深的表示应基于某种稳定的基准面，使得同一点不同时间的观测成果对应于统一意义的稳定水深。基准面的定义和确定一般都与潮汐相关。本章在简述海洋潮汐基本理论的基础上，给出基准面传递确定与水位控制的技术方法以及海域无缝垂直基准的概念。

2.1 海洋潮汐基本理论概述

潮汐是指地球上海水的一种规律性上升下降运动。在多数情况下，潮汐运动的平均周期为半天左右，每昼夜约有两次涨落运动。我国古代把白天上涨的海面称为潮，晚上上涨的海面称为汐，合称潮汐。

2.1.1 潮汐现象

1. 日变化
在我国沿海大部分地方，可观测到海面在每昼夜有两次涨落，如图 2.1 所示。

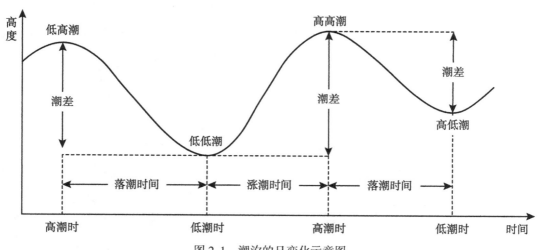

图 2.1 潮汐的日变化示意图

在海面的每一个涨落过程中，海面上涨至最高时，称为高潮；此时海面在验潮设备上的高度，称为高潮位；对应的时刻，称为高潮时。而当海面下降至最低时，称为低潮；对应的海面高度与时刻，分别称为低潮位与低潮时。为了区分一昼夜中出现的两次高潮与两次低潮，按海面高度将其中相对较高的一次高潮、一次低潮分别称为高高潮与高低潮，而相对较低的一次高潮、一次低潮分别称为低高潮与低低潮。

相邻的高潮和低潮之间的海面高度差，即相邻的高潮位与低潮位之差，称为潮差。易知，潮差的大小随时间而异，潮差的平均值，称为平均潮差。各地的潮差并不相同，通常以最大潮差或平均潮差来描述一地的潮汐大小。

海面从低潮上升到高潮的过程，称为涨潮；而海面从高潮下落到低潮的过程，称为落潮。从低潮时至高潮时的时间间隔，称为涨潮时间；而从高潮时至低潮时的时间间隔，称为落潮时间。相邻高潮时或相邻低潮时之间的时间间隔，称为周期。一个周期包含了连续的一次涨潮与一次落潮。每次的涨潮时间或落潮时间并不相同，因此，周期是随时间而异的。各地的周期也不相同。我国大部分沿岸海域的周期平均值约为 12 小时 25 分钟。

2. 月变化

在一个月的时间尺度上，可观测到每天的潮汐变化存在着差异，最显著的差异是潮差在随日期而规律性变化，而且我国古代劳动人民早已发现潮差变化规律与月相（或者说农历）之间有密切的关系。图 2.2 为某地一个月的潮汐变化，图上方的图例代表了月相特征，从左至右分别为下弦月（农历二十二、二十三）、新月（农历初一）、上弦月（农历初七、初八）、满月（农历十五、十六）与下弦月。

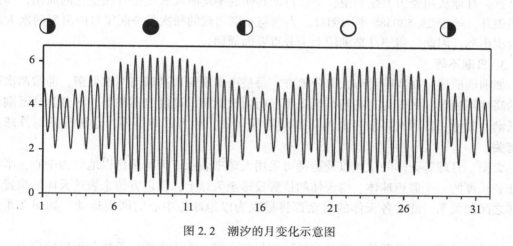

图 2.2　潮汐的月变化示意图

由图 2.2 可看出如下规律：

（1）潮差随日期呈现规律性的变化，一个月内潮差达到两次最大与两次最小。其中，潮差最大时这一天的潮汐，称为大潮；而潮差最小时这一天的潮汐，称为小潮。大潮时，海面涨得最高，落得最低；小潮时，海面涨得不高，落得也不低。

（2）每个月内的两次大潮与两次小潮出现的日期与月相有关，月相是指月球圆缺的变化，也与农历有关。大潮出现在新月与满月后二、三日，小潮出现在上弦月与下弦月后

二、三日。月相变化是太阳、地球与月球三个天体间相对位置变化的反映，新月（也称为朔）、上弦月、满月（也称为望）与下弦月是月相变化的特征，如图 2.3 所示。

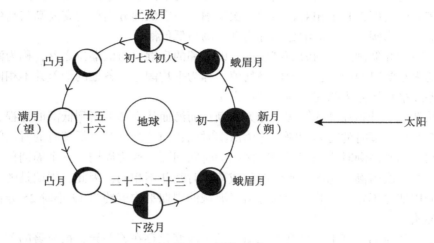

图 2.3　月相变化

如图 2.3 所示，当朔、望时，日、月、地成一直线，其中月球处于太阳与地球之间时为朔（新月），而地球处于太阳与月球之间时为望（满月）。当上下弦时，月球与日地连线垂直。月球从朔经历上弦、望、下弦再回到朔的平均时间长度是月相变化的周期，称为一朔望月，等于 29.530588 平太阳日。大潮与小潮出现的频次是一朔望月内出现两次大潮与两次小潮。因此，朔望月是潮汐上十分重要的周期。

3. 日潮不等

如前面所述，在我国沿海大部分地方，每昼夜出现两次高潮与两次低潮，通常两次高潮的高度不相等，区分为高高潮与低高潮，而两次低潮的高度也不相等，区分为高低潮与低低潮。此种一日两次高潮（低潮）高度不等现象，称为日潮不等。这种现象与月球赤纬有关。

太阳、月球等天体的位置以及运动可采用天球来表示。天球是指以地球为中心，半径为任意长度的一个假想球体。将天体的位置投影至天球上，仅以方位来表达天体的位置及天体之间的关系。此时各天体的运动都将呈现为以地球为中心的圆周运动，如图 2.4 所示。

天球是地球的无限延伸，地球自转轴的延伸直线，称为天轴；天轴与天球的交点，称为天极，其中 N 为北天极，S 为南天极。通过天球中心（地球质心）与天轴垂直的平面，称为天球赤道面，与天球相交的大圆，称为天赤道。天极和天赤道是地球两极和赤道在天球上的投影。包含天轴并通过天球上任一点的平面，称为天球子午面；该平面与天球相交的大圆，称为天球子午圈。通过天轴的平面与天球相交的半个大圆，称为时圈。

将太阳的运动标注于天球上，为一大圆，即为图 2.4 中的黄道。黄道面与天球赤道面不相重合，其交角称为黄赤交角，等于 $23°27'$。太阳的视位置在黄道上移动，由南向北穿

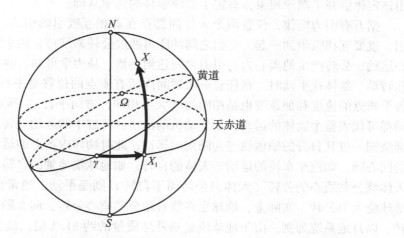

图 2.4 天球以及赤道坐标系

过天赤道的交点，称为春分点（图 2.4 中 γ）。而由北向南穿过的交点，称为秋分点（图 2.4 中 Ω）。

月球绕地球公转的运行轨道面与天球相交的大圆，称为白道。白道面与黄道面的交角，称为白黄交角，在 4°57′至 5°19′之间变化，平均为 5°09′。白道面与赤道面的交角，称为白赤交角，在 18°18′与 28°36′之间变化。以春分点为参考点，月球连续两次经过春分点（天球上对应方向）的平均时间间隔，称为一回归月，等于 27.321 582 平太阳日，可视为月球在白道上运行一圈的周期。

在海洋潮汐学中，通常以天球的赤道坐标系和黄道坐标系来表示天体 X 的位置。结合图 2.4 中的赤道坐标系，赤道坐标系是以赤纬与赤经来表示天体的视位置。如图 2.4 所示，NXS 为经过天体 X 的时圈，设交天赤道于 X_1，则角距离 $\overset{\frown}{XX_1}$ 定义为赤纬，记为 δ。以天赤道为赤纬 0°，向北至北天极 N 时为 90°，而向南至南天极 S 时为 -90°。在天球上取春分点为起算点，则角距离 $\overset{\frown}{\gamma X_1}$ 定义为赤经，记为 α，春分点 γ 所在的时圈为赤经 0°，沿天赤道按逆时针方向变化至 360°。黄道坐标系与赤道坐标系类似，过天球中心作黄道面的垂线，与天球的两个交点分别为北黄极与南黄极，以黄纬与黄经来表示天体的视位置。

月球运行的白道面与赤道面不重合，因此，月球在绕地球公转一圈的过程中，月球分别达到一次最北、一次最南，并两次经过赤道面。相应的月球赤纬分别达到一次北最大、一次南最大与两次零。随着月球赤纬的变化，日潮不等也在变化，基本规律为：月球赤纬达到北最大与南最大后约二日，日潮不等现象最明显，即高高潮与低高潮、高低潮与低低潮间的差异最大；而当月球赤纬为零后约二日，日潮不等现象最不明显，即两次高潮、两次低潮的高度基本一致。

2.1.2 引潮力（引潮势）

第一个对海洋潮汐给出科学解释的是英国科学家牛顿，他发现了万有引力定律，进而用该定律解释了潮汐现象，奠定了潮汐学科的科学基础。

据万有引力定律，任意两个天体间都存在着相互吸引的引力，如果没有其他力的作用，就要互相吸附到一起。它们之间的距离通过公转来维持，两个天体都绕它们的公共质心运动，公转产生的离心力与引力之间达到平衡。从力学可知，物体的运动可分解为平动和转动。物体在平动时，在任意一段时间内所有质点的位移是平行的，而且在任意时刻，各个质点的速度和加速度也是相同的（大小相同，方向平行），所以物体内任一质点的运动都可代表整个物体的运动，如发动机的活塞在气缸中的运动。转动是指物体的每一质点都绕同一过其自身的轴做轨迹为圆周的运动，此时物体内各点的运动轨迹是以转轴为中心的同心圆，如汽车车轮的运动。天体的自转，如地球绕地轴的自转，易确定为转动。而两天体绕公共质心的公转（天体只公转而不自转）则是平动。通常说月球绕地球公转，而地球绕太阳公转。实际上，地球也在绕月地公共质心公转，而太阳也在绕日地公共质心公转。以月地系统为例，由于地球质量是月球质量的约 81.3 倍，故公共质心位于地月连线上离地心约 4670km 处，即在地球内而离地表约 1700km 的地方，因此呈现出月球绕地球公转的现象。在日地系统中，太阳质量是地球质量的约 33 万倍，公共质心接近太阳质心，因此呈现出地球绕太阳公转的现象。

对于单个天体 X，地球上任一点 P 都受到该天体的引力，记为 $\boldsymbol{F}_g$。同时，地球与天体 X 构成平衡系统，地球绕平衡系统的公共质心作平动性质的公转运动，地球上任一点受到完全相同的公转离心力，记为 $\boldsymbol{F}_c$。则将天体 X 在 P 点处产生的引潮力 $\boldsymbol{F}_t$ 定义为引力 $\boldsymbol{F}_g$ 与公转离心力 $\boldsymbol{F}_c$ 的合力。引潮力示意如图 2.5 所示，图中 O 与 O_X 分别为地球与天体 X 的中心，$\boldsymbol{L}$ 为 P 点至 O_X 的距离矢量，$\boldsymbol{r}$ 为 O 点至 O_X 的距离矢量。

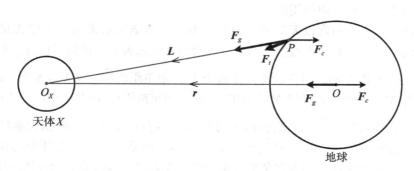

图 2.5　引潮力示意图

P 点处取单位质量，即力和加速度在数值上相等。据万有引力定律与离心力公式，P 点处引潮力 $\boldsymbol{F}_t$ 的表达式为：

$$\boldsymbol{F}_t(P) = \boldsymbol{F}_g(P) + \boldsymbol{F}_c = \frac{GM_X}{L^2}\frac{\boldsymbol{L}}{L} - \omega_0^2 r\frac{\boldsymbol{r}}{r} \tag{2.1}$$

式中，G 为万有引力常数；M_X 为天体 X 的质量；L 为 $\boldsymbol{L}$ 的量值；ω_0 为地球绕地球与天体 X 公共质心作公转运动的角速率；r 为 $\boldsymbol{r}$ 的量值。

引潮力 $\boldsymbol{F}_t$ 与 P 点在地球上的位置相关，而为了维持地球与天体 X 的系统平衡，引力

F_g 与公转离心力 F_c 必在地心处相平衡，即两者大小相等、方向相反（如图 2.5 中地心 O 处所示），因此地心处的引潮力 F_t 为零。地球上任意地点所受的公转离心力 F_c 都相同。于是，P 点处由天体 X 引起的引潮力又可定义为：该点和地心所受天体 X 引力的矢量差，即

$$F_t(P) = F_g(P) - F_g(O) \tag{2.2}$$

引力为保守力，引潮力作为两个引力的矢量差也为保守力，相应地存在势函数，称为引潮势、引潮力势或引潮力位。对引潮力的研究也可以通过对引潮势的研究来实现，这与物理大地测量学的思路一致。这里不列出引潮势的表达公式。

上述是对某个单一天体 X 引潮力的研究，为了论述方便各参数符号中省略了天体 X 的标注。理论上，所有天体都能对地球产生引潮力，但考虑到各天体质量及与地球间的距离，只有月球（在潮汐学中通常也称为太阴）和太阳能够在海洋上产生可观测到的海面变化，并且月球引潮力大于太阳引潮力，约是太阳引潮力的 2.17 倍。月球引潮力和太阳引潮力产生的潮汐分别称为太阴潮与太阳潮，而观测到的是总的潮汐效果，是月球引潮力与太阳引潮力的合力作用。

2.1.3 潮汐现象的解释

17 世纪后半叶，牛顿利用万有引力定律解释潮汐现象时，提出了平衡潮理论。平衡潮理论假定地球整个表面都被等深的海水覆盖，并且不考虑海水的惯性、黏性和海底摩擦。在这种假定情况下，海水能立即响应天体引潮力的作用及其变化，在任一瞬间海面都与引潮力和重力的合力相垂直，即海面随时保持平衡状态，是一个等位面。月球、太阳与地球周期性的相对运动，使得引潮力周期性变化，海面也具有周期性的上升下降变化，这样一个海面时刻平衡的状态称为平衡潮。

需要注意的是，引潮力的量值只相当于地球重力的约十万分之一，因此，潮汐实质是海水在引潮力的水平分量作用下引起的堆积与扩散运动，相应地是涨潮与落潮过程。同时，因月球引潮力是太阳引潮力的 2.17 倍，故潮汐现象与月球的运动最密切相关。

1. 月中天与高潮

如前所述，我国沿海大部分地方在一天内会出现两次高潮与两次低潮，这与月中天有关。月中天是指月球经过该地子午圈的时刻，月球每天经子午圈两次，离天顶较近的一次称为月上中天，离天顶较远的一次称为月下中天。图 2.6 为月中天时的地球子午圈剖面上引潮力分布以及瞬时海面形态。图中 A、B 在月球中心与地心连线上，此时 A 点为月上中天，B 点为月下中天；实线为地球未受引潮力时的等深海面，而虚线为瞬时响应引潮力作用后的海面形态。

由图 2.6 可知，月上中天的 A 点与月下中天的 B 点处引潮力的水平分量都为零，但其他处海水在引潮力"牵引"作用下向 A 点与 B 点处堆积，因此 A 点与 B 点都出现高潮，而与 A 点、B 点的经度相差 90° 的地方（垂直于图 2.6 剖面的子午圈），此时出现低潮。

月球连续两次上中天的平均时间间隔，称为一太阴日。以地球为参考点，月球和太阳都是自西向东运行，与地球自转方向一致。对于地球上的某一地点，若某时刻月球和太阳同时上中天，因月球速度快于太阳，在地球自转作用下太阳将先达到下一次上中天，再达到月球的上中天。所以太阴日将长于太阳日，为 24.84 平太阳时，一太阴日比一太阳日平

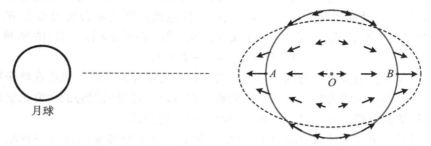

图 2.6　月中天时的引潮力分布与海面形态

均长 50 分钟。因此每个太阴日内出现两次高潮与两次低潮，若以平太阳时记，则每天的高潮（低潮）比前一天的高潮（低潮）迟约 50 分钟。

2. 月相与大潮、小潮

如前所述，我国沿海大部分地方在朔（初一）和望（十五、十六）后出现大潮，潮差达到半个月中的最大，而在上弦月（初八左右）和下弦月（廿二、廿三）后出现小潮，潮差达到半个月中的最小。

参考图 2.3 月相变化示意图，当朔望时，日、月、地球成一直线，月球引潮力作用与太阳引潮力作用叠加增强，因此发生大潮；而在上弦月与下弦月时，日、地球、月成一直角，月球引潮力作用与太阳引潮力作用的互相削弱最为显著，因此发生小潮。大潮与小潮的周期为半个朔望月。

3. 月球赤纬与日潮不等

月球绕地球公转的运行轨道在天球上表示为白道，与赤道面并不重合，因此，月球在绕地球公转一圈的过程中，月球分别达到一次最北、一次最南，并两次经过赤道面。在天球的赤道坐标系中，该过程体现为月球赤纬分别达到一次北最大、一次南最大与两次零。因地球上各点所受的月球引力指向于月球，故易知月球赤纬不同时，引潮力的分布以及瞬时响应后的海面形态也将不同。图 2.7 为月球经过赤道与月球赤纬最大时的瞬时海面形态剖面。图中，A、B、C 处为月上中天，A'、B'、C' 为月下中天；实线为地球未受引潮力时的等深海面，虚线为月球经过赤道时的海面形态，点划线为月球赤纬最大时的海面形态。

当月球经过赤道时，图中 A、B、C 处为月上中天，出现高潮，经过半个太阴日（12 小时 25 分钟）后为月下中天（即图中 A'、B'、C'），再出现高潮，而且因海面形态对称两次高潮的高度相等，此时的潮汐称为分点潮。

当月球赤纬不为零时，月上中天与月下中天的引潮力以及瞬时响应后的海面形态不对称，两次高潮的高度不相等，相应地两次低潮的高度也不相等，即出现明显的日潮不等现象。因此，日潮不等主要是由月球赤纬不为零引起的，而且当月球在最北或最南附近时，所产生的日潮不等现象最显著，此时的潮汐称为回归潮。分点潮与回归潮的周期为半个回归月。

观察图 2.7 中纬度不同的 A、B、C 处，可发现日潮不等现象与地理纬度有关：

（1）A 点处，每天都有两次高潮或低潮，随着月球赤纬增大，日潮不等也相应增大，

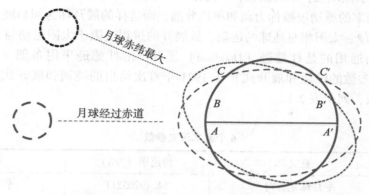

图 2.7　不同月球赤纬下的海面形态

该类型变化规律的潮汐称为（规则或正规）半日潮类型。

（2）B 点处，虽然一太阴日内也出现两次高潮或低潮，但日潮不等现象比 A 点处显著，两相邻的高潮（低潮）的高度相差十分明显，该类型变化规律的潮汐称为混合潮类型；可进一步细分为两种类型：一是每天都出现两次高潮或低潮，称为不规则半日潮（混合潮）类型；二是在回归潮前后数天将出现每天只出现一次高潮或低潮，称为不规则日潮（混合潮）类型。

（3）C 点处，当月球经过赤道时，一太阴日内出现两次高潮和低潮，但潮差很小，可能完全消失；而当月球赤纬增大时，日潮不等相应增大，将出现高低潮和低高潮完全消失的情况，此时每天只出现一次高潮与低潮，而且每天只出现一次高潮与低潮的日子在一个月内占大多数，该类型变化规律的潮汐称为（规则或正规）日潮类型。

2.1.4　引潮力（引潮势）的展开与分潮的概念

月球与太阳产生的引潮力是海洋潮汐的源动力，引潮力随着地球自转、地月日相对距离与位置等的变化而变化，而这些天体运动呈现周期性质，决定了潮汐现象的周期性。观测到的潮汐现象基本与天体运动的周期相符合。在平衡潮理论假定的理想状态下，引潮力使海面升降以使海面在任意时刻都保持平衡状态，因此，海面升降中更细致的频谱结构可通过对引潮力的周期性分析而获得。而引潮力作为保守力，也可通过对引潮势的分析而实现。

1. 引潮力（引潮势）展开

在诸多海洋潮汐理论文献中，引潮力（势）的展开按研究对象可分为引潮力 F_t（分为水平分量与垂直分量）、引潮势 Ω、平衡潮 Ω/g 的展开。但从应用理解角度，展开的最终目标可认为是一致的：从理论上严密获取引潮力（势）的频谱结构，即展开为众多频率振动的叠加。若每个固定频率振动以余弦（正弦可转化为余弦形式）$H\cos\sigma t$ 形式表示，引潮力（势）统一以 Θ 表示，则目标是将 Θ 展开为下式形式：

$$\Theta = \sum_{i=1}^{n} H_i\cos\sigma_i t \qquad (2.3)$$

式中，n 表示振动数；H 为振幅；σ 为振动的角速率；t 为时间变量。

每一固定频率的振动项被称为调和项或分潮，而这样的展开称为调和展开。因引潮力（势）取决于月球、太阳相对地球的运动，故展开的进程受限于太阳运动与月球运动的理论和数据。目前通用的是杜德逊（Doodson）展开，由杜德逊采用布朗（Brown）月理（月球轨道有关参数的纯调和展开式）于 1921 年首次给出的纯调和展开式，变量采用 6 个基本天文参数，列于表 2-1。

表 2-1　　　　　　　　　　　　　　　6 个基本天文参数

参数	意义	角速率（°/h）	周期
τ	平月球地方时	14.49205211	平太阴日
s	月球平经度	0.54901650	回归月
h	太阳平经度	0.04106863	回归年
p	月球近地点平经度	0.00464188	8.847 年
N'	$N=-N'$，月球升交点平经度	0.00220641	18.613 年
$p'(p_x)$	太阳近地点平经度	0.00000196	20940 年

表 2-1 中 N 为月球升交点平经度，月球升交点是指月球从黄道的南面向北穿过黄道时的交点。月球升交点在约 18.61 年内向西运动一周，称为月球升交点西退。因此，N 的量值是随时间而减小的，杜德逊用 $N'=-N$ 来替换 N，使得所有 6 个基本天文参数都随时间而增大。18.61 年通常也被认为是潮汐完整变化的周期，在海洋潮汐学中具有重要的意义。

6 个基本天文参数在时刻 t 的值由下式计算：

$$\begin{cases} \tau = 15° \cdot t' - s + h \\ s = 277°.0247 + 129°.38481 \cdot \text{IY} + 13°.17639 \cdot (\text{IL} + D_s + t'/24) \\ h = 280°.1895 - 0°.23872 \cdot \text{IY} + 0°.98565 \cdot (\text{IL} + D_s + t'/24) \\ p = 334°.3853 + 40°.66249 \cdot \text{IY} + 0°.11140 \cdot (\text{IL} + D_s + t'/24) \\ N' = 100°.8432 + 19°.32818 \cdot \text{IY} + 0°.05295 \cdot (\text{IL} + D_s + t'/24) \\ p' = 281°.2209 + 0°.017192 \cdot \text{IY} + 0°.00005 \cdot (\text{IL} + D_s + t'/24) \end{cases} \quad (2.4)$$

（1）τ 的计算依托于后续 5 个参数。后五式的右侧第一项为常数项，是 1900 年 1 月 1 日格林尼治 0 时的量值，即上式是以该时刻作为参考历元。因此，时刻 t 应是世界时（格林尼治 0 时区）。设时刻 t 对应的世界时表示为 Year-Month-Date Hour：Minu：Sec。

（2）后五式的右侧第二项的数值是指年变化率，IY 是指从 1900 年开始累积的年数，即 IY = Year−1900，该项计算了累积年变化部分。

（3）后五式的右侧第三项的数值是日变化率，第三项计算不足一年的变化量。IL 指 1900 年至 Year 年的闰年数，不包括 Year 年（如果这一年也是闰年），在 2100 年前可简单地用 IL =（Year−1901）/4 之整数部分来计算。D_s 是 Year 年 1 月 1 日起到计算日的累积日期序数（整日数）。t' 为当日不足一天的小时数（浮点数），即 $t' = $ Hour+Minu/60+Sec/

3600。

杜德逊将引潮力展开为300多个调和项（分潮），各分潮的系数（振幅）对某一固定点为常数，而每个分潮的相角 V 随时间而匀速变化，为6个基本天文参数的线性组合：

$$V = \mu_1 \tau + \mu_2 s + \mu_3 h + \mu_4 p + \mu_5 N' + \mu_6 p' + \mu_0 \frac{\pi}{2} \qquad (2.5)$$

式中，μ_0 是为了将调和项都化为余弦形式；μ_0，μ_1，$\cdots$，μ_6 这7个系数都为整数，其中，μ_1 总为非负整数，而 μ_2，μ_3，$\cdots$，μ_6 在 ± 12 内，绝大多数取值在 ± 4 内。

因此，据式（2.4）计算出6个基本天文参数在 t 时刻的量值，便可由上式计算该分潮在 t 时刻的相角 V。

分潮的角速率 σ 是相角 V 对时间的导数，即式（2.5）对时间求导数，得

$$\sigma = \mu_1 \dot{\tau} + \mu_2 \dot{s} + \mu_3 \dot{h} + \mu_4 \dot{p} + \mu_5 \dot{N'} + \mu_6 \dot{p}' \qquad (2.6)$$

式中，$\dot{\tau}$、$\dot{s}$、$\dot{h}$、$\dot{p}$、$\dot{N'}$、$\dot{p}'$ 分别为6个天文参数的角速率。

由分潮的 μ_1，μ_2，$\cdots$，μ_6 与表2-1中所列的6个天文参数的角速率，按上式计算该分潮的角速率 σ。因此，μ_1，μ_2，$\cdots$，μ_6 确定了分潮的相角与角速率，故可作为识别区分不同分潮的标识，称为杜德逊数。杜德逊设计 "$NNN.NNN$" 形式编码记录 μ_1，μ_2，$\cdots$，μ_6，称为幅角数或杜德逊编码。N 都为0至9的整数，据系数量值范围的特点，第一个 N 直接取为 μ_1，而后续5个 N 为对应系数加上5。如某分潮的 μ_1，μ_2，$\cdots$，μ_6 分别为1，-2，1，0，2，0，则对应的杜德逊编码为136.575。对于极少数 ≥ 5 和 ≤ -5 者，对应的 N 将以字母代替：L 表示 -1，X 表示10，E 表示11。至此，每个分潮都以 μ_1，μ_2，$\cdots$，μ_6 或杜德逊编码来唯一标识。

2. 分潮的分群

由表2-1知，6个基本天文参数的周期（角速率）相差很大，而 μ_1，μ_2，$\cdots$，μ_6 都是一些小的整数，因此分潮的周期（角速率）分布是十分不均匀的，呈现出一丛一丛局部聚集分布的特点，通常按族、群和亚群对分潮进行划分。首先按 $\mu_1 = 0$，1，2，3分成四个大的丛，每个大丛为一个潮族，即第一个杜德逊数相同的分潮处于同一潮族，称为潮族0、潮族1、潮族2与潮族3。

（1）属于潮族0的分潮，其周期将是回归月、回归年等的倍数，分潮的周期长，故称为长周期分潮，而潮族0也称为长周期分潮族；

（2）属于潮族1的分潮，其周期约为一天，故称为全日分潮，而潮族1也称为日周期分潮族；

（3）属于潮族2的分潮，其周期约为半天，故称为半日分潮，而潮族2也称为半日周期分潮族；

（4）属于潮族3的分潮，其周期约为1/3天，故称为1/3日分潮，而潮族3也称为1/3日周期分潮族。

在同一潮族中，又可按 μ_2 的不同而分成更小的丛，每一丛叫作群，即前两个杜德逊数都相同的分潮处于同一群。在同一群中，可进一步按 μ_3 的不同而分成若干个亚群，即前三个杜德逊数都相同的分潮处于同一亚群。

3. 分潮的命名

在展开获得的数百或数千个分潮中，大部分分潮的振幅都很小，振幅明显较大的少部分分潮称为主要分潮。达尔文（Darwin）对一些主要分潮进行了命名，基本规则：以下标来表示分潮周期的大体长度：a、sa、m、f 分别代表周期约为一年、半年、月和半月；而 1、2、3 分别代表周期约为一天、半天与 1/3 天。该命名规则一直沿用至今。

对于特别重要的分潮，根据其来源还有专门名称，这里列出全日分潮与半日分潮中振幅最大的几个分潮。

1）全日分潮

由于白道倾角，在月球引潮力中存在两个大小基本相同的分潮 O_1 与 K_1；而黄道倾角也造成两个大小基本相同的分潮 P_1 与 K_1；两个 K_1 分潮的角速率相同，合成的分潮 K_1 称为太阴太阳合成全日分潮；而 O_1 与 P_1 分别称为主要太阴全日分潮与主要太阳全日分潮。月地距离变化造成的全日分潮主要有 Q_1、J_1 与 M_1，其中 Q_1 最大，称为主要太阴椭率全日分潮。

2）半日分潮

月球和太阳引潮力中最主要的半日分潮分别为 M_2 与 S_2，称为主要太阴半日分潮和主要太阳半日分潮。由于月地距离变化而产生的主要半日分潮是 N_2，称为主要太阴椭率半日分潮。由于白道对赤道存在倾角，在月球引潮力中存在半日分潮 K_2；而因黄道倾角在太阳引潮力中也存在半日分潮 K_2，两者角速率相同，合成的分潮 K_2，称为太阴太阳合成半日分潮。

2.1.5　实际分潮及其调和常数

1. 平衡潮与实际潮汐的关系

在平衡潮假设条件下，引潮力使地球海洋表面时刻保持对应的平衡潮面，平衡潮面的分布形态与特征解释了地球绝大部分地点一天出现两次高潮的现象、大潮和小潮现象、日潮不等现象等。但平衡潮是一个完全假想的状态，实际的海洋潮汐由于受到海岸地形、海底摩擦、海水惯性等各种因素的影响，呈现非常复杂的变化。平衡潮与实际海洋潮汐现象之间主要存在如下不相符：

（1）在平衡潮理想情况下，月中天时刻出现高潮，但因海水有惯性，以及海水流动受到陆地与岛屿以及海水间的摩擦力等作用，所以实际上要经过一段时间才发生高潮。从月中天至出现高潮的时间间隔，称为高潮间隙，一般在数十分钟内。

（2）在平衡潮理想情况下，在朔（初一）和望（十五、十六）后出现大潮，而在上弦月（初八左右）和下弦月（廿二、廿三）后出现小潮。实际的大潮发生在朔望后一段时间，从朔望至大潮来临的时间间隔，称为半日潮龄，我国海域一般为 2~3 天。

（3）在平衡潮理想情况下，月球达到赤纬最大时出现回归潮，实际上从月球最大赤纬至发生回归潮之间间隔一段时间，称为日潮龄，我国海域一般为 2 天左右。

（4）在平衡潮理想情况下，随着地理纬度向南北两极增大，日潮不等也相应增大，进而使得地球表面呈现不同的潮汐类型，潮汐类型分布完全取决于纬度，向南北两极方向依次为半日潮类型、不规则半日潮类型、不规则日潮类型与日潮类型。但实际上，潮汐类型的分布要复杂得多，如渤海以不规则半日潮类型为主，东海以半日潮类型为主，而南海以不规则日潮类型为主。

（5）平衡潮能达到的最大潮差约 0.9m，而实际潮差普遍大于该值，大陆架海区的潮差通常比该值大得多。如我国沿海各地的平均潮差约为 0.7m 至 5.5m，杭州湾的最大潮差能达到 9m。

总之，平衡潮能解释潮汐的主要现象，而实际海洋潮汐呈现更复杂的变化，特别是沿海浅水区，体现于分潮振动幅度与相位、潮汐类型、潮差等非常复杂的空间变化。图 2.8 为我国沿岸四个长期验潮站某月同步实测的水位变化曲线，横轴为日期，纵轴为水位在平均海面上的高度，单位为米。图上方的图例表示四种月相特征（从左至右依次为朔、上弦、望、下弦）；图下方字母表示月球赤纬的特征时刻：E 表示月球经过赤道面，N 与 S 分别表示月球北赤纬最大与南赤纬最大。上方月相与下方字母的位置对应于出现的日期。

对照图 2.8，可总结实际潮汐变化的规律如下：

（1）半日潮类型与不规则半日潮类型在朔、望后约两天出现大潮，在上弦与下弦后约两天出现小潮，而不规则日潮类型与日潮类型虽然潮差存在着类似的两次极大与两次极小，但与月相无关联。或者说，大潮与小潮只出现于半日潮类型与不规则半日潮类型。

（2）四个验潮站的日潮不等现象都与月球赤纬相关。当月球赤纬为零（对应于图中 E）后约两天，日潮不等现象基本消失，日潮类型也出现每天两次高潮与两次低潮；而月球达到北赤纬最大或南赤纬最大（对应于 N 与 S）后约两天，日潮不等现象最明显，且按照半日潮类型、不规则半日潮类型、不规则日潮类型与日潮类型的顺序增强，甚至不规则日潮类型与日潮类型的低高潮与高低潮消失，日潮不等现象达到每天只出现一次高潮与一次低潮的极限情况。

（3）不规则日潮类型与日潮类型在一个月内两次最大潮差出现在月球赤纬最大后的回归潮，而最小出现于月球赤纬为零后的分点潮。

2. 调和常数的概念

通过对引潮力（引潮势）的展开，获得了引潮力的频谱结构。引潮力作为海洋潮汐的动力源，海洋潮汐的频谱特征应与引潮力一致。因此，海洋潮汐也分解为许多余弦振动之和，每个振动项即为一个分潮，分潮的角速率（周期）与引潮力中的展开项一致。如引潮力展开中存在某频率为 $f=\sigma/(2\pi)$ 的振动，海洋将响应引潮力中这一频率的动力作用，进而在水位变化中将包含这个频率的成分，即实际潮汐中存在该频率的分潮。与引潮力展开类似，该分潮在水位变化中的贡献可写作 $H\cos\alpha$，其中 H 为振幅，代表了该频率振动的幅度；α 为位相，随时间以角速率 σ 均匀增加。因实际潮汐远比平衡潮复杂，一方面是振幅通常都比理论上的平衡潮振幅大得多；另一方面是海洋对引潮力存在着响应延迟，如前述的高潮间隙、半日潮龄与日潮龄，对于分潮而言，表现为实际分潮的位相 α 与引潮力理论计算相角 V 之间存在位相差，若该位相差记为 k，则

$$k = V - \alpha \tag{2.7}$$

上式中若 k 为正，则当引潮力分潮达最大，即 $V=0$ 时，$\alpha=-k$，需要再经过 k/σ 这样一段时间，α 才能达到 0°，此时实际潮汐分潮才能达到最大。所以 k 反映了实际分潮相对于引潮力分潮的位相落后。据此，位相差 k 也称为迟角。

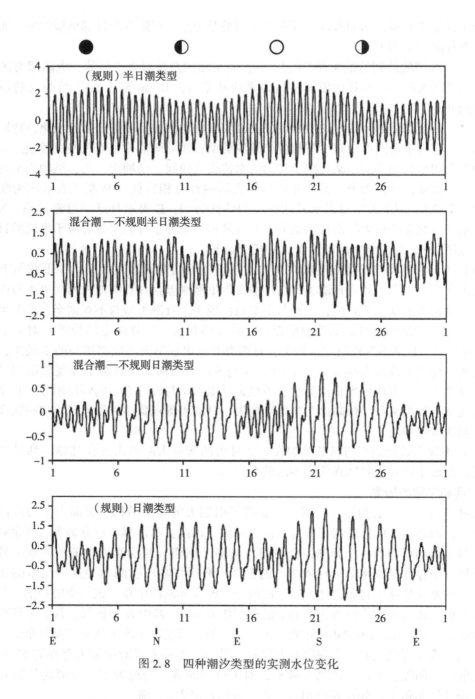

图 2.8　四种潮汐类型的实测水位变化

迟角 k 是由当地实际潮汐分潮的位相和当地引潮力分潮的相角比较而得出的，采用的是与经度相关的地方时系统，在实际工作中常常会感到不方便，因此，通常采用区时系统的迟角，称为区时迟角，记为 g。相应地，若采用世界时系统，则称为世界时迟角，记为 G。假设位于东经 L 的某地采用东 N 时区的时间，则该地的地方平太阳时 t_M、世界时 t_U 与

区时 t_z 的关系如下：

$$t_M = t_U + \frac{L}{15°} = t_z - N + \frac{L}{15°} \qquad (2.8)$$

对于西经 L 或西 N 时区，上式中的 L 或 N 都取负值。

按照同一时刻、不同时间系统计算的分潮实际相角 α 一致，可推导出地方迟角 k、世界时迟角 G 与区时迟角 g 的关系为

$$\begin{cases} g = G + N\sigma \\ k = G + \dfrac{L}{15°}\sigma \end{cases} \qquad (2.9)$$

各地的时间系统一般都采用所属国家或地区的区时系统，因此在不注明的情况下，迟角通常指区时迟角 g，在我国是指北京时（东 8 区）的迟角。需注意的是，在采用区时系统时，利用式（2.4）计算 6 个基本天文参数时也是直接采用区时系统的时刻 t，而无须转化为世界时。

分潮的振幅 H 与迟角 g 反映了海洋对引潮力中相同频率周期项的响应，虽与平衡潮相差很大，但这种响应对于一般海区而言是十分稳定的，也就是说某一地点处的分潮振幅 H 与迟角 g 可看作是常数，两者合称为调和常数。

3. 气象分潮与浅水分潮

除天体引潮力外，气压、风等气候、气象作用也能引起水位变化。如高气压能使水位降低而低气压则会使水位升高；迎岸风可以引起水位上升，离岸风可以引起水位下降；我国近海，冬季多北风且气压较高，夏天则多南风且气压较低，这会造成水位冬低夏高的季节变化。为了反映水位的这种季节变化，引入气象分潮，主要包括周期为一个和半个回归年的两个分潮，分别称为年周期分潮 S_a、半年周期分潮 S_{sa}。

除了气象影响外，水深较浅海域的海底对海水运动的摩擦作用将产生一些高频振动，用浅水分潮来表示。浅水分潮的角速率是天文分潮角速率的和或差，最常用的浅水分潮为两个周期约四分之一日的 M_4 与 MS_4，以及一个周期约六分之一日的 M_6。M_4、M_6 的角速率分别是半日分潮 M_2 的两倍和三倍，而 MS_4 的角速率是半日分潮 M_2 与 S_2 的和。

为了与气象分潮、浅水分潮相区分，月球与太阳引潮力引起的分潮，称为天文分潮。

2.2 水位观测与潮汐分析

实际潮汐运动远比平衡潮理论复杂，在岸形、海底地形、惯性以及各种气象条件等因素的综合影响下，海面升降规律与平衡潮相差甚大，特别是近岸较浅海域。我国渤海、黄海与东海是世界上潮汐最复杂的典型海域。因此，人们需在不同地点测量记录海面随时间的升降变化，该过程称为水位观测、潮汐观测或验潮。当观测记录的水位数据达到一定时间长度时，可通过潮汐分析获得主要分潮的调和常数。

2.2.1 水位观测

水位观测又称验潮，是在某一观测地点，利用验潮设备测量记录海面随时间（5 分

钟、10 分钟、1 小时等时间间隔）的升降变化。该观测地点称为验潮站（点）。需注意的是，水位观测是测量海面的整体升降，需滤除或减弱波浪的影响。波浪与水位相比，波浪是高频运动，周期为 0.1s 至 30s，而分潮的周期都在 2 个小时以上。

验潮站站址选择的条件如下：

（1）验潮站的潮汐情况在本海区应具有代表性，这是验潮站选址的主要条件。

（2）选择风浪较小、来往船只较少的地方，这样有利于提高观测的准确度，也能避免水尺被风浪刮倒，被船只撞倒，给工作带为不便。

（3）应尽量利用现有码头、防波堤、栈桥等海上建筑物作为观测点，而且应避开冲刷、淤积、崩坍等使海岸变形迅速的地方。

一般按观测持续的时间长度对验潮站进行分类：

（1）长期验潮站，简称长期站，一般建有验潮室、验潮井等设施，验潮设备放置于验潮井内，滤波性能十分稳定，水位观测质量高，连续观测时间达到数年以上。

（2）短期验潮站，简称短期站，一般要求连续观测至少 30 天。

（3）临时验潮站，简称临时站，要求最少与邻近的长期验潮站或短期验潮站同步观测 3 天。

在海洋测量中，需按测区范围与潮汐变化特点进行选址布设验潮站，水位观测包含外业测量的时段，一般为数天至数月，习惯上统称为短期验潮站。

水位观测方法主要与采用的仪器设备相关，长期站是由海洋、水利、海事与海军等部门建立与维护，在测量实践中涉及的是短期站水位观测，常用如下四种水位观测仪器。

1）水尺

水尺是最古老的水位观测仪器。早期，水尺是 3~5m 的木质长尺，现在一般是不锈钢、铝质等 1m 长的水尺拼接而成。将水尺竖直固定于水中，保证高潮不淹没而低潮不干出，人工读取海面在水尺上对应的位置，结合钟表记时，记录下水尺读数与时间。

水尺验潮的优点是造价低、易操作、读数直接，缺点是海况恶劣时较危险、简单重复性工作易漏测与读数错误。水尺通常用于方便设立与读数的码头等地点，而且验潮时间较短。

2）压力验潮仪

压力验潮仪固定安装于水下，通过测量上方海水的压力变化而间接推算出水位变化。压力验潮仪分为有缆式和自容式两种：

①有缆式压力验潮仪，以多芯电缆中的空心气管与海面大气相连通，将瞬时海面气压传输到压力传感器，作为压力测量的基准，可实时接收查看数据，以电缆供电而可长时间连续观测。

②自容式压力验潮仪，采用内置电池，无电缆与气管，测量的压力为上方海水与空气压力之和，需同步测量气压并实施气压改正。自容式压力验潮仪十分轻便，但无法监视测量的实时状况，当出现故障或丢失的情况，将造成部分时段数据的缺测。

按液体压强公式，将上方海水压力转换为上方海水的厚度需要知道海水的密度。海水密度一般采用经验或水密度测量结果，再对观测数据实施水密度改正。

3）声学水位计

　　声学水位计是由固定于海面上的探头，竖直向海面发射声波，测量海面与探头间的距离变化来推算水位的仪器。因声速与温度、湿度等相关，故声学水位计需进行声速改正。

　　4）雷达水位计

　　雷达水位计是由固定于海面上的探头，竖直向海面发射电磁波，测量海面与探头间的距离变化来推算水位的仪器。相比于声学水位计，电磁波的测距精度更高，且受气压、温度与湿度的影响更小。

　　水尺与验潮仪等测量记录的观测数据经过必要的改正后最终转换为观测时刻与水位值的形式，如时刻 t 的水位值 $h(t)$。$h(t)$ 是基于水尺或验潮仪零点上的高度，该零点称为水位零点，习惯上称为水尺零点。水位零点应保持稳定，且在最低潮面以下，保证低潮不露出。按激发机制 $h(t)$ 可分解为四个部分，表达为：

$$h(t) = \text{MSL} + T(t)_{\text{MSL}} + R(t) + \Delta(t) \tag{2.10}$$

　　式中，MSL 为平均海面在水位零点上的高度，可看作是各种波动和振动的平衡面；$T(t)_{\text{MSL}}$ 为引潮力在海底地形和海岸形状等因素制约下引起的海面升降，是以平均海面为起算面的各分潮叠加后的水位变化，通常称为天文潮位或潮位；$R(t)$ 为余水位，是气压、风等气候、气象作用引起的短期非周期性变化；$\Delta(t)$ 为测量误差。

　　水位 $h(t)$ 变化的主体是天文潮位 $T(t)_{\text{MSL}}$。在正常天气情况下，余水位 $R(t)$ 的量值在 $\pm 40\text{cm}$ 内，而在台风等特殊天气情况下，余水位的量值能达到米级。经必要的水位数据预处理后，测量误差 $\Delta(t)$ 可认为呈偶然性。

2.2.2　潮汐调和分析的基本原理

　　通过潮汐分析，由一定时长的水位数据可求解出主要分潮的调和常数。潮汐分析按原理可分为调和分析法与响应分析法两大类，国内常用的是调和分析法。采用调和分析法的潮汐分析也可直接称为潮汐调和分析，或简称为调和分析。目前最常用的是基于最小二乘原理的调和分析法，或者称为调和分析最小二乘法。

　　1. 调和分析最小二乘法的基本原理

　　天文潮位是水位变化的主体，以平均海面为其平衡位置，则时刻 t 从平均海面起算的天文潮位 $T(t)_{\text{MSL}}$ 是各分潮的叠加，每个分潮为一个余弦项，表示为

$$T(t)_{\text{MSL}} = \sum_{i=1}^{m} H_i \cos[V_i(t) - g_i] \tag{2.11}$$

　　式中，m 为分潮的个数；H、g 为分潮的调和常数；$V(t)$ 为分潮在时刻 t 的天文相角。

　　将式（2.11）代入式（2.10）得

$$h(t) = \text{MSL} + \sum_{i=1}^{m} H_i \cos[V_i(t) - g_i] + R(t) + \Delta(t) \tag{2.12}$$

　　调和分析的目标是由上式计算平均海面在水位零点上的高度 MSL 与各分潮的调和常数 H_i、g_i。上式中的余水位 $R(t)$ 和测量误差 $\Delta(t)$ 对于调和分析而言被视为扰动噪声。因此，调和分析的观测方程为

$$h(t) = \text{MSL} + \sum_{i=1}^{m} H_i \cos\left[V_i(t) - g_i \right] \tag{2.13}$$

上式称为调和分析的潮高模型，是 H_i、g_i 的非线性方程，需实施线性化。将上式中的余弦部分展开，得

$$h(t) = \text{MSL} + \sum_{i=1}^{m} \left[\cos V_i(t) \cdot H_i \cos g_i + \sin V_i(t) \cdot H_i \sin g_i \right] \tag{2.14}$$

令

$$\begin{aligned} H_i^C &= H_i \cos g_i \\ H_i^S &= H_i \sin g_i \end{aligned} \tag{2.15}$$

上式中的 H_i^C、H_i^S 分别称为分潮的余弦分量和正弦分量。将上式代入式（2.14），得

$$h(t) = \text{MSL} + \sum_{i=1}^{m} \left[\cos V_i(t) \cdot H_i^C + \sin V_i(t) \cdot H_i^S \right] \tag{2.16}$$

上式是 H_i^C、H_i^S 的线性方程。每个观测时刻水位都可按上式构建观测方程，进而按最小二乘原理中的间接平差法求解出 MSL 与各分潮的 H_i^C、H_i^S，最后按下式将 H_i^C、H_i^S 转换为调和常数 H_i、g_i：

$$\begin{aligned} H_i &= \sqrt{(H_i^C)^2 + (H_i^S)^2} \\ g_i &= \arctan \frac{H_i^S}{H_i^C} \end{aligned} \tag{2.17}$$

以上是调和分析最小二乘法的基本原理。最小二乘法是在实测数据与潮高模型之间直接进行最小二乘拟合逼近，从估计的角度求得调和常数。最小二乘法适用于非等间隔观测、短时缺测等情况，因此最小二乘法已成为现代潮汐调和分析的标准方法。

2. 常用的主要分潮

在理论上，采用的分潮数目越多，天文潮位的描述越精确。但实际上，各分潮的量值有很大差异，引起的海面响应也是对应的，只有较大分潮才有实际意义。对于调和分析而言，在余水位等扰动作用下，较小分潮的调和常数求解精度相对较低。因此，海洋测绘中常用的是各潮族中最大的分潮，最常用的有 13 个：2 个长周期分潮、4 个全日分潮、4 个半日分潮与 3 个浅水分潮，如表 2-2 所列。

表 2-2　　　　　　　　　　　　　常用的主要分潮

类型	分潮	杜德逊编码	角速率（°/h）	周期（平太阳时）
长周期	S_a	056.554	0.041067	8766.163
	S_{sa}	057.555	0.082137	4382.921
全日	Q_1	135.655	13.398661	26.868
	O_1	145.555	13.943036	25.819
	P_1	163.555	14.958931	24.066
	K_1	165.555	15.041069	23.934

续表

类型	分潮	杜德逊编码	角速率（°/h）	周期（平太阳时）
半日	N_2	245.655	28.439730	12.658
	M_2	255.555	28.984104	12.421
	S_2	273.555	30.000000	12.000
	K_2	275.555	30.082137	11.967
浅水	M_4	455.555	57.968208	6.210
	MS_4	473.555	58.984104	6.103
	M_6	655.555	86.952312	4.140

通常可认为，表 2-2 中的 13 个主要分潮已构成了天文潮位的主体，振幅具有如下规律：

（1）2 个长周期分潮中，年周期 S_a 分潮在中国近海从南至北逐渐增大，振幅约 10~30cm；而半年周期 S_{sa} 分潮在中国近海的振幅在 5cm 内；

（2）4 个全日分潮中，K_1 分潮振幅最大，O_1 略大于 K_1 的 2/3，P_1 略小于 K_1 的 1/3，Q_1 约为 K_1 的 2/15；

（3）4 个半日分潮中，M_2 分潮振幅最大，S_2 略小于 M_2 的 1/2，N_2 略小于 M_2 的 1/5，K_2 略大于 M_2 的 1/10；

（4）浅水分潮是水深较浅海底对海水运动的摩擦作用而产生的一些高频振动，因此，浅水分潮的振幅通常只在沿岸浅水区与河口才能达到有实际意义的量值。

3. 会合周期

设某两分潮的角速率分别为 σ_1 与 σ_2，则两个分潮位相差变化了 360° 的时间长度定义为这两个分潮的会合周期 T_R，即

$$T_R = \frac{360°}{|\sigma_1 - \sigma_2|} \qquad (2.18)$$

根据瑞利准则，观测时段的长度要大于其中任何两个分潮的会合周期才能准确可靠地估计所选分潮的调和常数。会合周期也称为瑞利周期，据式（2.18）易知，两个分潮的角速率越接近，会合周期越长。由表 2-2 中 13 个主要分潮的角速率与式（2.18）计算分潮间的会合周期，列于表 2-3，单位为平太阳日。

由表 2-3 知，不同潮族分潮间因周期相差较大而会合周期较短，一般都在 1 天左右。同一潮族分潮间的会合周期相对较长，潮族 0（长周期）的 S_a 与 S_{sa} 间达 365.2 天，与 S_a 的周期相近，但提取某分潮调和常数的基本要求是观测时长达到其周期，当时长达到 S_a 分潮周期时相应也达到了 S_a 与 S_{sa} 间会合周期。因此，分潮周期较短的潮族 1（全日）与潮族 2（半日）的会合周期更有意义。

表 2-3 　　　　　　　　　　　　　　主要分潮间的会合周期

分潮	S_{sa}	Q_1	O_1	P_1	K_1	N_2	M_2	S_2	K_2	M_4	MS_4	M_6
S_a	365.2	1.1	1.1	1.0	1.0	0.5	0.5	0.5	0.5	0.3	0.3	0.2
S_{sa}		1.1	1.1	1.0	1.0	0.5	0.5	0.5	0.5	0.3	0.3	0.2
Q_1			27.6	9.6	9.1	1.0	1.0	0.9	0.9	0.3	0.3	0.2
O_1				14.8	13.7	1.0	1.0	0.9	0.9	0.3	0.3	0.2
P_1					182.6	1.1	1.1	1.0	1.0	0.3	0.3	0.2
K_1						1.1	1.1	1.0	1.0	0.3	0.3	0.2
N_2							27.6	9.6	6.1	0.5	0.5	0.3
M_2								14.8	13.7	0.5	0.5	0.3
S_2									182.6	0.5	0.5	0.3
K_2										0.5	0.5	0.3
M_4											14.8	0.5
MS_4												0.5

当水位数据累积时长达到某两个分潮会合周期或略小于最长的会合周期（如 0.8）时，两个分潮的调和常数都能可靠地求解。而当时长明显短于会合周期时，两个分潮将都不能可靠地求解，需注意的是，这意味着只选其中一个分潮时，该分潮也不能可靠求解。如 S_2 与 K_2 的会合周期为 182.6 天，当观测时长为 30 天时，若只选取 S_2 分潮，潮汐分析得到的调和常数是不准确的，实际是 S_2 与 K_2 的综合结果。所以，在海洋潮汐理论上，只有当水位数据时长达到 18.61 年才可直接按前述调和分析最小二乘法原理求解各分潮的调和常数。对于常见的数十天至数年的水位数据，需在前述基本原理的基础上，针对分潮的可分离情况进行改进。

2.2.3　长期调和分析

在实践中，一年时长达到了 S_a 分潮的周期，也达到了 13 个主要分潮间的会合周期，已能可靠求解出 13 个主要分潮的调和常数，因此，一年以上水位已认为是长期数据，相应采用的调和分析方法称为长期调和分析。

1. 基本原理

若两个分潮分别为不同潮族、同潮族而不同群、同群而不同亚群、同亚群，则分潮间的角速率差异分别在 $\dot{\tau}$、$\dot{s}$、$\dot{h}$、$\dot{p}$ 量级上，考察表 2-1 中 6 个基本天文参数的角速率与周期，可知各对应的会合周期分别在日、月、年与 8.847 年的量级上。因此，一年时长只能分辨不同亚群的分潮，而不能分辨同一亚群内的分潮。对于所选的主要分潮，这意味着一年时长求解的结果实际是主要分潮所在亚群内所有分潮的综合结果。于是，为了尽量精确地分析出所需的主要分潮（亚群内最大分潮），需将亚群内其他小分潮进行合并。假设海面升降对引潮力的响应在频率域上是连续、平滑的，而同一亚群内分潮间的频率十分接近，故在最大分潮的振幅和迟角上分别附加交点因子 f（对于分潮振幅的乘系数）和交点订正角 u（对分潮迟角的改正量），以体现同一亚群内小分潮的贡献以及对最大分潮的扰动。

因此，调和分析的潮高模型式（2.13）化为如下形式

$$h(t) = \text{MSL} + \sum_{i=1}^{m} f_i H_i \cos(V_i(t) + u_i - g_i) \tag{2.19}$$

主要分潮所在亚群内所有分潮的作用通过主要分潮的 f、u 合并至主要分潮上。f、u 随时间缓慢变化，f 在 1 上下变化，u 在 $0°$ 上下变化。以交点因子与交点订正角体现与表达同亚群小分潮扰动作用的订正方式，称为交点订正。长期调和分析采用式（2.19）为潮高模型估计分潮调和常数，在前述调和分析最小二乘法基本原理上增加了 f、u 的计算。

2. 交点因子与交点订正角的计算

在实际应用中，常使用近似计算方法：M_1、M_m、M_f、O_1、P_1、K_1、J_1、OO_1、M_2、L_2、K_2 等 11 个分潮为计算 f、u 的基本分潮，采用公式计算，而其他分潮的 f、u 由 11 个分潮的 f、u 推算得到。

11 个基本分潮中，M_1 分潮的 f、u 计算相对特殊，达尔文为了分析方便，未以亚群中最大分潮为准进行合并，实际是错误地使用了各分潮的振幅相对大小关系。达尔文给出的计算公式为

$$f_{\sin}^{\cos} u = -0.008_{\sin}^{\cos}(-p - 2N') + 0.094_{\sin}^{\cos}(-p - N') + 1.418_{\sin}^{\cos}(p) + 0.510_{\sin}^{\cos}(-p)$$
$$- 0.041_{\sin}^{\cos}(p - N') + 0.284_{\sin}^{\cos}(p + N') - 0.008_{\sin}^{\cos}(p + 2N') \tag{2.20}$$

式（2.20）是两个表达式的合并简化形式，可分解为上下两式，分别采用余弦形式与正弦形式，进而由两式求解出 f、u。后续其他分潮的计算公式采用类似的简化形式。

由式（2.20）计算所得的 f 不在 1 上下变化，而是在 1.5 上下变化；u 不在 $0°$ 上下变化，而是当 p 变化 $360°$ 时，u 也随着变化 $360°$。达尔文对 M_1 分潮的这种处理尽管存在一些缺陷，但对潮汐分析与预报的准确度并未造成影响。与其他主要分潮不同的是，分析求解的主要分潮振幅就是该分潮所在亚群最大分潮的振幅，唯独 M_1 亚群最大分潮的振幅是计算所得 M_1 分潮振幅的约 1.42 倍。

除 M_1 分潮外，其他 10 个基本分潮的 f、u 的计算式列于表 2-4，表中前两列为相对主要分潮的杜德逊数差异 $\Delta\mu_4$ 与 $\Delta\mu_5$，后续每列对应于一个基本分潮的计算式。

表 2-4   **10 个基本分潮的交点订正计算式**

$\Delta\mu_4$	$\Delta\mu_5$	M_m	M_f	O_1	P_1	K_1	J_1	OO_1	M_2	L_2	K_2
-2	-1		-0.0023			0.0002		-0.0037			
-2	0		0.0432					0.1496			
-2	1		-0.0028					0.0296			

续表

$\Delta\mu_4$	$\Delta\mu_5$	M_m	M_f	O_1	P_1	K_1	J_1	OO_1	M_2	L_2	K_2
0	-2	0.0008		-0.0058	0.0008	0.0001			0.0005		
0	-1	-0.0657		0.1885	-0.0112	-0.0198	-0.0294		-0.0373	-0.0366	-0.0128
0	0	1	1	1	1	1	1	1	1	1	1
0	1	-0.0649	0.4143			0.1356	0.1980	0.6398			0.2980
0	2		0.0387			-0.0029	-0.0047	0.1342			0.0324
0	3		-0.0008					0.0086			
2	-1		0.0002							0.0047	
2	0	-0.0534		-0.0064	-0.0015		-0.0152		0.0006	-0.2505	
2	1	-0.0218		-0.0010	-0.0003		-0.0098		0.0002	-0.1102	
2	2	-0.0059					-0.0057			-0.0156	

以 M_m 为例，表 2-4 中 M_m 所在列为其 f、u 的计算式，写成式（2.20）的计算式：

$$f_{\sin}^{\cos} u = 0.008_{\sin}^{\cos}(-2N') - 0.0657_{\sin}^{\cos}(-N') + 1 - 0.0649_{\sin}^{\cos}(N') - 0.0534_{\sin}^{\cos}(2p)$$
$$- 0.0218_{\sin}^{\cos}(2p+N') - 0.0059_{\sin}^{\cos}(2p+2N') \tag{2.21}$$

类似地，可由表 2-4 列出其他 9 个基本分潮的 f、u 计算式。

其他主要分潮的 f、u 采用 11 个基本分潮的 f、u 进行计算，表 2-5 为 13 个主要分潮的 f、u 信息。

表 2-5　　　　　　　　　　　　　13 个主要分潮的交点订正信息

分潮	杜德逊编码	μ_0	f	u
S_a	056.555	0	1	0
S_{sa}	057.555	0	1	0
Q_1	135.655	-1	O_1	O_1
O_1	145.555	-1	O_1	O_1
P_1	163.555	-1	P_1	P_1
K_1	165.555	1	K_1	K_1
N_2	245.655	0	M_2	M_2
M_2	255.555	0	M_2	M_2
S_2	273.555	0	1	0
K_2	275.555	0	K_2	K_2

分潮	杜德逊编码	μ_0	f	u
M_4	455.555	0	$(M_2)^2$	$2M_2$
MS_4	473.555	0	M_2	M_2
M_6	655.555	0	$(M_2)^3$	$3M_2$

以表 2-5 中的 M_4 分潮为例，其 f 为 M_2 的平方，而 u 为 M_2 的 2 倍。

3. 分析的步骤

式（2.19）为长期调和分析的潮高模型，是 H_i 与 g_i 的非线性方程，将式中的余弦部分展开，得

$$h(t) = \text{MSL} + \sum_{i=1}^{m} f_i \cos[V_i(t) + u_i] \cdot H_i \cos g_i + f_i \sin[V_i(t) + u_i] \cdot H_i \sin g_i \quad (2.22)$$

将各分潮的余弦分量 H_i^c 和正弦分量 H_i^s 代入上式，得

$$h(t) = \text{MSL} + \sum_{i=1}^{m} f_i \cos[V_i(t) + u_i] \cdot H_i^c + f_i \sin[V_i(t) + u_i] \cdot H_i^s \quad (2.23)$$

上式是 H_i^c、H_i^s 的线性方程，按该式构建每个观测时刻水位的观测方程。

对于某一观测时刻 t，式（2.23）中相关量的计算步骤如下：

（1）由式（2.4）计算 6 个基本天文参数在 t 时刻的量值。

（2）由各分潮的杜德逊数，按式（2.5）计算各分潮在 t 时刻的天文相角 $V_i(t)$。

（3）由基本天文参数，按式（2.20）与表 2-4 计算 11 个基本分潮在 t 时刻的 f、u，进而按各分潮的交点订正信息计算相应的 f、u。以 13 个主要分潮为例，按表 2-5 中信息计算 13 个主要分潮在 t 时刻的 f、u。

（4）将上述各量值代入式（2.23），获得 t 时刻的观测方程。

对 n 个观测时刻重复处理可建立观测方程组，按间接平差原理求解出 MSL 与各分潮的 H_i^c、H_i^s，最后按式（2.7）将 H_i^c、H_i^s 转换为调和常数 H_i、g_i。

2.2.4 中期调和分析

在海道测量工程实践中，布设的验潮站一般只验潮数天至数月。其中，1 个月及以上的水位数据才能较可靠地获得主要分潮的调和常数。由于不同群之间的会合周期最长为 1 个月，因此通常把 1 个月及以上但不足 1 年的水位数据称为中期观测资料，对应采用的是中期潮汐分析方法。

当观测时间长度远小于 1 年时，同群而不同亚群、甚至同族而不同群的分潮之间将不可辨，需进一步合并，但因频率差的增大，不能按 f、u 订正方法实现。在此情况下，按最小二乘法处理时，通常通过附加参数间的限制条件，以采用约束平差法实现参数估计。基本做法是对难于分辨的分潮间再次选取主分潮和随从分潮，假设主分潮和随从分潮间存在确定的振幅比和迟角差，称为差比关系。将差比关系作为已知的关系引入平差求解过程中，因此称为引入差比关系的中期调和分析。

将随从分潮与主分潮的标号分别记作 q 和 p，两分潮间振幅比 k 和迟角差 φ 为

$$k = \frac{H_q}{H_p}$$

$$\varphi = g_q - g_p \tag{2.24}$$

式（2.23）为调和分析观测方程，是分潮余弦分量 H_i^c 和正弦分量 H_i^s 的线性方程，故需将差比关系转换为余弦分量与正弦分量的方程。由随从分潮的余弦分量 H_q^c 和正弦分量 H_q^s 的定义，并结合式（2.24），可推导得

$$k\cos\varphi H_P^C - k\sin\varphi H_P^S - H_q^C = 0$$

$$k\sin\varphi H_P^C + k\cos\varphi H_P^S - H_q^S = 0 \tag{2.25}$$

每组无法分离的两个分潮间都需构建如上式的方程，作为调和分析观测方程的约束条件，基于附有限制条件的间接平差原理进行求解。

分潮间振幅比与迟角差可采用邻近长期验潮站的结果，也可采用近似公式计算。其中，分潮间的振幅比可取为分潮的引潮力系数 C 之比，即

$$k = \frac{C_q}{C_p} \tag{2.26}$$

式中，分潮的引潮力系数 C 可查阅相关资料。

随从分潮与主分潮的迟角差由下式确定：

$$\varphi = \frac{\Delta g}{\Delta \sigma}(\sigma_q - \sigma_p) \tag{2.27}$$

式中，σ_p、σ_q 分别为主分潮与随从分潮的角速率；Δg、$\Delta \sigma$ 依潮族不同而取值为：

（1）对于日潮和三分日潮，Δg、$\Delta \sigma$ 分别取为 K_1 与 O_1 的迟角差与角速率差，即 $\Delta g = g_{K_1} - g_{O_1}$、$\Delta \sigma = \sigma_{K_1} - \sigma_{O_1}$，此时 $\Delta g / \Delta \sigma$ 为日潮龄。

（2）对于半日潮、四分日潮和六分日潮，Δg、$\Delta \sigma$ 分别取为 S_2 与 M_2 的迟角差与角速率差，即 $\Delta g = g_{S_2} - g_{M_2}$、$\Delta \sigma = \sigma_{S_2} - \sigma_{M_2}$，此时 $\Delta g / \Delta \sigma$ 为半日潮龄。

在我国近海，日潮龄与半日潮龄都约为 2 天（48 小时），结合 K_1、O_1、S_2 与 M_2 的角速率，推算出 Δg 近似可取为 $50°$。

引入差比关系的中期调和分析在建立观测方程方面，与长期调和分析是完全一致的。构建观测方程组后，每组无法分离的两个分潮间构建如式（2.25）的方程，作为条件方程，最后按附有限制条件的间接平差进行求解。

2.2.5　潮汐类型数

在平衡潮理论中，潮汐类型只与观测点所处的纬度相关，依据潮汐变化规律定性划分为半日潮、混合潮与日潮这三大类型，划分标准是每太阴日（约 24 小时 50 分）出现高潮和低潮的次数。划分依据本质上是潮汐变化中日周期振动与半日周期振动的相对大小，半日周期明显占优时将显示半日潮性质，而日周期明显占优时将显示全日潮性质。在实际应用中为了方便和统一，一般以全日分潮和半日分潮的振幅比为量化指标来划分潮汐类型。各国选取的分潮与标准并不一致，我国通常根据 K_1 和 O_1 两全日分潮的振幅之和与半

日分潮 M_2 振幅之比值大小作为量化指标，称为潮汐类型数，若记为 F，则

$$F = \frac{H_{K_1} + H_{O_1}}{H_{M_2}} \tag{2.28}$$

按潮汐类型数 F 的量值范围，具体的定量划分标准为：

（1）$F<0.5$ 者为半日潮类型，在每太阴日（24 时 50 分）中有两次高潮和低潮，且两相邻高潮或低潮的时间间隔约为 12 时 25 分；

（2）$0.5 \leqslant F < 2.0$ 者为不规则半日潮混合潮类型，在一太阴日中有两次高潮和低潮，但两相邻的高潮或低潮的高度不相等，而且涨潮时间与落潮时间也不相等；与半日潮类型相比，日潮不等现象更明显；

（3）$2.0 \leqslant F \leqslant 4.0$ 者为不规则日潮混合潮类型，一回归月的大多数日子内每个太阴日有两次高潮和低潮，但在回归潮前后数天会出现一太阴日只有一次高潮和低潮的日潮现象；F 值越大，日潮天数越多；

（4）$F>4.0$ 者为日潮类型，一回归月的大多数日子出现一太阴日只有一次高潮和低潮的日潮现象；F 值越大，日潮天数越多。

2.3 基准面的传递确定

水尺与验潮仪观测记录的水位数据是从水尺与验潮仪的零点起算的瞬时海面高度。水尺与验潮仪的零点，合称为水位零点，习惯上也称为水尺零点。布放水尺与验潮仪时，在满足水位零点在低潮下一定距离的条件下，水位零点的位置是可任意设置的，布设后应保持固定、在垂直方向上不移动。

将观测记录的水位数据应用于水位改正之前，起算面需从任意选定的水位零点转换至深度基准面。转换过程涉及两种基准面的确定：一是平均海面，计算其在水位零点上的垂直高度；二是深度基准面，计算其在平均海面下的垂直距离。

2.3.1 平均海面的定义与稳定性

验潮站处平均海面的位置由相对于水位零点的垂直距离进行标定。因此，平均海面的确定在狭义上是指确定其在水位零点上的垂直距离。水位观测一般采用 5 分钟、6 分钟、10 分钟或 1 小时的等间隔，对某时段内的水位序列取算术平均值，即为该时段的平均海面 MSL：

$$\mathrm{MSL} = \frac{1}{n} \sum_{i=1}^{n} h(t_i) \tag{2.29}$$

式中，n 为水位观测个数；$h(t)$ 为水位数据。

水位变化中包含了各种波动和振动，如引潮力作用下的各周期分潮、天气因素等引起的短期非周期性余水位等。理论上，由一个完整的潮汐变化周期（18.61 年，通常取整为 19 年）水位数据计算的平均海面才可认为是消除各种振动和波动的一种理想面。在海洋测绘中，数年时长计算的平均海面已被认为是理想面的可靠近似，称为长期平均海面，习惯称为多年平均海面。在工程实践中，布设的验潮站通常只验潮数天至数月，由此计算的

平均海面习惯统称为短期平均海面。以一天、一个月、一年的水位数据计算的平均海面，分别称为日平均海面、月平均海面与年平均海面。

随着水位时长的增加，振动与波动逐渐被消除，平均海面的稳定性增强。刘雁春（2003）对中国沿海不同时间尺度平均海面的变化幅度综合研究如下：日平均海面的最大互差为 50~200cm；月平均海面的最大互差为 20~63cm；年平均海面的最大互差为 15~23cm；2 年平均海面的最大互差为 13~18cm；10 年平均海面的最大互差为 3~6cm；19 年平均海面的最大互差为 1~2cm。从滤波的角度看，日平均海面不能消除长周期分潮，且还残留着短周期分潮的影响；月平均海面基本消除了短周期分潮，但仍残留着长周期分潮的影响；年平均海面基本上消除了年周期以内各分潮的影响。因此，不同时间尺度平均海面将呈现相对应的剩余潮汐成分的周期性。日平均海面、月平均海面与年平均海面相对长期平均海面的差异，分别称为日距平、月距平与年距平。距平代表了相应时间尺度平均海面的变化，日距平的变化幅度大，变化复杂；月距平呈现明显的年周期性；而年距平变化幅度小，周期性不明显。

2.3.2　平均海面的传递技术

对于短期验潮站而言，按定义直接计算短期平均海面存在较大量值的不稳定，其精度通常不能满足要求。此时，解决方法就是基于平均海面传递技术，将邻近长期验潮站的长期平均海面传递至短期验潮站，使得短期验潮站平均海面具有相当于长期平均海面的精度。常用的传递方法有水准联测法、同步改正法与回归分析法，下面简述这三种方法的数学模型与假设条件。在表述中，统一将长期验潮站（基准站）记为 A 站，而短期站（待传递站）记为 B 站；上标 L 与 S 分别表示长期平均海面与同步期的短期平均海面。

1. 水准联测法

水准联测法，也称为几何水准法，基本原理是假定两站的长期平均海面位于同一等位面上，即两站长期平均海面的高程相等，或者说假定两站的海面地形数值相同。图 2.9 为 A 站处的示意图，图中：水尺代表验潮设备；水准点的高程为 H_A；水准点相对于水位零点的高差为 h_{0A}；长期平均海面在水位零点上的垂直距离为 MSL_A^L。

参考图 2.9，可推导 A 站的长期平均海面的高程，即图中的海面地形 ζ_A 为

$$\zeta_A = H_A - h_{0A} + \mathrm{MSL}_A^L \tag{2.30}$$

类似地，可得 B 站的海面地形 ζ_B 为

$$\zeta_B = H_B - h_{0B} + \mathrm{MSL}_B^L \tag{2.31}$$

假设两站的海面地形相等，得

$$H_B - h_{0B} + \mathrm{MSL}_B^L = H_A - h_{0A} + \mathrm{MSL}_A^L \tag{2.32}$$

整理上式，B 站的长期平均海面在其水位零点上的高度 MSL_B^L 为

$$\mathrm{MSL}_B^L = \mathrm{MSL}_A^L + h_{0B} - h_{0A} - (H_B - H_A) \tag{2.33}$$

该方法的适用条件是两站的水准点均连接在国家水准网中（H_A 与 H_B 已知）或者两站水准点间实施了水准联测（h_{AB} 已知），同时两站距离较近，以满足两站海面地形数值相等的假定。传递精度主要取决于 h_{AB}、h_{0A}、h_{0B} 的确定精度以及海面地形相等的符合程度。

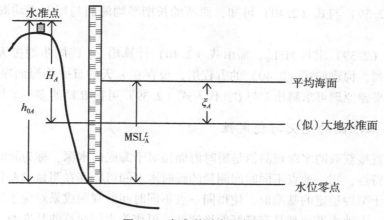

图 2.9 水准联测法示意图

2. 同步改正法

同步改正法，也称为同步季节改正法、海面水准法，基本原理是假定同一时间内两站的短期平均海面与多年平均海面的差异（通常称为短期距平）相等。

令两站的短期平均海面、多年平均海面与短期距平分别为 MSL_A^S、MSL_B^S、MSL_A^L、MSL_B^L、$\Delta\mathrm{MSL}_A$、$\Delta\mathrm{MSL}_B$，则

$$\begin{cases} \Delta\mathrm{MSL}_A = \mathrm{MSL}_A^S - \mathrm{MSL}_A^L \\ \Delta\mathrm{MSL}_B = \mathrm{MSL}_B^S - \mathrm{MSL}_B^L \end{cases} \tag{2.34}$$

上式左端 $\Delta\mathrm{MSL}_B$ 未知。假设两站短期距平相等，即

$$\Delta\mathrm{MSL}_A = \Delta\mathrm{MSL}_B \tag{2.35}$$

此时，求得短期站 B 的长期平均海面的高度为

$$\mathrm{MSL}_B^L = \mathrm{MSL}_B^S - \mathrm{MSL}_A^S + \mathrm{MSL}_A^L \tag{2.36}$$

由上式知，传递确定 B 站的长期平均海面需已知两站同步期间的短期平均海面。式 (2.35) 的假设是同步改正法传递平均海面的主要误差源，其随着两站的同步时段的增长而趋于 0。

3. 回归分析法

回归分析法，也称为线性关系最小二乘拟合法，基本原理是假定两站的短期距平具有比例关系。设比例为 k，则

$$\Delta\mathrm{MSL}_B = k \cdot \Delta\mathrm{MSL}_A \tag{2.37}$$

将式 (2.34) 代入上式，整理得

$$\mathrm{MSL}_B^L = \mathrm{MSL}_B^S - k \cdot \mathrm{MSL}_A^S + k \cdot \mathrm{MSL}_A^L \tag{2.38}$$

上式中 k 未知，需进一步假设两站的长期平均海面之间为线性比例关系，比例系数仍为 k，则有

$$\mathrm{MSL}_B^L = k \cdot \mathrm{MSL}_A^L + C \tag{2.39}$$

上式中 C 为未知常数项。将上式代入式 (2.38)，整理得短期平均海面之间的关系如下：

$$\text{MSL}_B^S = k \cdot \text{MSL}_A^S + C \tag{2.40}$$

对比式（2.39）与式（2.40）可知，两站的长期平均海面与短期平均海面具有相同的线性关系。

为了由式（2.39）求得 MSL_B^L，需由式（2.40）计算出 k。将同步期按天分解，计算日平均海面序列，构建如式（2.40）的方程组，设存在 n 天的日平均海面序列，当 $n \geqslant 2$ 时，基于间接平差原理可求解出 k 与 C，代入式（2.39）可得 B 站的多年平均海面 MSL_B^L。

2.3.3　深度基准面的定义与稳定性

水深测量直接获取的水深观测值是瞬时海面相对于海底的水深，称为瞬时水深。因瞬时海面的时变特性，同一地点不同时间测量的瞬时水深间可能存在明显的差异。所以，水深的表示应基于某种稳定的基准面，使得同一点不同时间的观测成果对应于统一意义的水深。平均海面、大地水准面都具有良好的稳定性，可作为水深起算的基准面。历史上，水深测量进而编制海图是为航海服务，目前及以后仍将是主要任务。因此，基准面的选择还需顾及航行安全，海图标注的水深必须是相对保守的，即航行时瞬时水深在绝大部分情况下都应大于海图标注水深。若视长期平均海面为瞬时海面起伏的平均位置，则该基准面应在平均海面下，且瞬时海面很少低于该面。该面作为深度的起算面，称为深度基准面。海图标注水深通常都以该面作为起算面，历史上该面也称为海图深度基准面。该面一般也是潮汐表的潮高起算面，故也称为潮高基准面。

在海道测量中，深度基准面是由相对于平均海面的垂直差距来确定其在垂直方向中的位置，该垂直差距量值通常称为 L 值。因此，深度基准面的确定狭义上常指 L 值的计算。深度基准面是一种潮汐基准面，深度基准面 L 值与潮汐的强弱即潮差的大小有着密切的联系。确定的基本原则是：既要考虑到舰船航行的安全，又要照顾到航道的使用率。通常以"保证率"来表达量化这一原则，是指高于深度基准面的低潮次数与低潮总次数之比。我国通常以 95% 为标准，国际海道测量组织（International Hydrographic Organization，IHO）要求水位很少会低于这个面，即在正常的天气情况下，水位都高于深度基准面，只有在特殊地点和遇特殊天气时水位才低于该面。基于该原则，世界各地根据潮汐性质的特点定义了多种深度基准面的算法，甚至有些国家在其不同的海域采用了不同的算法。常用的有平均大潮低潮面、最低低潮面、平均低潮面、平均低低潮面、略最低低潮面、平均海面、理论最低潮面和最低天文潮面等。其中，最低天文潮面是国际海道测量组织于 1995 年推荐其会员国统一采用的深度基准面，而我国法定的深度基准面是理论最低潮面。

1. 理论最低潮面

理论最低潮面，也可称为理论上可能最低潮面，习惯上称为理论深度基准面。我国自 1956 年起，将深度基准面统一于理论最低潮面，采用弗拉基米尔斯基算法，由 M_2、S_2、N_2、K_2、K_1、O_1、P_1、Q_1 这 8 个分潮叠加计算可能出现的最低水位，再附加浅水分潮 M_4、MS_4 和 M_6 及长周期分潮 S_a 和 S_{sa} 的贡献。而目前我国现行的《海道测量规范》（GB 12327—1998）要求必须同时利用这 13 个主分潮叠加计算。

13 个主要分潮叠加后相对于平均海面的潮高表示为

$$T(t)_{\mathrm{MSL}} = \sum_{i=1}^{13} f_i H_i \cos(V_i(t) + u_i - g_i) \qquad (2.41)$$

深度基准面 L 值即为上式潮高表示的最低潮位，即

$$L = -\min\left[\sum_{i=1}^{13} f_i H_i \cos(V_i(t) + u_i - g_i)\right] \qquad (2.42)$$

可采取枚举法由式（2.42）计算 L 值，如计算 19 年的潮高，获得最低潮位，此时即为最低天文潮面的计算原理。而弗拉基米尔斯基算法是先对式（2.42）进行简化，大幅减少计算量，基本原理是依据分潮间的平衡潮理论关系引入近似假设，将多变量（每个分潮的振幅与迟角，共计 26 个变量）函数简化为 K_1 分潮相角 φ_{K_1} 的单变量函数，对 φ_{K_1} 以适当间隔对自变量离散化，获得一组函数值，取最小值（符号为负），则该值的绝对值即为相对于平均海面的理论上可能的最低潮面。

13 个分潮在理论上可能的最低潮面由下式表示：

$$L = L_8 + L_{\mathrm{shallow}} + L_{\mathrm{long}} \qquad (2.43)$$

式中，L_8、L_{shallow} 与 L_{long} 分别为 8 个天文分潮、3 个浅水分潮与 2 个长周期分潮的贡献，具体分别为式（2.44）、式（2.45）与式（2.46）。

$$\begin{aligned}
L_8 = &\ R_{K_1}\cos\varphi_{K_1} + R_{K_2}\cos(2\varphi_{K_1} + 2g_{K_1} - 180° - g_{K_2}) \\
&- \sqrt{(R_{M_2})^2 + (R_{O_1})^2 + 2R_{M_2}R_{O_1}\cos(\varphi_{K_1} + \alpha_1)} \\
&- \sqrt{(R_{S_2})^2 + (R_{P_1})^2 + 2R_{S_2}R_{P_1}\cos(\varphi_{K_1} + \alpha_2)} \\
&- \sqrt{(R_{N_1})^2 + (R_{Q_1})^2 + 2R_{N_2}R_{Q_1}\cos(\varphi_{K_1} + \alpha_3)}
\end{aligned} \qquad (2.44)$$

$$L_{\mathrm{shallow}} = R_{M_4}\cos\varphi_{M_4} + R_{MS_4}\cos\varphi_{MS_4} + R_{M_6}\cos\varphi_{M_6} \qquad (2.45)$$

$$L_{\mathrm{long}} = -R_{S_a}\mid\cos\varphi_{S_a}\mid + R_{S_{sa}}\cos\varphi_{S_{sa}} \qquad (2.46)$$

式（2.44）至式（2.46）中，$R=fH$，H、g 和 f 是下标所对应分潮的调和常数和交点因子，φ_{K_1} 为 K_1 分潮的相角。其他变量由分潮的调和常数按下列式计算：

$$\alpha_1 = g_{K_1} + g_{O_1} - g_{M_2} \qquad (2.47)$$

$$\alpha_2 = g_{K_1} + g_{P_1} - g_{S_2} \qquad (2.48)$$

$$\alpha_3 = g_{K_1} + g_{Q_1} - g_{N_2} \qquad (2.49)$$

$$\varphi_{M_4} = 2\varphi_{M_2} + 2g_{M_3} - g_{M_4} \qquad (2.50)$$

$$\varphi_{MS_4} = \varphi_{M_2} + \varphi_{S_1} + g_{M_2} + g_{S_2} - g_{MS_4} \qquad (2.51)$$

$$\varphi_{M_6} = 3\varphi_{M_2} + 3g_{M_2} - g_{M_6} \qquad (2.52)$$

R_{M_2} 的计算分为以下两种情况：

（1）当 $R_{M_2} \geqslant R_{O_1}$ 时

$$\varphi_{M_2} = \arctan\left[\frac{R_{O_1}\sin(\varphi_{K_1} + \alpha_1)}{R_{M_2} + R_{O_1}\cos(\varphi_{K_1} + \alpha_1)}\right] + 180° \qquad (2.53)$$

（2）当 $R_{M_2} < R_{O_1}$ 时

$$\varphi_{M_2} = \varphi_{K_1} + \alpha_1 - \arctan\left[\frac{R_{M_2}\sin(\varphi_{K_1} + \alpha_1)}{R_{O_1} + R_{M_2}\cos(\varphi_{K_1} + \alpha_1)}\right] + 180° \qquad (2.54)$$

φ_{S_2} 的计算分为以下两种情况：

（1）当 $R_{S_2} \geqslant R_{P_1}$ 时

$$\varphi_{S_2} = \arctan\left[\frac{R_{P_1}\sin(\varphi_{K_1} + \alpha_2)}{R_{S_2} + R_{P_1}\cos(\varphi_{K_1} + \alpha_2)}\right] + 180° \tag{2.55}$$

（2）当 $R_{S_2} < R_{P_1}$ 时

$$\varphi_{S_2} = \varphi_{K_1} + \alpha_2 - \arctan\left[\frac{R_{S_2}\sin(\varphi_{K_1} + \alpha_2)}{R_{P_1} + R_{S_2}\cos(\varphi_{K_1} + \alpha_2)}\right] + 180° \tag{2.56}$$

$$\varphi_{S_a} = \varphi_{K_1} - \frac{1}{2}\varepsilon_2 + g_{K_1} - \frac{1}{2}g_{S_2} - 180° - g_{S_a} \tag{2.57}$$

$$\varphi_{S_{sa}} = 2\varphi_{K_1} - \varepsilon_2 + 2g_{K_1} - g_{S_2} - g_{S_{sa}} \tag{2.58}$$

$$\varepsilon_2 = \varphi_{S_2} - 180° \tag{2.59}$$

由 13 个分潮的调和常数及式（2.44）至式（2.59），将式（2.43）简化为 K_1 分潮相角 φ_{K_1} 的单自变量函数。φ_{K_1} 从 0° 至 360° 变化以适当间隔离散取值，可求得 L 的最小值，其绝对值即为深度基准面 L 值。

上述式中交点因子 f 也是变量，依月球的升交点经度 N 而定，变化周期约为 18.61 年。在求式（2.43）的极值时，必须选择起作用相对大的 f 值，由表 2-6 查出。

表 2-6　　　　　　　　　　　　　交点因子数值表

分潮	月球升交点经度 N	
	0°	180°
S_u	1.000	1.000
S_{sa}	1.000	1.000
Q_1	1.183	0.807
O_1	1.183	0.806
P_1	1.000	1.000
K_1	1.113	0.882
N_2	0.963	1.038
M_2	0.963	1.038
S_2	1.000	1.000
K_2	1.317	0.748
M_4	0.928	1.077
MS_4	0.963	1.038
M_6	0.894	1.118

依潮汐类型由表 2-6 选取交点因子：

（1）规则日潮类型，交点因子选取 $N = 0°$ 时的值；

（2）规则半日潮类型，交点因子选取 $N = 180°$ 时的值；

（3）混合潮类型（不规则日潮与不规则半日潮类型），交点因子分别选取 $N = 0°$ 与 $N = 180°$ 时的值，由式（2.43）计算两组结果，选取绝对值大者为结果。

2. 深度基准面的稳定性

在海道测量工程实践中，深度基准面的稳定性是指同一地点使用不同时间段或长度各异的观测资料，计算所得的深度基准面 L 值的变化程度。齐珺（2007）对中国沿海深度基准面的稳定性综合如下：月深度基准面的最大互差为 86.3cm，中误差为 15.2cm；年深度基准面的最大互差为 29.6cm，中误差为 7.5cm；2 年深度基准面的最大互差为 24.6cm，中误差为 6.3cm；10 年深度基准面的最大互差为 13.7cm，中误差为 4.4cm；19 年深度基准面的最大互差为 5.3cm，中误差为 1.7cm。

水位资料时间长度增大，理论最低潮面的稳定性相应增强。短期水位数据按定义独立计算理论最低潮面的精度在海道测量工程实践中普遍已不可接受，因此，短期验潮站的深度基准面应采用传递技术，由邻近长期验潮站传递确定。

2.3.4　深度基准面的传递技术

短期验潮站的 L 值不应按定义独立计算，而应采用深度基准面传递技术由邻近长期站传递。常用的传递方法主要有：距离倒数加权内插法、略最低低潮面比值法、潮差比法与最小二乘拟合法。在论述中，统一将长期验潮站（基准站）记为 A 站，而将短期站（待传递站）记为 B 站。

1. 距离倒数加权内插法

该方法的基本原理是以距离倒数为权直接由邻近多站的 L 值进行空间插值。设传递时应用邻近 n 个长期站，各站的 L 值为 L_i，中短期站至各站的距离为 S_i，则内插的 L 值由下式计算

$$L = \frac{\sum_{i=1}^{n} \frac{L_i}{S_i}}{\sum_{i=1}^{n} \frac{1}{S_i}} \tag{2.60}$$

当 $n = 2$ 时，距离取为中短期站在两长期站连线上的垂足至长期站的距离。当 $n \geqslant 3$ 时，取中短期站至各站的距离。该方法没有利用水位数据与潮汐信息，只是单纯地进行空间内插，需保证短期站处于长期站网的内部，避免外推。

2. 略最低低潮面比值法

略最低低潮面（印度大潮低潮面）为 4 个最大主分潮 M_2、S_2、K_1 与 O_1 的振幅和。该传递法的基本原理是假设略最低低潮面值与深度基准面值呈线性比例关系，数学模型为：

$$L_B = \frac{(H_{M_2} + H_{S_2} + H_{K_1} + H_{O_1})_B}{(H_{M_2} + H_{S_2} + H_{K_1} + H_{O_1})_A} L_A \tag{2.61}$$

该方法为《海道测量规范》（GB 12327—1998）中规定的深度基准面传递方法之一。

3. 潮差比法

由于理论最低潮面是理论上可能的最低潮面，故潮差越大，L 值应越大，假设这种关系呈线性比例关系，数学模型为：

$$L_B = \frac{R_B}{R_A} L_A \tag{2.62}$$

式中，R_A、R_B 分别为两站的潮差。因此，该方法需要两站同步水位资料通过统计比较高低潮位来确定潮差比。

4. 最小二乘拟合法

最小二乘拟合法的假设条件与潮差比法相同，都是假设两站 L 值的比例关系等于潮差比，但最小二乘拟合法中的潮差比是由两站水位数据按最小二乘拟合模型进行求解，模型与求解过程参见 2.4.4 小节。最小二乘拟合法求解的潮差比为 γ，则

$$L_B = \gamma \cdot L_A \tag{2.63}$$

2.4　水位控制

水位控制的主要目的是通过利用验潮站的水位观测数据，计算出每个测深点处在测深时刻相对于参考面（通常是深度基准面）的水位，将该水位值订正至瞬时水深以消除海洋潮汐的影响，因此，该水位值称为水位改正数或水位改正值。水位控制的主要任务可概括为：通过利用、布设验潮站，建立水位控制站（网），或利用海区已有潮汐相关参数，为测量区域提供平均海面、深度基准面等参考面信息，为水深测量和相关地形要素测量提供水位改正数。

水位改正数的计算是以有限、离散的验潮站内插整个测区的水位变化。因此，需在了解测区及周边潮汐变化情况的基础上，布设一定数量的验潮站，实施水位观测，确定基准面，最后通过空间内插，计算出水位改正数。内插是基于对瞬时海面空间分布形态的某种假设，不同的假设或处理手段意味着不同的水位改正方法。我国长期采用苏联的三角分区（带）图解法及模拟法，谢锡君等（1988）将三角分带图解法改进为适用于计算机处理的时差法，刘雁春等（1992）提出了最小二乘拟合法。这三种水位改正方法都是将基于规定起算面（通常为深度基准面）的水位作为整体进行空间内插，可称之为传统水位改正方法。而现代水位改正方法主要包括两种：一是将水位的内插分为天文潮位的内插与余水位的传递，如基于潮汐模型与余水位监控法；二是基于 GNSS 定位技术的方法，常称为无验潮模式。

2.4.1　水位控制的实施过程

水位控制的组织实施一般分为技术设计、验潮站设立与观测、水位数据预处理、基准面确定、水位改正数计算等步骤。

1. 技术设计

技术设计的主要工作包括：

（1）收集历史水位数据、潮波图、潮汐模型等资料，了解测区的潮汐变化；

（2）调查测区及周边长期验潮站的分布与数据可利用情况；

（3）综合测区的潮汐复杂程度、技术能力与手段、布设验潮站的条件与成本等因素，选择拟采用的水位改正方法（方法原理见后续小节）；

（4）初步设计短期验潮站的布设位置；

（5）制定短期验潮站基准面确定、水准点联测的方案。

2. 验潮站设立与观测

按技术设计的方案，结合现场条件而最终确定验潮站布设位置。埋设主要水准点与工作水准点，设置水尺与验潮设备。对于沿岸验潮站，按不低于四等水准测量要求，与国家水准网点联测确定主要水准点的高程。实施水位观测，保证连续观测达到设计的时长，并覆盖水深测量等外业的时段。

3. 水位数据预处理

收集整理水位数据，实施必要的改正，进行潮汐分析、粗差探测与数据修复、零点漂移探测与修正、滤波与缺测数据内插等预处理。

4. 基准面确定

在邻近长期验潮站控制下，以基准面传递技术确定水位零点、当地长期平均海面与深度基准面等之间的关系。

5. 水位改正数计算

将各站水位的起算面从水位零点转换至深度基准面。按技术设计选择的水位改正方法，计算水位改正数。

2.4.2 三角分区（带）法

三角分区（带）法是由手工的三角分带图解法发展而来，其假设条件为两站之间的潮波是均匀传播的，即两站间的同相潮时与潮高的变化与其距离成比例。

1. 分带原理

在布设的验潮站不能完全控制测区时，站间进行分带，由内插法求得一定数目虚拟站的水位。以 A、B 两站为例，两站间的分带数 K 由下式确定：

$$K = \frac{2\Delta\zeta}{\delta_z} \tag{2.64}$$

式中，$\Delta\zeta$ 为从深度基准面起算 A、B 两站同时刻水位间的最大差异；δ_z 为测深精度。

上式中的 K 向大值取整，两站间内插出 $K-1$ 个虚拟站的水位曲线，此时相邻站间的同时刻水位间最大差异将不超过测深精度 δ_z。图 2.10 为 $K=5$ 的示意图。

此时在 A、B 两站间需内插出 4 个虚拟站，以手工图解法为例，将 A、B 站基于深度基准面的水位绘制在毫米方格纸上，图 2.11 为水位内插的示意图。

结合图 2.11，中间虚拟站水位的内插过程为：在曲线的高（低）潮处，将两站高（低）潮连成直线，平分为 4 等份，如图中 H_A、H_B 间等分为 H_1、H_2、H_3 与 H_4；在高潮与低潮的中间，绘平行于深度基准面的短线，平分为 4 等份，如图中 Q_A、Q_B 间等分为 Q_1、Q_2、Q_3 与 Q_4；而在两短线的中间，等分线从与高（低）潮连线接近平行逐渐过渡至与深度基准面平行，如图 2.11 中 P_A、P_B 间等分为 P_1、P_2、P_3 与 P_4。

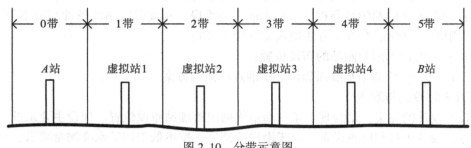

图 2.10   分带示意图

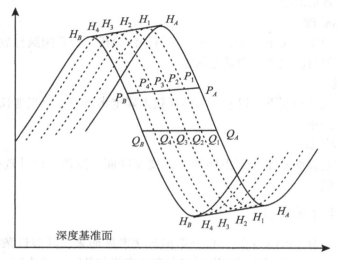

图 2.11   分带法的水位内插示意图

2. 测深点处的水位改正数

计算任一测深点 P 处的水位改正数主要分为两步：

（1）分带或分区。

在两站模式下，按上述原理确定两站间的分带，内插出虚拟站的水位。若有三个及以上验潮站，则三个验潮站在空间上组成三角形，相邻两站间进行分带并内插出虚拟站的水位，再进一步在相邻边上的相对验潮站（虚拟站）间进行分带，将三角形分区。

（2）内插出水位改正数。

由 P 点坐标确定所在的分带或分区，分带或分区验潮站或虚拟站在测深时刻的水位值即为其水位改正数。

据此可知，在三角分带法中，同一分带或分区内的水位值假设在同一时刻为同一值，因此同一时刻水位在空间上不是连续分布的，分带或分区间呈阶梯状。

2.4.3   时差法

时差法是由谢锡君等（1988）提出的，该方法是对三角分区（带）法的改进，消除了水位空间分布不连续问题，其假设条件与三角分区（带）法相同：相邻两站之间的水位传播均匀，潮差和潮时的变化与距离成比例。时差法将相邻 A、B 两验潮站的水位视为信号，运用数字信号处理技术中的互相关函数，求得两站间的潮时差。若有多个验潮站可组网或分区组网。在潮时的变化与距离成比例的假设下，将潮时差进行空间内插，测区内任一点的水位值由相对于基准验潮站的潮时差计算。

1. 两站间潮时差的求解

设 A、B 两站的水位分别为 $h_A(t)$ 与 $h_B(t)$，两站间存在 n 个同时刻的水位，记为 $t_i (i=1,\cdots,n)$。由离散数学原理可知，两水位曲线的相似程度可由水位采样值序列的相关系数 R 来量化：

$$R = \frac{\sum\limits_{i=1}^{n} h_A(t_i)h_B(t_i)}{\sqrt{\sum\limits_{i=1}^{n} h_A^2(t_i)\sum\limits_{i=1}^{n} h_B^2(t_i)}} \tag{2.65}$$

相关系数 R 的绝对值在 0 至 1 之间，$|R|$ 越接近 1，表示两曲线的相似度越高。因两站间存在潮时差，两站水位曲线需进行平移才能达到最大的相似程度。故对其中一站的水位曲线进行时间平移处理，设把 $h_B(t)$ 延迟 τ，使之变为 $h_B(t-\tau)$。此时，$h_A(t)$ 与 $h_B(t-\tau)$ 的相关系数记为 $R(\tau)$，称为 $h_A(t)$ 与 $h_B(t)$ 的互相关函数：

$$R(\tau) = \frac{\sum h_A(t_i)h_B(t_i-\tau)}{\sqrt{\sum h_A^2(t_i)\sum h_B^2(t_i-\tau)}} \tag{2.66}$$

$R(\tau)$ 是 τ 的函数，若当 τ 为 τ_0 时，$|R(\tau)|$ 达到最大值，则说明 $h_B(t)$ 延迟 τ_0 后，与 $h_A(t)$ 最相似，τ_0 为 B 站相对 A 站的潮时差。

2. 测深点处的水位改正数

计算任一测深点 P 处的水位改正数主要分为四步：

（1）计算验潮站间的潮时差。

在两站模式下，设两站分别为 A 站与 B 站，以 A 为基准站，由同步水位数据按时差法原理求解 B 站相对 A 站的潮时差 τ_{AB}。若有三个及以上验潮站，则三个验潮站在空间上组成三角形，设为 A、B 与 C 站，以 A 为基准站，由同步水位数据按时差法原理分别求解出 B、C 站相对于 A 站的潮时差 τ_{AB}、τ_{AC}。

（2）内插出 P 点处相对基准站的潮时差。

在两站模式下按直线线性内插、三站模式下按平面线性内插出 P 点处相对 A 站（基准站）的潮时差 τ_{AP}。

（3）计算同相时刻。

设 P 点的测深时刻为 t，计算各站与 t 相对应的同相时刻：

$$\begin{cases} t_A = t + \tau_{AP} \\ t_B = t_A - \tau_{AB} = t + \tau_{AP} - \tau_{AB} \\ t_C = t_A - \tau_{AC} = t + \tau_{AP} - \tau_{AC} \end{cases} \tag{2.67}$$

（4）内插同相潮高。

设 P 点、A 站、B 站、C 站的同相潮高为 $h_P(t)$、$h_A(t_A)$、$h_B(t_B)$、$h_C(t_C)$，两站模式下按直线线性内插、三站模式下按平面线性内插出 P 点处的水位改正数 $h_P(t)$。

2.4.4　最小二乘拟合法

刘雁春等（1992）提出了最小二乘拟合法，在时差法以潮时差为参数描述水位关系的基础上，增加了潮差比与基准面偏差等参数，并采用最小二乘拟合逼近技术求解参数，通过空间内插三个参数而实现水位的空间内插。

1. 基本原理

设 A、B 两站的水位分别记为 $h_A(t)$ 与 $h_B(t)$，则两站同步水位之间的关系描述为

$$h_B(t) = \gamma h_A(t + \delta) + \varepsilon \tag{2.68}$$

式中，γ 为放大或收缩比例因子，定义为潮差比；δ 为水平移动因子，定义为潮时差；ε 为垂直移动因子，定义为基准面偏差。三者统称为潮汐比较参数。

上式对两站水位关系的描述为：A 站的水位曲线经平移（潮时差）、放大或缩小（潮差比）、垂直升降（基准面偏差）后与 B 站的水位曲线相同。因此，最小二乘拟合法必须满足的前提条件是两站水位曲线相似，与三角分区（带）法和时差法相同。

拟求解的潮汐比较参数组成未知参数向量：

$$\hat{X} = \begin{bmatrix} \hat{\gamma} & \hat{\delta} & \hat{\varepsilon} \end{bmatrix}^{\mathrm{T}} \tag{2.69}$$

式（2.68）为最小二乘拟合法的数学模型，是潮汐比较参数的非线性方程，需实施线性化。设参数向量 $\hat{X}$ 的初值为 X_0，X_0 是给定的已知初值，$\hat{X}$ 与 X_0 的差值用 $\hat{x}$ 表示，则有

$$\hat{X} = X_0 + \hat{x} \tag{2.70}$$

式中，

$$X_0 = \begin{bmatrix} \gamma_0 & \delta_0 & \varepsilon_0 \end{bmatrix}^{\mathrm{T}} \tag{2.71}$$

$$\hat{x} = \begin{bmatrix} \Delta\gamma & \Delta\delta & \Delta\varepsilon \end{bmatrix}^{\mathrm{T}} \tag{2.72}$$

将式（2.68）按泰勒级数展开，得

$$h_B(t) = \gamma_0 h_A(t + \delta_0) + \varepsilon_0 + h_A(t + \delta_0) \cdot \Delta\gamma + \gamma_0 h_A'(t + \delta_0) \cdot \Delta\delta + \Delta\varepsilon \tag{2.73}$$

式中，$h_A'(t + \delta_0)$ 为 $h_A(t)$ 在 X_0 处对 δ 的偏导数。

设同步时段内 n 个时刻的水位记为 t_i（$i = 1, \cdots, n$）。每个时刻构建如式（2.73）的方程。据间接平差的原理，求解出 $\hat{x}$，再叠加给定的初值 X_0，按式（2.70）即得潮汐比较参数向量 $\hat{X}$。

实际计算中，需采用迭代法。初值取 $\gamma_0 = 1$、$\delta_0 = 0$ 和 $\varepsilon_0 = 0$，求解出 $\hat{X}$，将其作为新的初值 X_0，迭代计算直至 $\hat{x}$ 中各量值小于设定的阈值。

2. 测深点处的水位改正数

计算任一测深点 P 处的水位改正数主要分为三步：

（1）计算验潮站间的潮汐比较参数。

在两站模式下，设为 A 站与 B 站，以 A 为基准站，由同步水位数据按最小二乘拟合

法原理求解 B 站相对 A 站的潮汐比较参数。若存在三个及以上验潮站，则选中三个在空间上组成三角形的验潮站，设为 A、B 与 C 站，以 A 为基准站，由同步水位数据按最小二乘拟合法原理分别求解出 B、C 站相对于 A 站的潮汐比较参数。

（2）内插出 P 点处相对基准站的潮汐比较参数。

在两站模式下按直线线性内插、三站模式下按平面线性内插出 P 点处相对 A 站（基准站）的潮汐比较参数 γ_{AP}、δ_{AP} 和 ε_{AP}。

（3）计算水位改正数。

测深点 P 处在测深时刻 t 的水位改正数 $h_P(t)$ 为

$$h_P(t) = \gamma_{AP} h_A(t + \delta_{AP}) + \varepsilon_{AP} \tag{2.74}$$

2.4.5 基于潮汐模型与余水位监控法

基于潮汐模型与余水位监控法是将水位分解为天文潮位和余水位，潮汐模型和验潮站分别内插天文潮位与余水位至测深点处，再重组为水位。

1. 潮汐动力学理论

牛顿利用万有引力定律给出了引潮力，进而发展了平衡潮理论。平衡潮理论能解释潮汐的许多最基本的现象，并通过展开获得了海洋潮汐的频谱结构。通过定点连续水位观测，对水位数据实施潮汐分析而获得主要分潮的调和常数。整体上，都是针对海域某个点进行讨论与分析，因此，前述的潮汐基本理论称为潮汐静力学理论。与之相对应的是潮汐动力学理论，该理论认为海洋潮汐是海水在月球和太阳水平引潮力作用下的一种长波运动，潮波内无数的水质点以一定的相位差相继运动，于是构成潮波的传播。水质点运动在铅直方向上表现为潮位的升降，在水平方向上表现为潮流。其中，大洋中的潮汐是月、日引潮力引起的强迫（或受迫）潮波运动，而大洋附属海一般可看作自由潮波，其能量的来源主要是由毗邻的大洋维持的，而不是引潮力直接作用在该海区的结果。比如，东海、黄海、渤海的潮波主要是太平洋的潮波向东海传入所致。前进潮波从大洋或外海传来，遇到大陆发生反射，在满足一定条件的情况下，反射波与入射波叠加可能形成驻波。驻波的节点处没有潮位振动，称为无潮点。在地转等原因的影响下驻波波面不是停留在原来的地点做上下振动，而是绕无潮点旋转，也就是说在一个潮波系统中，潮波波面是绕无潮点旋转传播的，这又使得潮波具有旋转特征。所以海区或大洋的潮波系统叫作旋转潮波系统或前进-驻波系统。

潮波的传播过程可由潮波运动方程和连续方程等进行描述，以流体动力学方程组描述海洋水体在海底地形、惯性、地转效应、摩擦力、海岸线形状等因素影响下的流动。对全球海洋或局部海域利用近代数值方法求解潮波动力学方程的过程，称为潮波数值计算或数值模拟。数值模拟时，需将海域以一定分辨率的点进行网格化，由方程组模拟潮波的动力，即各网格点处海水随时间的运动，进而可分析获得各网格点处的潮汐信息（主要分潮的调和常数）。主要分潮调和常数的网格化数据集，称为潮汐模型。

2. 中国近海潮汐模型

中国近海为典型的陆架海（东海、黄海和渤海）或半封闭海（南海），是潮能的摩擦耗散区，半日和全日潮族都存在多个无潮点，潮汐变化十分复杂，是全球潮汐模型误差较大的区域。以许军等（2020）构建的中国近海及邻近海域潮汐模型为例，描述中国近海的潮汐分布情况。该模型的范围为 3°—41°N，105°—127°E，网格分辨率为 1′×1′，每个网格点处包含表 2-2 所列的 13 个主要分潮的调和常数。以分潮的振幅等值线与迟角等值线表示分潮的调和常数空间分布，称为潮波图。图 2.12 至图 2.15 为 K_1、M_2 的潮波图，实线为等振幅线，单位为厘米；虚线为同潮时线，迟角采用东 8 区，单位为度（许军等，2020）。

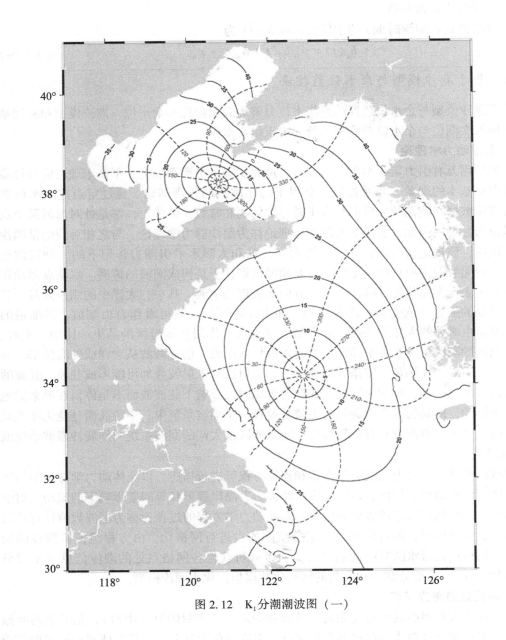

图 2.12　K_1 分潮潮波图（一）

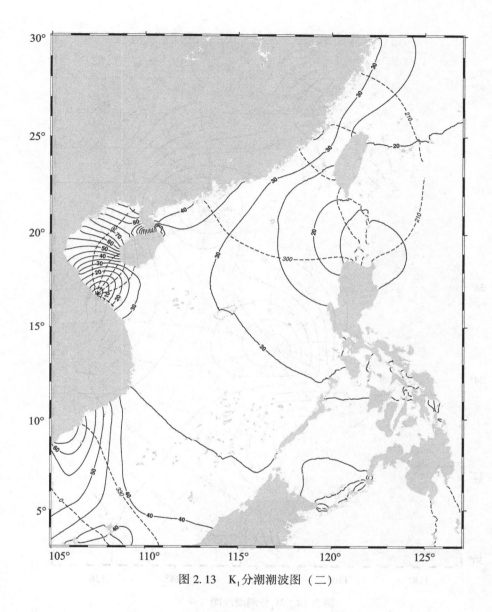

图 2.13 K_1 分潮潮波图（二）

由图 2.12 至图 2.15 可看出，中国沿海的潮汐分布十分复杂，K_1 分潮与 M_2 分潮都存在多个无潮点。

3. 余水位方法的基本原理

从深度基准面起算的水位 $h(t)$，不考虑观测误差，可分解表示为

$$h(t) = L + T(t)_{MSL} + R(t) \tag{2.75}$$

式中，L 为深度基准面 L 值；$T(t)_{MSL}$ 为从平均海面起算的天文潮位；$R(t)$ 为余水位。

基于式（2.75），任一测深点 P 在测深时刻 t 的水位改正数 $h_P(t)$ 将由深度基准面 L 值

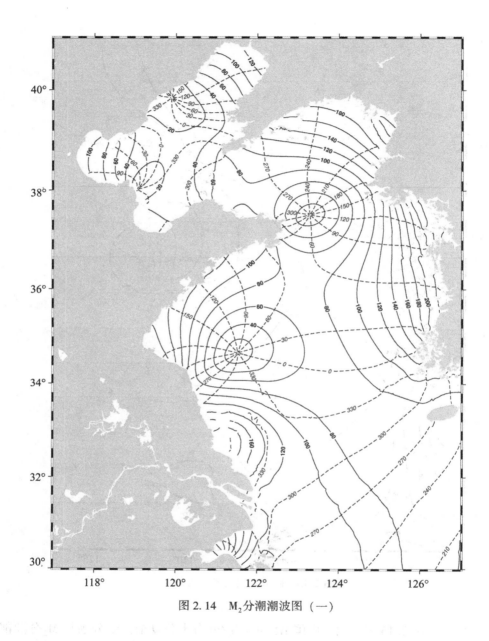

图 2.14　M_2 分潮潮波图 (一)

L_P、天文潮位 $T_P(t)_{MSL}$ 与余水位 $R_P(t)$ 组合而成。

1) 深度基准面 L 值 L_P

P 点处的 L_P 可由验潮站按略最低低潮面比值法传递确定, 多站传递时采用各站传递值的距离倒数加权平均值:

$$L_P = \sum_{i=i}^{n} \frac{(H_{M_2} + H_{S_2} + H_{K_1} + H_{O_1})_P \cdot L_i}{(H_{M_2} + H_{S_2} + H_{K_1} + H_{O_1})_i \cdot S_i} \bigg/ \sum_{i=i}^{n} \frac{1}{S_i} \tag{2.76}$$

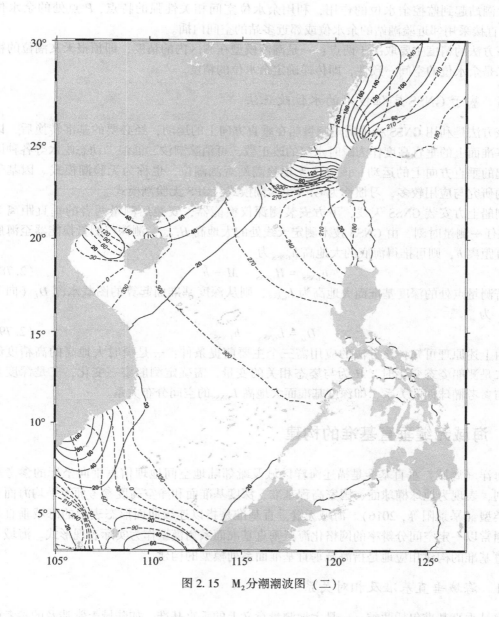

图 2.15 M₂分潮潮波图（二）

式中，n 为验潮站个数；ISLW_P、ISLW_i 分别为 P 点与验潮站的略最低低潮面值；L_i 为验潮站的 L 值；S_i 为 P 点至验潮站的距离。

2）天文潮位 $T_P(t)_{\mathrm{MSL}}$

潮汐模型内插出 P 点处主要分潮的调和常数，按下式计算：

$$T_P(t)_{\mathrm{MSL}} = \sum_{i=i}^{m} f_i H_i \cos(V_i(t) + u_i - g_i) \qquad (2.77)$$

3）余水位 $R_P(t)$

验潮站起到监控余水位的作用，利用余水位空间相关性强的特点，P 点处的余水位 $R_P(t)$ 直接采用邻近验潮站的余水位或邻近多站的空间内插。

该方法的精度主要取决于两点：一是潮汐模型在测区内的精度，即预报天文潮位的精度；二是余水位的空间一致性，即传递确定余水位的精度。

2.4.6　基于 GNSS 定位技术的水位改正法

该方法是利用 GNSS 精确确定测量船在垂直方向上的运动，经必要的基准转换后，以深度基准面上的垂直高度作为瞬时水深的改正数，可消除潮汐、涌浪、动态吃水等各种因素引起的垂直方向上的运动。该方法无须验潮站观测潮位，也称为无验潮模式。因基于 GPS 的研究与应用较多，习惯称为 GPS 免验潮模式、GPS 无验潮模式。

测船上方安装 GNSS 天线，下方安装测深仪换能器，安装后测量两者的垂直距离为 M。在任一测量时刻，由 GNSS 技术测定天线处的大地高 H_{GNSS}，测深仪测量换能器至海底的垂直距离 h，则可推得海底的大地高 h_{GNSS} 为

$$h_{\mathrm{GNSS}} = H_{\mathrm{GNSS}} - M - h \tag{2.78}$$

若测量点处的深度基准面大地高为 L_{GNSS}，则从深度基准面起算的图载水深 D_L（向下为正）为

$$D_L = L_{\mathrm{GNSS}} - h_{\mathrm{GNSS}} \tag{2.79}$$

由上述原理可知，该方法的应用需三个主要前提条件：一是瞬时大地高的高精度解算；二是测船姿态变化时，M 为与姿态相关的变量，需确定测船姿态变化；三是深度基准面与参考椭球面的关系，即深度基准面大地高 L_{GNSS} 的空间分布关系。

2.5　海域无缝垂直基准的构建

海洋（海域）垂直基准是描述海洋区域及毗邻陆地空间地理信息垂向坐标的参考基准系列，表现为地球椭球面、国家高程基准、深度基准面和净空高度参考面及平均海面等多种类型（暴景阳等，2016）。海域无缝垂直基准是指以连续曲面形态表示的海域垂直基准，通常以一定空间分辨率的网格化海域垂直基准面系列模型作为实际表现形式。海域无缝垂直基准的构建相应地是指海域垂直基准面系列模型的构建。

2.5.1　海域垂直基准及相对关系

海域垂直基准包括两类：一是大地测量意义上的垂直基准，如陆域上常涉及的参考椭球面与（似）大地水准面（国家高程基准）；二是海洋测绘信息获取和表达的应用垂直基准，如平均海面、深度基准面、平均大潮高潮面（净空高度参考面），与潮汐相关，本质上属于潮汐基准，称为潮汐基准面。因潮汐基准面需长期水位数据才能精确确定，所以，海域垂直基准之间的相对关系一般在长期验潮站处才能精确确定。图 2.16 为验潮站处海域垂直基准及相对关系示意。

　1）瞬时海面

瞬时海面在水位零点上的高度 $h(t)$，是由验潮设备测量记录的瞬时海面随时间的升

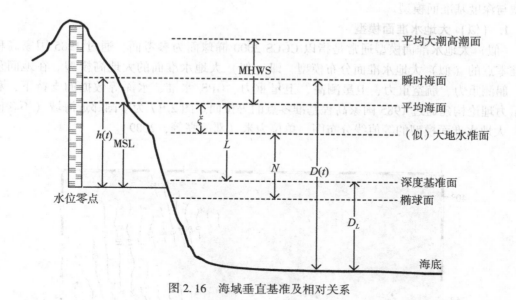

图 2.16　海域垂直基准及相对关系

降变化。

2）平均海面

平均海面可看作是各种波动和振动的平衡面，理论上应采用连续 19 年时长（18.61年潮汐周期取整）的水位数据计算。

3）深度基准面

深度基准面为海图图载水深的起算面，在海洋测绘中通常是由相对于平均海面的垂直差距来确定其在垂直方向中的位置，该垂直差距的量值通常称为 L 值，以向下为正。我国深度基准面采用理论最低潮面，由 13 个主要分潮的调和常数计算。

4）平均大潮高潮面

平均大潮高潮面（Mean High Water Springs，MHWS）是大潮期间高潮潮位的平均值，是我国的净空基准面，作为灯塔光心、明礁、海上桥梁与悬空线缆等水上助航和碍航信息高度的参考面（暴景阳等，2013）。在我国，平均大潮高潮面与陆地的交线是海岸线的理论定义，是陆地与海洋的分界线。

5）（似）大地水准面

对应于"1985 国家高程基准"的（似）大地水准面是指经过青岛大港验潮站 1952—1979 年平均海面的等位面，该面上的 85 高程为零。

6）参考椭球面

目前通常是指 CGCS 2000 的参考椭球面，是大地高的起算面。

2.5.2　海域垂直基准面模型构建

海域垂直基准面模型是描述平均海面、深度基准面、（似）大地水准面与参考椭球面等之间关系的系列模型，通常包括（似）大地水准面模型、平均海面高模型、海面地形模型与深度基准面模型。

1. （似）大地水准面模型

（似）大地水准面模型通常是指以 CGCS 2000 椭球面为参考面，通过 1985 国家高程基准零点的（似）大地水准面分布模型，即（似）大地水准面的大地高模型。在地面重力、船测重力、航空重力、卫星测高、卫星重力、GPS/水准、水深等数据的支持下，利用重力理论构建通过 1985 国家高程基准零点的等位面。图 2.17 为中国邻近海域（不含南海）大地水准面模型的等值线分布图，单位为米（邓凯亮等，2009）。

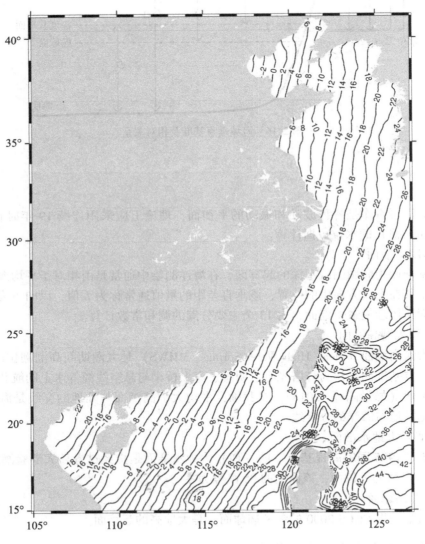

图 2.17　（似）大地水准面模型的等值线分布

2. 平均海面高模型

平均海面高模型通常是指以 CGCS 2000 椭球面为参考面的平均海面分布模型，即平均海面的大地高模型。通过联合多种卫星测高任务采集的数十年累积时长的海面高数据，经共线平均、强制改正等处理而构建成平均海面高模型。图 2.18 为中国邻近海域（不含南海）平均海面高模型的等值线分布图，单位为米（邓凯亮等，2008）。

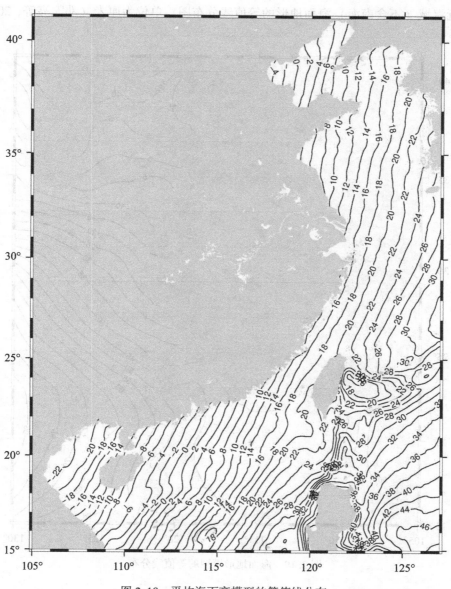

图 2.18　平均海面高模型的等值线分布

3. 海面地形模型

在各种海洋动力作用下，平均海面不是一个等位面，与（似）大地水准面并不重合。平均海面在（似）大地水准面上的垂直差距，称为海面地形，如图 2.16 所示，记为 ζ。海面地形模型通常是指以 1985 国家高程基准零点的（似）大地水位面为参考面的平均海面分布模型，即平均海面从 1985 国家高程基准起算的高程模型。海面地形模型可用海洋动力学方法，或者以几何法由（似）大地水准面模型与平均海面高模型构建。图 2.19 为中国邻近海域（不含南海）海面地形的等值线分布图，单位为厘米（邓凯亮等，2009）。

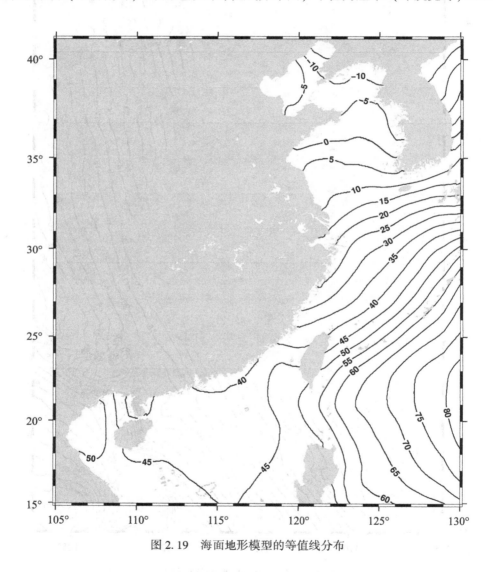

图 2.19　海面地形模型的等值线分布

由图 2.19 可知，海面地形在青岛大港验潮站附近为零，向北为负值，向南为正值。这表明相对于（似）大地水准面，我国沿海的平均海面呈现南高北低的分布规律。

4. 深度基准面模型

深度基准面模型是指以平均海面为参考面的理论最低潮面分布模型，即深度基准面 L 值模型。潮汐模型网格点处的 13 个主要分潮调和常数按理论最低潮面的定义算法计算 L 值，进而由验潮站处的 L 值进行区域订正，构建生成深度基准面模型。图 2.20 为中国邻近海域（不含南海）深度基准面 L 值等值线分布图，单位为厘米（许军等，2020）。

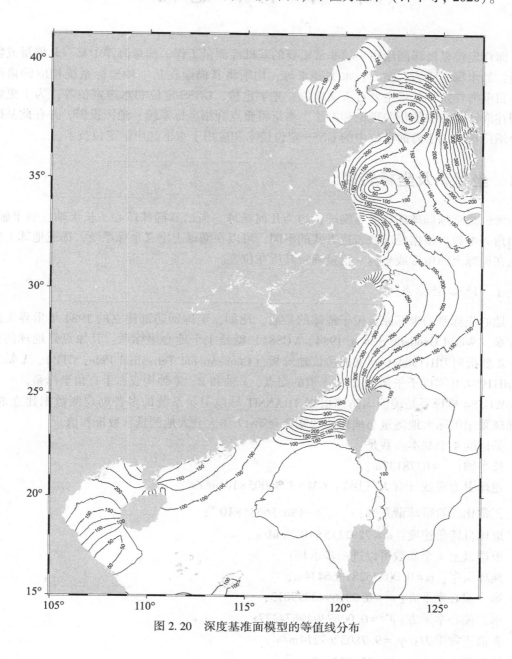

图 2.20　深度基准面模型的等值线分布

第3章 海 洋 定 位

海洋定位是海洋测绘中一项非常重要的基础性测量工作。测量海洋中某一几何量或物理量，如水深、重力、磁力、水文要素等，均须将其描绘在某一种坐标系统相应的格网中。目前海洋定位技术主要有天文定位、光学定位、GNSS 定位和水声定位等，为了更好地阐述海洋定位中的相关理论和方法，本章将重点介绍坐标系统、地图投影，并在此基础上介绍广泛应用于海面定位中的 GNSS 定位技术和应用于水下的声学定位技术。

3.1 坐标系及坐标转换

无论是全球椭球还是参考椭球，均为几何椭球。借助其椭球球心、长半轴、短半轴、扇面角等参数，根据要求或表达方式的不同，可以在椭球上定义坐标系统，描述地球上任何点在椭球上的位置或坐标，定量确定其所在位置。

3.1.1 地心坐标系

地心坐标系的坐标原点位于地球的质心。比如，美国国防部建立的 1984 年世界大地坐标系（World Geodetic System 1984，WGS84）就是 1 个地心坐标系。其原点是地球的质心，Z 轴指向 BIH1984.0 定义的协议地球极（Conventional Terrestrial Pole，CTP），X 轴指向 BIH1984.0 零度子午面和 CTP 赤道的交点，Y 轴和 Z、X 轴构成右手直角坐标系。

WGS84 坐标系是美国国防部根据 TRANSIT 导航卫星系统的多普勒观测数据建立的，其椭球采用国际大地测量与地球物理联合会第 17 届大会大地测量常数推荐值。

采用的 4 个基本参数是：

长半轴：$a = 6378137\text{m}$；

地球引力常数（含大气层）：$GM = 3986005 \times 10^8 \text{m}^3/\text{s}^2$；

正常化二阶带球谐系数：$\overline{C}_{2,0} = -486.16685 \times 10^{-6}$；

地球自转角速度：$\omega = 7292115 \times 10^{-11} \text{rad/s}$。

根据以上 4 个参数可以进一步求得：

地球扁率：$\alpha = 0.00335281066474\text{m}$；

第一偏心率平方：$e^2 = 0.0066943799013$；

第二偏心率平方：$e'^2 = 0.00673949674227$；

赤道正常重力：$\gamma_e = 9.7803267714\text{m/s}^2$；

极正常重力：$\gamma_p = 9.8321863685\text{m/s}^2$。

为建立我国地心大地坐标系，全国先后建成了 GPS 一、二级网，国家 GPS A、B 级网，中国地壳运动观测网络和许多地壳形变网，在此基础上，我国建立了地心坐标系 CGCS 2000。

CGCS 2000 定义如下：

（1）原点在包括海洋和大气的整个地球的质量中心；

（2）长度单位为米（m），与地心局部框架的 TCG（地心坐标时）时间的坐标尺度一致；

（3）定向在 1984.0 时与 BIH（国际时间局）的定向一致；

（4）定向随时间的演变由整个地球的水平构造运动无净旋转条件保证。

以上定义对应 1 个直角坐标系，其原点和坐标轴定义如下：

①原点：地球质量中心；

②Z 轴：指向 IERS 参考极方向；

③X 轴：IERS 参考子午面与通过原点且同 z 轴正交的赤道面的交线；

④Y 轴：完成右手地心地固直角坐标系。

CGCS 2000 的 4 个独立常数定义为：

①长半轴 $a = 6378137.0$m；

②扁率 $f = 1/298.257222101$；

③地球的地心引力常数（包含大气层）：$GM = 3986004.418 \times 10^8 \text{m}^3/\text{s}^2$；

④地球自转角速度：$\omega = 7292115.0 \times 10^{-11} \text{rad/s}$。

我国现行相关测绘规范规定，2008 年 7 月 1 日后的各类测量成果，均应以 CGCS 2000 大地坐标系为参考给出。

3.1.2 参心坐标系

在经典大地测量中，为了处理观测成果和计算地面控制网的坐标，通常需选取一参考椭球面作为基本参考面，选一参考点作为大地测量的起算点（或称为大地原点），并利用大地原点的天文观测量来确定参考椭球在地球内部的位置和方向。不过，由此所确定的参考椭球位置，其中心一般不会与地球质心相重合。这种原点位于地球质心附近的坐标系，通常称为地球参心坐标系，简称参心坐标系。参心坐标系同样按照表达方式的不同分为参心空间直角坐标系和参心大地坐标系。

参心空间直角坐标系的定义为：原点位于参考椭球的中心，即接近于地球质心的一点 O，Z 轴平行于参考椭球的旋转轴，X 轴指向起始大地子午面与参考椭球赤道的交点，Y 轴垂直于 XOZ 平面，构成右手坐标系。

在参心空间直角坐标系统中，地面上任意一点的坐标可表示为 (X, Y, Z)。

空间一点的参心大地坐标用大地纬度 B，大地经度 L 和大地高 H 表示。如图 3.1 中地面点 P 的法线 PK_0 交椭球面于 P'，PK_0 与赤道的夹角 B，称为 P 点的大地纬度，由赤道面起算，向北为正（$0° \sim 90°$），称为北纬；向南为负（$0° \sim 90°$），称为南纬。P 点的子午面 $NP'S$ 与起始子午面 NGS 所构成的二面角 L 称为 P 点的大地经度，向东为正（$0° \sim 180°$），称为东经，向西为负，称为西经。P 点沿法线方向到椭球面的距离 PP'，称为 P 点的大地高 H。

参心大地坐标系中地面任意一点坐标可表示为 (B, L, H)。

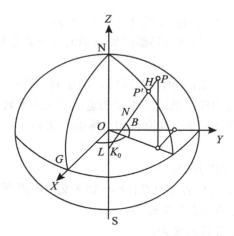

图 3.1　参心空间直角坐标和参心大地坐标

3.1.3　坐标转换

无论是参心坐标系还是地心坐标系，坐标系之间的转换可分为同一椭球下大地坐标系与空间直角坐标系间的转换、不同椭球下空间直角坐标系间的转换。

1. 同一椭球下大地坐标系与空间直角坐标系间的转换

已知大地经度 L、纬度 B 和大地高 H，求解空间大地直角坐标 X、Y、Z 的数学模型为：

$$\begin{cases} X = (N + H)\cos B\cos L \\ Y = (N + H)\cos B\sin L \\ Z = [N(1 - e^2) + H]\sin B \end{cases} \tag{3.1}$$

式中，$N = a(1 - e^2\sin^2 B)^{\frac{1}{2}}$，$e^2 = \dfrac{a^2 - b^2}{a^2}$；$N$ 为椭球的卯酉圈曲率半径（对参心坐标系为参考椭球，对地心坐标系为地球椭球，以下意义相同）；a 为椭球的长半径；b 为椭球的短半径；e 为椭球的第一偏心率。

已知空间大地直角坐标，求解大地坐标的数学模型（迭代法）为：

$$\begin{cases} L = \arctan\dfrac{Y}{X} \\ \tan B_i = [Z + ce^2\tan B_{i-1}(1 + e'^2 + \tan^2 B_{i-1})^{-\frac{1}{2}}](X^2 + Y^2)^{-\frac{1}{2}} \end{cases} \tag{3.2}$$

其中，$e'^2 = \dfrac{a^2 - b^2}{a^2}$，$c = \dfrac{a^2}{b^2}$，$e'$ 为椭球的第二偏心率，其余符号意义与以上各式相同。

运用式（3.2）计算 $\tan B_i$ 时，需要先计算出大地纬度的初值 B_{i-1}，然后进行迭代计算，直至 $\tan B_i - \tan B_{i-1}$ 满足所要求的精度为止。大地纬度初值 B_{i-1} 的计算公式为：

$$\begin{cases} B_{i-1} = B_0 + \Delta B \\ \sin B_0 = \dfrac{Z}{r} \\ r = (X^2 + Y^2 + Z^2)^{1/2} \\ \Delta B = A\sin 2B_0(1 + 2A\cos 2B_0) \\ A = \dfrac{ae^2}{2r}(1 - e^2\sin^2 B_0)^{-1/2} \end{cases} \tag{3.3}$$

上述模型适应于各种大地坐标系与空间直角坐标系之间的转换。

2. 不同椭球下空间直角坐标系间的转换

设两个空间直角坐标系分别为 $OXYZ$ 和 $O'X'Y'Z'$，二者坐标原点不一致，存在 3 个平移参数 ΔX、ΔY 和 ΔZ；一般情况下，两个坐标系的坐标轴也并不是平行的，即存在 3 个旋转参数 ε_X、ε_Y 和 ε_Z；同时由于采用的椭球不同，二者坐标还存在尺度上的缩放 m。

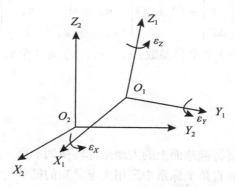

图 3.2 两个三维空间直角坐标系间的关系

此 3 个参数为三维空间直角坐标变换的 3 个旋转角，即欧拉角，对应的旋转矩阵分别为：

$$R_1(\varepsilon_X) = \begin{pmatrix} 1 & 0 & 0 \\ 0 & \cos\varepsilon_X & \sin\varepsilon_X \\ 0 & -\sin\varepsilon_X & \cos\varepsilon_X \end{pmatrix}$$

$$R_2(\varepsilon_Y) = \begin{pmatrix} \cos\varepsilon_Y & 0 & -\sin\varepsilon_Y \\ 0 & 1 & 0 \\ \sin\varepsilon_Y & 0 & \cos\varepsilon_Y \end{pmatrix} \tag{3.4}$$

$$R_3(\varepsilon_Z) = \begin{pmatrix} \cos\varepsilon_Z & \sin\varepsilon_Z & 0 \\ -\sin\varepsilon_Z & \cos\varepsilon_Z & 0 \\ 0 & 0 & 1 \end{pmatrix}$$

令

$$R_0 = R_1(\varepsilon_X) R_2(\varepsilon_Y) R_3(\varepsilon_Z) \tag{3.5}$$

一般情况下，ε_X，ε_Y，ε_Z 为微小转角，可取：

$$\begin{cases} \cos\varepsilon_X = \cos\varepsilon_Y = \cos\varepsilon_Z = 1 \\ \sin\varepsilon_X = \varepsilon_X, \ \sin\varepsilon_Y = \varepsilon_Y, \ \sin\varepsilon_Z = \varepsilon_Z \\ \sin\varepsilon_X\sin\varepsilon_Y = \sin\varepsilon_X\sin\varepsilon_Z = \sin\varepsilon_Y\sin\varepsilon_Z = 0 \end{cases} \tag{3.6}$$

R_0 可以简化为：

$$R_0 = \begin{pmatrix} 1 & \varepsilon_Z & -\varepsilon_Y \\ -\varepsilon_Z & 1 & \varepsilon_X \\ \varepsilon_Y & -\varepsilon_X & 1 \end{pmatrix} \tag{3.7}$$

也称为微分旋转矩阵。

当 $O'X'Y'Z'$ 中的坐标（X'，Y'，Z'）转换到 $OXYZ$ 中的坐标（X，Y，Z）时，既经过了平移又经过了旋转，即七参数转换模型为

$$\begin{pmatrix} X \\ Y \\ Z \end{pmatrix} = \begin{bmatrix} \Delta X \\ \Delta Y \\ \Delta Z \end{bmatrix} + (1+m) \begin{pmatrix} 1 & \varepsilon_Z & -\varepsilon_Y \\ -\varepsilon_Z & 1 & \varepsilon_X \\ \varepsilon_Y & -\varepsilon_X & 1 \end{pmatrix} \begin{pmatrix} X' \\ Y' \\ Z' \end{pmatrix} \tag{3.8}$$

式中，ΔX，ΔY，ΔZ 为 3 个平移参数；ε_X，ε_Y，ε_Z 为 3 个旋转参数；m 为尺度变化参数。

3.2　地图投影

为方便实际应用，需要将椭球面上的大地坐标转换到平面，这就需要将椭球面上的元素换算到平面上，并在平面直角坐标系中采用大家熟知的简单公式计算平面坐标。地图投影是利用一定的数学法则把地球表面的经、纬线转换到平面上的理论和方法。由于地球自然表面和大地水准面都不是规则的曲面，不能用简单的数学公式表达，所以地球的表面无法直接表示到地图上。地球椭球面（或球面）虽可用数学公式表达，但它是一个不可展的曲面，如果没有裂缝和褶叠，要将椭球面表示成平面也是不可能的。将地球椭球面上的图形投影到平面上，这就是地图投影。目前海洋领域主要的地图投影方式有高斯-克吕格投影、横轴墨卡托投影、正轴墨卡托投影等。

3.2.1　高斯-克吕格投影

高斯-克吕格投影又称横轴椭圆柱等角投影，是德国测量学家高斯于 1825—1830 年首先提出的。1912 年德国测量学家克吕格推导出了实用坐标投影公式，形成高斯-克吕格投影。想象有 1 个椭圆柱面横套在地球椭球体外面，并与某一条子午线（此子午线称为中央子午线或轴子午线）相切，如图 3.3 所示，显然椭圆柱的中心轴通过椭球体中心，然后用一定的投影方法，将中央子午线两侧各一定经差范围内的地区投影到椭圆柱面上，再将此柱面展开即成为投影面，在投影面上，中央子午线和赤道的投影都是直线，并且以中央子午线和赤道的交点 O 为坐标原点，以中央子午线的投影为纵坐标轴，以赤道的投影

为横坐标轴,这样便形成了高斯平面直角坐标系。

我国规定按经差 6° 投影分带,大比例尺测图和工程测量采用 3° 带投影。高斯-克吕格投影 6° 带自 0° 开始 3° 子午线起每隔经差 6° 自西向东分带,依次编号 1,2,3,…。我国 6° 带中央子午线的经度由 75° 起每隔 6° 而至 135°,共计 11 带,带号用 n 表示,中央子午线的经度用 L_0 表示,它们的关系是 $L_0 = 6n-3$,如图 3.4 所示。

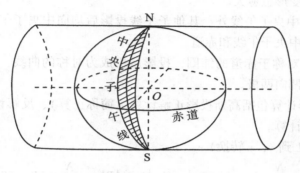

图 3.3 高斯-克吕格投影

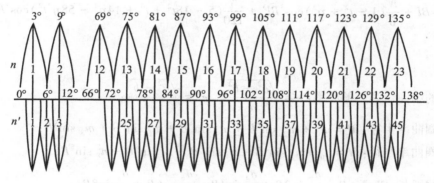

图 3.4 投影分带

高斯-克吕格投影 3° 带是在 6° 带的基础上形成的,它的中央子午线一部分带(单度带)与带中央子午线重合,另一部分带(偶数带)与 6° 带分界子午线重合。如用 n' 表示 3° 带的带号,L 表示 3° 带中央子午线的经度,它们的关系是 $L = 3n'$,如图 3.4 所示。

在投影面上,中央子午线和赤道的投影都是直线,并且以中央子午线和赤道的交点 O 作为坐标原点,以中央子午线的投影为纵坐标轴,这样便形成了高斯平面直角坐标系。在我国,x 坐标都是正的,y 坐标的最大值(在赤道上)约为 330km。为了避免出现负的横坐标,可在横坐标上加上 500000m。此外,还应在坐标前面再冠以带号。这种坐标称为国家统一坐标。例如,有一点 $y = 19123456.789$m,该点位于 19 带内,其相对于中央子午线而言的横坐标则是:首先去掉带号,再减去 500000m,最后得 $y = -376543.211$m。

由于分带导致子午线两侧的控制点和地形图处于不同的投影带内,这给使用造成不便。为了把各带连成一个整体,一般规定各投影带要有一定的重叠度,其中每一 6° 带向东加宽 30′，向西加宽 15′或 7.5′，这样在上述重叠范围内，将有两套相邻带的坐标值，地形图将有两套千米格网，从而保证了边缘地区控制点间的互相应用，也保证了地图的顺利拼接和使用。

高斯-克吕格投影具有如下特点：

（1）中央子午线投影后为直线，且长度不变。距中央子午线愈远的子午线，投影后，弯曲程度愈大，长度变形也愈大。

（2）椭球面上除中央子午线外，其他子午线投影后均向中央子午线弯曲，并向两极收敛，同时还对称于中央子午线和赤道。

（3）在椭球面上对称于赤道的纬圈，投影后仍成为对称的曲线，同时与子午线的投影曲线互相垂直，且凹向两极。

高斯-克吕格投影计算包括高斯投影正解计算（简称正算）、反解计算（反算）、换带计算和子午线收敛角计算。

（1）正算（B，L 到 x，y 转换）。

$$x = X + \frac{N}{2}t\cos^2Bl^2 + \frac{N}{24}t(5 - t^2 + 9\eta^2 + 4\eta^4)\cos^4Bl^4 + \frac{N}{720}t(61 - 58t^2 + t^4)\cos^6Bl^6,$$

$$y = N\cos Bl + \frac{N}{6}(1 - t^2 + \eta^2)\cos^3Bl^3 + \frac{N}{120}(5 - 18t^2 + t^4 + 14\eta^2 - 58\eta^2t^2)\cos^5Bl^5。$$

$$\text{(3.9)}$$

其中：

椭圆的第一、第二偏心率：$e = \dfrac{\sqrt{a^2 - b^2}}{a}$，$e' = \dfrac{\sqrt{a^2 - b^2}}{b}$；

子午圈曲率半径：$M = m_0 + m_2\sin^2B + m_4\sin^4B + m_6\sin^6B + m_8\sin^8B$；

卯酉圈曲率半径：$N = n_0 + n_2\sin^2B + n_4\sin^4B + n_6\sin^6B + n_8\sin^8B$；

子午线弧长：$X = a_0B - \dfrac{a_2}{2}\sin2B + \dfrac{a_4}{4}\sin4B - \dfrac{a_6}{6}\sin6B + \dfrac{a_8}{8}\sin8B$；

$t = \tan B$，$\eta^2 = e'^2\cos^2B$；

$m_0 = a(1 - e^2)$，$m_2 = \dfrac{3}{2}e^2m_0$，$m_4 = \dfrac{5}{4}e^2m_2$，$m_6 = \dfrac{7}{6}e^2m_4$，$m_8 = \dfrac{9}{8}e^2m_6$；

$n_0 = a$，$n_2 = \dfrac{1}{2}e^2n_0$，$n_4 = \dfrac{3}{4}e^2n_2$，$n_6 = \dfrac{5}{6}e^2n_4$，$n_8 = \dfrac{7}{8}e^2n_6$；

$a_0 = m_0 + \dfrac{m_2}{2} + \dfrac{3}{8}m_4 + \dfrac{5}{16}m_6 + \dfrac{35}{128}m_8 + \cdots$，

$a_2 = \dfrac{m_2}{2} + \dfrac{m_4}{2} + \dfrac{15}{32}m_6 + \dfrac{7}{16}m_8$，$a_6 = \dfrac{m_6}{32} + \dfrac{m_8}{16}$，

$a_4 = \dfrac{m_4}{8} + \dfrac{3}{16}m_6 + \dfrac{7}{32}m_8$，$a_8 = \dfrac{m_8}{128}$。

（2）反算（x，y 到 B，L 转换）。

$$B = B_f - \frac{1}{2}V_f^2 t_f \left[\left(\frac{y}{N_f} \right)^2 - \frac{1}{12}(5 + 3t_f^2 + \eta_f^2 - 9\eta_f^2 t_f^2)\left(\frac{y}{N_f} \right)^4 + \frac{1}{360}(61 + 90t_f^2 + 45t_f^4)\left(\frac{y}{N_f} \right)^6 \right],$$

$$l = \frac{1}{\cos B_f}\left[\left(\frac{y}{N_f} \right) - \frac{1}{6}(1 + 2t_f^2 + \eta_f^2)\left(\frac{y}{N_f} \right)^3 + \frac{1}{120}(5 + 28t_f^2 + 24t_f^4 + 6\eta_f^2 + 8\eta_f^2 t_f^2)\left(\frac{y}{N_f} \right)^5 \right].$$

$$(3.10)$$

其中:

$$e' = \frac{\sqrt{a^2 + b^2}}{b}, \quad t_f = \tan B_f, \quad \eta_f^2 = e'^2 \cos^2 B_f, \quad V = \sqrt{1 + e'^2 \cos^2 B_f};$$

$$N = n_0 + n_2\sin^2 B_f + n_4\sin^4 B_f + n_6\sin^6 B_f + n_8\sin^8 B_f;$$

$$n_0 = a, \quad n_2 = \frac{1}{2}e^2 n_0, \quad n_4 = \frac{3}{4}e^2 n_2, \quad n_6 = \frac{5}{6}e^2 n_4, \quad n_8 = \frac{7}{8}e^2 n_6;$$

$$B_f = \frac{x + \left(\frac{a_2}{2}\sin 2B - \frac{a_4}{4}\sin 4B + \frac{a_6}{6}\sin 6B - \frac{a_8}{8}\sin 8B \right)}{a_0};$$

$$a_0 = m_0 + \frac{m_2}{2} + \frac{3}{8}m_4 + \frac{5}{16}m_6 + \frac{35}{128}m_8 + \cdots,$$

$$a_2 = \frac{m_2}{2} + \frac{m_4}{2} + \frac{15}{32}m_6 + \frac{7}{16}m_8, \quad a_4 = \frac{m_4}{8} + \frac{3}{16}m_6 + \frac{7}{32}m_8,$$

$$a_6 = \frac{m_6}{32} + \frac{m_8}{16}, \quad a_8 = \frac{m_8}{128}.$$

3.2.2 横轴墨卡托投影

高斯-克吕格投影最主要的缺点是，长度变形比较大，而面积变形更大，特别是纬度愈高，愈靠近投影带边缘的地区，这些变形将更严重。显然，过大的变形对于大比例尺测图和工程测量而言是不被允许的。通用横轴墨卡托投影（Universal Transverse Mercator Projection，UTM）由美国军事测绘局 1938 年提出，1945 年开始采用。从几何意义上讲，UTM 投影属于横轴等角割椭圆柱投影（如图 3.5 所示）。它的特点是中央经线投影长度比不等于 1，而是等于 0.9996，投影后，两条割线上没有变形，它的平面直角系与高斯-克吕格投影相同，且和高斯-克吕格投影坐标有一个简单的比例关系，因而有的文献上也称它为长度比 $m_0 = 0.9996$ 的高斯-克吕格投影。

UTM 投影的直角坐标 $(x, y)^u$ 计算公式可由高斯-克吕格投影族通用公式求得，也可用高斯-克吕格投影按照下列关系得到：

$$x^u = 0.9996x, \quad y^u = 0.9996y \tag{3.11}$$

UTM 投影的投影条件是：

①正形投影，即等角投影；

②中央子午线投影为纵坐标轴；

③中央子午线投影长度比等于 0.9996，而不等于 1。

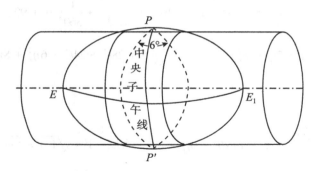

图 3.5 UTM 投影

其中，①、②两个条件与高斯-克吕格投影相同，仅条件③不同于高斯-克吕格投影。由于 UTM 投影的中央子午线长度比取为 0.9996，所以，使整个投影带的长度比普遍小于 1.0007，并使整个投影带的长度变形普遍小于 0.001。

UTM 投影的分带是将全球划分为 60 个投影带，带号 1，2，3，…，60 连续编号，每带经差为 6°，从经度 180°W 至 174°W 之间为起始带（1 带），连续向东编号。带的编号与 1:100 万比例尺地图有关规定相一致。该投影在南纬 80° 至北纬 84° 范围使用。使用时，直角坐标的实用公式为：

$y_实 = y + 50000$（轴之东用），$x_实 = 10000000 - x$（南半球用）

$y_实 = 50000 - y$（轴之西用），$x_实 = x$（北半球用）

带号与中央经线的关系为：

$$\lambda_0 = 6°n - 183° \tag{3.12}$$

3.2.3 正轴墨卡托投影

墨卡托投影，即正轴等角圆柱投影，由荷兰地图学家墨卡托（G. Mercator）于 1569 年提出的一种适合海上航行的投影方式，广泛应用于海图制作和导航。

设想 1 个与地轴方向一致的圆柱切于或割于地球，按等角条件将经纬网投影到圆柱面上，将圆柱面展为平面后，得平面经纬线网。投影后经线是一组竖直的等距离平行直线，纬线是垂直于经线的一组平行直线。各相邻纬线间隔由赤道向两极增大。一点上任何方向的长度比均相等，即没有角度变形，而面积变形显著，随远离标准纬线而增大。

墨卡托投影正算：即大地坐标 (B, L) 转换到平面坐标 (x, y)，采用如下模型：

$$\begin{cases} x = k\ln\left[\tan\left(\dfrac{\pi}{4} + \dfrac{B}{2}\right) \cdot \left(\dfrac{1 - e\sin B}{1 + e\sin B}\right)^{\frac{e}{2}}\right] \\ y = k(L - L_0) \\ k = N_{B_0}\cos B_0 = \dfrac{a^2/b}{\sqrt{1 + e^2\cos^2 B_0}} \end{cases} \tag{3.13}$$

墨卡托投影反算：即大地坐标 (x, y) 转换到平面坐标 (B, L)，采用如下模型：

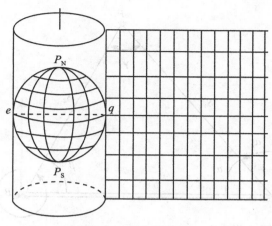

图 3.6 墨卡托投影

$$\begin{cases} B = \dfrac{\pi}{2} - 2\arctan\left(\exp\left(-\dfrac{x_N}{k} \right) \exp^{\frac{e}{2}\ln\left(\frac{1-e\sin B}{1+e\sin B}\right)} \right) \\ L = \dfrac{y_N}{k} + L_0 \end{cases} \tag{3.14}$$

上式中标准纬度为 B_0，原点纬度为 0，原点经度为 L_0。exp 为自然对数底，反算中纬度 B 通过迭代计算获得。

墨卡托投影的地图最大的缺点是变形严重，和现实差别太大。

3.3 光学定位和无线电定位

光学定位和无线电定位是海洋定位早期主要采用的方法。下面先介绍光学定位方法，再介绍无线电定位方法。

3.3.1 光学定位和极坐标定位

光学导航是一种借助光学定位系统，通过测量距离、方位等几何量，交会确定船舶位置的一种导航定位方法（如图 3.7 所示）。受测量距离、海面环境等因素影响，光学导航定位仅限于沿岸和港口，例如电子经纬仪、高精度红外激光测距仪以及集二者于一体的自动测量全站仪（即测量机器人），其中，全站仪按方位-距离极坐标法可为近岸船舶实施快速跟踪定位和导航，凭借其自动化程度高，使用方便灵活的优势，在沿岸和港口的设备校准、海上石油平台导管架的安装、水上测量和导航中使用较多。

3.3.2 无线电定位

无线电定位也称陆基无线电导航定位。通过在岸上控制点处安置无线电收发机（岸台），在船舶上设置无线电收发、测距、控制、显示单元，测量无线电波在船台和岸台间

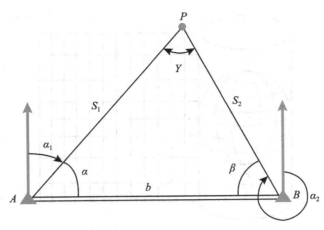

图 3.7　光学交会定位

的传播时间或相位差，利用电波的传播速度或波长，求得船台至岸台的距离或船台至两岸台的距离差，进而计算船位。

无线电导航多采用圆-圆定位方式或双曲线定位方式来实现导航定位，如图 3.8 所示。

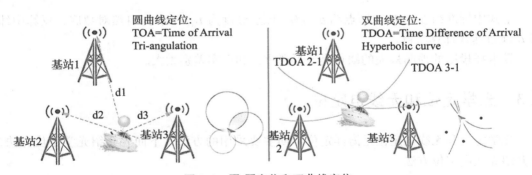

图 3.8　圆-圆定位和双曲线定位

无线电定位系统按作用距离可分为远程定位系统，其作用距离大于 1000km，一般为低频系统，精度较低，适合于导航，如罗兰 C 系统；中程定位系统，作用距离 300～1000km，一般为中频系统，如 Argo 定位系统；近程定位系统，作用距离小于 300km，一般为微波系统或超高频系统，精度较高，如三应答器（Trisponder）、猎鹰 IV 等。

由于导航精度低，加之卫星导航定位系统的出现，无线电导航系统目前已基本全部关闭。

3.4　GNSS 定位

全球导航卫星系统（GNSS）目前主要包括美国的 GPS、俄罗斯的 GLONASS、中国的

BDS 和欧盟的 Galileo 等 4 个系统。GNSS 具有全天候、全球覆盖、连续实时、高精度定位等特点，可为全球任何地点（包括近地空间）的用户提供高精度的三维位置、速度和时间信息。

3.4.1 GNSS 系统

GNSS 系统由以下 3 个部分组成：空间部分（GNSS 卫星）、地面监控部分和用户部分。GNSS 卫星可连续向用户播发用于定位的测距信号和导航电文，并接收来自地面监控中心的各种信息和命令以维持正常运转。地面监控中心跟踪 GNSS 卫星，确定卫星的运行轨道及卫星钟改正数，进行预报后再按规定格式编制成导航电文，并通过注入站送往卫星；地面监控系统还能通过注入站向卫星发布各种指令，调整卫星的轨道及时钟读数，修复故障或启用备用件等。用户则通过 GNSS 接收机确定自己的位置、速度和钟差等参数。

1. 空间部分

GNSS 卫星的基本功能是：接收并存储来自地面控制系统的导航电文；在原子钟的控制下自动生成测距码和载波；采用二进制相位调制法将测距码和导航电文调制在载波上播发给用户；按照地面控制系统的命令调整轨道、调整卫星钟、修复故障或启用备用件，以维持整个系统的正常工作。图 3.9 为 4 类 GNSS 卫星的外形图。

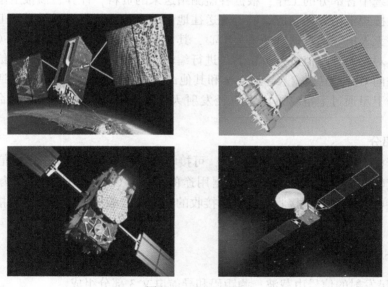

图 3.9　GNSS 卫星

发射入轨能正常工作的 GNSS 卫星的集合称 GNSS 卫星星座。

GPS 基本卫星星座由 24 颗卫星组成，分布在 6 个轨道面上，每个轨道均匀地分布 4 颗卫星，轨道倾角 55°，轨道高度 20180km。为了能够及时地更换出现故障的卫星，在基本卫星星座的基础上，还增加发射了 3 颗备用卫星，形成了由 24+3 颗卫星组成的 GPS 星座。由于老卫星需要更换，这一星座组成在不断地变化。截至 2020 年，GPS 卫星星座由二代卫星（Block Ⅱ）和三代卫星（Block Ⅲ）总计 31 颗卫星组成。

GLONASS 卫星星座由 24 颗卫星组成，分布在 3 个轨道面上，每个轨道均匀地分布 8 颗卫星；为满足高纬度定位需求，GLONASS 的卫星轨道倾角较大，为 64.8°，卫星的轨道高度为 19130km。截至 2020 年，GLONASS 在轨卫星数为 12 颗。

Galileo 星座目前正处于建设阶段，设计星座将由 30 颗卫星组成（27 颗工作，3 颗备用），均匀地分布在 3 个倾角为 56° 的轨道面上，每个轨道面上平均分布 9 颗工作卫星和 1 颗备用卫星。Galileo 卫星的轨道高度为 23222km。截至 2020 年，已经部署了 22 颗在轨卫星，初步进行了导航应用。

我国的北斗三号导航卫星系统于 2020 年 7 月 31 日正式宣布建成开通，主要由 5 颗静止轨道卫星和 30 颗非静止轨道卫星组成。5 颗静止轨道卫星轨道高度为 35786km；30 颗非静止轨道卫星包括 27 颗中地球轨道卫星（MEO，平均分布在 3 个轨道面，轨道倾角 55°，轨道高度 21500km）和 3 颗倾斜地球同步轨道卫星（IGSO，部署在亚洲上空，轨道倾角 55°，轨道高度 35786km）。

2. 地面监控部分

地面监控部分包括主控站和监测站。

主控站是整个地面监控系统的行政管理中心和技术中心，主要作用是：负责管理、协调地面监控系统中各部分的工作；根据各监测站送来的资料，计算、预报卫星轨道和卫星钟改正数，并按规定格式编制成导航电文送往地面注入站；调整卫星轨道和卫星钟读数。

监测站是无人值守的数据自动采集中心，其主要功能是：对视场中的各 GNSS 卫星进行伪距测量；对伪距观测值进行改正后再进行编辑、平滑和压缩，然后传送给主控站。

注入站是向 GNSS 卫星输入导航电文和其他命令的地面设施。能将接收到的电文存储在微机中，当卫星通过上空时再用大口径发射天线将这些导航电文和其他命令"注入"卫星。

3. 用户部分

用户部分的核心单元是 GNSS 接收机，可接收、处理、量测 GNSS 卫星信号以进行导航、定位、定轨、授时等多项工作。根据用途的不同，GNSS 接收机可分为导航型接收机、测量型接收机、授时型接收机等。按接收的卫星信号频率数可分为单频接收机和双频接收机。

3.4.2 GNSS 卫星信号

GNSS 卫星发射的信号由载波、测距码和导航电文 3 部分组成。

1. 载波

可运载调制信号的高频振荡波称为载波。

在无线电通信中，为了更好地传送信息，往往将这些信息调制在高频载波上，然后再将这些调制波播发出去。在一般的通信中，当调制波到达用户接收机解调出有用信息后，载波的作用便告完成。但在全球定位系统中情况有所不同，载波除了能更好地传送测距码和导航电文等有用信息外，在载波相位测量中又被当作一种测距信号来使用。其测距精度比伪距测量的精度高 2~3 个数量级。因此，载波相位测量在高精度定位中得到了广泛的应用。

2. 测距码

测距码是用于测定从卫星至接收机间距离的二进制码。GNSS 卫星中所用的测距码从性质上讲属于伪随机噪声码，看似为一组杂乱无章的随机噪声码，实则是按一定规律编排、可以复制的周期性的二进制序列，且具有类似于随机噪声码的自相关特性。测距码是由若干个多级反馈移位寄存器所产生的 m 序列经平移、截短、求模等一系列复杂处理后形成的。根据性质和用途的不同，测距码可分为粗码和精码两类，各卫星所用测距码互不相同且相互正交。

3. 导航电文

导航电文是由 GNSS 卫星向用户播发的一组反映卫星在空间位置、工作状态、卫星钟修正参数、电离层延迟修正参数等重要数据的二进制代码，也称数据码（D 码），是用户利用 GNSS 进行导航定位时一组必不可少的数据。

3.4.3 GNSS 定位的误差源

GNSS 定位中出现的各种误差从误差源来讲大体可分为与卫星有关的误差、与信号传播有关的误差和与接收机有关的误差 3 类。

1. 与卫星有关的误差

与卫星有关的误差主要包括卫星星历误差、卫星钟的钟误差和相对论效应。

由卫星星历所给出的卫星位置与卫星的实际位置之差称为卫星星历误差。星历误差的大小主要取决于卫星定轨系统的质量，如定轨站的数量及其地理分布，观测值的数量及精度，定轨时所用的数学力学模型和定轨软件的完善程度等。此外与星历的外推时间间隔（实测星历的外推时间间隔可视为零）也有直接关系。

卫星上虽然使用了高精度的原子钟，但也不可避免地存在误差，这种误差既包含着系统性的误差（如钟差、钟速、频漂等偏差），也包含着随机误差。系统误差远较随机误差值大，而且可以通过检验和比对来确定，并可以通过模型来加以改正；而随机误差只能通过钟的稳定度来描述其统计特性，无法确定其符号和大小。

相对论效应是指由于卫星钟和接收机钟所处的状态（运动速度和重力位）不同而引起两台钟之间产生相对钟误差的现象。所以将它归入与卫星有关的误差类中并不准确，但是由于相对论效应主要取决于卫星的运动速度和所处位置的重力位，而且是以卫星钟差形式出现，暂时将其归入与卫星有关的误差。上述误差对测码伪距和载波相位观测值影响相同。

2. 与信号传播有关的误差

与信号传播有关的误差主要包括电离层延迟、对流层延迟和多路径误差。

电离层是高度在 60~1000km 间的大气层。带电粒子的存在将影响无线电信号的传播，使传播速度发生变化，传播路径产生弯曲，从而使得信号传播时间 Δt 与真空中光速 c 的乘积 $\rho = \Delta t \cdot c$ 不等于卫星至接收机的几何距离，产生电离层延迟。

对流层是高度在 50km 以下的大气层。整个大气层中的绝大部分质量集中在对流层中。大气折射率会使得信号的传播路径产生弯曲，使距离测量值产生的系统性偏差称为对流层延迟。对流层延迟对测码伪距和载波相位观测值的影响是相同的。

经某些物体表面反射后到达接收机的信号如果与直接来自卫星的信号叠加干扰后进入接收机，会给测量值带来系统误差，即多路径误差。多路径误差对测码伪距观测值的影响要比对载波相位观测值的影响大得多。多路径误差取决于测站周围的环境、接收机的性能以及观测时间的长短。

3. 与接收机有关的误差

与接收机有关的误差主要包括接收机钟的钟误差、接收机的位置误差和接收机的测量噪声。

与卫星钟一样，接收机钟也有误差。该项误差主要取决于钟的质量，与使用时的环境也有一定关系。钟误差对测码伪距观测值和载波相位观测值的影响是相同的。

在进行授时和定轨时，接收机的位置是已知的，其误差将使授时和定轨的结果产生系统误差。该项误差对测码伪距观测值和载波相位观测值的影响是相同的。

使用接收机进行 GNSS 测量时，由于仪器设备及外界环境影响而引起的随机测量误差，其值取决于仪器性能及作业环境的优劣。一般而言，测量噪声值远小于上述的各种偏差值。观测足够长的时间后，测量噪声的影响通常可以忽略不计。

以上 GNSS 各项误差对测距的影响可达数十米，有时甚至可超过百米，比观测噪声大几个数量级。因此，必须设法加以消除，否则将会对定位精度造成极大的损害。

3.4.4　伪距定位

1. 单点定位

单点定位（Single Point Positioning，SPP）也称单点绝对定位。因定位作业仅需一台接收机工作，因此称为单点定位。单点定位结果受卫星星历误差、信号传播误差及卫星几何分布影响显著，定位精度相对较低，一般适用于低精度导航。

单点定位的基本原理是以卫星和用户接收机天线之间的距离观测量为基准，根据已知的卫星瞬时坐标确定用户接收天线所对应的位置，其实质是空间距离后方交会。在 1 个测站上，只需 3 个独立距离观测量。由于卫星导航定位采用的是单程测距原理，同时卫星钟与用户接收机钟又难以保持严格同步，实际上观测的是测站至卫星之间的距离，由于受卫星钟和接收机钟同步差的共同影响，故又称伪距离测量。卫星钟钟差是可以通过卫星导航电文中所提供的相应钟差参数加以修正的，而接收机的钟差一般难以预先准确测定，可将其作为 1 个未知参数，与观测站坐标在数据处理中一并解出。在 1 个测站上，为了实时求解 4 个未知参数，至少应有 4 个同步伪距观测量，即至少必须同步观测 4 颗卫星（如图 3.10 所示）。

GNSS 绝对定位，根据用户接收机天线所处的状态不同，又可分为动态绝对定位和静态绝对定位。当用户接收设备安置在运动的载体上，确定载体瞬时绝对位置的定位方法，称为动态绝对定位。动态绝对定位，一般只能得到没有多余观测量的实时解，被广泛地应用于船舶等运动载体的导航中。另外，在航空物探和海洋卫星遥感等领域也有广泛的应用。

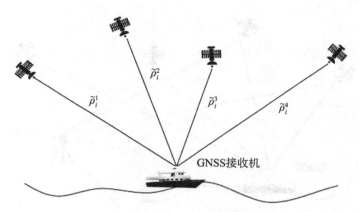

图 3.10 绝对定位原理图

单点定位最大的特点是仅需要单台 GNSS 接收机便可实现用户位置的确定，非常适合海上水面船舶导航。不足的是，因为顾及的影响因素相对较少，计算模型相对简单，定位的精度相对偏低，平面定位精度一般为 10~50m，其高程解不可用。

2. 局域差分定位

差分定位根据其系统构成的基准站个数可分为单基准差分、多基准的局部区域差分和广域差分。而根据信息的发送方式又可分为伪距差分、相位差分及位置差分等。无论何种差分，其工作原理基本相同，均由用户接收来自基准站的改正信息，并对其测量结果进行改正以获得精度远高于单点定位的结果。

局域差分定位按照基准站的不同，又可分为单站差分和多站差分。

单基准站差分是根据 1 个基准站所提供的差分改正信息对用户站进行改正的差分系统。该系统由基准站、无线电数据通信链、用户站三部分组成（如图 3.11 所示）。基准站一般安放在已知点上，并配备能同步跟踪视场内所有卫星信号的接收机一台，并应具备计算差分改正和编码功能的软件；无线电数据链将编码后的差分改正信息传送给用户，由基准站上的信号调制器、无线电发射机和发射天线以及用户站的差分信号接收机和信号解调器组成。用户站即流动台站，根据各用户站不同的定位精度及要求选择接收机，同时用户站还应配有用于接收差分改正数的无线电接收机、信号解调器、计算软件及相应接口设备等。

单站差分系统的优点是结构和算法较为简单。该方法的前提是要求用户站误差和基准站误差具有较强的相关性，因此定位精度将随用户站与基准站间距离的增加而迅速降低。此外，由于用户站只是根据单个基准站所提供的改正信息来进行定位改正，所以精度和可靠性均较差。

在一个较大的区域布设多个基准站，以构成基准站网，其中常包含一个或数个监控站，位于该区域中的用户根据多个基准站所提供的改正信息经平差计算后求得用户站定位改正数，这种差分定位系统称为具有多个基准站的局域差分定位系统。

根据基准站提供的差分改正信息的不同，局域差分定位可分为伪距差分和位置差分。

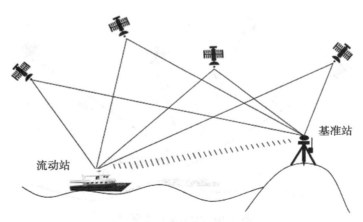

图 3.11 GNSS 动态相对定位

伪距差分是在基准站上利用已知坐标求出测站至卫星间的距离，并将其与含有误差的测量距离比较，求出测距误差；将所有卫星的测距误差传输给用户，用户利用此测距误差来改正测量的伪距，解算出用户自身的坐标。

位置差分是一种最简单的差分方法。安置在基准站上的 GNSS 接收机通过对 4 颗或 4 颗以上的卫星进行观测，便可求出基准站的坐标 (X', Y', Z')。受卫星星历误差、时钟误差、大气折射误差等的影响，该坐标与基准站已知坐标 (X, Y, Z) 存在误差。

基准站利用数据链将坐标改正数发送给用户站，用户站用接收到的坐标改正数对其坐标进行改正。

差分定位最大的优点是无须考虑单个误差影响，只需顾及综合影响，便可实现流动站（用户站）的高精度定位，具有实施简单、方便等特点，广泛地应用于海上测量中。

相对伪距差分，坐标差分的优点是需要传输的差分改正数较少，计算方法较简单，任何一种 GNSS 接收机均可改装成这种差分系统，但因定位机理所致，定位精度要低于伪距差分。

无论伪距差分还是坐标差分，均需要无线电台将差分改正量从基准站发送到流动站，无线电的性能和传送距离也影响着最终用户站的定位精度。用户站接收机若接收到差分改正信号，则实施差分改正，获得高精度的定位解；若接收不到，则实施单点伪距定位，而非伪距差分定位，定位精度因此会显著降低。

伪距差分定位的精度一般为 $1\sim3m$，坐标差分定位的精度一般为 $3\sim5m$。两种差分定位技术可应用于中小比例尺水下地形测量、海上船舶引航导航等。

3.4.5 广域差分定位

广域差分定位是针对局域差分定位中存在的问题，将观测误差按误差的不同来源划分成星历误差、卫星钟差及大气折射误差来改正，以提高差分定位的精度和可靠性。基本思想是在一个相当大的区域中用相对较少的基准站组成差分 GNSS 网，各基准站将求得的距离改正数发送给数据处理中心，由数据处理中心统一处理，将各种观测误差源加以区分，然后再传送给用户。这种系统称为广域差分定位系统。

广域差分定位是通过对星历误差、卫星钟差及大气折射误差三种误差源加以分离，并进行"模型化"实现对用户站的误差源改正，达到削弱误差、改善用户定位精度的目的。

广域差分提供给用户的改正量是每颗可见 GNSS 卫星星历的改正量、时钟偏差修正量和电离层时延改正模型，其目的就是最大限度地降低监控站与用户站间定位误差的时空相关性和对时空的强依赖性，改善和提高实时差分定位的精度。

3.4.6 载波相位差分定位

载波相位实时差分测量（Real Time Kinematic，RTK）是一种局域差分定位技术。与伪距差分定位原理相似，不同的是，定位解算中采用的观测量为载波相位，而非伪距，定位精度为厘米级，远高于伪距差分定位。

RTK 定位中，在基准站上安置一台双频 GNSS 接收机，对卫星进行连续观测，并通过无线电实时将观测数据及测站坐标传送给用户站；用户站一方面通过接收机接收 GNSS 卫星信号，同时通过无线电接收基准站信息，根据相对定位原理进行数据处理，实时地以厘米级的精度给出用户站三维坐标。RTK 有改正法和求差法两种定位方法。

1. 改正法

与伪距差分相同，基准站将载波相位的改正量发送给用户站，以对用户站的载波相位进行改正实现定位，该方法称为改正法。载波相位观测值包括起始整周相位（起始整周模糊度）、相位的整周变化值以及测量相位的小数部分，由于波长已知，因此可将其转换为距离，采用前述伪距差分测量的思想，认为小区域范围内，电离层、对流层产生的相位（伪距）延迟量基本相同，并借助基准站上提供电离层延迟量、对流层延迟量、同颗卫星的钟差和轨道误差综合影响值，对用户站接收机相位观测数据进行改正。同步观测四颗或四颗以上卫星，联合解算获得用户站的位置以及接收机钟差。

2. 求差法

将基准站的载波相位观测信息及已知位置信息发送给用户站，并由用户站将观测值求差进行坐标解算，该方法称为求差法。求差的目的在于获得诸如静态相对定位的单差、双差、三差求解模型，并采用与静态相对定位类似的求解方法进行求解。

由于求差模型可以消除或削弱多项卫星观测误差，如消除了卫星钟差和接收机钟差，大大削弱了卫星星历、大气折射等误差，因此可显著提高实时定位精度。

求差法按照解算时段的不同分为实时载波相位差分测量（RTK）和事后载波相位差分测量（PPK）两类。若将基准站和用户站（流动站）的载波相位观测数据存储起来，在完成测量工作后再借助求差法解算每个历元用户站的位置，由于在事后解算得到点位坐标，因此这种处理方法称为事后载波相位差分测量（PPK）。

RTK、PPK 的定位原理尽管相同，但前者为实时定位，需要无线电设备辅助，而后者不需要。同伪距差分定位一样，无线电的性能决定着 RTK 定位的精度。用户站若能接收到差分改正信息，则实施 RTK 数据处理；否则将采用相位平滑伪距或者伪距差分定位或者单点定位，精度会随着定位模式的切换而逐步降低。

同样受公共误差相关性影响，载波相位差分定位中基准站和用户站间作用距离不应该过大，否则相关性会降低，定位精度因此会随之降低。一般情况下，基准站和用户站间距离应控制在30km以内。

载波相位差分测量的平面和高程定位精度均在厘米级，可以满足海上高精度导航定位。

RTK因可以实时输出定位数据，因此可用于海上大比例尺水下地形测量中的定位和导航、施工作业中的动态监测、海上施工、海岸及海上放样等应用。其高精度高程解还可用于GNSS实时潮位测量、浪高监测等应用。不足的是因受无线电作用距离限制，只适合近岸定位作业。

若无须提供实时定位服务，可采用PPK技术实现以上RTK定位应用。相对RTK，PPK因不受无线电传播距离的影响，作用距离可扩展到70~100km，适合于距离岸边较远海域的高精度定位和监测。

3.4.7 精密单点定位

单点定位是卫星定位系统中最简单、最直接的定位方式。传统的单点定位采用测量伪距观测值（C/A码或P码）进行定位，一般只能达到十几米或几十米甚至更差的精度，因此并不被认为是一种高精度的定位方法。精密单点定位（Precise Point Positioning，PPP）利用精密卫星轨道和精密卫星钟差改正，以及单台卫星接收机的非差分载波相位观测数据进行单点定位，可以获得厘米级的定位精度。

PPP定位采用非差模式，不考虑测站间相关性。待估参数有测站三维坐标、接收机钟差、对流层参数、电离层参数（可以采用合适的观测值组合（LC、PC）消除一阶项影响）、模糊度等，因此需要精确的卫星轨道和卫星钟差，并在解算中将其当作固定值。同时，在数据预处理阶段，要用到广播星历来探测周跳、粗差以及确定模糊度等。

PPP的主要优势体现在如下两个方面：

（1）用户端系统更加简化，仅需要单个接收机；

（2）定位精度保持全球一致，平面解可以达到厘米级，垂直解可达到十几个厘米。

PPP技术可用于远海各类高精度海上监测和施工的应用需求，但不足的是数据解算的实时性需要改善。

3.5 水下声学定位

借助声学测距或者测向实施水下定位的方法称为水下声学定位方法。目前水下声学定位方法主要有长基线（Long Baseline，LBL）、短基线（Short Baseline，SBL）和超短基线（Ultra-Short Baseline，USBL）工作方式。下面首先介绍测距定位方式和测向定位方式，在此基础上介绍LBL和SBL/USBL不同定位系统及其测量和数据处理方法。

3.5.1 系统组成

水声导航定位系统通常由船台/载体设备和水下设备组成。对于SBL/USBL，船台部分包括收发处理单元、换能器和水听器组成的声学阵列或单元、显示及控制单元等，水下部分包括定位信标或应答器；对于 LBL，水下/海底部分包括应答器阵列，而需定位的载体部分包括收发处理单元、换能器、显示及控制单元等。

换能器是一种声电转换器，换能器能根据需要使声振荡和电振荡相互转换。换能器为发射（或接收）信号服务，起着水声天线的作用。通常使用的是磁致伸缩换能器和电致伸缩换能器。磁致伸缩换能器的基本原理是当绕有线圈的镍棒通电后在交变磁场作用下通过形变或振动而产生声波，将电能转换成声能（发射模式）；而磁化了的镍棒，在声波作用下产生振动，从而使棒内的磁场也相应地产生变化，形成电振荡，将声能转变为电能（接收模式）。

水听器本身不发射声信号，只接收声信号。通过换能器将接收到的声信号转换成电信号，再输入到船台或岸台的接收机中。

应答器既能接收声信号，而且还能发射不同于所接收声信号频率的应答信号，是水声定位系统的主要水下设备，也能作为海底控制点的照准标志，即水声声标。

换能器、应答器和水听器设备如图 3.12 所示。

（a）Sonardye 船载换能器　　（b）Sonardye 海底应答器　　（c）法国 LXsea USBL Gap 水听器

图 3.12　不同仪器厂商的载体和海底声学单元

3.5.2　定位方法

水声导航定位系统通常有测距和测向两种定位方式。

1. 测距定位方式

水声测距定位原理如图 3.13 所示。船台发射机通过安置于船底的换能器 M 向水下应答器 P 发射询问信号，应答器接收该信号后即发回一应答声脉冲信号，船台接收机记录发射询问信号和接收应答信号的时间间隔，通过式（3.15）即可算出船至水下应答器之间的距离 S。

$$S = \frac{1}{2} C \cdot t \qquad (3.15)$$

在应答器的深度 Z 已知的情况下，船台至应答器之间的水平距离 D 为：

$$D = \sqrt{S^2 - Z^2} \qquad (3.16)$$

当有两个水下应答器，则可获得两个距离，以双圆方式交会出船位。

若对 3 个或 3 个以上水下应答器进行测距，则可采用最小二乘法求出船位的平差值。

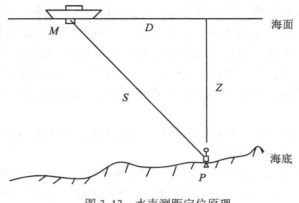

图 3.13　水声测距定位原理

2. 测向定位方式

测向方式工作原理如图 3.14 所示。船台上除安置换能器以外，还在船的两侧各安置 1 个水听器，即 a 和 b。P 为水下应答器。设 PM 方向与水听器 a，b 连线之间的夹角为 θ，a，b 之间距离为 d，且 $aM = bM = d/2$。换能器 M 首先发射询问信号，水下应答器 P 接收到该信号后，发射应答信号，水听器 a、b 和换能器 M 均可接收到应答信号。由于 a 和 b 间距离与 P 和 M 间距离相比甚小，故可认为发射与接收的声信号方向相互平行。但由于 a、M、b 距 P 的距离并不相等，若以 M 为中心，显然 a 接收到的信号相位比 M 的要超前，而 b 接收到的信号相位比 M 的要滞后。

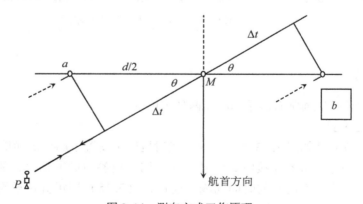

图 3.14　测向方式工作原理

设 Δt 和 $\Delta t'$ 分别为 a 和 b 相位超前和滞后的时延，那么由图 3.14 可写出 a 和 b 接收信号的相位分别为：

$$\phi_a = \omega \Delta t = -\frac{\pi d}{\lambda}\cos\theta$$

$$\phi_b = \omega \Delta t' = \frac{\pi d}{\lambda}\cos\theta \tag{3.17}$$

则水听器 a 和 b 的相位差为:

$$\Delta\phi = \phi_b - \phi_a = \frac{2\pi d}{\lambda}\cos\theta \tag{3.18}$$

显然当 $\theta = 90°$ 时,a 和 b 的相位差为零,即船首线在 P 的正上方。所以,只要在航行中使水听器 a 和 b 接收到的信号相位差为零,就能引导船至水下应答器的正上方。这种定位方式在海底控制点(网)的布设以及如钻井平台的复位等作业中经常会用到。

3.5.3 SBL/USBL 定位

短基线(SBL)系统的水下部分(需要导航定位的用户)仅需要 1 个水声应答器,而船上部分则是安置于船底部的 1 个水听器基阵和 1 个换能器构成的阵列。图 3.15 显示了 SBL 定位系统的单元配置。图中 H_1、H_2 和 H_3 为水听器,O 为换能器,布设方式如下:

(1)水听器成正交布设,H_1 和 H_2 之间的基线长度为 b_x,指向船首,即 X 轴方向;

(2)H_2 和 H_3 之间的基线长度为 b_y,平行于指向船右的 Y 轴;

(3)Z 轴指向海底。

设声线与 3 个坐标轴之间的夹角分别为 θ_{m_x},θ_{m_y} 和 θ_{m_z},Δt_1 和 Δt_2 分别为 H_1 和 H_2 以及 H_2 和 H_3 接收的声信号的时间差(图中仅以 H_1 和 H_2 为例),则 SBL/USBL 可按以下两种方式定位:

(1)测向方式定位,即方位-方位法;

(2)测向与测距的混合方式定位,即方位-距离法。

下面具体介绍这两种方法:

1. 方位-方位法

由图 3.15 可得:

$$\begin{cases} x = \dfrac{\cos\theta_{m_x}}{\cos\theta_{m_z}} \cdot z, \quad y = \dfrac{\cos\theta_{m_y}}{\cos\theta_{m_z}} \cdot z \\[2mm] \cos\theta_{m_x} = \dfrac{C \cdot \Delta t_1}{b_x} = \dfrac{\lambda \Delta\varphi_x}{2\pi b_x} \\[2mm] \cos\theta_{m_y} = \dfrac{C \cdot \Delta t_1}{b_y} = \dfrac{\lambda \Delta\varphi_y}{2\pi b_y} \\[2mm] \cos\theta_{m_z} = (1 - \cos^2\theta_{m_x} - \cos^2\theta_{m_y})^{\frac{1}{2}} \end{cases} \tag{3.19}$$

式中,z 为水听器阵中心与水下应答器间的垂直距离,$\Delta\Phi_x$ 与 $\Delta\Phi_y$ 分别为 H_1 和 H_2 以及 H_2 和 H_3 所接收的信号之间的相位差。

2. 方位-距离法

根据空间直线 OP 与各个坐标系的夹角以及 OP 的长度,由图 3.16 可直接得出 P 点在

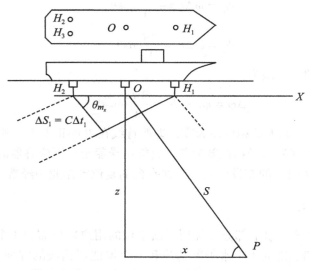

图 3.15　短基线的配置

船体坐标系中的坐标 (x, y, z)。

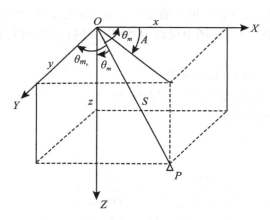

图 3.16　短基线定位

$$\begin{cases} x = S \cdot \cos\theta_{m_x} \\ y = S \cdot \cos\theta_{m_y} \\ z = S \cdot \cos\theta_{m_z} \end{cases} \qquad (3.20)$$

SBL 定位的优点是集成系统价格低、操作简单、换能器体积小易于安装。缺点是深水测量要达到较高精度，基线长度一般需大于 40m，系统安装时需在船坞上严格校准。

超短基线系统（USBL）与短基线系统的定位原理相同，区别仅在于船底的水听器阵以彼此很短的距离（小于半个波长，仅几厘米），按直角等边三角形布设而装在一个很小的壳体内。USBL 的优点是集成系统价格低廉、操作简便容易；因实施中只需 1 个集成单元，安装方便，定位精度较高。缺点是系统安装后的校准需要非常准确；此外，测量目标的绝对位置精度依赖于外围设备（GNSS、电罗经、姿态传感器等）的精度。

SBL/USBL 在实施水下导航之前，需首先完成如下准备工作：换能器安装、声速测量、安装误差校准和换能器安装方向校准。完成准备工作后，便可进行水下定位。

下面以超短基线定位系统 Gaps 为例说明水下定位的实施过程。

（1）系统连接。GNSS 将定位数据传输给 Hypack 软件，Hypack 将 GGA 格式定位数据传输给 Gaps 控制盒 ECB 的 GNSS 端口，控制盒 ECB 从 MMI 端口传输数据给导航机 Gaps 控制软件。ECB 从 Output 端口传输 GGA 数据给导航机 Hypack 作为设备 Beacon。

（2）系统设置。主要设置：换能器安装位置和入水深度、调入声速文件、设置各个端口数据格式波特率、添加 Beacon 型号等设置内容。

（3）测量及数据采集。

①采用低船速，确保测量水域较低的噪声水平；

②打开 GNSS，进入 Hypack 导航界面，向 ECB 传送 GGA 数据；

③打开 Gaps 电源开关 10s 后，启动 Gaps 软件界面；

④等待 Gaps 右侧各个指示灯均变绿，且无错误指示后点击"START"（一般需要 5～10 分钟，屏幕上可看到换能器姿态及经纬度，检查有无错误）；

⑤将信标置入水中，Gaps 跟踪到目标后，MT8 的各项数据会依次显示，Hypack 中会出现拖体图标；

⑥测量完毕后，将信标开关关闭，水下定位数据采集工作结束。

SBL/USBL 的数据处理主要包括：

1）数据质量控制

测量数据质量可以借助数理统计方法，通过中值平均法滤除测量结果中的异常数据；而对于动态定位数据，可以采用卡尔曼滤波消除粗差，改善和提高定位结果质量。

2）船姿改正

测量船姿态参数由安装在船上的姿态传感器在位置测定的同时测出。假设水听器基阵中心与船体坐标系中心一致，船的纵倾角为 α，横摇角为 β。借助这两个姿态角构建旋转矩阵，可计算得到拖体内换能器的实时绝对坐标，进而得到海底应答器（定位目标）的绝对坐标。

3）水听器基阵偏移改正

基阵偏移指的是水听器基阵中心与船体坐标系中心不一致产生的偏差。如图 3.17 所示，若在同一平面上，O 为船体坐标系中心，O' 为基阵中心，两者间距离为 d，显然只要进行坐标系的平移，即可实现基阵坐标系和船体坐标系的一致。

设 d 与船体坐标系 x 轴的夹角为 θ，那么基阵偏移引起的坐标修正为：

$$\Delta x = d\cos\theta,\ \Delta y = d\sin\theta \tag{3.21}$$

若基阵中心和船体坐标系中心既不重合又不在同一平面，两中心距离是一条空间直线，设其在空间直角坐标系中的 3 个分量分别为 f、g、h，顾及航向角 K、纵倾角 α 和横摇角 β 及其构建的旋转矩阵（$R(K)$、$R(\alpha)$、$R(\beta)$），坐标改正则应按下式计算：

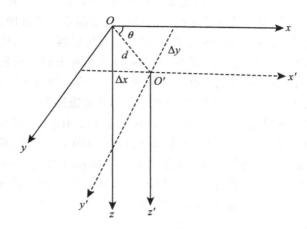

图 3.17　水听器基阵偏移示意图

$$\begin{pmatrix} \delta_x \\ \delta_y \\ \delta_z \end{pmatrix} = R(K)R(\alpha)R(\beta) \begin{pmatrix} f \\ g \\ h \end{pmatrix} \qquad (3.22)$$

4）声速改正

可采用基于层追加思想的常声速声线跟踪法和常梯度声线跟踪法实现，以消除声速对测距的影响，并根据改正声速后的距离借助式（3.22）重新确定被定位点在船体坐标系下的坐标。

5）坐标转换

水下定位系统涉及的坐标系有地理坐标系、基阵坐标系和船体坐标系。要实现最终导航定位结果在地理坐标系的表达，就必须实现坐标系间的转换。坐标系间的转换通过欧拉角（姿态角和安装偏差角）构建旋转转换矩阵来实现。若两坐标系原点不同，通过平移来解决。

仍以 IXSea Gaps USBL 为例，测试当换能器和应答器同处于运动状态时，Gaps 水下导航定位系统的性能和精度。实验条件如下：

（1）校准误差：IXSea Gaps 超短基线内置高精度光纤罗经，无论 Gaps 换能器姿态如何，高速率输出的方位、姿态等数据均可以帮助 Gaps 系统计算出水下目标的准确位置。因此罗经和姿态传感器免于校准。

（2）GNSS 定位：采用 RTK 进行水上定位，为测量船及船上 Gaps 换能器提供平面位置，平面位置精度达到厘米级。

（3）声速误差：在测量开始前，进行声速剖面的测量。

（4）噪声：测量船低速行进，降低船体、螺旋桨等带来的噪声影响。

实验采用三条测量船，船 1 上竖直固定 1 个应答器，锚定，并使用 RTK 精确测量其位置；船 2 上固定 1 个应答器，测量船以 4 节速度在既定测线上往返运动；船 3 上竖直固定换能器，以 4 节速度在距船 2 约 20m 的平行测线上往返运动。实验历时 1 小时。

由于系统采用相对定位，以锚定船上的应答器为参考，则可以确定另外两条船上的应答器和换能器的运动轨迹，如图 3.18 所示。

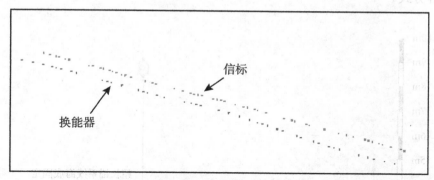

图 3.18 导航中应答器和换能器的实测航迹

采集数据，并对数据进行质量控制。如图 3.19 所示，原始观测数据是带有随机误差的数据，并且有些数据还带有较大误差，即所谓的异常观测值。对原始数据采用 Kalman 滤波，消除奇异定位解，结果如图 3.19 所示。可以看出滤波后结果变得光滑连续，与船 2 和船 3 上的 RTK 定位结果比较，导航定位中误差为 1.43m。

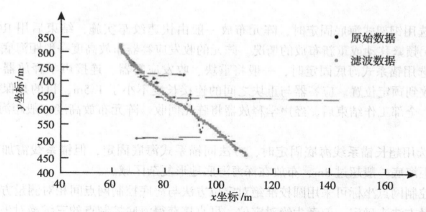

图 3.19 滤波前、后 USBL 导航定位数据

3.5.4 水下控制网建立

海底控制网（基阵网）是长基线 LBL 定位的基础，其建设主要包括海底控制网的布设、测量及数据处理三大部分。

海底基阵阵元的分布决定着定位的空间几何图形强度，影响着 LBL 跟踪定位的精度。一般情况下，4 个阵元是能够实现可靠定位的最小数值，增加阵元的个数可以提高定位的精度，同样也增加了工作量和成本。基阵网设计应综合考虑工作范围、定位精度、海底地形地貌特征、区域声速场变化以及工作海域的水深、海流、潮汐等要素。

如图 3.20 所示，基阵布放主要有钢架式海底固定、锚系式海底固定和超长锚系线海底固定三种方式。

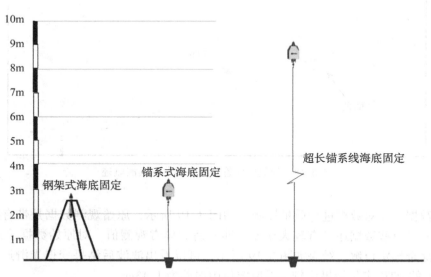

图 3.20 海底基阵阵元布放形式

（1）选用钢架式海底固定时，阵元布放一般由快速绞车实施，结束后用 ROV 回收，适用于阵元频繁移动或重新布放的情况。阵元的收发应答器布放高度一般距海底 2~3m。

（2）选用锚系式海底固定时，一般将重块、收发应答器、连接声学释放器一起经快速绞车投放到预定位置。应答器与重块之间的连接长度不小于 1.5m，目的是保护应答器不受损伤。全部工作结束后，经声学释放器将阵元回收。阵元布放高度一般距海底 3m 左右。

（3）选用超长锚系线海底固定时，方法同锚系式海底固定，但锚系线需加长。阵元布放高度距海底一般超过 8m，布放在深海海底地形复杂区域。

海底控制网点坐标可采用圆校准绝对定位方法与海底控制网点间相对测量方法相结合的综合测量方法来确定。前者为绝对定位，可直接获得海底控制点的三维绝对坐标；后者为相对定位，可获得控制点间的相对距离或坐标向量；以部分绝对定位结果为约束，结合后者的测量距离或坐标向量，通过联合平差，即可确定海底所有控制点的坐标。

1）圆校准绝对定位

围绕单个控制点圆周走航测距具有很好的对称性，交会定位精度相对较高。基于该理论，将安装换能器的测量船以一定半径 R 围绕控制点沿圆周走航，并在走航过程中连续测量船载换能器到控制点上应答器间的距离，结合不同时刻测量船位置，便可确定单个海底控制点绝对坐标。上述即为圆校准绝对定位方法（如图 3.21 所示）。

测量中，不同圆走航半径 R 会对交会定位精度产生一定的影响。根据数据处理理论，可以证明，在其他影响因素一定的情况下，半径 R 等于水深时，圆校准测量定位精度最高。

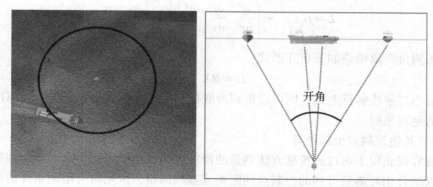

图 3.21 圆校准绝对定位原理

2) 相对测量

借助布设在海底控制网点上的应答器，通过相互测距获得应答器或海底控制网点间距离，完成控制网点间基线测量的工作称为相对测量。相对测量原理如图 3.22 所示。

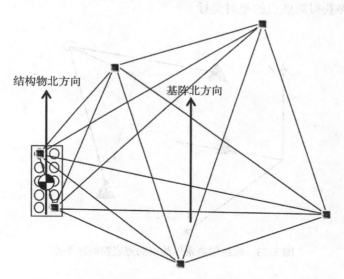

图 3.22 海底基阵相对测量

海底控制点坐标的计算流程如下：

1) 圆校准海底控制点绝对坐标计算

设船载收发器地理坐标为 (X, Y, Z)，海底基阵阵元近似坐标为 (X_0, Y_0, Z_0)，两者间的几何斜距为 L，测量误差为 Δl，$f(x)$ 为船载收发器至阵元之间的距离函数，L 的表达式为：

$$L = f(x) + \Delta l \tag{3.23}$$

对上式线性化得:

$$L = f(x)^0 + \begin{bmatrix} \dfrac{\partial f}{\partial x} & \dfrac{\partial f}{\partial y} & \dfrac{\partial f}{\partial z} \end{bmatrix} \begin{bmatrix} \mathrm{d}x \\ \mathrm{d}y \\ \mathrm{d}z \end{bmatrix} + \Delta l \tag{3.24}$$

由 n 条测量距离构建如下矩阵形式:

$$L = BX \tag{3.25}$$

借助最小二乘法解算上式,则可以得到海底控制点初始坐标的改正量,进而得到圆走航定位点的绝对坐标。

2) 海底其他控制点坐标计算

以上解算仅获得了通过圆校准方法测量的海底控制点绝对坐标,海底其他控制点的绝对坐标可以结合相对测量得到的控制点间距离或基线向量,采用附有限制条件的约束平差方法解算获得 (如图 3.23 所示)。采用的限制条件主要包括:

(1) 圆校准所得海底部分控制点绝对坐标;

(2) 海底各控制点上应答器内置压力值或深度。

以上述两个条件为约束,海底控制网点间相互测距值为观测量,构建距离观测方程;对距离方程线性化,借助间接平差计算海底各控制点的坐标改正量及其精度;结合各控制点的初始值,最终获得海底点的绝对坐标。

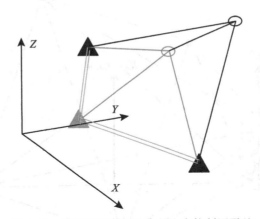

图 3.23　附加限制条件约束的海底控制网平差

3.5.5　LBL 定位

运动载体携载收发换能器不断地与海底控制网中各点上的应答器通过 "询问-应答" 测距,并以控制点为参考,采用空间交会获得目标的三维位置。按照应答器是否内置压力传感器或能否提供深度信息的不同,LBL 可采用空间距离交会定位、平面交会和附加深度观测量的三维距离交会定位等方法来实现。

1. 空间距离交会定位

如图 3.24 所示,LBL 在几个海底控制点包围的区域内空间交会定位时,控制点

$P_{i(i=1,2,3,\cdots)}$坐标已知，目标P点与P_i点进行距离测量，通过距离交会定位获得目标点P的坐标。

图 3.24　LBL 空间交会定位

设阵元P_i的坐标为$(X_i,\ Y_i,\ Z_i)$（$i\geqslant3$），任选 3 个阵元$P_{i(i=1,2,3)}$，根据观测距离组成距离方程组，解算出待求点P（目标）的初始值$(X_0,\ Y_0,\ Z_0)$。若S_i为待定点P到阵元i的观测距离，则向量$\boldsymbol{P_iP}$的方向余弦（$\cos\alpha_i,\ \cos\beta_i,\ \cos\gamma_i$）为：

$$\cos\alpha_i = \frac{X_0-X_i}{S_i},\quad \cos\beta_i = \frac{Y_0-Y_i}{S_i},\quad \cos\gamma_i = \frac{Z_0-Z_i}{S_i}$$

则对第i个观测距离构建如下方程：

$$(X-X_i)^2 + (Y-Y_i)^2 + (Z-Z_i)^2 = S_i^2 \tag{3.26}$$

根据P点的初始坐标$(X_0,\ Y_0,\ Z_0)$对上式线性化。若有m个观测距离，则可构建m个观测方程。对m个观测方程借助间接平差方法，可解算得到P点的三维坐标。

2. 平面交会

现代 LBL 的收发换能器和阵元（应答器）配备压力传感器，可以获得精确的深度值，即阵元深度和目标深度为已知值。根据深度信息可将式（3.26）中的空间距离转换为平面距离，在平面坐标系下交会计算目标位置。若收发器与阵元间实测空间距离为S_i，收发器和阵元的深度值分别为Z_T和Z_R，则两传感器间深度差$\Delta Z = Z_T - Z_R$，两点间的平距为s_i，则观测方程为：

$$(X-X_i)^2 + (Y-Y_i)^2 = s_i^2 \tag{3.27}$$

式中，$s_i = \sqrt{S_i^2-(\Delta Z_i)^2}$，$i=1,\ 2,\ \cdots,\ n$，$n$为观测距离个数。

借助待确定点P的近似平面坐标对式（3.27）线性化，采用最小二乘解算可得P点的平面坐标改正量。结合初始坐标可得P点的平面坐标。P点深度可由P点换能器内置压力传感器提供。

3. 附加深度观测量的三维距离交会定位

空间距离交会定位借助观测的空间距离构建方程（3.26）。由于 P 点与海底控制点分布不对称，通常 Z 坐标解算精度偏低；若 P 点换能器和各海底控制点上的应答器上内置压力传感器，且深度观测值精度较高，则完全可将深度作为已知值，将三维观测距离投影到平面，采用式（3.27）实施二维交会定位；但若压力传感器精度不高，提供的深度则可以作为 1 个观测值，与式（3.26）距离观测方程一并组成方程组，借助最小二乘法进行联合解算获得 P 点坐标。

运动载体携带的收发换能器不断地与水下控制网中各点上的应答器通过"询问-应答"测距，并以控制点为参考，采用空间交会定位获得目标的三维位置。上述即为 LBL 导航定位的基本原理。LBL 系统的外围支持设备安装调试完毕后，水下定位作业流程如下：

（1）水下控制网（基阵网）设计和布设。根据工作范围、现场海域条件和技术要求，设计水下基阵阵元个数和阵元间距离，同时根据阵元间距离和海底地形高差确定每个阵元与海底的距离。根据现场工作条件采用 ROV、快速绞车或自降方式布放基阵。

（2）水下基阵校准。实现水下基阵阵元位置坐标的确定。

（3）跟踪定位。跟踪定位时，通过水面船只的收发器对目标上的收发器下达测量指令，系统自动开始测距，同时将数据上传至定位软件，软件对数据进行处理，解算目标的位置。

LBL 导航定位多在动态环境中进行，LBL 系统具有目标跟踪和导航功能。除了为用户提供位置、姿态、速度等信息外，还提供与位置有关的误差估计。LBL 导航定位步骤如下：

（1）选定参与跟踪定位的阵元；

（2）检查各个阵元的倾斜仪、CTD、压力传感器数据是否正常；

（3）采用 SVP 测量区域声速剖面；

（4）选择跟踪方式；

（5）根据实测距离，计算目标位置。

数据处理流程主要包括：

1）质量控制

LBL 定位中涉及的数据源较多，包括 GNSS、Gyro、MRU、LBL 测距、压力传感器观测深度等，为确保后续点位计算精度，需对这些观测数据进行质量控制。由于定位期间船速较慢，加之设备采样率相对较高，可以使用基于统计学的门限滤波方法来进行质量控制，剔除异常观测数据，提高观测数据质量。

LBL 跟踪定位和水下基阵校准实施都是基于时延观测量，在 LBL 定位实施过程中，可以预知海底基阵基线的最大距离以及目标至基阵的概略距离，平均声速为已知值，可以知道时延观测量的最大值，通过设置门限值来剔除不合格的数据：

$$\left| (\tau_k - \tau_{k-1}) - (\tau_{k+1} - \tau_k) \right| \leqslant t_{\text{门限}}, \quad \tau_k > 2R/C_s \qquad (3.28)$$

式中，τ_k 为第 k 次应答得到的时延值；R 为应答器至收发器之间的斜距或基阵阵元间的基线距离；C_s 为平均声速；$t_{\text{门限}}$ 是所取的判别门限，可按此依次检查各 τ_k，看其是否符合规律，不符合者必为错误数据，可以在观测时直接剔除。

根据统计原理，LBL 海底基阵校准的基线观测值的距离误差均为独立变量，均应符合正态分布。典型特征量主要有距离特征量、离散特征量、相关系数及其显著性检验等。基于上述方法，可实现观测值中粗差或误差较大的数据剔除。

2）交会定位

获得了高质量的观测数据后，借助前述 LBL 定位方法，交会确定运动载体的位置。

在水深为 60m 左右的某水域海底布设了 5 个海底控制点，圆校准绝对测量与海底相对测量相结合的测量方法实现了海底控制点坐标的确定。借助这 5 个控制点，对船载换能器（模拟 AUV/ROV）开展了二维交会定位。图 3.25 显示了控制点的分布以及走航轨迹。为了检验二维走航定位的精度，在测量船上安装了 GNSS 接收机，开展了 RTK 实时定位测量。LBL 二维交会定位结果与 RTK 导航定位结果如图 3.25 所示。由图可以看出，二维平差方法跟踪定位轨迹与 RTK 提供的轨迹基本一致。可以发现，在基阵网上方区域所得轨迹曲线与 RTK 轨迹均具有较好的一致性，但随着远离基阵网，定位精度均不同程度地降低，与 RTK 的轨迹线出现了偏差。以上现象表明：位于基阵网内的定位精度要高于基阵网外的精度，且随着远离基阵网距离的增大，定位精度随之降低。

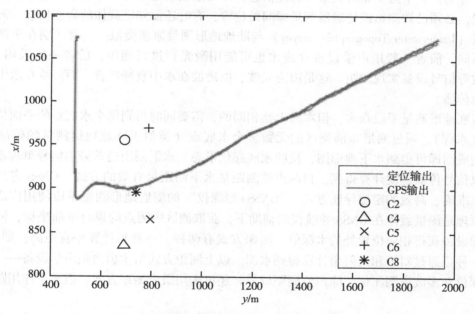

图 3.25　交会定位结果与 RTK 定位结果的比较

第4章 海底地形测量

4.1 概述

　　海底地形测量是利用测量仪器来确定水底点三维坐标的实用性测量工作。它是地形测量学的一个重要分支，其任务是完成海洋或江河湖库的水下地形图测绘工作。陆地上的地形测量是通过确定各地形要素与测站或传感器之间相对关系而实现的，这个相对关系（相对坐标差与高差或距离与角度）是根据各地形要素与测站或传感器的距离、角度或方位来计算的，有了这些相对关系和属性信息，即可绘制成地形图。为了表示各地形点的绝对位置，必须已知测站或传感器测量瞬间的位置，有时还需知道载体的姿态信息。海底地形测量（Underwater Topographic Survey）与陆地地形测量原理类似，主要区别在于测距设备的不同，前者一般用声学设备（浅水也可能用激光）进行测距，后者一般采用光学、电磁波等信号设备实现测距。这是因为光波、电磁波在水中衰减严重，而声波在水中能远距离地传播。

　　海底地形测量手段众多，但本质上是相同的，需要同时得到每个水底点的平面位置和高程（水深），通过测量布满测区的无数多个水底点（类似于陆地地形测量的碎部点），再绘制成图即可得到水下地形图，反映水底起伏形态。水下测距通常采用信号单程旅行时间乘以信号传播速度计算得到。目前声波测距是水下测距最有效的方式，GNSS 定位导航是水上准确、高效的定位导航方式，"GNSS+测深仪"的海底地形测量手段使用广泛，其基本原理是测量载体在 GNSS 导航仪的辅助下，获取测区内测点的瞬时平面坐标，同时利用测深设备获得相应位置处的水深值。测深方式有两种，一种是计算垂直距离，即水深；还有一种是通过斜距和入射角计算得到水深。以上测距方式衍生出两类声学设备——单波束测深仪和多波束测深仪。除声波测距以外，还可采用激光测距方式，但水下作用距离有限。

　　海底地形测量的发展与其测深手段的不断完善是紧密相关的，从历史上来看，主要经历了原始测深手段（测深杆、锤、绳等）、单波束回声测深仪、多波束测深系统、测深侧扫声呐、机载 LiDAR 测深等几种直接测深手段。

　　早期测深是靠测深杆和测深锤完成的，效率低下。1913 年，美国科学家 Fessenden 发明了回声测深仪，其探测距离可达 3.7km；1918 年，法国物理学家 Langevin 利用压电效应原理发明了夹心式发射换能器，它由晶体和钢组成，实现了对水下远距离目标的探测，第一次收到了潜艇的回波，开创了近代水声学并发明了声呐。单波束回声测深仪的出现是海洋测深技术的一次飞跃，其优点是速度快，记录连续。有了回声测深仪才有了今天真正意义上的海图，回声测深仪对人类认识海底世界起到了划时代的作用。单波束测深属于"线"状测量，当测量船在水上航行时，船上的测深仪可测得一条连续的剖面线（即地形断面）。根据频段个数，单波束测深仪分为单频测深仪和双频测深仪。单频测深仪仅发射一个频段的信号，仪器轻便，而双频测深仪可发射高频、低频信号，利用其特点可测量出水面至水底表面与硬地层面的距离差，从而获得水底淤泥层的厚度。传统的单波束测深仪有两个严重缺陷：其一，测线间距较大，对海底信息的反映比较粗糙；其二，波束宽度较大，在微地形测量时深度误差较大。

进入 20 世纪 70 年代，多波束测深系统兴起，它属于"面"状测量，能通过一次声波收发给出测船正横方向成百上千个测深点的水深值，所以它能准确、高效地测量出沿航迹线一定宽度（3~12 倍水深）内水下目标的大小、形状和高低变化（赵建虎，2007），测深模式实现了从线到面的飞跃，深刻地改变了海洋调查方式及最终成果质量。与单波束相比，其系统组成和水深数据处理过程更为复杂。

实际作业时，水面是动态变化的，测量载体并不处于一个平衡的状态，声速受到海水中各种因素的影响而发生变化，测量船存在航向变化、姿态变化、吃水变化等问题，所以在测量过程中需要用到其他辅助设备得到测量瞬间测船的位置、方位和姿态等信息，如声速剖面仪、GNSS 接收机、电罗经和姿态仪等。除此之外，瞬时水深还受到潮汐变化的影响，还需在水深测量过程中同步验潮，最后在数据处理中消除潮汐或水位变化的影响，将测点的水深或高程值归算到稳态的垂直基准面上，再进行水底数字高程模型、水下地形图和各类海图等产品的加工。

侧扫声呐是利用回声测深原理探测海底地貌和水下物体的设备，又称旁侧声呐或海底地貌仪。其换能器阵装在船壳内或拖曳体中，走航时向两侧下方发射扇形声脉冲，常用于水下地貌的调查，提供水底表面声学图像，一般不提供水深测量功能。近年来，出现了一种相干型高分辨率测深侧扫声呐，在得到水底地貌图像的同时，也可得到水深信息。

此外，机载激光测深系统也可用于海底地形测量，具有低成本、高效率的特点。机载激光测深是机载激光雷达测量技术在海洋测绘方面的应用之一，其基本原理是利用激光在海水中的传播时间来计算海水的深度。机载激光测深技术具有快速获取大范围、沿岸岛礁海区、不可进入地区、水草覆盖区域地形的明显优势，缺陷在于对水质要求较高，且探测深度有限。目前，该系统常用于浅海海底地形的探测或海岸侵蚀的动态监测（张小红，2003）。自 20 世纪 60 年代末、70 年代初第一套机载激光测深系统问世以来，世界上已有美国、加拿大、瑞典、澳大利亚、俄罗斯、法国、荷兰等近 10 个国家，先后开展了机载 LiDAR 测深系统的研究和开发工作，经过不断的试验和改进，现已进入实用阶段。美国、加拿大、瑞典、澳大利亚等四国，开展研究的时间比较长，技术水平一直处于领先地位，基本上代表了机载 LiDAR 测深的发展水平和方向（昌彦君等，2002）。

海底地形测量作为人类开发和利用海洋和江河湖库的"先头兵"，是一项基础而又极其重要的工作，其作用也非常广泛：

（1）为研究地球的形状、水下地质构造，进行大洋勘探等地球科学研究提供基础信息；

（2）为各种不同的海洋工程开发提供服务，如港口建设、海洋资源勘探与开发、海底管道建设、航运与航道规划、渔业捕捞、水下考古等；

（3）为编制海图、绘制水下地形图以及构建水下三维可视化模型提供基础数据；

（4）为建设海洋强国和加强国防建设提供重要保障。

4.2　声波在水中传播的特性

电磁波在真空和空气中具有优良的传播特性，却不能有效穿透液体，人类在生产和生活实践中发现了声波（含超声波）具有在水中传播的良好特性，因此，自 20 世纪初的 100 多年来，声波探测逐渐取代了传统的人工器具测深，成为海底观测的主要手段，也为水下定位与导航、海洋监测等提供了广泛的服务。本节主要介绍声波在水中传播的基本特性，为后续声呐海底测深成像内容奠定必要的理论和技术基础。

4.2.1　声波的基本概念

声波表现为弹性介质中压力场的微小振动，主要指介质微团（可理解为质点）沿压力场变化方向向前和向后小幅度运动，介质微团围绕平衡位置往复运动时引起邻域内介质的压缩和舒张，使连续介质形成稠密和稀疏两种空间分布状态，从而在压力场变化方向上介质的压缩与舒张状态相互交替变化，形成压力场变化或介质状态变化的波动式传播。这种波动即声波（含超声波，以下省略），压力的变化产生于振动源，即声源。因此声波产生的条件为振动源和连续弹性介质，二者缺一不可。水中声波通常是以纵波的形式传播的，如图 4.1 所示。

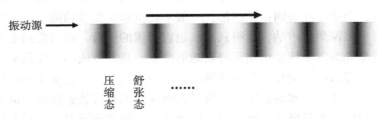

振动源

压缩态　舒张态　……

图 4.1　声波产生及传播示意图（阳凡林等，2017）

值得说明的是，声波的传播是振动源引起的压力变化场中介质稠密和稀疏状态的传播，而不是介质本身的大范围运动。显然，声波是一种机械波。同电磁波一样，声波按频率分类。通常频率介于 20Hz~20kHz 的声波为可听声波，而频率低于和高于该频段的声波分别为次声波和超声波。现代声学研究声波频率的范围已达 $10^{-4} \sim 10^{14}$ Hz。

1. 声波波动方程

当振源（声源）做周期性的振动时，所产生的声波也是周期性的。振源的振动频率就是声波传播的频率，记为 f。无论是纵波，还是横波，其波动方程均可描述为：

$$P(x, t) = P_m(x)\cos(2\pi f t + \theta) \tag{4.1}$$

式中，x 为空间位置，对于声波传播的直线、平面或三维空间，其位置分别为对应维度的坐标；t 为时间，$P_m(x)$ 为 x 处的声压幅值，θ 为与位置 x 有关的振动相位。

声波的传播速度取决于传播介质的类型及其变化，而与声波的频率无关。不同的声波频率对应于不同的波长 λ，频率为 f 的声波周期为：

$$T = \frac{1}{f} \tag{4.2}$$

记声波传播速度为 c，则波长与频率和周期的关系为：

$$\lambda = c \cdot T = \frac{c}{f} \tag{4.3}$$

声波在介质中传播时，介质中的质点只在初始位置附近做周期性的振动，介质运动速率为：

$$v = \frac{p}{\rho_0 c_0} \ \text{或} \ \frac{p}{v} = \rho_0 c_0 = Z_0 \tag{4.4}$$

式中，Z_0 称为介质的特性阻抗，是介质的固有属性，与波形和频率无关。在水中，$c_0 \approx 1500\text{m/s}$，$\rho_0 \approx 1000\text{kg/m}^3$。

瞬时声压的最大值称为峰值声压，对于固定频率的简谐声波，其最大声压即式（4.1）中的声压幅值 $P_m(x)$。而定义一个周期内的平均声压为有效声压 P_e，即

$$P_e = \sqrt{\frac{1}{T} \int_0^T P^2(t) \mathrm{d}t} \tag{4.5}$$

根据式（4.1）的声波表达式，容易推得：

$$P_e = \frac{P_m}{\sqrt{2}} \tag{4.6}$$

在声波频率和传播速度给定的情况下，式（4.1）可进一步写为：

$$P(x, \ t) = P_m(x)\cos[\omega(t - x/c)] \tag{4.7}$$

2. 声强与声能

声强（Acoustic Intensity）定义为单位时间内通过单位面积的声能量，即单位面积内声压驱动介质运动所做的功：

$$I = \frac{1}{T} \int_0^T pv\mathrm{d}t \tag{4.8}$$

声强与（有效）声压的平方成正比。

定义声能密度为 W（单位面积的声能），是单位面积上声波动能和势能的总和，写为：

$$W = \frac{1}{2} \frac{p^2}{\rho_0 c_0^2} + \frac{1}{2} \frac{p^2}{\rho_0 c_0^2} = \frac{p^2}{\rho_0 c_0^2} \tag{4.9}$$

故有：

$$I = c_0 W \tag{4.10}$$

声强级（Acoustic Intensity Level, IL）定义为某点声强 I 与参考（基准）声强 I_{ref} 比值的常用对数的 10 倍，单位是分贝，记为 dB。

$$\text{IL} = 10\lg \frac{I}{I_{\text{ref}}} = 10\lg \frac{p_e^2}{p_{\text{ref}}^2} = 20\lg \frac{p_e}{p_{\text{ref}}} \tag{4.11}$$

实际上，分贝是声强级差的单位，声强级差是指任意两个声强的如下函数关系：

$$\Delta IL = 10\lg \frac{I_2}{I_1} \tag{4.12}$$

能量比（同时为强度比）的常用对数为贝尔数，"级"的这一单位是为纪念电话的发明人贝尔而设立的。级的单位乘以 10 则换算为分贝，故有上述声强级定义。分贝是理论计算和实验测量能够确定的能级差。

对于液体，声压的参考单位通常取为 $p_{ref} = 1\mu Pa$。

3. 水中的声速

声速是声波的波阵面（声压的等相位面）在单位时间内传播的距离，且为声波方程中的参量。它是声传播介质的固有属性，理论上，在液体中，声速决定于介质的弹性模量 k 和介质密度 ρ，表达式为：

$$c = \sqrt{\frac{k}{\rho}} \tag{4.13}$$

对于纯水，在 20℃ 的绝热过程中，$\rho = 998kg/m^3$，$k = 2.18 \times 10^9 N/m^2$，可计算出声速 $c = 1478.0m/s$。对于海水而言，在 20℃ 的绝热过程中，$\rho = 1023.4kg/m^3$，$k = 2.28 \times 10^9 N/m^2$，则在该特定情况下的声速 $c = 1492.6m/s$。

实际的海洋等水体的弹性模量和密度是可变的，变化的原因与所处位置的压力、温度和盐度等因素有关，因此，难以用理论公式准确计算声速，一般采用与几种外界因素（作为参数）相关的经验公式计算，或用相应的技术手段直接观测。具体的经验公式主要有伍德公式、马武列尔公式、威尔逊公式等（阳凡林等，2017）。其中伍德公式形式比较简单：

$$c = 1410 + 4.21T - 0.037T^2 + 1.14(S - 35) + 0.0175Z \tag{4.14}$$

式中，水温 T 的单位是℃，盐度 S 的单位是千分比（‰），深度的单位为 m，而声速的单位为 m/s。

作为经验公式，尽管几种公式对声速关于温度 T、盐度 S 和静水压力 P（在部分公式中等效为深度 Z）的关系描述不同，但声速对各参量的偏导数相近，而且对各参量的导数均为正值，这反映了声速变化与各参量具有相同趋势的变化关系。当静水压力（深度）不变时，温度每升高 1℃，声速增量约为 4.5m/s，而盐度变化 1‰，声速变化约为 1m/s。在温度为 0℃，盐度为 35‰的条件下，深度每增加 100m，声速增量约为 1.5m/s，显然，温度的影响是最大的。

在海洋中，温度、盐度和静水压力都与深度具有相依关系，呈现出垂向变化梯度，即具有大体的水平一致性，而且，随深度的增大，各参量的垂直变化状态趋于稳定，扰动变化主要出现在表层，且经常出现声速梯度的相反趋势变化。海水中的声速变化范围总体在 1430~1540m/s。

海水中的气泡使得声波的传播速度减小。海水中由于气泡的存在，海水的体积压缩变得容易，即体积压缩系数 β 变大了，同时海水的密度 ρ 变小，由于 β 的变化程度远大于 ρ 的变化程度，将使海水中声波传播的速度变小，因此测深换能器要避免安装在易产生气泡的位置。

4.2.2 声波的指向性

声源是声场产生的重要条件，声源辐射能量形成声场。点声源辐射的声波无方向性。无论依据何种物理原理制作的水声换能器，均设计为一定的形状和尺寸，因此，实际应用的换能器不是点声源，也不能视为点声源，但可将其看作是由无数点声源组合而成。根据波的干涉原理，由多声源发出的声波传播至空间某一点时，将形成波（振动）的合成，合成的效果是在不同的方向上波的能量不同，可以使声能主要聚集在某一设定的角度范围内，这种现象即换能器的方向特性，即指向性（Directivity），它是在水深测量中有效和合理使用换能器的重要指标参数，因为通过设计，可使得换能器对所需的探测方向声能增强，从而增强在特定方向的测量距离，同时，接收回波也有一定的方向性，从而提高测定目标方向的准确性。此外，发射和接收均具有方向性，可以避免探测方向之外的噪声干扰，提高探测的抗干扰能力和目标识别的灵敏度。

1. 发射声波的指向性

依据水声测距技术开展水深测量，声波的发射和接收是依靠水声换能器完成的。水声换能器是实现电能和机械能相互转换的器件。在发射状态，发射换能器将电磁振荡能量转换成机械振动能量，从而推动水介质向外辐射声波；然后，接收换能器或水听器感受到声波能量并引起器件的机械振动，将机械振动转换为电、磁振荡信号。现今水声换能器往往将收、发换能器综合为一个整体，完成声波的收、发两种功能。换能器的换能原理涉及材料科学和机械（机电）工程的相关知识，换能器能量转换原理基本上依据的是换能器件的磁致伸缩效应、电致伸缩效应和压电效应。

1）声波方向性的形成原理

一个无指向性的声脉冲在水中发射后，以球形等幅度远离发射源传播，所以各方向上的声能相等。这种均匀传播称为等方向性传播（Isotropic Expansion），发射阵也叫等方向性源（Isotropic Source）。当向平静的水面扔入一颗小石头时，就会产生这种类似波形，如图 4.2 所示。

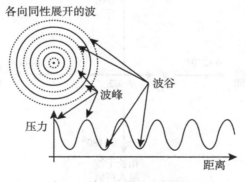

图 4.2 声波的等方向性传播

因为这种声波是等方向性传播，没有固定的指向性，所以在海洋测深时是不能使用这种声波的，必须利用发射基阵使声波指向特定的方向。在了解指向性之前，首先介绍声波的相长干涉和相消干涉。

　　当两个相邻的发射基元发射相同的各向同性声信号时，声波将互相重叠或干涉，如图4.3所示。两个波峰或两个波谷之间的叠加会增强波的能量，这种叠加增强的现象称为相长干涉；波峰与波谷的叠加正好互相抵消，能量为零，这种互相抵消的现象称为相消干涉。一般地，相长干涉发生在距离每个发射器相等的点或者整波长处，而相消干涉发生在相距发射器半波长或者整波长加半波长处。显然，水听器需要放置在相长干涉处（阳凡林，2003）。

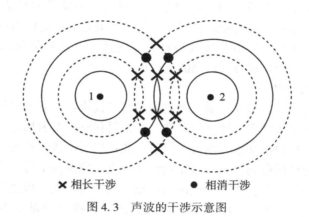

✕ 相长干涉　　　　　　　● 相消干涉

图 4.3　声波的干涉示意图

　　如图4.4所示，设有两个产生声压幅值和位相均相等的点声源 S_1、S_2，二者间的距离 d 是 $\lambda/2$（半波长），此时，相长干涉发生在 $\theta=0°$ 和 $180°$ 的位置；相消干涉发生在 $\theta=90°$ 和 $270°$ 的位置。

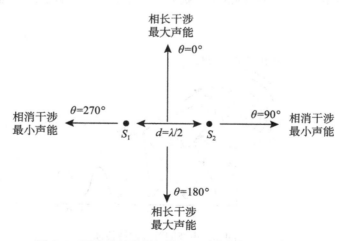

图 4.4　两个发射基元相距 $\lambda/2$ 时的相长和相消干涉

设远场空间任一点 M 至 S_1、S_2 和 S_1 与 S_2 连线的中点 O 点的距离分别为 r_1、r_2 和 r，如图 4.5 所示。点声源 S_1 和 S_2 均发射 $p = p_m \cos \omega t$ 的声信号，声压传播到 M 点时的声压 p_1 和 p_2 分别为：

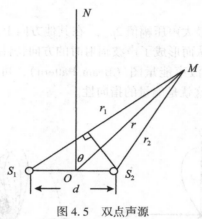

图 4.5 双点声源

$$p_1 = p_m \cos \omega \left(t - \frac{r_1}{c} \right) = p_m \cos \omega (t - kr_1) \qquad (4.15)$$

$$p_2 = p_m \cos \omega \left(t - \frac{r_2}{c} \right) = p_m \cos \omega (t - kr_2) \qquad (4.16)$$

式中，$k = \dfrac{\omega}{c} = \dfrac{2\pi}{\lambda}$，称为波数。

根据波的叠加原理，在 M 点的合成声压为：

$$
\begin{aligned}
p &= p_1 + p_2 \\
&= p_m \left[\cos \omega (t - kr_1) + \cos \omega (t - kr_2) \right] \\
&= 2p_m \cos \left(\omega t - k \frac{r_1 + r_2}{2} \right) \cos \left(-k \frac{r_1 - r_2}{2} \right)
\end{aligned}
\qquad (4.17)
$$

因为 M 为远场点，$r \gg d$，可近似认为声线 r_1、r_2 平行，则有：$\dfrac{r_1 + r_2}{2} \approx r$，$\dfrac{r_1 - r_2}{2} = \dfrac{\Delta r}{2} \approx \dfrac{1}{2} d \sin \theta$，在此 $\Delta r = r_1 - r_2 \approx d \sin \theta$，为所研究点的波程差。因此，$M$ 点的合成声压可改写为：

$$p = 2p_m \cos \left(\frac{\pi d \sin \theta}{\lambda} \right) \cos (\omega t - kr) = p_{m_0}(\theta) \cos (\omega t - kr) \qquad (4.18)$$

由此可见，经过声波合成，合成声压的幅值 $p_{m_0}(\theta)$ 随角度 θ 而变，即合成声波是空间中的变幅波动。θ 为双点声源的中垂线 ON 与 OM 线的夹角。

当 $\dfrac{\pi d \sin \theta}{\lambda} = n\pi$，$n = 0$，$1$，$\cdots$，即波程差 $\Delta r \approx d \sin \theta = n\lambda = 2n \dfrac{\lambda}{2}$ 时，合成声压取极

大值，即波程差为半波长的偶数倍时，合成声压因波的同相叠加而增强。

$\dfrac{\pi d \sin\theta}{\lambda} = \dfrac{(2n+1)}{2}\pi$，$n = 0, 1, 2, \cdots$，即波程差 $\Delta r \approx d\sin\theta = (2n+1) \cdot \dfrac{\lambda}{2}$ 时，合成声压取极小值为 $p = 0$，也就是说波程差为半波长的奇数倍时，两声波在合成过程中因位相相反而相互抵消。

　　这样，在 $\theta = 0°$ 处，有最大声压幅值 $2p_m$，在其他方向上，$0 < \sin\theta < 1$，合成声压幅值比 $\theta = 0°$ 方向的声压小，从而形成了声波辐射时的方向特性（阳凡林等，2017）。图 4.6 是两个声基元间距 $\lambda/2$ 时的波束能量图（Beam Pattern），可清楚地看到声能量的分布，不同的角度有不同的能量，这就是能量的指向性。

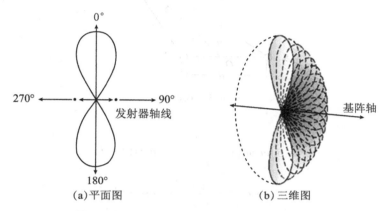

图 4.6　两个发射器间距 $\lambda/2$ 时的波束能量图

2）典型线阵和平面换能器的发射指向性

　　真正的发射阵由多个声基元组成，换能器产生方向性的原因是换能器上各基元所发出的声波到达远场空间某点的时间不同，存在相位差（即波程差）。均匀线列阵和平面形状（矩形、圆形）换能器是目前常用的测深仪换能器形状。均匀线列阵是由若干灵敏度均匀、振动、相位一致、振幅相同的换能器基元（如复合棒型换能器）排列在一条直线上形成的。基元的直径远小于波长，所以单个基元是无指向性的，基元依间距 d 在直线上等距排列。当均匀分布的基元间距无限减小时，则成为连续直线（线段）型阵列。

　　直线型声源的方向特性函数可表示为：

$$G_{\text{连续线声源}}(\theta) = \left| \dfrac{\sin\left(\dfrac{\pi L}{\lambda}\sin\theta\right)}{\dfrac{\pi L}{\lambda}\sin\theta} \right| \tag{4.19}$$

　　波瓣中心相邻极小值点（零点）的角距定义为方向性锐度角，即主极大两侧第一个极小值 $\left(\text{对应角点 } \theta = \arcsin\dfrac{\lambda}{L}\right)$ 之间的夹角，记为 Θ，即

$$\Theta = 2 \arcsin \frac{\lambda}{L} \tag{4.20}$$

它的含义是主波瓣的宽度。

因此，当换能器长度 L 的值越大，声波的频率越高（波长越小，决定于换能器本身的振动频率），则方向性锐度角越小，声波的指向性越好。

取换能器长度为所发射声波波长的整倍数，即 $L = m\lambda$，相应的方向性锐度角列为表 4-1。

表 4-1　　　　　　　　　　　　方向性锐度角随 L/λ 的变化

L/λ	1	2	3	4	5	6	7	8	9	10
$\Theta°$	180	60	39	29	23	19	16	14	13	12

线型换能器的指向性函数曲线（$L/\lambda = 10$）如图 4.7 所示。

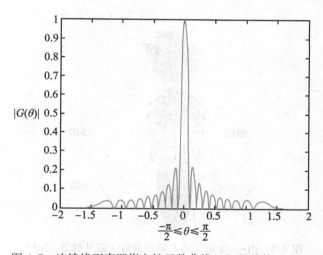

图 4.7　连续线型声源指向性函数曲线（阳凡林等，2017）

方向性锐度角可用于描述整个主波瓣的形状，而在应用中以一个与声波能量有关的量描述主瓣波束角（Beam Width of Main-lobe），记为 Θ_W。具体定义为主瓣内声强为最大声强一半的点所夹的角度，即法线两侧半功率点之间所夹的角度，认为在此角之外的声能量相对较小。图 4.8 展示了主瓣波束角，因为对称关系，图中仅标注了 Θ_W 的一半，半功率点 −3dB 处继续往外侧至第一个极小值处（零点）的点所夹的角度，即为方向性锐度角。

因为声强与声压幅值的平方成正比，则波束角边缘的声强与极大值声强的比值即声压幅值的平方比值，可直接利用指向性函数，根据波束角定义，有

$$G\left(\frac{1}{2}\Theta_W\right) = \frac{\sin\left(\frac{\pi L}{\lambda}\sin\frac{1}{2}\Theta_W\right)}{\frac{\pi L}{\lambda}\sin\frac{1}{2}\Theta_W} = \frac{1}{\sqrt{2}} \tag{4.21}$$

得 $\Theta_W = 2\arcsin 0.442 \cdot \frac{\lambda}{L}$。仍取换能器长度为所发射声波波长的整倍数，即 $L = m\lambda$，相应的主瓣波束角计算见表4-2。

表4-2　　　　　　　　　　　　　　主瓣波束角随 L/λ 的变化

L/λ	1	2	3	4	5	6	7	8	9	10
$\Theta°$	52.5	25.5	16.9	12.7	10.1	8.4	7.2	6.3	5.6	5.1

而国际上，习惯将主瓣波束角定义为声强级为 $-3dB$ 的点所夹的角（最大声强为 $0dB$），如图 4.8 所示。

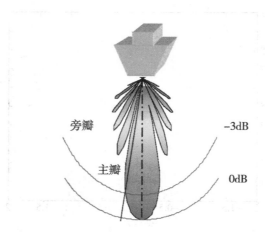

图 4.8　由 $-3dB$ 定义的主瓣波束角（阳凡林等，2017）

据定义则有：

$$G^2\left(\frac{1}{2}\Theta_W\right) = 10^{-0.3} = 0.5012, \quad \text{即} \quad G\left(\frac{1}{2}\Theta_W\right) = 0.7079 \tag{4.22}$$

所以，该定义方式所确定的波束角与根据半功率点计算的结果（式（4.20））基本是一致的。

图 4.8 中，主瓣的中心轴即最大响应轴（Maximum Response Axis，MRA），其侧边的一些小瓣是旁瓣，也是相长干涉的地方。旁瓣会引起能量的泄漏，还会因为引起回波而对主瓣的回波产生干扰。

均匀线列阵声源和均匀连续线型声源均表现为数学意义上的换能器，其声波指向性的分析仅限于沿声源轴向的方向特性，而环绕换能器轴声波的指向是均匀的。将线型换能器扩展至一定宽度，则形成矩形换能器，显然随着宽度的增加，在原线型声源的垂直方向，也会限定声压的指向。实际换能器均设计为一定的平面或立体尺寸，可以对发射声波进行纵、横两个自由度的方向约束，更加明确发射声波的指向性（阳凡林等，2017）。

3）换能器的轴向聚集系数

换能器发射的声波是具有指向性的，在换能器的轴向方向上，声能将达到最大。因此定义：在远离换能器的某一距离上，主极大方向的声强 I_{max} 与相同功率无方向性的点声源在同一距离上所形成的声强 I_0 之比，为该换能器的轴向聚集系数，记为 γ_0，即

$$\gamma_0 = \frac{I_{max}}{I_0} \tag{4.23}$$

它的含义可理解为：在声场中同一距离上，为了获得相同的声强，具有方向性的换能器将比无方向性的点声源发射的功率减少 γ_0 倍。

轴向聚集系数和方向性函数均为描述换能器方向性的重要物理量，二者的关系为：

$$\gamma_0 = \frac{4\pi}{\int_0^{2\pi} \mathrm{d}\phi \int_0^{\pi} G^2(\theta, \phi)\sin\theta \mathrm{d}\theta} \tag{4.24}$$

定义轴向聚集系数常用对数的 10 倍为声波指向性指标，记为 DI，即 $DI = 10 \cdot \lg\gamma_0$，单位为分贝。

发射换能器具有方向特性，可将声波能量集中在所需要的方向上，从而增加了声波探测的有效作用距离。如果一个发射阵的能量分布在狭窄的角度中，就称该系统指向性高。发射声基元越多，基阵越长，则波束角越小，指向性就越高。减小声波长或增大基阵的长度都可以提高波束的指向性。但是，基阵的长度不可能无限增大，而波长越小，在水中衰减得越快，所以指向性不可能无限提高。

2. 声波的指向性接收

1）声波的接收原理

入射到接收换能器表面的声波对换能器表面产生了一个声压，在此声压的作用下，换能器表面发生振动，此振动转换成交变电信号，这就是声波的接收。当在声场中放置一个接收换能器时，在其表面产生了一个声压，并被转换成交变电信号。一般情况下作用在接收换能器表面的声压并不等于入射波声压（此声压为自由场声压），这是换能器引起的声波散射的结果。因此接收换能器表面的实际声压应等于入射波声压与散射波声压的叠加。

换能器表面通常可认为是硬边界。在硬边界上入射波振速在法线方向上的分量与反射波振速在法线方向上的分量之和等于零。当声波垂直入射时，应当有：$v_i + v_r = 0$ 或 $v_i = -v_r$。

声波的反射可认为是接收换能器以振速 v_r 向外辐射声波，介质对辐射面有一个反作用力：

$$F_r = -v_r \cdot Z_r = v_i Z_r \tag{4.25}$$

式中，Z_r 为辐射声阻抗。

接收换能器表面受到的合力为入射波和反射波在换能器表面的作用力之和。接收换能器表面的声压 p 和入射波（自由场）声压 p_i 不仅在数值上不同，在相位上也不同。

接收换能器的表面总声强与入射波声强的比例系数，即畸变系数 k 与换能器的尺寸有关。当换能器表面尺寸与声波波长相比较小时，换能器对声波不是一个显著的障碍，反射作用小，故 $k \approx 1$；当表面尺寸足够大时，换能器对声波是一个显著的障碍，这时换能器表面对声波的反射强度近似与入射波的强度相等，故 $k \approx 2$，$p \approx 2p_i$。

2）接收换能器的方向特性

接收换能器将声能转变为电能，存在一个接收灵敏度问题。接收换能器灵敏度定义为：一个接收换能器在给定的频率下，单位平面波声压（$1\mu Pa = 1dyn/cm^2$）所产生的开路电压 V，含义为灵敏度声压响应，单位为 $V/\mu Pa$，记为 M，从而有：

$$M = \frac{V}{p} \tag{4.26}$$

接收换能器灵敏度通常用分贝表示：

$$M(dB) = 10\lg \frac{V}{p} \tag{4.27}$$

接收换能器灵敏度是频率和声波相对于接收换能器表面入射方向的函数，当频率一定时，接收换能器灵敏度是声波相对于接收换能器表面入射方向的函数，即接收换能器是有方向特性的。

接收换能器的方向特性定义为在自由场中声波沿某一方向入射时的接收灵敏度与声波沿接收换能器最大接收灵敏度方向入射时的接收灵敏度之比。换能器接收与发射的方向性函数，从公式形式上完全相同，即具有互易性的换能器在接收和发射时具有相同的指向性。

产生接收换能器自由场相对响应的原因同样是：换能器具有一定的几何形状，入射声波到达换能器不同位置，具有不同的声程差，所激起的电压也就有相位差，这些相位差随入射角 θ 而改变，各基元电压叠加后，使得声波沿不同方向入射到换能器会有不同的响应（灵敏度），因此接收换能器同样具有指向性。

3）接收换能器指向性指数

接收换能器具有指向性对水声测量具有较大的意义，相当于为设备提供了一个空间增益。用接收换能器指向性指数衡量换能器从噪声场中提取有用信号的能力。接收换能器具有方向特性，可以避免方向性角度范围以外的其他方向上的噪声进入接收机，即压制了其他方向上的噪声，提高了接收信噪比；另外可利用接收方向特性进行目标方向的定向。

接收换能器指向性理解为一个具有指向性的接收换能器在最大值方向的响应与一个无指向性的接收换能器的响应相同，把这两个接收换能器放在同一个各向同性的噪声场中，比较其输出，就可以清楚地理解接收换能器指向性的物理意义，显然，有指向性的接收换能器响应（包括接收信噪比）比无指向性的接收换能器响应要有所降低，因为有指向性的接收换能器对波束能量图以外的噪声有所抑制。

定义接收换能器的指向性指数 DI 为：

$$DI = 10\lg \frac{V^2}{V_0^2} = 10\lg \frac{4\pi}{\int_{4\pi} [G(\phi, \theta)]^2 d\Omega} \tag{4.28}$$

从式（4.28）可见，接收换能器的指向性指数 DI 就是在各向同性的噪声场中，无指向性接收换能器的均方电压和同一噪声场中具有指向性的接收换能器在最大响应方向上均方电压的比值，展开后得：

$$DI = 10\lg \frac{4\pi}{\int_0^{2\pi} d\phi \int_0^{\pi} \left[G(\phi, \theta) \right]^2 \sin\theta d\theta} \qquad (4.29)$$

当接收换能器指向性函数具有轴对称结构时，可得：

$$DI = 10\lg\gamma_0 = 10\lg \frac{2}{\int_0^{\pi} G^2(\theta) \sin\theta d\theta} \qquad (4.30)$$

即接收换能器的指向性指数与发射换能器的轴向聚集系数具有完全相同的表达式，仅意义不同。当同一个换能器用作发射器时，其发射的声能将被聚集在轴向某一个角度范围内，从而使得换能器轴向声能增大，而无指向性换能器要获得同样的声能，需要发射的声功率比有指向性换能器大 γ_0 倍。当同一个换能器用作水听器时，在各向同性的噪声场中接收信号的信噪比要比无指向性水听器所接收信号的信噪比大 γ_0 倍，相当于噪声被压缩了 γ_0 倍。换能器的指向性为水声探测设备提供了信号处理的"空间增益"。

4.2.3 声线传播

声速在介质中的传播性质采用声波波动方程来描述。波动方程的解有两种理论，一种是简正波理论，另一种是射线理论。简正波理论对于声速的波动现象如频散、绕射等解释较好，但计算方法过于烦琐。射线理论是一种近似处理方法，仅是高频条件下波动方程的近似解，但在许多情况下，能够有效和直观解决海洋中的声传播问题，射线声学中用声线表示声波，即声波传播的方向，其轨迹称为声线轨迹，类似于在光学中用光线表示光波，主要用于解释折射和反射现象。声波在其传播的空间区域形成声场，在声场中某一时刻介质质点振动相位（位移）相同的点构成波阵面。在均匀介质中波阵面可呈球形、平面和柱面等形态，分别称为球面波、平面波和柱面波。不同类型波阵面的声波决定于声源的几何和物理结构。当然，在非均匀介质中，声波传播的过程中波阵面和声线轨迹均存在变形。而在与声源一定距离外，球面波可近似视为平面波。

1. 声波的折射

声波传播至不同介质的界面时会发生折射现象。而水体，特别是在海洋水体中，水介质的密度随同压力、温度和盐度具有连续变化，且主要呈现出垂向梯度变化，因此，可在微分的意义上对水体进行水平分层，而声波在海水中倾斜传播时，同样具有折射现象（图4.9）。这种现象用斯奈尔（Snell）定律来描述：

$$\frac{\sin\theta_1}{\sin\theta_2} = \frac{c_1}{c_2} \qquad (4.31)$$

式中，θ_1 和 θ_2 分别为声波与界面法线的夹角，即入射角和折射角，c_1 和 c_2 为界面两侧的声速。该定律表明，因介质密度和其他参数造成的声速变化引起声线（声传播路径）与介质界面法线方向差异的变化，且这种角度的正弦比等于界面两侧的声速比。

当 $c_1 > c_2$，即 $\dfrac{\mathrm{d}c}{\mathrm{d}Z} < 0$（定义 Z 向下为正）时，$\theta_1 > \theta_2$，折射后声线向法线靠近，反之相反，也就是说折射线总是向声速小的水层靠拢。

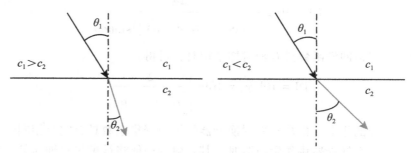

图 4.9　声波在介质水平界面的折射规律

在连续介质中，声速随深度的连续变化决定了声线方向的连续变化，从而造成声线传播的弯曲，也称为声波的曲射。根据声速梯度的不同，可将声波在水中的传播路径，即声线的弯曲情况归结为以下三种典型情形。

1）等速层中的声传播

声速梯度 $\dfrac{\mathrm{d}c}{\mathrm{d}Z} = 0$，此时声速不随深度变化。因此，声波在任意方向直线传播，声线的方向等同于入射角的方向。这种情况下的声速梯度和声线示意图如图 4.10 所示。

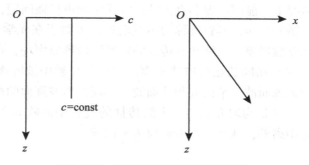

图 4.10　等速层的声速梯度及声线

在绝对的等速层中声波按直线传播，对于水中的距离测量是极其理想的状态。当然，绝对的等速层实际是很少见的。

2）负梯度层的声传播

声速梯度 $\dfrac{\mathrm{d}c}{\mathrm{d}Z} < 0$ 的水层为负梯度层，根据 Snell 定律，在这样的水层中，声波在以一定方向向下传播时，声线形成向垂线方向的弯曲，声速梯度（常梯度）和声线弯曲情况如图 4.11 所示。

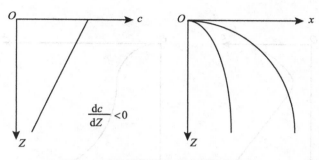

图 4.11 负梯度层的声速梯度及声线

由于温度是声速的主要影响因素，且声速会随着温度的降低而减小，因此，在海洋区域，特别是在温带和亚热带海域，因为对太阳能吸收程度的不同，海水的温度会随着深度的增加而降低，因此，浅水层（数十米到百米量级的范围内）主要呈现声速的负梯度变化特征。

3）正梯度层的声传播

声速梯度 $\dfrac{\mathrm{d}c}{\mathrm{d}Z} > 0$ 的水层为正梯度层，与负梯度层的声波传播规律相反，声波以一定方向向下传播时声线向水平面方向弯曲，此时，声速梯度（常梯度）和声线弯曲情况如图 4.12 所示。

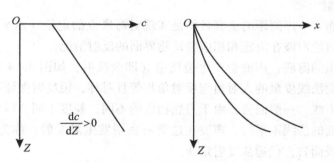

图 4.12 正梯度层的声速梯度及声线

在浅水层，因海气相互作用，冬季往往上层海水温度低，随着深度的减小，水温略有升高，呈正梯度变化，当声波达到一定的海洋深度，声速往往发生正梯度变化，这是因为在一定的深水层，温度基本达到守恒状态，对声速的主要影响来源于静压力增大引起的传播速度加快。

为探索基本规律，以上分析仅就声速的常梯度变化讨论。在真实海洋及其他水域，由于温度、压力和盐度等影响声速的因素受到各种作用和扰动，使得声速梯度产生复杂的变化，声线会呈现出更为复杂的形态（图 4.13）。在多波束测深过程中，必须实施声速的现场精确测量，根据声速的变化，进行准确的声线跟踪，确定声线所探测海底点的三维位置。

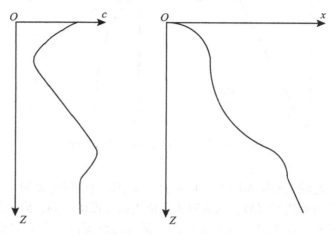

图 4.13　声速和声线的连续变化示意图

在极值情况下，声线产生连续变形曲射，在其传播路径上会出现声速正、负梯度交替的现象，且声能损失小，由此形成声道，可传播远达数千千米的距离。这种现象为海洋中的远程声学通信提供了可能，但不是水深测量专注的重点，感兴趣的读者请参考水声通信相关文献。

2. 声波的散射

就水深测量而言，声测距的主要目的是实现对海底点的定位（水平位置和深度），因此，需要研究和讨论声波在海底和相应特征物界面的反射情况。

对于绝对平坦的海底，声波会产生镜反射（即全反射，如图 4.14 所示）。根据 Snell 反射定律，以界面法线度量的入射角与反射角相等且对称，镜反射保证平行的入射声线反射为平行的反射声线。一般而言，由于海底物质的不同、粒度不同，以及不同尺度特征物的存在，使得界面的法线不平行，声波在这类海底则发生漫发射，称为散射（图 4.15）。当然，就每条声线而言，仍遵从反射定律。

用几何尺度参数 δ 表示海底的粗糙度，$\delta = 0$ 时，出现严格意义上的镜反射。而当 $\delta \ll \lambda$ 时，海底对声波的镜反射能力几乎不受影响，如图 4.14 所示。当 δ 增大至与声波波长 λ 接近时，入射声波的散射程度增强，甚至无法形成一束比较集中的回波波束，如图 4.15 所示。

其中沿入射波相反方向的声散射称为反向散射，声波反向散射使得依据倾斜测距原理得以有效测量所需的回波。显然，不同的海底底质及海底粗糙程度，入射声波的掠射角及声波的频率都将影响声波的散射。正是声波的散射现象为海底的声探测提供了接收反射回波的条件。

3. 声波的绕射

声波在传播路径上遇到尺寸有限的障碍物时，在存在反射现象的同时，会产生声波绕

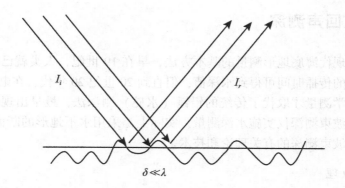

图 4.14　声波近似的镜反射

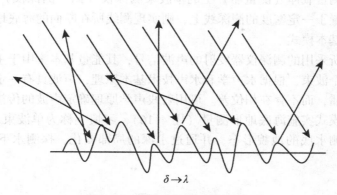

图 4.15　声波的散射（漫反射）

过障碍物的现象，即绕射现象。声波的绕射能力取决于障碍物尺寸和声波的波长，即决定于障碍物尺寸与声波波长的比值，障碍物的尺寸与声波波长的比值越小，则绕射现象越明显，即障碍物对声波传播的影响越小。刚性球不同半径所对应的声强反射系数如表 4-3 所示。

表 4-3　　　　　　　　　　　　　反射系数与水中目标尺寸的关系

半径 r	$\lambda/(20\pi)$	$\lambda/(4\pi)$	$\lambda/(2\pi)$	λ/π	$2\lambda/\pi$	$5\lambda/\pi$
声强反射系数 r_I	0.005	0.08	0.41	0.66	0.84	0.96

由表 4-3 可见，刚性球尺寸相对于波长 λ 越小，声强反射系数 r_I 越小，声波大部分绕其而过，造成水声仪器探测不到小目标。对于固定尺寸障碍物，低频即波长较长的声波容易发生绕射现象；而高频声波则不易绕过。所以，为探测小目标，必须采用高频声波。如探测直径约 1m 的水雷，工作频率至少在 40kHz 以上，最高甚至达到 500kHz，相应的波长小于 3.75cm。为了高分辨率探测海底地形，声呐的工作频率亦须达到 100kHz 甚至更高。

4.3 单波束回声测深

声学方法是现代海底地形测量的基本方法，早在 19 世纪，人类就已经认识到通过测定海底反射声波的传播时间可得到水深值，但直到 20 世纪 20 年代，在电子传感器技术发展的基础上，声学测量才取代了传统的铅锤（水砣）测深法，最早出现的仪器即单波束测深仪。应用单波束测深仪实施水深测量，实际上是采用水下地形的断面抽样测量模式。本节简要说明单波束测深的有关理论和技术。

4.3.1 基本原理

1. 水深采样的几何模式

依据安装在测量载体（测量船）上的单波束测深仪（回声测深仪）测定所在位置的水深，测深点布置于一定密度的测深线上，则实现测线所在断面的海底地形采样，此即单波束水深测量的基本模式。

单波束是指所采用的测深仪器发射的声波信号，其能量基本集中于主波瓣之内，一次发射接收形成一个波束，根据水声学和水声技术基本原理，声波具有一定的波束宽度，以公共的波阵面传播，而不存在相位差。可用射线声学原理确定声波的传播时间与距离。

按断面采样模式实施海底地形测量（图 4.16），习惯上称为单波束水深测量，显然，其根本目的是探测水底的地貌形态，并通过水深的局部变化，探测水下特征物的地形信息。

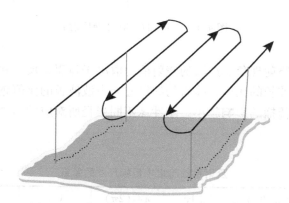

图 4.16 单波束断面式海底地形采样示意图

断面方式水深测量，本质是对水底地形形态的采样。一般而言，自然海底具有较小的坡度，基本可反映海底地形的形态，当然，对海底地形探测的精细程度取决于沿断面（测线）的水深点采样密度，特别是断面之间的距离，即测深线间距。

单波束测量毕竟是抽样模式的海底地形测量，主要满足海底地形的普查式测量，而精细的海底地形测量主要应依据其他全覆盖探测方式。

2. 单波束回声测深基本原理

1) 深度测量基本原理

单波束测深的基本原理是通过垂直向下发射单一波束的声波，并接收自水底返回的声波，利用收发时间差，根据已知的声速确定深度。所谓单一波束的声波是指声波的能量聚集在一定的波束宽度范围内，声波波阵面上任一点接触目标物发射后被接收单元接收，不顾及在波束范围内回波点的位置差异，声波传播满足射线声学的特性。该原理简单地描述为回声测深原理，所依据的过程为时深转换。

若声波传播速度 C 为已知的常量，声波的收发装置合一，单次声波发射和接收的时刻分别为 t_1 和 t_2，声波在水介质中的传播（旅行）时间为 $\Delta t = t_2 - t_1$，则观测点到水底的回声距离 z 为：

$$z = \frac{1}{2}C(t_2 - t_1) = \frac{1}{2}C\Delta t \tag{4.32}$$

实际上，声波在水介质中的传播环境是可变的，声波传播速度亦为变量，因此，水声距离将严密地表示为：

$$z = \frac{1}{2}\int_{t_1}^{t_2} C(t)\,\mathrm{d}t \tag{4.33}$$

在不顾及声波收发装置与瞬时海面的垂直差异时，可粗略地将测定的回声距离称为瞬时水深，因此，这一过程称回声测深。回声测深的基本原理如图 4.17 所示。

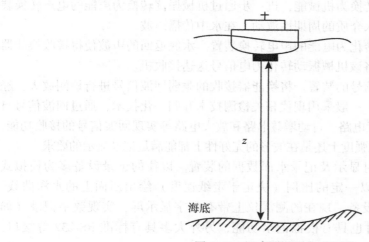

图 4.17　回声测深基本原理图

2) 单波束测深仪基本组成

实现单波束测深的仪器称为单波束测深仪或回声测深仪，是声波收发和水声信号检测记录设备。单波束测深仪由发射机、接收机、发射换能器、接收换能器、显示记录设备和电源等部分组成，这些功能模块及工作机制如图 4.18 所示。现将各部分分述如下：

①控制器：通过发布指令信号，控制整个仪器协调工作的控制单元，由相关电路和软硬件组成。早期的测深仪主要通过模拟电路实现有关功能，现代产品则主要以数字电路和

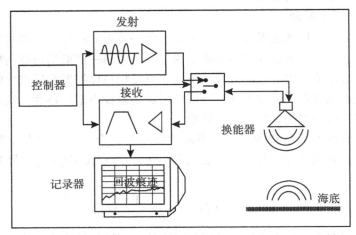

图 4.18　单波束测深仪各功能模块及工作机制

软件代替。

②发射机：产生电脉冲的装置。在控制器的控制下周期性地产生一定频率、一定宽度、一定功率的电振荡脉冲，激发发射换能器向水中发射声波。发射机一般由振荡电路、脉冲产生电路和功率放大电路组成。

③发射换能器：将电能转换为机械能，进一步通过机械振荡转换为声能的电声转换装置。换能器的机械振荡推动水介质的周期性波动，在水中传播声波。

④接收换能器：将声能转化为电能的声电转换装置。水底返回的声波使得接收换能器的接收面产生机械振动，并将该机械振动转化为电信号送达接收机。

⑤接收机：处理返回电信号的装置。将换能器接收的微弱回波信号进行检测放大，经处理后送达记录及显示设备。一般采用现代相关检测技术和归一化技术，通过回波信号自动鉴别电路、回波水深抗干扰电路、自动增益电路和放大电路等实现回波信号的接收功能，使处理后的回波信号无论是在强度上还是在波形的完好性上都能满足记录显示的要求。

⑥显示设备：测量时实时显示及记录水深数据的装置。以往的记录设备多为模拟式的，即在记录纸上用记录针以一定的比例（决定于走纸速度）绘出断面上的水深曲线，同时它一般也作为实时显示设备。现在的测深仪上带有数字显示屏，实现数字记录（如记录在磁盘、磁带上），同时也具有模拟记录功能，另外大多具有标准 RS-232 等接口，易于与定位仪器等一起组成自动水深测量系统。

⑦T/R 开关：控制发射与接收的转换。

⑧电源部分：用于提供全套仪器所需要的电能。

应当指出，为防止换能器发射时产生大功率电脉冲信号损坏接收机，通常在发射机、接收机和换能器之间设置一个自动转换电路。当发射时，将换能器与发射机接通，切断与接收机的联系，而接收时，将换能器与接收机接通。另外，为了减小发射和接收声波传播路径不同引起的测深误差，现代测深仪的收、发换能器多采用一体化结构。

3）回声测深的主要性能参数

发射声波的宽度（波束角）通常为5°～15°，一方面是由换能器尺寸所决定的，另一方面，较大的波束角对海底探测具有较大的脚印（照射覆盖区），可以保证在测量载体纵横摇的观测条件下有效接收回波。考虑测量载体的结构和运行特点，横摇往往大于纵摇，换能器的结构通常为矩形，安装时，长轴方向与载体运行方向一致。因为较大的波束对应较小的换能器尺寸，单波束换能器具有小型化和便携式的特点。

单波束测深仪利用声波的往返时间和声速测定水深，对应的声呐方程为：

$$DT \geqslant SL - 2TL + TS - NL + DI \tag{4.34}$$

式中，DT为仪器对接收声波的声强级检测指标，即检测阈值；SL为发射器的声源级，发射能量大小，通常可调；TL为信号传播损失，指声波在水介质中单程传播的能量损失；TS为目标反射强度，与目标物的材质有关，主要涉及目标介质的声阻抗；NL为噪声级，由仪器的自噪声级 NL_1 和环境噪声级 NL_2 组合而成，即 $NL = NL_1 + NL_2$，NL_1 与换能器元件、电子电路有关，通常为定值，但随设备使用时间的增长而增大，NL_2 的主要来源是介质中所存在的声阻抗面反射等；DI为接收指向性指数，在声轴上接收器灵敏度最大。

该声呐方程表明，测深仪必须能够在各种传播损失和噪声环境下检测到所发射声波的回声信号，方能确定声波收发的时间差，确定到目标点的距离，获得深度值。

4）海底目标探测的分辨力

声波在传播过程中碰到遮蔽物时，如果声波波长远大于遮蔽物尺寸，会发生透射现象，当波长接近遮蔽物尺寸时，会发生衍射和绕射。只有当声波波长小于遮蔽物尺寸时才发生反射。因此，声波波长是对海底目标分辨程度的决定性因素。但考虑到声波在传播过程中的衰减，简单地将声波波长作为仪器探测的分辨力是不合理的，通常会使用一个经简化的计算参量——第一菲涅尔带半径作为仪器可识别尺寸，即分辨力指标，描述为：

$$R_{f_1} = \sqrt{\frac{\lambda z}{2} + \frac{\lambda^2}{16}} \tag{4.35}$$

式中，λ 为声波波长，z 为水深。

测深仪声脉冲的脉冲宽度一般为 $10^{-4} \sim 10^{-3}$ s，采用的声波频率与测量深度有关，用于深水的测深仪采用较低频率的声波，频率范围基本为 $10 \sim 25$ kHz，而用于浅水的测深仪采用高频声波，频率范围基本为 $200 \sim 700$ kHz，为了保证由浅水到深水的正常过渡，适合不同水深情况，可采用 Chirp（线性调频调制）信号。声波的收发频率（ping率）基本根据测程确定。

4.3.2 回声测深的主要误差源

1. 声速误差

根据式（4.33），严格的回声距离应通过积分过程确定，然而声速在传播的短时间内变化规律通常是极其复杂的，通常视为声速随深度的变化而变化。因为单波束测深基本可保证垂直向下发射声波，且通常认为在小范围内水介质的温盐水平分布具有均一性，因此不考虑声线的弯曲影响。正是在这一前提下，往返声波可视为基本沿同一路径传播，所测深度为声波传播距离的 $\frac{1}{2}$。

据积分中值定理，回声距离的积分公式可改写为：

$$z = \frac{1}{2} \int_{t_1}^{t_2} C(t)\,\mathrm{d}t = \frac{1}{2} C(t_1 + \theta \Delta t) \Delta t \qquad (4.36)$$

式中，$C(t_1 + \theta \Delta t)$ 为声波传播的等效均匀声速，$\theta \in [0, 1]$。

然而，式（4.36）也仅适用于理论分析，而无法确定准确的等效声速值。在实践中，通常在测深工作前后及期间通过分层测定影响声速的海洋物理因素或沿垂直剖面的直接离散声速测定，确定一系列深度点的声速值。在每层常声速或常梯度声速的假设下确定海区的等效平均声速。

声速垂向变化结构如图 4.19 所示，表示声速在水介质铅直剖面内的实际传播速度、等梯度和等速分层假设的三种示意效果。

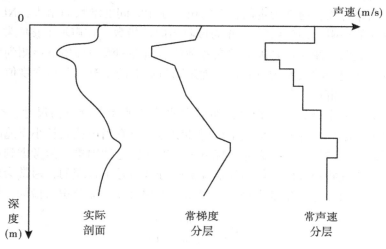

图 4.19　声速垂向变化示意图

若在水中，取不同深度（采样设备自带深度标记）z_n 处的声速采样值，通过直接或间接方法得到对应节点声速值 C_n，假设总采样数记为 $N + 1$，则平均声速可按这些点所划分的 N 个水层声速的距离加权平均值确定。

$$\overline{C} = \sum_{n=1}^{N} \frac{(C_n + C_{n+1})(z_{n+1} - z_n)}{2(z_{N+1} - z_1)} \qquad (4.37)$$

这种平均计算显然是基于每层声速随深度常梯度变化的假设。当水层划分较细致时，可认为是准确的等效声速。

利用等效平均声速，测定的水深可简写为：

$$z = \frac{1}{2} \overline{C} \Delta t \qquad (4.38)$$

测深仪通常设定一个参考声速 C_m，仪器输出的测深值即为

$$z_m = \frac{1}{2} C_m \Delta t \qquad (4.39)$$

于是，仪器输出的测深值与真实深度之间将存在偏差，且这种偏差呈系统误差性质，会随着深度的增大而增加。

比较式（4.38）和式（4.39），可得：

$$z = z_m \frac{\overline{C}}{C_m} \tag{4.40}$$

故对测量深度所施加的声速改正数为：

$$\Delta z_C = z - z_m = \frac{z_m}{C_m}(\overline{C} - C_m) = z_m \Delta C \tag{4.41}$$

计时误差对深度测量理论上也存在影响，但考虑到测深仪依据的是回声测深原理，采用时间差而不是时刻信息进行时深转换。因此，在同一时间控制系统下，这一误差可忽略不计。在此前提下，鉴于平均声速与严格意义的积分等效声速不一致，而且声速测定的时间与测深时间不匹配、位置不一致也会使得所用声速存在一定误差，可根据式（4.39）对声速误差的影响做出进一步估算。

$$dz = \frac{1}{2}\Delta t d\overline{C} = \frac{z}{\overline{C}}d\overline{C} \tag{4.42}$$

因此，声速将以相对误差的形式对测深结果产生影响，目前测深仪的标称相对测距精度通常为 5‰，只要进行合理的声速观测，将平均声速的误差控制在 2~3m/s 以内，所产生的深度误差基本可控制在 2‰（声速以 1500m/s 计），对单波束测深的影响可忽略不计。

2. 姿态与吃水和波束角的耦合作用

1）载体姿态

在动态测量过程中，测量载体在风浪和相关动力因素作用下发生摇摆变化，具体分解为横摇、纵摇和艏摇，以及垂向起伏过程。在这些因素和过程影响下，某一时刻的载体所处摇荡角度和沉浮量值统称为载体姿态。亦即姿态由三个自由度的转动信息和垂向沉浮的平动信息所描述，并将在一定程度上影响海底地形测量结果。

利用载体姿态要素可实现载体固联坐标系到站心直角坐标系的变换，并进一步可将所测海底地形点坐标转换归算至相关的大地坐标系。

2）换能器升沉（吃水）影响

测深换能器至水面的距离，称为换能器吃水，分静态吃水和动态吃水两种情况。为了保证测深换能器正常工作，换能器须安装在水面以下一定深度，这个深度即为静态吃水（Static Draft）；测船在运动过程中因船速变化引起的换能器吃水变化，称为动态吃水（Dynamic Draft）变化。换能器的静态吃水在整个航次航行过程中也并非一个常数，由于测船油水日耗变化，船只静态吃水也会发生变化。为了提高测深精度，必须测量或估算换能器的吃水，对其影响进行改正。

静态吃水是测船静止时静水面至换能器发射面的距离。船上油、水、食物因消耗会逐渐减小，换能器静态吃水随之发生变化。如果工作时间较短，一般在工作前、后各测一次；当工作时间较长时，应在每天或数天工作前、中、后各测一次，然后拟合出静态吃水的线性函数，更加真实地求得瞬时测深时刻的静态吃水，从而提高测深精度。

当测船以不同速度航行时相对于静态会产生下沉量，该下沉量与静态吃水之和，即为换能器动态吃水。当船体由静止到快速运动时，船首因航行推水而使水面局部壅高，船尾受推进器的排水作用也引起水面局部壅高，从而形成船体首尾的高压引发水位局部上升，船体两侧的低压使水位局部降低。由于船体一般呈窄型，则船体首尾水位上升引起的排水增加量小于船体两侧水位下降引起的排水减小量，为了适应周围水位分布的变化，船体将由静止状态作整体下沉，最终导致测深换能器下沉。船体航行下沉量一般为数厘米到数十厘米，尤其在浅水航行时，因此在浅水地形测量时动态吃水的改正不容忽视。

动态吃水与船速、加速度、船型、水深都有关系，目前能采用一定的方法测出动态吃水与上述参数的关系，得到一种经验模型。由于动态吃水的影响因素众多，限于条件的不同，经验模型有时并不是很准确，因此许多情况下采用现场测量的方式计算动态吃水。但动态吃水与上下升沉极易混淆，给实际测量造成一定的困难。动态吃水的确定方法可分为直接观测法和经验估计法。

直接观测法测量换能器的动态吃水可分为水准仪观测法、GNSS 观测法和测深仪测量法三类。它们主要用于测量、统计测船在不同速度、不同航向作业时船体在固定位置或目标处的动态下沉量，因此航行试验的船速、航向应为测船正常作业时可能出现的几种船速和航向。

经验估计法可采用霍米尔公式计算动态吃水下沉量：

$$\Delta D = K \cdot \sqrt{\frac{D_{静}}{h}} \cdot v^2 \tag{4.43}$$

该公式较好地反映了船体航行下沉量 ΔD 与船速 v、水深 h、船体静吃水 $D_{静}$ 的关系。其中 K 系数可由实测资料推算，也可按船舶长 l 与宽 b 之比值为引数查取（李家彪，1999）。

波浪，特别是涌浪，是影响水深测量的主要海况条件，这种高频的海面动态变化使得在潮汐等低频影响的海面变化基础上，测量载体产生垂向的振动，特别是对小吨位测量载体，将随涌浪而起伏。海浪和风等因素的联合影响致使测量载体产生纵摇和横摇等载体变化，在起伏的基础上进一步产生换能器的诱导升沉，见图 4.20，影响换能器吃水的稳定性。综上，换能器的动态吃水是各种因素影响下的综合吃水变化。

诱导升沉随时间而变化，其量值为：

$$\Delta h_{PR} = - x\sin\omega_P + y\cos\omega_P\sin\omega_R + z(\cos\omega_P\sin\omega_R - 1) \tag{4.44}$$

式中，x、y、z 分别为换能器在载体固联坐标系（原点位于载体浮心）中的坐标，ω_P、ω_R 分别为纵摇角、横摇角。

则综合升沉量为：

$$\Delta h = D_{静} + \Delta D + \Delta h_{PR} \tag{4.45}$$

在某一具体时刻，诱导升沉和整体沉浮为可监测的系统性误差影响，而因为波浪及其影响下的载体状态在一定时间长度内具有随机性，在传统单波束水深测量中，通常不做监测，而是对断面测深曲线进行滤波处理，如图 4.21 所示。当然，这种滤波需依据一定的经验判定。

3）载体无摇摆时的波束角效应影响

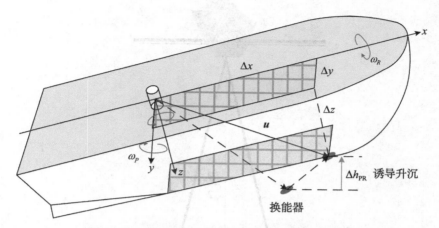

图 4.20　姿态变化引起的换能器诱导升沉示意图

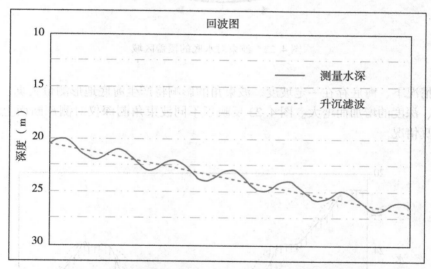

图 4.21　观测结果的升沉（动态吃水）滤波处理示意图

　　在几何意义上的基本原理论述中，假定了声波的直线传播形态，事实上，单波束测深仪均设计有一定宽度的波束角。因此，一次声波收发过程中，对载体所在点的海底地形（水深）测量以图 4.22 的方式（以圆锥形波束为例）实现。

　　一定宽度的波束角虽然限制了水底地形探测的分辨率，却保证了在载体姿态变化的情况下，有效接收和检测回波，保证水下地形的探测效率。

　　主瓣波束角对水底的覆盖范围（投影在水平面的面积），对于矩形换能器，为 $z^2\Theta_{WL}\cdot\Theta_{WD}$ 的矩形区域，对于圆形换能器，为 $\pi z^2\tan^2\Theta_W$ 的圆形区域。声波到达水底后，经反射被接收换能器接收，因此，每一覆盖范围对应一个水深值，该覆盖范围反映了对水底地形探测的分辨率。而测定的水深实际为换能器与水底之间的最短距离。

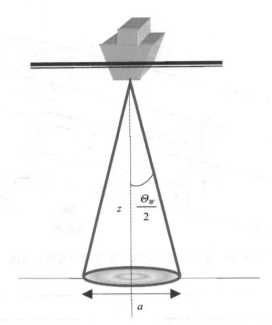

图 4.22　波束对水底的覆盖区域

通常情况下，海底存在一定坡度。波束角的影响将产生海底地形测量失真，失真程度随波束角、深度的增加而增大。图 4.23 反映了不同波束角测深仪对测深断面上海底地形探测的失真情况。

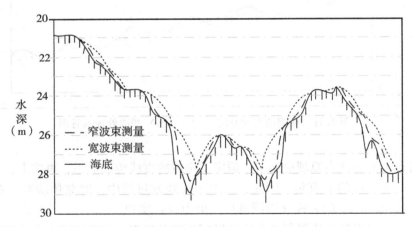

图 4.23　不同波束宽度测深仪探测海底地形的失真情况对比

4）载体姿态与波束角的耦合影响

设载体在某一自由度的摇角为 ω，在此以横摇情形为例，横摇角度记为 ω_R，姿态对测深的影响情况如图 4.24 所示。

海底平坦的情况下，在姿态角小于半波束角时，单波束测深仪测定的水深即为载体正

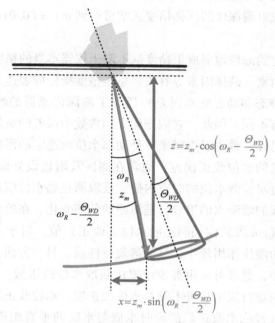

图 4.24　载体姿态对测深影响示意图

下方的真实水深，因此，不存在失真。

当姿态角大于波束角时，所测最短距离为边缘波束的回波距离。回波水深点与换能器的平面位置差为：

$$x = z_m \sin\left(\omega_R - \frac{\Theta_{WD}}{2}\right) \tag{4.46}$$

而实际水深 z_N 与测定深度值 z_m 的关系为：

$$z_N = z_m \cos\left(\omega_R - \frac{\Theta_{WD}}{2}\right) \tag{4.47}$$

因此，水深改正量为：

$$\Delta z = z_N - z_m = z_m \left[\cos\left(\omega_R - \frac{\Theta_{WD}}{2}\right) - 1\right] \tag{4.48}$$

3. 单波束测深误差的综合说明

单波束水深（海底地形）测量的基本原理是垂向水声测距，因此，与其他测距方式类似，水深成果的中误差可表达为加常数中误差与乘常数中误差两部分的叠加，即

$$\sigma_z = \pm \sqrt{a^2 + (b \cdot z)^2} \tag{4.49}$$

或

$$\sigma_z = \pm (a + b \cdot z) \tag{4.50}$$

式中，a 为加常数中误差，b 为相对中误差。

测深仪的标称精度通常也是用式（4.50）的形式描述的，反映为测深仪本身的稳定性与灵敏度。现代单波束测深仪的标称精度通常可达到 $\sigma = \pm(0.01\mathrm{m} + 0.1\% \cdot z)$，$z$ 的单位为 m。

利用测深仪所测定的海底地形成果精度远不限于仪器本身的精度与灵敏度，而是与测量过程中的各种环境因素、载体因素等有关。总体精度指标应表达为式（4.49）的形式。

仪器吃水（包括静态和动态吃水误差）反映了测深传感器的绝对垂向变化，尽管在浅水域和深水域中略有不同。因此，它们是构成加常数中误差的贡献来源。

加常数中误差的另外一种主要贡献来源是动态水位向选定的深度基准上归算，即主要涉及以潮汐为主要因素的水位改正误差。通常在测区及附近设立验潮站（水位站）监测海面的垂直变化，通过对监测水位的时空内插，获取测点处水位信息。水位实质上是潮汐涨落和气象等因素引起的增降水的组合，是海面的低频变化，在验潮站布设密度足够的情况下，可按较高精度（cm 级）内插测点的水位（改正）值。对于开阔的深水海域，如大陆架海域，一方面因为潮汐作用较小，且涨落规律性强，另一方面，由于水位改正误差在总体误差中的比例减小，通常可采用潮汐预报法获取水位改正数。而对于水深大于 200m 的海域，国际和国内的通行规定是可不顾及水位改正项。水位改正本质上属于垂直基准归算，它将测定的深度（经吃水改正后的瞬时水面与水底的垂直距离）归算至所需的垂直基准面上。最终的海底地形点高程（水深）所依据的垂直参考系依赖于水位改正数据所采用的垂直参考基准。

海底地形（测深）成果精度的加常数表示部分主要是由上述误差改正或归算后的残余量贡献。

声速、波束角及其与姿态耦合效应产生的误差，以及收发换能器之间基线产生的深度误差均与深度值有关，且基本成正比。因此，这些误差影响深度精度的乘常数部分。当作相关的改正或归算后，构成乘常数精度指标部分。

国际海道测量组织（International Hydrographic Organization，IHO）2020 年发布的第六版《海道测量标准》中，对水深测量定义为超等、特等、一 a 等、一 b 等、二等共五个等级。姑且不论对海底地形测量的覆盖程度和分辨率要求，仅就水深测量精度而言，各等级的水深精度指标如表 4-4 所示。

表 4-4　　　　　　　　　　　**国际标准的水深测量精度指标**

等级	超等	特等	一 a 等	一 b 等	二等
水域说明	龙骨富余水深处于临界水深的水域	龙骨富余水深处于临界水深的水域	深度小于 100m 且龙骨富余水深大于临界水深，但可能存在影响海面航运要素的水域	深度小于 100m 且龙骨富余水深不作为问题顾及，但航运要穿越的水域	深度大于 100m 且对海底的一般描述是充分的水域

续表

等级	超等	特等	一 a 等	一 b 等	二等
最大可接受垂直总不确定度（95%置信度）	$a=0.15m$ $b=0.0075$	$a=0.25m$ $b=0.0075$	$a=0.5m$ $b=0.013$	$a=0.5m$ $b=0.013$	$a=1.0m$ $b=0.023$

对于特等和一等测量，加常数误差应分别控制在 0.25m 或 0.5m（95%置信度），主要考虑综合性动态吃水误差和水位改正误差，将两项误差均限定为规定限差的 0.707（即 $\sqrt{2}/2$）倍，则95%置信度指标分别为 17.7cm 和 35.4cm，对应的中误差分别应达到 9cm 和 18cm。在实际情况下，显然，对于浅水域海底地形测量，上述两项误差因素具有基本等同的贡献，均需有效设计与控制，特别是实现合理的监测与归算。随着水深增加，主要的控制因素为动态吃水效应。

因为目前测深仪本身的标称指标远优于列表的精度指标，故与水深成比例的误差主要考虑声速改正、姿态与海底倾角误差。在特等和一等水深测量时，乘常数误差应分别控制在 0.0075 和 0.013 以内，同样考虑这些指标对应于95%的置信度，对此取相同贡献，并化算为相对中误差，则分别对应为 0.0027 和 0.0047。根据声速误差的影响公式，声速误差应分别控制在 4.05m/s 和 7.03m/s 内（按标准声速 1500m/s 估算），这个容易实现。在不计姿态的情况下，波束角影响对应的地形倾角限差分别为 4.2° 和 5.5°。因此，精细的海底地形测量应该考虑姿态的可靠监测与改正。

4.3.3 测线布设

1. 测线方向

海底地形测量的最主要目的是以一定的精细程度测定海底几何形态，海底地物则被视为特征地形，通过观测数据识别和判定，因此，地貌与地物的测定都依赖于观测数据及其变异来表征。在单波束测量模式下，实质上是以测线上的近连续断面观测实现海底地形场的采样，这种采样对海底的精细化表达能力不可避免受到海底形态影响，也与采样剖面的方向与分辨率（间隔）配置有关。

根据陆地地形测量的基本知识，测量地貌形态主要测定地形特征线，即地性线。对于海底而言，地性线即可理解为自然海底的最大变化剖面。陆地地形测量在测者可见的环境下实施，对特征地物与地貌，采取先判别再测定的方式，而在海底地形测量中所不同的是，一切地貌和地物都必须通过测量数据所反映的变化规律推断和判别。

测线布设方向应从海底地形探测完善性和精度两方面考虑，若测量技术对任意方向的探测分辨率相同，甚至可实现全覆盖探测，沿任一方向布设测量断面并不影响海底地形探测的完善性。而在分辨率存在明显差异时，将最高的分辨率置于变化梯度方向，从而保证对海底细微变化在测深数据上做出敏感反应，减少局部突变地形的漏测概率。单波束水深测量模式的主要特征是在测线上可（视为）实现连续采样，具有最高的探测分辨率，而在测线正横方向，不可能按全覆盖要求密集布设测线，因此，存在地形点内插和推估问题，保证这种推估的高精度，与区域性海底地形探测的完善性是相统一的。当然，若能实现一定分辨率的全覆盖探测，在保证完善性的基础上，测量效率也是测线布设必须考虑的重要因素。

测线布设是海底地形测量基础性的工作，需将整个测区视为关注对象，属于工程设计阶段的任务。对于整个测区，按海底地形总体变化趋势的梯度方向设计断面是测线布设的基本原则。对于前期已有观测数据、海图等信息资料，开展更大比例尺海底地形精细、更新探测的情况下，历史资料将为测线布设提供基本的设计依据。而对于新测区，特别是近岸海域，则可根据陆地地形的变化趋势对海底地形的总体变化规律进行推断，基本规律是变化梯度与岸线方向垂直，这是地壳形成和地质演变过程的规律性所决定的。在宽广的陆架及大洋区域，自然海底的变化梯度较小，大部分海底的坡度仅处于以分度量的角度量级。因此，为保证探测效率和探测的规格化，测线通常可沿经度或纬度方向布设。

单波束海底地形测量的测线在按地形梯度方向布设的基本原则下，通常布设为投影平面上的平行测线。但对于海底地貌变化异常区域以及特殊地物区域，则主要布设为以特征地貌和地物为中心的放射线，并加大探测密度，以保证测量的完善性与精度。

这里所论测线均指主测线或基本测线，它们是海底地形完善探测的基础。而为海底地形测量成果质量检核与评估目的所布设的检查线（副测线或联络测线），则应与主测线基本垂直。主要是保证主、副测线交叉点的准确确定和探测方向的合理互补。

2. 分辨率与测图比例尺

1）海底地形探测的分辨率

在单波束测深模式下，即便考虑由测量船结构引起的横摇大于纵摇现象，保证声波可靠地发射与接收，横向波束角也不过设计为几度到十几度，横向波束对海底的覆盖宽度（水平投影）为：

$$W = z \frac{\Theta_W}{\rho^\circ} \tag{4.51}$$

式中，$\rho^\circ = \dfrac{180^\circ}{\pi}$ 为角度以度和弧度度量的变换量。

分别按照 $\Theta_W = 6^\circ$ 和 $\Theta_W = 15^\circ$ 估算，对海底的覆盖宽度约为水深的 0.1 倍和 0.26 倍。此即单波束测深仪对海底地形实测分辨率。若同时考虑纵向波束，声波对海底探测的波束脚印总是视为与深度成比例的矩形或因地形变化而变形的梯形区域。

海底地形实际探测的分辨率即声波对海底覆盖的纵、横尺度或面积。因为在单波束海底地形测量模式下，沿测线方向的声波收发可视为连续过程，故实现沿测线狭窄条带的全覆盖探测，仅需重点分析横向分辨率。分辨率与覆盖度是一对矛盾概念，分辨率越低，对应的观测覆盖尺度越大。对海底地形的精细探测，要求有尽量高的分辨率，以探测和描述地形的微细形态变化，而覆盖面积大则意味着特征地物地貌遗漏概率小。单波束测深技术对海底覆盖和分辨率两个指标无法兼顾，而由后发展起来的多波束和侧扫声呐技术能实现更进一步的功能。

2）测图比例尺与水深分辨率

传统的水深测量中，测量比例尺决定了主测线的布设密度，一般要求是以图上 1cm

布设主测线，因此，反过来，一定的测线密度要求也就对应于确定的最低比例尺（根据探测密度要求可将比例尺适度放大）。

海底地形（水深）测量所采用的比例尺在大陆架海域通常设定为 1：1 万、1：5 万和 1：10 万等，对应的主测线间距分别为 100m、500m 和 1000m。在沿岸海域比例尺扩大到 1：5000，航道、锚地和码头港池甚至按 1：2000、1：1000 或 1：500，对应的主测线间距分别减小到 20m、10m 和 5m。显然，这些大比例尺水深测量的核心目标是保证舰船的航行安全，根据海区的重要性不同，有些区域还采用其他的比例尺。对大洋区域，海底地形形态主要决定于地质构造形成的原因，并具有较大的空间尺度，而沉船等特征地物在这类大水深区域对舰船安全航行威胁减小，因此常以 1：50 万、1：100 万等小比例尺施测，并直接采用与航海图编制一致的墨卡托投影方式。

鉴于自然海底在底质构造规律上存在一定程度的连续性，特别是在海底流场等动力学作用下，海底特征地貌具有一定的延伸范围，因此，当在采用基本比例尺发现海底异常地貌变化时通常在特征地貌附近的小区域内将基本测线间距缩小为原来的 $\frac{1}{2}$，实施加密探测，并在此基础上，围绕特征地貌做更详尽的探测。而对于沉船等特征地物，往往根据事故发生信息，在疑点附近实施高密度测线的加密探测。

利用单波束测深技术开展海底地形测量所采用的断面抽样测量模式，无论分辨率和覆盖程度都是有限的，在测线之间不可避免地存在微地形遗漏。特别是在小比例尺测量时探测的完善性和可靠性会有所降低。而在近岸及重要海区实施的大比例尺测量，早期限于传统定位技术的精度，水深点的位置难以达到与比例尺相对应的图上毫米级乃至亚毫米级的精度。当前在高精度 GNSS 技术广泛应用于海洋定位的条件下，海底地形点的位置与比例尺的匹配性得到较大改善。而由于波束角效应以及测量载体摇晃、海底的变化特征等因素影响，所测海底地形点与位置也可能存在一定偏差，因此，严格的姿态修正与位置归算，在海底地形测量中是需重点考虑的问题，而为航海需要而开展的水深测量普遍采用的取浅原则，在精细探测和认知海底精细形态的海底地形测量模式下，则需进一步深化分析和处理方法。

4.4 多波束海底地形测量

多波束测深系统又称为条带测深仪，工作时发射换能器以一定的频率发射沿测船航向开角窄、沿垂直航向开角宽的波束。对应每个发射波束，由接收换能器获得多个沿垂直航向开角窄、沿航向开角宽的接收波束。通过将发射波束和若干接收波束先后叠加，即可获得垂直航向上成百上千个窄波束。利用每个窄波束的波束入射角与旅行时可计算出测点的平面位置和水深，随着测船的行进，得到一条具有一定宽度的水深条带。

4.4.1 多波束海底观测原理

当前国际上的多波束系统根据波束形成方式主要分为两类：电子多波束测深系统（如 SeaBat7125）和相干多波束测深系统（如 GeoSwath Plus），下面分别阐述其工作原理。

1. 电子多波束系统工作原理

1）波束形成

米尔斯交叉（Mills Cross）阵在多波束换能器基阵中被广泛采用，以此为例来介绍波束形成原理。多波束换能器工作时，发射或接收基阵产生沿垂直基阵轴线宽、沿水平基阵轴线窄的发射或接收波束。发射和接收基阵以米尔斯交叉配置，发射波束与接收波束相交获得单个窄波束（图 4.25）。该窄波束沿航向和沿垂直航向的波束宽度直接受对应发射波束和接收波束束控结果的影响。

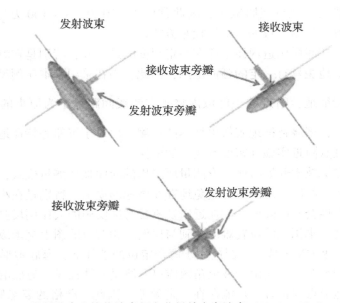

图 4.25　发射波束和接收波束相交获得单个窄波束（Hughes Clarke，2010）

一个完整的发射接收周期（ping）内，发射换能器只激发一次以产生发射波束，接收换能器通过对接收基阵阵元多次引入适当延时获得多个接收波束。发射波束与接收波束相交获得多个窄波束，它们之间的时间间隔很小，如图 4.26 所示。

2）波束束控

换能器阵发射或接收到的声波信号包括主瓣、旁瓣、背叶瓣等，主瓣的测量信息基本上反映了真实的测量内容，旁瓣、背叶瓣则基本上属于干扰信息，其中旁瓣影响更大。旁瓣的存在会影响多波束的工作，过大的旁瓣不仅使空间增益下降，而且还可能产生错误的海底地形。为了得到真实的测量信息，减少干扰信息的存在，在设计多波束声呐系统时需采取措施尽量压制旁瓣，使发射和接收的能量都集中在主瓣，这种方法称为束控。

束控方法有相位加权法和幅度加权法。相位加权指对声源阵中不同基元接收到的信号进行适当的相位或时间延迟。相位加权法可将主瓣导向特定的方向（波束导向），这时，每个声基元的信号是分别输出的；幅度加权指给声源基阵中各基元施加不同的电压值。采用幅度加权法时，声基元的信号是同时输出的，只要保证基阵灵敏度中间大，两边逐渐减

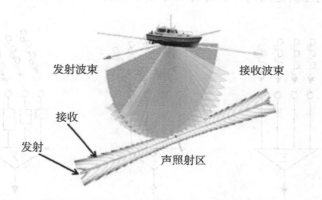

图 4.26 发射波束与接收波束相交获得多个窄波束 （Marques，2012）

小，就能使旁瓣得到不同程度的压低。

相位加权法可将主瓣导向特定的方向，并保持主瓣的宽度，但对旁瓣没有明显抑制；幅度加权法对旁瓣抑制效果明显，但会增加主瓣宽度。幅度加权通常采用的方法是三角加权、余弦加权和高斯加权。实践证明，高斯加权是比较理想的加权函数（秦臻，1984）。图 4.27 为线性幅度加权函数的束控效果图，图中上部为极坐标形式的波束能量图，下部为直角坐标形式的波束能量图。

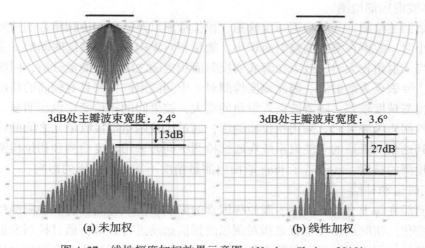

3dB处主瓣波束宽度：2.4°	3dB处主瓣波束宽度：3.6°
(a) 未加权	(b) 线性加权

图 4.27 线性幅度加权效果示意图 （Hughes Clarke，2010）

3）波束导向

以直线列阵多波束的形成为例，讨论多波束系统波束导向的原理。根据基阵形成波束的特点，当线性阵列的方向在 $\theta = 0°$ 时，各基元接收到的信号具有相同的相位，因此输出响应最大；当入射声波以其他方向到达线列阵时，若此时未对各基元引入适当延时，则无法获得最大输出响应。因此如要在其他方向形成波束，则须引入适当的延时，以保证各基元在输出信号时仍能满足同向叠加的要求（图 4.28）。

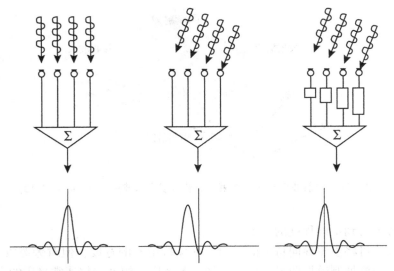

图 4.28　线列阵输出响应与平面波束入射角和引入延时的关系示意图（Hughes Clarke，2010）

由于波束数多，实时计算量大，为了加快波束形成速度，可利用快速傅里叶变换（Fast Fourier Transform，FFT）算法，FFT 波束形成实际上是基于对相位的运算。

4）多波束底部检测

多波束回波检测，一般采用幅度检测、相位检测以及幅度相位相结合的检测方法。当入射角较小时，波束在海底的投射面积小，能量相对集中，回波持续时间短，主要表现为反射波；当入射角较大时，波束在海底的投射面积也随之增大，能量分散，回波持续时间长，回波主要表现为散射波。因此幅度检测对于中间波束的检测具有较高的精度，而对边缘波束的检测精度较差。随着波束入射角的增大，波束间的相位变化也越明显。利用这一现象，在检测边缘波束时，采用相位检测法，通过比较两给定接收单元之间的相位差来检测波束的到达角。新型的多波束系统在底部检测中同时采用幅度检测和相位检测，不但提高了波束检测的精度，还改善了 ping 断面内测量精度不均匀所造成的影响。

5）实时运动补偿

由于测船在海上会受到风浪、潮汐等因素的影响，所以在测深过程中测船的姿态随时都在发生变化。实时运动补偿就是指对测船的摇摆运动进行分解，通过控制发射或接收波束反向转动补偿因测船摇摆引起的声基阵转动，从而使发射或接收波束面相对地理坐标系稳定（白福成，2007）。以前的多波束系统大多采用后置处理的方法，现在很多新型的多波束仪器采用实时运动姿态补偿技术，从而较好地解决了测深过程中测船姿态变化引起的测点不均匀问题。

2. 相干多波束系统工作原理

相干多波束声呐与电子多波束声呐相比，是另外一种类型的多波束，它实际上并没有像电子多波束那样在每 ping 形成多个物理波束。相干多波束声呐换能器每次只发射一个波束，接收时通过密集采样进行相位测量以确定回波到达角度，从而计算出多个采样点的水深。采样点的数量比电子多波束更多。由于工作形式上也像电子多波束，每 ping 也有多个采样点，因此仍称它为多波束的一种。图 4.29 显示了电子多波束与相干多波束的波束示意图。

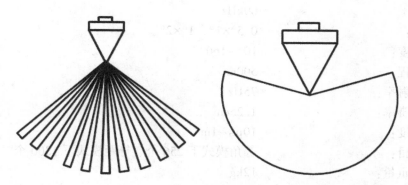

图 4.29　电子多波束（左）与相干多波束（右）的波束示意图

相干多波束声呐系统对回波信号检测时使用相位检测法，数据采集快速，并且短时间内能够处理大量数据。该系统集成了水深探测和成像两种技术，能同时得到水深和高分辨率的海底反向散射图。由于采用相位检测法，相干多波束声呐存在船正下方水深数据不准确的缺点，需另外配置高度计或单波束测深仪同步工作，因此当前并未得到普遍应用。

3. 典型的多波束系统

电子多波束发展历史悠久，至今已到第五代产品，这里以国际上 SeaBat7125、R2Sonic2024、EM2040 等三种主流的浅水多波束系统和 SeaBeam3012 全海深多波束系统为例，介绍它们的特点和优势。GeoSwath Plus 是一种典型的相干多波束系统，以其为例进行介绍。

1）SeaBat7125 多波束测深系统

Reson 公司作为目前全球知名的多波束测深系统、声呐、换能器和水听器等声学产品的制造商，其浅水多波束系统在国际上占据重要地位，SeaBat7125 型多波束测深系统是目前 Reson 公司最新的浅水型双频高分辨率多波束测深系统之一，应用于 500m 以内水深的测绘工作，系统主要技术指标如下：

工作频率：　　　　　　200kHz/400kHz 双频可选
覆盖宽度：　　　　　　5.5 倍水深
发射频率：　　　　　　每秒可达 50 次，根据水深不同而变化
换能器波束角：　　　　1.0°×0.5°/ 2.0°×1.0°
波束扫宽：　　　　　　140°/165°
测量范围：　　　　　　0.5~500m
发射脉宽：　　　　　　33~300μs
测深分辨率：　　　　　5mm，符合 IHO S-44 标准

2）R2Sonic2024 多波束测深系统

R2Sonic2024 多波束测深系统是美国 R2Sonic 公司在多波束领域的新一代产品，保持了前代多波束产品的灵活性、便携性和易于使用的特性，且在测量范围、扫幅宽度和更新率方面均有提高，系统主要技术指标如下：

工作频率：　　　　　　　　200kHz~400kHz
带宽：　　　　　　　　　　60kHz
波束角：　　　　　　　　　0.5°×1°、1°×2°
覆盖宽度：　　　　　　　　10°~160°
最大量程：　　　　　　　　500m
最大发射率：　　　　　　　75Hz
量程分辨率：　　　　　　　1.25cm
脉冲宽度：　　　　　　　　10μs~1ms
波束数目：　　　　　　　　等角模式下 256 个、等距模式下 1300 个
接收阵重量：　　　　　　　12kg

3）EM2040 多波束测深系统

EM2040 多波束测深系统是 Kongsberg Maritime 集团（2003 年，Simrad 公司与其他几个公司合并组建 Kongsberg Maritime 集团）在 2010 年推出的一款浅水型多波束产品。原 Simrad 公司是全球知名的多波束厂商，尤其深水多波束产品以性能稳定、技术先进著称。EM2040 多波束是 Kongsberg Maritime 首次将深水多波束优点应用到浅水的多波束系统，属于宽带高分辨率多波束测深仪，系统主要技术指标如下：

工作频率：　　　　　　　　200kHz~400kHz
最大 ping 率：　　　　　　　50Hz
扫宽：　　　　　　　　　　140°（单声呐探头）、200°（双声呐探头）
波束模式：　　　　　　　　等角、等距和高密度
实时 Roll 稳定范围：　　　　±15°
实时 Pitch 稳定范围：　　　　±10°
实时 Yaw 稳定范围：　　　　±10°
波束角：　　　　　　　　　0.4°×0.7°、0.5°×1°、0.7°×1.5°
最大测深值（海水）：　　　　工作频率为 200kHz 时，为 635m
　　　　　　　　　　　　　工作频率为 300kHz 时，为 480m
　　　　　　　　　　　　　工作频率为 400kHz 时，为 315m
单 ping 双条带测深点数（单声呐探头）：800 个

4）SeaBeam3012 多波束测深系统

SeaBeam3012 多波束测深系统是德国 L-3 ELAC Nautik 公司（目前已被芬兰 Wartsila 收购）生产的深水型多波束测深系统。该系统可在 140°开角内采集测深和侧扫数据，并具备实时全运动补偿技术，系统主要技术指标如下：

工作频率：　　　　　　　　12kHz
最大 ping 率：　　　　　　　50Hz

扫宽：　　　　　　　　　　　140°

波束模式：　　　　　　　　　等角、等距

实时 Roll 稳定范围：　　　　±10°

实时 Pitch 稳定范围：　　　　±7°

实时 Yaw 稳定范围：　　　　±5°

波束角：　　　　　　　　　　1°×1°、2°×2°

最大测深值（海水）：　　　　11000m

单 ping 测深点数：　　　　　205 个

5）GeoSwath Plus 相干多波束系统

相干多波束的发展已有 30 年的历史，随着计算机技术的不断发展，相干多波束的硬件、软件都得到不断完善，系统的主要优势是扫测覆盖宽度大、成图分辨率高、设备较轻便，是多波束发展方向之一。相干多波束声呐的典型代表是英国 GeoAcoustics 公司（目前已被 Kongsberg 公司收购）研制的 GeoSwath Plus 相干多波束系统，下面简要介绍其系统特点及技术指标。

GeoSwath Plus 有三种频率可选，分别为 125kHz、250kHz 和 500kHz，对应的工作水深分别为 200m、100m、50m，最大覆盖范围分别为 600m、300m、150m。具体的技术指标如表 4-5 所述。

表 4-5　　　　　　　　　　**GeoSwath Plus 多波束系统主要技术参数**

		125kHz	250kHz	500kHz
声呐频率		125kHz	250kHz	500kHz
最大测量水深		200m	100m	50m
最大条带宽度		600m	300m	150m
斜距分辨率		6mm	3mm	1.5mm
侧向采样间隔		12mm	12mm	12mm
发射脉冲宽度		16μs~1ms	8μs~1ms	4μs~500μs
条带更新率	50m 条带宽度	30Hz	30Hz	30Hz
	150m 条带宽度	10Hz	10Hz	10Hz
	300m 条带宽度	5Hz	5Hz	
	600m 条带宽度	2.5Hz		

4.4.2　测线布设

测线布设的原则是根据多波束系统的技术指标和测区的水深、水团分布状况，以最经济的方案完成测区的全覆盖测量，以便较为完善地显示水下地形地貌和有效地发现水下障碍物（李家彪，1999）。

测线布设前需要确定测区的准确范围和水深分布情况。测线布设是否合适对多波束测深的质量与效率产生重要影响。测线分为主测线与检查线。检查线垂直于主测线布设，长度一般为主测线的 5%~10%。测线间距以保证相邻条带有 10% 的相互重叠为准，并根据实际水深情况及相互重叠程度进行合理调整，避免出现测量盲区。不同多波束测深系统的扫幅宽度有所不同，主要与扇面开角和作业水深有关，还与海底底质和水温有关。

测线设计时根据测区水深分布情况主要考虑两方面的工作：测线方向和测线间隔。

1. 测线方向

测线布设时首先需要确定测线方向。测线方向的确定与实际测量海区水深分布情况有关，根据测区内不同的水深分布划分出各个水深分布情况相近的子区域，对各个子测区具体分析，设计符合该子测区水深分布特点的测线。

对于远海区域或平坦海区，测线方向可与海底地形的总体走向保持一致，测线之间以平行方式布设。

对于沿岸海区或河道两侧存在水下斜坡情况，如水下斜坡等深线方向变化平缓或基本保持不变，因此一般将测线平行等深线方向布设。

对于岛礁周边、海湾、河口与河流等水下地形复杂区域，水深变化没有明显的规律，因此等深线方向变化较大，在此类测区布设测线时，主要考虑的是作业要方便，尽量布设为直线，避免不必要的转向。

2. 测线间隔

在确定测线布设的方向后，还需考虑测线布设的间隔。测线间隔的确定同样需考虑测区内水深分布情况。根据不同的水深情况，相应选取等间隔测线或不等间隔测线的布设方式。

对于平坦海区，可使用相同扫幅宽度设计测线间距。此时测线设计可在满足测深精度要求的前提下采用最大扫描宽度，以提高测量效率。

对于沿岸海底斜坡区域，从岸边开始，水深逐渐增加。如采用相同的测线间距布设测线，随着水深的增加，多波束系统的扫幅宽度增加，相邻条带的重叠度也伴随增加，使得测量效率下降。为避免出现测量盲区且兼顾测量效率，可根据海底斜坡的水深分布状况，保证相邻条带不少于 10% 重叠度下选用不等的测线间隔。

对于河道区域，一般水深变化剧烈，水深分布以两侧河岸区域浅、中间河床区域深为特点。测线布设方向与河道等深线方向平行。对于靠近河岸区域，水深变化明显，可选用不等间距测线布设方式。对于河道中央宽阔区域，水深变化平缓，可选用等间距测线布设方式。图 4.30 为测线布设效果图。

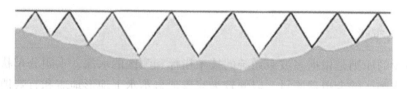

图 4.30　河道多波束测线间隔布设效果图（Hughes Clarke，2010）

4.4.3　系统安装校准

多波束系统的换能器及其他辅助传感器应该要安装到载体上理想的位置，但实际无法达到，为了消除或减弱安装偏差对测量结果的影响，需要在安装后精确测量各传感器之间的相互关系，包括位置偏差和角度偏差。另外，平面位置和水深测量采用不同的传感器，即使通过 GNSS 秒脉冲信号控制设备的同时触发，但传输延迟也会造成平面位置和水深数据的时间不匹配。一般来说，安装后各传感器的相对位置关系容易用全站仪、钢尺等传统方法测量，而安装角度偏差和导航延迟则需借助在野外实测的方式进行校准。多波束系统安装误差校准主要有横摇偏差校准、导航延迟校准、纵摇偏差校准及艏摇偏差校准等 4 个方面。通常在典型区域采用经典方法进行校准，这个过程国外称为"斑片测试"（Patch Test）。

不同安装参数的校准对海底地形有不同的要求，因此校准须遵循一定的顺序。由于导航延迟和纵摇偏差校准会造成测点前后位移，而艏摇偏差校准在平坦海底只造成波束横向排列角度的旋转，因此在平坦海底进行横摇偏差校准不受其他偏差校准的影响，可首先进行，也可于导航延迟校准、纵摇偏差校准后进行。可行的校准顺序是横摇偏差校准、导航延迟校准、纵摇偏差校准和艏摇偏差校准，或者导航延迟校准、纵摇偏差校准、横摇偏差校准和艏摇偏差校准。

1. 横摇校准测试

对一平坦海底，多波束沿同一测线往返测量地形，将所有波束沿航线方向进行垂直正投影。如果没有横摇安装误差存在，则两次地形应完全重合，否则在投影图上两次地形会出现交角，调整横摇参数使得交角为零，两次地形重合，此时的参数即为横摇偏差值。

2. 导航延迟校准测试

选择一个较浅海域，具有斜坡或有明显特征的孤立点，沿同一测线使用不同速度重复同向测量。根据导航延迟特性，同一孤立点位置在不同速度测量时会移位，通过该移位长度及船速差即可计算出导航延迟偏差。为避免艏摇偏差的影响，应尽量用中央波束穿过目标；为避免纵摇偏差的影响，应在浅水海域测试并以最高船速测量。

3. 纵摇校准测试

选择一个斜坡较深海域，沿同一测线往返测量。根据纵摇特性，同一孤立点位置在往返测量中会移位，通过该移位长度及水深即可计算出纵摇偏差。为了区别导航延迟，应尽量降低船速，并用相同船速往返测量。不同于导航延迟，纵摇引起的位置偏差随水深增加而增加。

4. 艏摇校准测试

艏摇偏差主要引起波束沿中央波束旋转，通常仅影响波束平面位置，且对边缘波束影响较大。校准时通过选择具有明显特征孤立点的海域，沿孤立点两边布设两平行直线，要求孤立点位于两测线中间，同时测线要求有大约 50% 的重复覆盖。通过孤立点在两次测量的位移及孤立点到测线距离即可计算出艏摇偏差。

4.4.4　声线跟踪

声波在水中传播的速度，即声速的准确性对测深精度有着重要影响。声波在水中传播是不均匀的，声速与水介质的温度、盐度和压力相关，因而水中各点处的声速往往并不相等。对于水下测量设备采用的声波，一般为高频声波，在水中的传播轨迹可看作声射线（简称声线），遵循 Snell 法则。如果水介质的温度、盐度和压力发生变化，入射角不为零的声线在水中的传播速度和传播方向也会随之发生变化。单波束测深仪采用垂直发射接收波束的工作方式，其声线传播方向基本不变，仅含距离误差的影响，因此受声速误差的影响较小；多波束测深仪各波束具有不同的入射角，如声速存在误差，除中央波束外，其他各波束将受到声线折射和距离误差的双重影响，离中央波束越远，声线折射弯曲程度越大（李家彪，1999）。一般可采用声线跟踪法完成声速改正工作。

声线跟踪是利用声速剖面，逐层叠加声线的位置，从而计算声线的水底投射点（又称波束脚印）在船体坐标系下坐标的一种声速改正方法。声线跟踪通常将声速剖面 $N+1$ 个采样点中相邻的两个声速采样点间的水层划分为一层，则声线传播经历的整个水柱可看作由 N 个水层叠加而成，若求得声线在每层的垂直位移和水平位移，通过叠加即可求得波束经历整个水柱的垂直位移和水平位移。声速在层内的变化一般分两种情况：当假设层内声速为常值时，声线的传播轨迹为一条直线，声线跟踪的计算过程相对简单，但相邻层的交界处声速会发生突变；当假设层内声速为常梯度变化时，声线的传播轨迹为一条弧线，更符合声线在水下的真实变化。

1. 基于层内常声速的声线跟踪

假设声速在第 i 层内以常速传播，层 i 上、下界面处的深度分别为 z_i 和 z_{i+1}，层厚度为 Δz_i，θ_i、C_i 分别为第 i 层的波束入射角和声速，如图 4.31 所示。

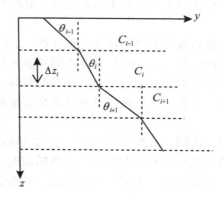

图 4.31　基于层内常声速的声线跟踪

根据 Snell 法则，$\sin\theta_i/C_i = p$，则波束在层内的水平位移 y_i 和传播时间 t_i 分别为：

$$\begin{cases} y_i = \Delta z_i \tan\theta_i = \Delta z_i \dfrac{\sin\theta_i}{\cos\theta_i} = \dfrac{pC_i\Delta z_i}{\left[1 - (pC_i)^2\right]^{1/2}} \\ t_i = \dfrac{\Delta z_i/\cos\theta_i}{C_i} = \dfrac{\Delta z_i}{C_i\left[1 - (pC_i)^2\right]^{1/2}} \end{cases} \tag{4.52}$$

波束经历整个水柱的传播水平距离 y 和传播时间 t 为：

$$\begin{cases} y = \sum_{i=1}^{N} \dfrac{pC_i \Delta z_i}{\left[1 - (pC_i)^2\right]^{1/2}} \\ t = \sum_{i=1}^{N} \dfrac{\Delta z_i}{C_i \left[1 - (pC_i)^2\right]^{1/2}} \end{cases} \tag{4.53}$$

如果入射角为 0，即单波束测深时，则 $y = 0$，$t = \sum_{i=1}^{N} \dfrac{\Delta z_i}{C_i}$。

2. 基于层内常梯度的声线跟踪

假设声速在层 i 内以常梯度 g_i 变化，其他假设与层内常声速的声线跟踪类似，则波束（初始入射角不为 0）在层内的实际传播轨迹为一连续的、曲率半径为 R_i 的弧段（图 4.32）（刘伯胜等，2010）：

$$R_i = -\frac{1}{|pg_i|} \tag{4.54}$$

式中，

$$g_i = \frac{C_{i+1} - C_i}{z_{i+1} - z_i} \tag{4.55}$$

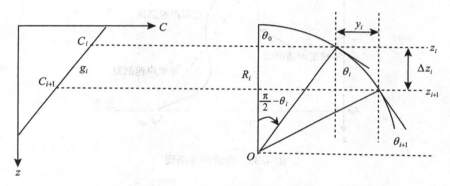

图 4.32 基于层内常梯度的声线跟踪

波束在该层经历的水平位移 y_i 和弧线长度 S_i 为：

$$\begin{cases} y_i = R_i(\cos\theta_{i+1} - \cos\theta_i) \\ S_i = R_i(\theta_i - \theta_{i+1}) \end{cases} \tag{4.56}$$

由 Snell 法则可得 $\cos\theta_i = \sqrt{1 - (pC_i)^2}$，$\theta_i = \arcsin(pC_i)$，则第 i 层内声线的水平位移 y_i 和时间 t_i 为：

$$\begin{cases} y_i = \dfrac{\left[1 - (pC_i)^2\right]^{1/2} - \left[1 - p\,(C_i + g_i\Delta z_i)^2\right]^{1/2}}{pg_i} \\ t_i = \dfrac{S_i}{C_{H_i}} = \dfrac{R_i(\theta_i - \theta_{i+1})}{C_{H_i}} = \dfrac{\theta_{i+1} - \theta_i}{pg_i^2\Delta z_i}\ln\left(\dfrac{C_{i+1}}{C_i}\right) \\ \quad = \dfrac{\arcsin\left[p\,(C_i + g_i\Delta z_i)\right] - \arcsin(pC_i)}{pg_i^2\Delta z_i}\ln\left(1 + \dfrac{g_i\Delta z_i}{C_i}\right) \end{cases} \tag{4.57}$$

式中，C_{H_i}为层 i 内的调和（Harmonic）平均声速：

$$C_{H_i} = \Delta z_i \left[\frac{1}{g_i} \ln\left(\frac{C_{i+1}}{C_i} \right) \right]^{-1} \tag{4.58}$$

如果入射角为 0，则声波在每层内的传播轨迹为直线，竖直向下，每层内的传播时间为：

$$t_i = \frac{\Delta z_i}{C_{H_i}} = \frac{1}{g_i} \ln \frac{C_{i+1}}{C_i} \tag{4.59}$$

由于实际声速剖面比较复杂，层数多，计算过程比较耗时，实际计算波束脚印位置时，可以寻找到一个简单的常梯度声速断面替代实际复杂的声速断面（图 4.33）进行声线跟踪（阳凡林等，2008）。具有相同传播时间、表层声速及断面声线积分面积的声速断面族，波束的位置计算结果相同（Kammerer，1995；Geng，et al.，1999；赵建虎，2007），这个声速剖面就是等效声速剖面。

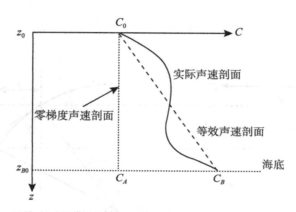

图 4.33 等效声速断面

4.4.5 波束脚印归位

波束脚印的归位是多波束数据处理的关键问题之一。多波束测量的最终成果是表示在地理坐标系（或地方系）下的 DEM、水下地形图或海图，须将各波束脚印（测点）在要求的坐标系中表示。由于多波束采用广角度定向发射、多阵列信号接收和多个波束形成处理等技术，为了更好地确定波束的空间关系和波束脚印的空间位置，应根据各传感器坐标系同地理坐标系（Geographic Coordinate System，GCS）之间的关系，将波束脚印由换能器坐标转化到地理坐标系和某一深度基准面下的水深，该过程即为波束脚印的归位。

地理坐标系 GCS 即为大地坐标系或绝对坐标系。正常来说，波束归位需要的参数包括船位、船姿、声速剖面、波束到达角、旅行时和水位等。归位过程包括如下四个步骤：

（1）换能器坐标系波束脚印位置的计算；

（2）经安装偏差改正、瞬时姿态改正至船水平坐标系波束脚印位置的计算；

注：为计算真实入射角以进行声线跟踪，以上两步一般须合并为一步进行。

（3）波束脚印地理坐标的计算；

（4）海底点高程或水深的计算。

在第（1）和（2）步计算时，为得到波束的侧向距和航向距，须进行波束的声线跟踪。由于海水的作用，声线在海水中不是沿直线传播，而是在不同水层界面处发生折射，因此声波束在海水中的传播路径为一复杂曲线。为得到波束脚印的真实位置，必须沿着波束的实际传播路径跟踪波束，该过程即为声线跟踪。通过声线跟踪得到波束脚印位置的计算过程称为声线弯曲改正。

假设换能器的坐标为（0, 0, 0），声速在波束形成的垂面内变化，不存在水平方向变化，则波束脚印（图4.34）在换能器坐标系下的点位（x, y, z）可表达为：

$$\begin{cases} x = 0 \\ y = \int C(t)\sin[\theta(t)]\mathrm{d}t \\ z = \int C(t)\cos[\theta(t)]\mathrm{d}t \end{cases} \tag{4.60}$$

不考虑声速变化，其一级近似式为：

$$\begin{cases} x = 0 \\ y = \dfrac{C_0 T_p}{2}\sin\theta \\ z = \dfrac{C_0 T_p}{2}\cos\theta \end{cases} \tag{4.61}$$

式中，C_0为声速，T_p为双程旅行时。

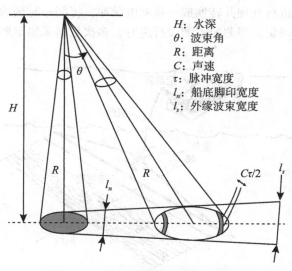

H：水深
θ：波束角
R：距离
C：声速
τ：脉冲宽度
l_n：船底脚印宽度
l_s：外缘波束宽度

图4.34 单个波束脚印坐标的计算

4.5　声呐海底成像

多波束和侧扫声呐系统是海洋测量与调查中常用的工具。前者主要用于测深，但也可以成像；后者主要用于成像，一些相干型声呐也可测深；前者测深精度更高，但成像分辨率比后者低。

从陆地地形图的概念来说，海底地形测量也是一样，除获取各测点的几何位置外，还应得到表征各点的属性信息，也就是底质类型，或者是表征底质类型的回波强度。侧扫声呐和多波束声呐在海底声学成像中使用广泛，本节主要对这两种设备的成像原理及应用进行介绍。

4.5.1　侧扫声呐成像原理

侧扫声呐（Side Scan Sonar, SSS）又称为海底地貌仪、旁侧声呐或旁扫声呐。顾名思义，侧扫声呐是运用海底地物对两侧入射声波反向散射（Backscattering）的原理来探测海底形态和目标，直观地提供海底声成像的一种设备，在海底测绘、海底施工、海底障碍物和沉积物的探测等方面得到广泛应用。

侧扫声呐主要由甲板和拖鱼（Towed Fish）两大部分组成，如图 4.35 所示。它的工作原理与侧视雷达相似，如图 4.36 所示，拖鱼左右舷各安装一个换能器阵，由每个发射器向水柱区发射一个以球面波方式向外传播的短促声脉冲，发射波束在航向上很窄，在侧向上很宽。根据波的特性，当声脉冲被水中物体或海底阻挡时，便会产生反射或散射，一些反向散射波（也叫回波）会沿原路返回到换能器端，接收方向与发射波束正好相反，在航向上很宽，在侧向上很窄，接收到的回波，经过检波、滤波、放大，用一个时序函数对连续返回的散射波进行处理并转换成一系列电脉冲，将同一时刻的回波数据进行求均值处理，完成一次数据采集。当测船沿测线行进时，多次数据采集则形成了声呐图像。

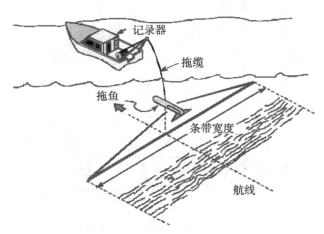

图 4.35　侧扫声呐系统构成示意图

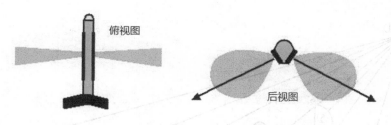

图 4.36　侧扫声呐波束指向性示意图

由于海底的凹凸不平使得海底或者海底目标有的地方被照射，有的地方被遮挡，反映到图像上就是有的地方为黑色，有的地方为白色。图 4.37 为一架海底失事飞机的声呐图像，高亮区为飞机外形图像，飞机右侧暗区为飞机阴影，即为被遮挡处。由于声呐数据是在有信号反射时对其进行记录的，当信号没有到达海底时，对于水层一般是没有强回波信息的，所以在图 4.37 中，左右舷发射线与海底线之间的阴影部分即为水层，也叫作水柱（Water Column）盲区。

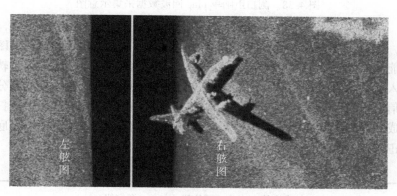

图 4.37　侧扫声呐图像显示飞机残骸

通常情况下，硬质、粗糙、凸起的海底回波强；软质、平滑、凹陷的海底回波弱；被遮挡的海底不产生回波；距离声呐发射基阵越远，回波越弱。如图 4.38 所示，第①点为发射脉冲，正下方海底为第②点，因该点声波垂直入射，回波是正反射，回波很强；海底从第④点开始向上凸起，第⑥点为顶点，所以第④⑤⑥点间的回波较强，但是这三点到换能器的距离不同，第⑥点最近，第④点最远，所以回波返回到换能器的顺序是⑥→⑤→④，这也充分反映了斜距和平距的不同；第⑥点与第⑦点之间的海底是没有回波的，这是被凸起海底遮挡的阴影区；第⑧点与第⑨点之间的海底也是被遮挡的，没有回波，也是阴影区。

通过对接收到的强弱不同的脉冲信号进行数字信号处理，每个回波数据按时间先后顺序显示在显示器的一条扫描线上，每点显示的位置与回波到达的时刻相对应，即先返回的数据记录在前面，每点的亮度与回波幅度有关。随着测船的行进，将周期地接收数据并逐

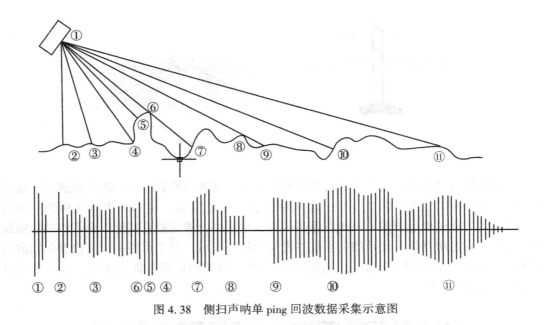

图 4.38　侧扫声呐单 ping 回波数据采集示意图

行纵向排列，在显示器上就构成了二维的海底地貌声图。声图的一般结构如图 4.39 所示，零位线是换能器发射声脉冲同时接收其信号的记录线，也可以表示拖鱼运动轨迹；海面线表示拖鱼的入水深度；海底线是拖鱼到海底的高度；扫描线是声图的主要部分，其图像色调随接收声信号强弱变化而变化，反映具有灰度反差的目标或地貌影像。侧扫声呐得到的图像是斜距成像，如将海底看作平坦地形，或利用测深仪等其他设备获得海底地形，则可进行斜距改正得到反映平面位置的图像。

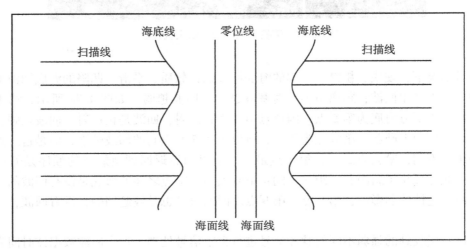

图 4.39　声图结构示意图

侧扫声呐的工作方式一般为拖曳式，但考虑到测区地形条件和操作之便，拖鱼（换能器）也可为船侧固定安装，即舷挂式，类似于多波束安装方式。拖曳式作业，拖鱼受船体噪声影响小，成像分辨率高，但由于作业中换能器被拖缆拖拉在测船后一定的位置和深度，除声速不准确外，船速、风、海流等均会给声呐图像中目标位置的计算带来影响，对船舶驾驶速度、航向等要求较高；舷挂式作业，由固定杆等装置固定拖鱼，拖鱼吃水深度等几何参数可人工量取，与定位装置的位置关系容易换算，且不受风、流和拖缆弹性误差的影响，但是受船体噪声和姿态变化的影响较大。两种方式各有利弊，可结合具体工作环境条件，选择合适的安装方式。

4.5.2 多波束声呐成像原理

多波束声呐（Multibeam Sonar，当用于成像时，习惯上将多波束测深系统称为多波束声呐）不仅可通过测得的水深绘制高分辨率的海底地形图，还可利用海底反向散射强度绘制海底声呐图像，其在分析和解释海底地貌中扮演着十分重要的角色，可利用其反演海底底质特性，探测和识别水下目标，如鱼群行为定性描述、船只的避障、海底目标探测等（Hughes Clarke，2006）。目前，多波束海底成像有以下几种方法：

（1）平均声强方式。每个接收的窄波束只取一个声强值或平均声强值，这种方式获取的声强个数与水深个数相同。

（2）伪侧扫成像方式。多波束形成独立于测深的两个额外的宽波束，对宽波束覆盖扇面内的幅度-时间序列采样，称为伪侧扫成像（Pseudo-sidescan Imagery）（刘晓等，2012）。

多波束与侧扫声呐均能获得回波的反向散射强度，从而形成海底声学图像，从这点来说，两者具有较大的相似性，但从图像变形大小和分辨率高低来说，它们又有较大的不同。侧扫声呐通常分辨率更高，且采用拖曳式时，其换能器阵列是靠近海底的，这样入射角大，使物体投射产生较大的阴影，因此侧扫声呐比多波束系统更易于物体的识别；而多波束换能器通常与船固定安装，换能器距海底较高，使得声呐图像变形较小，但也引起分辨率的降低。

（3）片段法（Snippet）。对每个接收到的窄波束都进行幅度-时间序列采样，得到多个强度值，具有较高的分辨率。

回波强度采样时，测量对象仍是海底的波束脚印。对于深度测量，探测的仅是代表波束脚印中心处的平均往返时间或相位的变化，是一个波束在声传播区内到海底的平均斜距；而对于声呐图像，探测的是一个反向散射强度的时序观测量，每个时序观测量相对波束脚印要小得多，单位时间内，时序采样的个数是测深采样的几倍或十几倍（视声呐图像的分辨率而定）。每个时序采样仍然是球形面的发射波束模式与环形面的接收波束模式在 $[t, t+\mathrm{d}t]$（对于连续波（Continuous Wave，CW），$\mathrm{d}t$ 为脉冲宽度）时间段内形成的交界面，其工作原理如图 4.40（多波束技术组，1999）所示。

多波束每完成一次测量，便在扇面与海底的交线上形成一组回波强度时序观测量，经过多次测量，便可获得测区内不同位置的回波强度。为了绘制声呐图像，声强必须从时间序列转化为横向距离序列。多波束在测定回波强度的同时，也获得了波束的往返时间和到

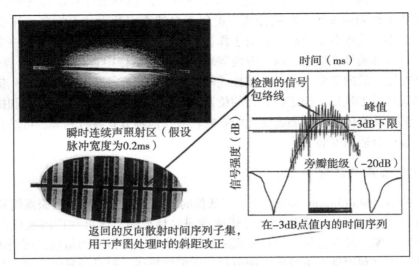

图 4.40   单个波束脚印内的声呐图像时序采样原理图（多波束技术组，1999）

达角，利用声线改正，容易进行波束的斜距改正，再进行内插即可获得每个波束内时序采样点的横向水平距离和深度。

多波束片段法与前两种方法相比，避免了声强数据与测深数据的融合问题，能同时获得高信噪比与高分辨率的声呐图像，因此应用更为广泛。每个波束内除主轴方向外其他强度样本的空间位置是通过假设波束内为平坦海底情况下内插得到的，而这种不准确的假设可能导致强度数据与其空间位置数据不能准确融合，在地形变化复杂时更为明显。

（4）相干成像方式。类似于相干多波束测深原理，对每个接收的窄波束输出信号经采样、相干处理，估计各个海底检测点的到达角，从而得到空间位置和回波强度，并根据实际水声环境以及角度的影响对成像数据进行修正，得到具有良好空间分辨率的海底图像。集水深测量和高分辨率成像两种技术于一体的测深侧扫声呐就是基于该方法设计而成的。

（5）多波束合成孔径声呐（Synthetic Aperture Sonar，SAS）逐点成像法。这种方法基于多波束测深和 SAS 技术原理，在每个航向位置向海底发射信号，声呐接收侧向距离方向上经处理后的回波信号，对每个波束输出信号进行合成孔径处理后可得到航向上具有高分辨率的波束，并可得到更多的目标信息以及更好效果的海底图像（姚永红，2011）。

声呐获得回波强度后，还需量化用图像来表达。声照区的回波强度是通过一定的灰度水平量化来形成声呐灰度图像，反映了回波强度水平，也反映了海底沉积物的物理属性。回波强度向灰度级的转换实际上是将回波强度同描述图像的灰度量级对应起来，实现回波强度的量化。量化的方法较多，一般根据具体情况而定。经过量化后，便形成了声呐图像。图像中的每个像素可用两组量确定，即像素的位置 (i, j)，以及对应的灰度 $f(i, j)$。

4.5.3 海底声呐图像的分辨率

声呐图像有两个方向的分辨率，即纵向分辨率和横向分辨率。纵向分辨率是指航向上两个目标之间的最小可区分距离；横向分辨率是指垂直于航向上两个目标之间的最小可区分距离（许枫等，2002）。

如图4.41所示，要在声呐图像上辨别出一个小目标，一般认为须连续记录出3~5个回波数据。当换能器至海底的深度为 h 时，每发射一个脉冲，它在海底形成的照射范围为梯形 $ABCD$，图中 L 和 W 代表横向分辨率和纵向分辨率，分别为：

$$L = \frac{c\tau}{2}\sin\theta \tag{4.62}$$

$$W = R\theta_T \tag{4.63}$$

式中，R 为目标到换能器的距离；θ_T 为波束水平开角；c 为声速；τ 为脉冲宽度；θ 为声波入射角。

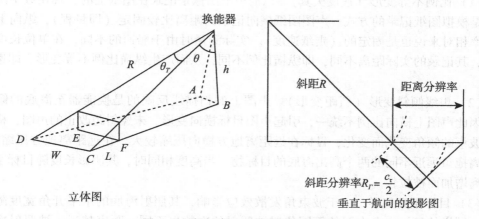

图4.41 侧扫声呐图像分辨率示意图

为提高纵向分辨率，可通过减小波束宽度、提高信号频率、靠近目标观测，以及采用线性调频调制技术（Chirp）得以实现，但这些方法均有优缺点，窄波束会产生旁瓣，过分靠近海底会威胁拖鱼的安全，高频信号容易被海水吸收，等等。因此，实际工作中需根据成像目的加以选择。

要分辨竖直面内两个目标间的最小距离，取决于目标的反射能力、目标的高度、声图的比例尺以及脉冲宽度等因素（刘雁春，2003）。在不影响其他测量指标的情况下，小的发射脉宽将提高横向分辨率。一个横向分辨率为10cm的侧扫声呐系统，会辨别相距10cm的两个物体，相距小于10cm的多个物体会被声呐处理成一个物体。

侧扫声呐与多波束声呐的分辨率计算模型相同，但因设备参数和作业方式不同，二者的分辨率也不同。侧扫声呐的波束宽度和脉冲宽度一般小于多波束，因此，其分辨率一般要高于多波束声呐。

4.5.4　侧扫声呐图像的变形

声呐图像由于受到海底地形、船速、波束指向性、噪声等因素的影响而产生变形、扭曲，图像判读人员必须了解声呐图像产生的各种变形及原因。

声呐图像失真变形的干扰因素可分为几何形状、周围环境和仪器自身等三个方面。声图的变形类型主要包括几何畸变和灰度畸变。由于船速、波束倾斜和海底坡度等多种因素影响，经常会产生声图几何变形，从而扭曲了海底目标物的真实形态；由于声学散射模型的不准确、声呐参数的突然变化、海底起伏等多种因素的影响，声图灰度并不与海底底质对应，产生灰度畸变。

1. 几何畸变

几何畸变是指声图并不是严格地按比例记录海底地貌，以及由于船速、波束倾斜和海底坡度等各种因素的影响而产生的变形，扭曲了海底地貌，使图像目标失真（王闰成，2002）。几何畸变主要分为以下 6 种情况：

（1）比例不等变形（速度失真）。以前声呐图像是记录在图纸上的，现在数字图像记录仍是模拟图纸记录的方式。声图图纸横向记录的距离比较固定（即量程），纵向上的记录速率相对来说也是固定的（走纸速度）。实际测量时由于船速的不同，在单位长度记录纸上，其记录的实际距离不同，即纵横比例不同，从而产生纵横比例不等变形，即速度失真。

（2）声线倾斜变形（斜距变形）。声图上的扫描线反映的是换能器至海底的倾斜距离，因此声图上横向比例不统一，引起声图目标横向变形。未经斜距改正的声图，横向比例随波束的倾角变化而变化，目标在近距离地方横向压缩较大，在远距离地方压缩较小，即距离拖鱼远近不同的两个高出海底的目标物，当高度相同时，其阴影长度随目标至拖鱼的距离增加而被拉长。

（3）目标距离变形。由于波束角发散效应影响，其照射海底的水平开角宽度随距离增长，同样的目标，在声图的不同位置被照射的次数也不同，距离越近，被照射次数越少，目标纵向变形越小。反之，距离零位线越远，被照射次数增多，目标纵向变形越大。

（4）倾斜坡面引起的横向比例变形。测船垂直于海底倾斜面的走向扫测，换能器两侧波束覆盖面积不同，而图像为固定幅面。向高坡一侧的声图横向比例放大，向低坡一侧的声图横向比例减小，即海底倾斜坡面引起声图比例变形。

（5）双曲变形。当测船沿测线前进时，一次发射具有水平开角的声波，在目标倾斜方向的声线照射到目标的下端，因而斜距较长；测船继续航行，对目标所照射的声线逐渐缩短，直至测船与目标处于正横位置时的照射声线最短；离开正横位置，声线逐渐拉长，使目标沿测线方向的两端点至零位线的扫描线最长，中点至零位线的扫描线最短。实际的直线目标变成凸向零位线的弓形目标，因此称为双曲变形。

（6）拖鱼高度变化使声图横向比例变形。声图零位线至海底线的长度，表示拖鱼在海底线以上的高度；海底线至声图边缘的长度，记录横向扫描线的长度图像，即实际的海底扫描宽度。由于声图的宽度一定，当拖鱼距海底更高时，零位线至海底线的长度增大，横向扫描线缩短，因此使声图的横向比例缩小，目标被横向压缩变形。反之则使声图的横向比例放大，目标被横向拉伸变形。

2. 灰度畸变

灰度畸变指声图记录的灰度与实际海底的反向散射强度存在偏差，这是由于声呐采用的声学模型不准确或简化造成的。存在的声学散射模型不可能完全概括反向散射强度、入射角和频率等因素的关系（Stanic et al.，1998），由于波束指向性、发射阵列不对称、波束照射区的不准确量化，以及时变增益（Time-Variable Gain，TVG）函数的计算与实际的物理属性不匹配等方面的原因，都可能造成灰度畸变（Hellequin et al.，2003）。

声波与海底进行交互，波束指向性、波束开角、入射角、脉冲宽度、发射功率、接收增益、信号频率等均影响交互过程，这些参数的变化影响声呐采集的数据。尽管数据采集时声呐指向性应尽可能准确、理想化，但复杂的海洋环境、不完善的校准或声呐参数的变化，仍会给回波数据带来误差。脉冲宽度、频率、发射功率、接收增益等参数变化时，波束指向性曲线发生变化，即使声呐考虑了这些参数的变化，但由于其对回波强度的量化不准确，仍会引起声呐图像出现明显的变化。

声呐通过声传播的时间差计算距离，而声传播会引起能量衰减。近场声呐信号的传播损失较小，而远场信号的传播损失较大，使得回收信号的强度为整体呈指数衰减的脉冲串。经过时间增益改正后的声图仍然存在灰度不均衡，声呐系统本身和声学散射模型的准确性都对时间增益改正的效果有影响（Martin，1991）。

4.5.5　海底声呐图像内容与判读

侧扫声呐图像判读是声呐扫海中的一项主要工作，经验丰富的判读人员可以比较确切地描述扫测海域的地貌特征，判断声图中碍航物和非碍航物，为潜水探摸和打捞提供详细的信息。声图判读对象是声图中的各类目标和地貌。为了能从繁杂的声呐图像中判读出目标图像及地貌图像，必须对各类声信号的图像进行分类，建立相关特征，为判读所需的目标图像和地貌图像提供必要的特征指标。

1. 声呐图像主要内容

声呐图像可分为 4 类，即目标图像、海底地貌图像、水体图像和干扰图像（周立，2013）。

目标图像包括沉船、鱼雷、礁石、海底管线、鱼群及海水中各类碍航物和构筑物的图像。海底地貌图像包括海底起伏形态图像、海底底质类型图像、海底起伏和底质混合图像。海底起伏形态图像，如沙波、沙洲、沟槽、沙砾脊、沙丘、凹洼等形态；海底底质图像，如漂砾、沙带、岩石等。

水体图像包括水体散射、温度阶层、尾流、海面反射等水体运动形成的图像。

干扰图像包括换能器基阵横向、纵向和艏向摇摆产生的干扰图像，海底和水体等的混响干扰图像，以及各种电子仪器与交流电源噪声产生的干扰图像。

2. 声呐图像判读技术

侧扫声呐主要用于海底目标物和海底地貌成像，需要判读的内容主要包括海底目标、海底地形和底质类别，这些目标本身差别较大，因此声呐成像后也有较大的区别。

（1）目标判读。侧扫声呐适用于高出海底平面的凸起物或水体中的物体，如沉船、

183

礁石、水雷等目标的探测，其成像的主要特点是有阴影图像。海底凸起目标，其朝向换能器的一面（阳面），回波能量强，在图像上表示较亮；背向换能器的一面（阴面），由于被遮挡，在声图上表现很暗，即目标的阴影。有些声呐系统的显示方式正好相反。阴影通常比目标回波包含更多的细节信息，利用其可对目标进行检测、识别和分类。

（2）地形判读。因为侧扫声呐图像的高分辨率，利用其可检测出水深图像无法辨识的细小地形、沙波的变化。在开阔的测区，可通过障碍物周围沙波大小、高度和方向的变化，判定流速和流向的变化。一般而言，海底地形凸起时，阳面回波信号强而阴面回波信号弱，在距离向（侧向）上形成先浅后深的图像特征。地形凹陷时，正好相反。

（3）底质判读。声图的灰度主要反映两种信息：地形和底质。底质对回波强度（即声图的灰度）的影响主要有两个因素：底质的声学特性和粗糙度。海底的粗糙度是指声图分辨率大小范围内海底地形起伏的程度，与沉积物类别直接相关。

声呐图像的特点决定了判读人员需要有广泛的理论知识和一定的实践经验。判读方法有目视判读和计算机模式识别两种。限于声呐图像强噪声特点和人工智能水平，当前声呐图像判读还是以目视判读为主，下面主要介绍目视判读的特点和方法。

声呐图像是海底目标、海底地貌、水体和干扰等多种反射或散射回波信号特征的记录，这些特征称为判读特征，也称判读标志。回波信号的强度、尺寸、形状，声影的尺寸以及目标的相对位置等都可作为海底目标或底质探测与识别的重要特征。对于目视判读，因为这个处理过程是由人眼完成的，所以从声呐图像中判读目标或地貌图像的特征应符合视觉的特征。声呐图像中目标具有形状、大小、色调及颜色、阴影、纹理、相关体等特征，可通过这些特征进行判读。

纹理特征是指声图上强灰度的灰阶形成的各种形态特征，如鱼群的椭圆形态、燕尾形态，沙波的波状形态，浅层气体的条带状、椭圆状。纹理特征反映在声图中呈多种形态，如点状、线状、环状、条带状、棚状等形态。相关体特征是指伴随某类图像同时出现的无固定纹理特征的相关图像，如沉船图像周围必然伴随有堆积和沟槽图像。

在充分理解声图的结构、分类和特征的基础上，建立各类典型声图的判读特征。反复识别、熟悉各类典型声图的判读特征及其数量和排列组合特征，能够在大脑中形成深刻的印象。具备判读声图的基本技能后，还需结合相关理论知识，在判读过程中逐步深化。在判读声呐图像时，还应特别注意参考作业过程的详尽记录，过滤非目标图像，筛选出所需的目标图像。一般声呐图像判读有直接判读法、对比判读法、邻比判读法、逻辑推理判读法等四种方法。

声呐图像除可以直观地给出目标形象之外，还可以计算目标的形状、尺寸和深度等几何信息。不管拖鱼采用拖曳式还是舷挂式的安装方式，根据测船导航位置、拖缆长度、拖鱼入水深度或拖鱼偏移量等信息，可以较容易地估算出拖鱼的瞬时位置。通过拖鱼的位置，以及拖鱼和目标的相对位置关系，经过换算即可实现对海底目标的定位；目标的高度可通过声呐的几何关系估算。

4.5.6 声回波强度与底质类型的关系

声波从发射到接收的整个过程构成了声呐方程，它是将声传播介质、目标、背景干扰以及声呐设备参数综合在一起的关系式。利用声呐方程可以设计声呐系统的工作参数，并对系统检测能力进行估算（秦臻，1984），相关参数还能反映海底类型的变化，因而它具有解释海底地貌特征的作用。

假设声波的发出强度为 SL（Source Level）；换能器接收指向性指数为 DI（Directivity Index）；传播过程中产生的能量损失为 TL（Transmission Loss）；海洋噪声对声能造成的损失为 NL（Noise Level）；遇到目标产生的反向散射或反射信号的能级为 BS（Backscattering Strength）；回收信号的能级为 EL（Excess Level），可认为是声照区无限多个点反射器反射能量的和（Hellequin，1998）。则上述过程的回波强度变化可通过声呐方程式来描述：

$$EL = SL - 2TL + BS - NL + DI \quad (dB) \tag{4.64}$$

根据声呐方程式，发射波束与海底的直接作用体现在 BS 项上，它可理解为海底介质对声波反射和散射能力的一种反映。反向散射强度 BS 取决于海底底质类型、地形条件和波束在水底的投射面积 AE（Acoustic Ensonification），它可表达为：

$$BS = BS_B + 10 \lg AE \tag{4.65}$$

根据式（4.64）和式（4.65），BS_B 可表达为：

$$BS_B = EL - SL + 2TL + NL - DI - 10 \lg AE \tag{4.66}$$

只要能够准确获得式（4.66）右边各项，便可获得 BS_B，再根据其与海底物质的关系，则可以反演海底不同底质类型的区域分布，即海底底质分类。BS_B 不仅与海底类型有关，还与波束的入射角有关。声学底质分类是通过遥测海底沉积物的声学特性（如反射系数、声速、衰减、散射等）来了解其物理特性（如底质类型、粒度大小等），它具有工作效率高，获取资料连续、丰富等特点，为海底底质分类提供了一种迅速而可靠的方法。多波束声呐不仅能获取高精度的水深数据，还能同时获得高分辨率的海底反向散射强度信息。多波束声呐图像具有高精度的几何位置和海底反向散射属性，因此利用其进行底质分类具有较大的优势。

回波强度是目标或底质类型、声波频率和入射角的函数。不同的底质类型（基岩、砾石、砂、泥等），由于其粒度大小、孔隙度、密度等物理属性的不同，即使相同入射方向和强度的声波信号也会产生不同的反向散射强度（或振幅）回波信号。它依赖于声波入射角、海底粗糙度、沉积物的声学参数（如密度、声速、衰减、散射等）以及声波在水体中的传播状况，反映了海底不同底质类型特征（唐秋华等，2009）。由此可见反向散射强度和底质类型之间具有一定的对应关系。但是，基于不同区域的同一种沉积物，由于其含水量、密度和力学强度等物理特性以及海底沉积环境的不尽相同，会产生不同的反向散射强度，所以并不能简单地通过建立反向散射强度与底质类型的关系进行海底底质分类。

4.6 遥感测深与反演

单波束和多波束回声测深是目前精确测深的主要手段。由于声学信号本身特性的限制，采用船只或水下潜器作为载体的声学测深手段，测量速度较低、成本较高等问题突出，难以进行灵活、快速的大面积测量，且易导致在浅海、岛礁等区域的测深数据存在盲区。机载 LiDAR 测深（Airborne LiDAR bathymetry，ALB）技术是近几十年发展起来的海洋测深技术之一，它是集成激光测距、GNSS、自动控制、航空、计算机等前沿技术，以飞机为搭载平台，从空中发射激光来探测水深的方法，也属于直接测深方式。该技术克服了传统声学测量技术的限制，采用主动、非接触测量方式，具有精度高、覆盖面广、测点密度高、测量周期短、机动性高等优点，是在近海浅水区域进行快速高效水深测量最具发展前途的手段之一，可以实现海岸线水上水下地形的无缝测量。除机载平台之外，利用卫星平台进行激光测深也正在发展之中，当前典型代表是美国 2018 年发射的"冰、云和陆地高程"2 号卫星（ICESat-2），它搭载了星载激光雷达 ATLAS（一种多波束光子计数激光雷达，具有测量精度高、覆盖率快及轻量型等特点），主要用于测量海冰变化、地表三维信息，并测量植被冠层高度用以估计全球生物总量，并在全球浅海测深方面初步展示出巨大的应用价值和潜力。此外，利用多光谱遥感、微波遥感等航空航天遥感技术可以反演大范围海域的水深信息，但在多云多雾天气、夜间无法进行，该技术也不属于直接测深的方式，反演精度受多种因素影响通常不高，在实际应用中仍存在较大的局限性。

4.6.1　机载 LiDAR 测深原理

1. 激光水中测距原理

激光雷达（Light Detection and Range，LiDAR）是利用激光光波探测目标位置的电子设备。随着激光的出现及其发展，人们对周围环境的认识和了解也进入了新的时代。利用激光进行测距就是激光最先得到应用的领域之一。在陆地上的激光测距技术已非常成熟，应用极其普遍。测量仪器中的激光测距仪、全站仪等都是激光应用的例子。针对海底地形测量而言，激光测距受到的限制比较多，一是激光在大气-海水界面和水中的能量损失大，由海底地形反射到激光接收器的回波信号很弱；二是海浪和水中的悬浮物对激光雷达探测回波信号的方向和强度有影响，而且这种影响是随机的；三是海水中各种光的散射以及藻类等虚假目标，使得激光回波信号变得非常复杂。这些因素使得激光器在海洋领域的推广与应用远远不如陆地上容易。

激光测深的理论依据是机载激光雷达方程，该方程是计算海底激光回波能量和确定 ALB 系统参数的根据，其简要形式可表示为：

$$P_r(R) = K\gamma(R)\sigma^2(r) \tag{4.67}$$

式中，$P_r(R)$ 为激光器探测到的激光功率；K 为常数；$\gamma(R)$ 为目标回波信号经水下、海水面和大气总的散射分布函数；$\sigma(r)$ 为发射激光束经过大气、海水界面和水下总的衰减系数，r 为激光束传输途中到某点的距离；R 为探测到的最大距离。

ALB 测深能力不仅与海底反射系数和海水衰减系数有关，而且在很大程度上依赖于海水的散射系数。要实施机载激光水深测量，激光传输路径需要通过大气、大气海水界面和海水。

激光通过大气传输时，将产生两种效应：一是大气里面的各种分子和气溶胶对光波的吸收和散射作用造成激光能量的衰减；二是大气的湍流运动使大气折射率具有随机起伏的性质，造成光束空间相干性降低。由于大气中分子各自结构不同，因而表现出的光谱吸收特性也完全不同。大气中 N_2、O_2 分子虽然含量最多，但它们在可见光和近红外区几乎不表现吸收，因此，一般不考虑它们的吸收作用。其他分子虽然在可见光和近红外区有吸收作用，但这些分子在大气中含量微乎其微，可不予考虑。这种大气对激光透过率较高的波段被称为"大气窗口"。激光测深所用的激光波长就是在这些窗口之内。

当激光束在测深过程中往返传播时，在大气-海水界面处会产生复杂的反射与折射过程。这一过程使得预定光程上的能量受到损失，从而影响到返回信号的强度。能量的损失不仅与激光束的入射角有关，也与海面上的气候条件有关。一般而言，在可见光区域，海面泡沫的有效反射率与入射波长和入射角无关。对于海浪而言，入射角的增大对海面反射影响较大。总的来说，海浪对反射的影响要比泡沫所引起的反射损失小。海浪对透过率的影响很小，只是回波幅值有所下降。

海水的成分十分复杂，含有大量的溶解物质、悬浮物和各种各样的活性有机体。海水的不均匀性使得激光被强烈地散射、吸收而衰减。海水的光学特性与它的三种主要组成物质有关：纯水、溶解物质和悬浮体。准确地计算各种因素的作用是不可能的。但是，经过研究发现，海水的光学特性容易变化是由溶解物质和悬浮体的易变性引起的。由于其结构复杂，所以计算海水光学特性时必须采取某些简化模式。尽管光在海水中的各种反射、散射、吸收非常复杂，实际应用时仍可用光在海水中的衰减系数来研究光在海水中的传播特性。图 4.42 为激光在不同水质中的衰减特性曲线示意图。可以看到，在近海沿岸附近，衰减作用的极小值大约为 530nm。

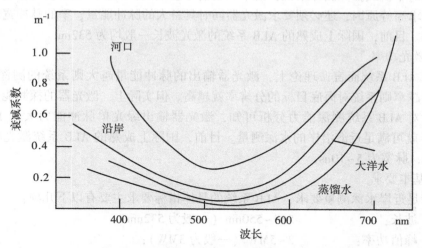

图 4.42　激光波长与海水衰减系数关系示意图

由于海水中存在一个"光学窗口"，在这个窗口内，光波受到的衰减比较小，可以在海水中传播较远的距离。蓝绿激光的波长正好位于这个光学窗口内，所以蓝绿激光比其他波长的激光有着更强的海水穿透能力，这就是为什么机载激光测深使用 532nm 波长的蓝绿激光进行水深测量的原因。

飞机上的激光发射接收器可以确定出激光脉冲在海水中的往返传播时间，根据距离与光速和时间的关系，即可计算出海水的深度。

2. 机载蓝绿激光器

激光器是 ALB 系统的核心部件，决定了系统的可行性、可靠性、稳定性和实用性。因此，激光器的各项参数选择要求满足激光束经过海水传输后能够达到实用的程度，要求经海底反射回的激光回波有足够的能量被系统探测到，且满足机载的条件要求。激光器的种类很多，先后出现的激光器主要有：铜蒸汽激光器、燃料激光器、溴化汞（HgBr）准分子激光器、氯化氙（XeCl）准分子激光器、二极管泵浦 Nd：YLF 激光器、闪光灯泵浦 Nd：YAG 激光器、光二极管泵浦 Nd：YAG 激光器、Nd：YAG 调 Q 倍频激光器、半导体泵浦 Nd：YAG 固体激光器等。其中最适合机载激光测深应用的成熟激光器是半导体泵浦 Nd：YAG 固体激光器。这种激光器具有脉宽窄、重复频率高、出光效率高、能耗低、体积小、重量轻、稳定性高、寿命长、不怕冲击和振动等优点。

考虑到海水的激光特性，一般要求激光器应满足如下几个条件：

1）激光波长

由于海水对光波的选择性吸收，海水实际上相当于一个带宽比较宽的蓝色滤波器。大量的实验表明，激光波长随着海水的清洁程度而变化，越清洁的海水，海水的透光窗口越向短波方向移动。大洋清洁水的窗口为 480nm，沿岸海水的窗口为 520~550nm，其典型的衰减系数分别对应于 $0.05m^{-1}$ 和 $0.2~0.4m^{-1}$。由于机载激光测深的区域都在近岸附近，所以，激光波长必须位于 520~550nm 范围内。在这个波长范围内，很多激光器都能满足要求。但对于机载激光测深来说，由于光波信号衰减快、测量区域要求全覆盖、海底地形分辨率要求高等原因，还必须要求激光器同时具备大的脉冲能量、窄的脉冲宽度、高的重复频率等。目前，国际上成熟的 ALB 系统的激光波长一般均为 532nm。

2）激光功率

对于 ALB 系统而言，理论上，激光器输出的脉冲能量越大则系统的测深能力越强，脉冲宽度越窄则系统对海底目标的分辨率就越高。但实际上，激光器的探测能力总是有限的。通过对 ALB 系统测深能力分析可知，激光器输出绿光单脉冲能力大于 10mJ、脉宽 5~20ns，就可满足近海沿岸的水深测量。目前，国际上成熟的 ALB 系统激光功率一般为 10~13mJ，脉宽为 5~10ns。

3）基本要求

为满足近岸水深测量要求，ALB 系统的具体指标要求主要有以下几项：

（1）波长：   520~550nm（一般为 532nm）；

（2）峰值功率：   2~5MW（一般为 3MW）；

（3）脉宽：   5~10ns；

（4）激光器重复频率： 大于 4000Hz；

（5）用电量：   适合飞机要求；

（6）体积重量：   适合机载。

3. 常见的 ALB 系统

ALB 系统主要包括两部分：①机上部分。主要完成深度探测。由激光测深仪、卫星定位、姿态传感器、控制和实时显示等分系统组成。ALB 系统的主要装置是激光测深仪，由发射器、扫描器、光学接收和数据采集等部分构成。激光发生器发射红外及其倍频后的绿光两束光脉冲，根据激光从海面和海底反射至激光接收器的时间差来求取深度。激光的发射扫描一般采用直线、弧线、圆形和椭圆扫描。卫星定位主要应用 GNSS 接收机来对飞机进行实时定位。姿态传感器由惯性运动单元实时给出 ALB 系统的俯仰角和横滚角，用于对激光束的方向进行纠正。控制和实时显示系统用于对测量时的飞行轨迹、数据覆盖情况等进行显示、分析和调整。②地面部分。主要完成数据后处理与成图，包括深度信息处理、飞机姿态校正、波浪改正、潮汐改正等，最终获得数字海底地形成果，并绘制水深成果图。

目前世界上成熟的商用 ALB 系统主要有 4 种，分别是加拿大的 CZMIL 系统、瑞典的 HawkEye Ⅲ 系统、澳大利亚的 LADS Ⅲ+系统和奥地利的 RIEGL VQ_880_G 系统，它们都能够搭载在直升机平台和固定翼飞机平台上，前三种系统标称测深能力不低于 50m，后者主要用于浅水测深。

ALB 系统主要适用于浅水区大面积的高效率、高精度测深。探测深度受海水透明度和吸收系数的影响，在透明度较好的水域测量最大深度可达 50m，在夜间因无太阳背景噪声的干扰，对水的穿透性能比白天提高 30%。

ALB 系统具有如下一些优点：①激光受海水盐分、水温和水压等因素影响小，其测深精度能够达到 IHO《海道测量标准》规定的最高等级要求；②能进行快速、机动、大面积的水深测量，机动性强、隐蔽性好，测量面积可达每小时 70km²；③不仅能确定水下目标的位置，还能以高精度、高分辨率测绘出海底的起伏变化；④目前的 ALB 系统具备同时进行水下地形和沿岸地形测量的能力；⑤操作方便，运行成本较低。

4.6.2 机载 LiDAR 测深数据处理

ALB 系统的数据处理包括预处理和后处理两部分。预处理主要是对各相关传感器的外业数据进行整理，得到相应的位置、姿态、角度等信息。通过外业测量，得到各传感器原始测量数据，对激光束入射角、激光回波、GNSS 定位和 IMU 姿态数据进行预处理。对 GNSS 定位数据和 IMU 姿态数据进行卡尔曼滤波，实现高精度的定位和定向；对原始激光回波进行小波去噪处理，解决波形信号中的噪声干扰，为水深测量精度的提升和水质反演等其他方面的应用提供基础；并对陆地和水体的激光数据进行分类，为后续数据处理做好准备工作。后处理主要包括载体姿态效应改正、波浪改正、水位改正、测深数据质量控制、测深条带拼接、测深数据自动成图等。

1. 载体姿态效应改正

机载激光测深属高动态条带式测量，这种动态效应无疑显著增加了数据后处理的复杂性。因此要通过对这种动态测深技术空间结构的分析和研究，建立起严密的测深数学模型，在此基础上通过引入载体坐标系和当地水平坐标系来描述载体的姿态，通过载体的姿态角、激光扫描装置的扫描角来计算确定机载激光测深点位置。

2. 波浪改正

机载 LiDAR 测深最初获得的海水深度为瞬时海面起算的深度，受波浪和潮汐影响，必须进行相应的深度归算。波浪改正能够修正水面因波浪引起的垂直方向上的瞬时水深波动，其是机载 LiDAR 测深技术中关键的测量环境改正之一，改正精度的高低直接影响测深系统的整体测量精度水平。波浪信息需要通过 ALB 系统测量的数据计算获得（胡善江等，2007），结合潮位改正最终获得海底点的精确高程和对应的水深信息。波浪改正和潮汐改正的目的是通过平均海面的高程来计算海底点的高程，或者推估深度基准面来得到图载水深。如仅需得到海底点的大地高，则不需进行波浪与潮汐改正。ALB 系统的测量空间结构如图 4.43 所示。

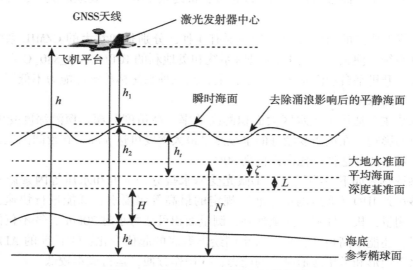

图 4.43　机载 LiDAR 测深空间结构图

机载 LiDAR 测深时，载体不与水面接触，无法直接测量波浪起伏，因此需借助测量点云或其他方法来完成波浪改正，具体的方法主要有无修正法、滤波法和光线追踪法等（Guenther et al.，2000；欧阳永忠等，2003；陈卫标等，2004；Yang et al.，2017），下面分别简要介绍。

1）无修正法

无修正法，即不进行波浪和潮汐改正，基于 GNSS 能够提供机载平台高精度的三维大地坐标，采用海底作为过渡面，直接得到海底点的高程和对应的水深，其深度归算过程完全避开了波浪改正项和潮汐改正项的干扰，不需同步验潮，但需已知测区大地水准面高度和海面地形高模型信息。

2）滤波法

滤波法是利用差分 GNSS 技术得到激光器中心精确的大地高，用激光测得飞机到海面的瞬时距离和海底斜程，通过测点附近多次取平均进行滤波，消除波浪影响，或者根据波浪所处的时间周期对扫描线上的点云时间序列采用小波分析、傅里叶变换、数字滤波器等数学工具直接分离出波浪信息。该方法的优点是不需要已知大地水准面高度和海面地形等模型信息，借助 ALB 系统本身密集的点云即可实现波浪改正，缺点是滤波过滤了一部分海底细节。

滤波法实质上是计算一个超短期平均海平面（不受波浪影响，但受潮汐影响）。不同类型的 ALB 系统对应有不同的平均海平面确定方法，需根据具体型号确定。对于双色激光系统，分两种情况进行平均海平面的确定：一种是红外激光和蓝绿激光不做共线扫描，而是红外激光垂直入射到海水表面。由于红外激光的波束角较宽，其在海面的光斑直径为 20~30m，经过一定的波形处理可得到该范围内的平均海面；另一种是红外激光和蓝绿激光作共线扫描，飞机上的加速度计和姿态传感器可实时提供飞机的姿态和垂直运动量，这样在一定时间段内，通过滤波的方法可确定出相应的平均海水面。对于单色激光系统，类似于双色激光系统中红外激光和蓝绿激光作共线扫描的情况，但其蓝绿激光在海面的光斑直径仅有 50cm 大小（飞行高度控制在 500m 之内），也可利用在一定的时间段内，通过滤波的方法确定出相应的平均海面。

3）光线追踪法

由于环境因素的影响，海面不断发生随机起伏，改变了大气-水界面的几何形状，导致蓝绿激光穿过瞬时变化的海气界面时，光线路径会发生折射偏移，对水深测量精度产生较大影响。光线追踪法的实质就是基于瞬时海面模型和光线追踪的 ALB 折射改正方法。首先，利用海面激光点云构建瞬时三维海面模型；然后，以此计算每个激光点的海面斜率；最后，通过追踪穿过大气-水界面的每束激光，激光点的位置偏差即可得到相应改正。

综上所述，无修正法和滤波法需要定位系统提供高精度大地高观测值 h，这在沿岸及岛礁区域比较容易实现。如没有大地水准面和海面地形模型，无修正法无法使用（黄谟涛等，2003）。滤波法是通过数据平均得到超短期平均海平面而滤除波浪信息，可能会滤掉细节。光线追踪法提供了一种新的解决方案，能够仅通过 ALB 测深数据即可实现每束激光点的位置偏差改正，同时实现了波浪改正和折射改正。

3. 水位改正

为了得到不受潮汐影响的稳定水深，须对水深测量值进行潮汐改正，方法与回声测深的水位改正类似。机载 LiDAR 测深的区域大多在大陆沿岸附近，也可能在远离大陆的岛礁附近，这就决定了其潮汐改正可采用不同的方法：一是测量期间在沿岸附近布设验潮站，利用实际的潮汐观测数据对机载 LiDAR 测深结果进行改正；二是利用 GNSS 技术，通过采用无验潮作业模式，达到所谓的潮汐改正目的；三是在远离大陆的岛礁附近，如果难以布设验潮站，可采用潮汐数值预报的方法进行潮汐改正；四是通过在测区内安置海底自容式验潮仪实施潮汐改正。

4. 测深数据质量控制

ALB 系统是由多个传感器组成的综合性测量系统，由于系统整合、水质、水团、海藻、鱼群、漂浮物等因素的影响，测深信号难免受到各种因素的影响而产生异常数据和系统误差。为了获得高质量、高精度的探测成果，必须对整个测量过程进行质量监测和质量控制。异常数据（粗差）是影响测深数据质量的一个非常重要的问题，需要对测深数据进行粗差定位与剔除，在数据处理阶段可综合应用曲线移动判别法、抗差估计判别法和立体仿真判别法等，对测深数据进行质量控制，并进行各种系统误差的处理。

5. 测深条带拼接

机载激光测深属于条带状作业模式，为了满足全覆盖测量要求，要求相邻条带之间必须有一定宽度的重叠部分。由于受各种干扰因素的影响，在相邻条带重叠区域内的公共点上，必然存在一定大小的交点深度不符值，如何利用公共点上的不符值信息来提高机载激光测深成果的整体精度，是数据后处理工作的一项重要内容。可采用以下措施来处理相邻条带测深数据的融合问题：通过对 ALB 系统中各个传感器的误差特征进行分析，进而建立合理的系统误差模型。通过相邻条带重叠区内的公共点，建立包含随机噪声和系统误差在内的带有附加参数的自检校平差模型。在有约束条件下，通过最小二乘法合理选权，求解平差模型，从而消除各类误差的综合影响，最终达到提高测量成果整体精度水平的目的。

6. 测深数据自动成图

机载激光测深数据的点云非常密集，要形成最后的成果还需对经过各项环境参数改正后的数据进行点云抽稀和格网化，才能用于建立海底 DEM，或者生成水深成果图。

通常，点云抽稀可采用道格拉斯方法、距离倒数加权方法或者其他方法。成果图的绘制可采用随机软件或者自主研发的软件，但最基本的功能应当包括自动生成二维航迹图、二维水深成果图以及三维海底地形图。

4.6.3 其他遥感测深与反演技术

1. 遥感反演水深原理

太阳辐射在经过大气的吸收、反射和散射等作用后到达水体表面，一部分能量在水-气界面被反射回大气中，大部分能量经水面折射进入水体。受水体对光的吸收和散射作用的影响，当光波进入水体后其传播的能量会不断衰减，一部分光由于受到水体内分子的影响发生散射作用而离开水体返回大气，只有较少的光到达水底被反射后又穿过水体和大气被卫星传感器接收。传感器接收到的光辐射主要包括大气信息和水体信息。大气信息中的后向散射和反射可通过大气校正来消除；水体信息主要包括水体表面直接反射的光信息、水体的后向散射光信息和水底反射光信息。其中水体表面直接反射的光信息只与水体表面有关，可通过选取深水区的光信息量来近似代替；水体中的后向散射信息反映了水体中悬浮物的信息，可通过一定的数学方法来消除；直接由水底反射进入传感器的光信息是水下地形的直接反映，是水深遥感反演的主要信息来源。对卫星影像进行信息分离，突出水底反射信息并结合一定的模型运算即可反演出研究区的水深数据。

实际上，影响遥感入水深度的因素很多，除了光的波长、水体浑浊度之外，还与水面太阳辐照度、水体的衰减系数、水底底质的反射率、海况、大气效应等有关。

随着第一颗遥感卫星的发射成功，利用多光谱遥感卫星数据提取水深的研究得到迅速发展，在遥感水深反演模型构建方面主要形成了理论解译模型、半理论半经验模型和统计相关模型等形式。

1）理论解译模型

理论解译模型主要是基于光在水体内的辐射传输方程，通过测量水体内部的光学参数来计算水体深度。目前，较常用的理论解译模型是"双层流近似模型"（Two-Stream Approximation Model）。双层流是指对于任意深度 Z，把水体看成是由水深 Z 以上的部分和 Z 以下的部分组成，这样水体的光辐射通量就可分解为向下和向上两个分量，通过研究两者之间的值或比值来估计辐射通量随水深的变化情况。因为该分析过程涉及水深变量 Z，所以可用该模型来计算水深分布情况。

通过对经典辐射方程进行简化并忽略水体内部的反射效应，可得到浅水区由水面出射的光反射和水深 Z 之间的关系，由此进行水深反演。由于理论解译模型求解过程烦琐，需要的水体内部光学参数较多，而这些光学参数往往又很难获得，因而在实际中并没有得到广泛应用。

2）半理论半经验模型

半理论半经验模型的理论基础是光在水体中的辐射衰减，采用理论模型和经验参数相结合的方式实现水体深度遥感反演，根据采用的遥感波段数可分为单波段模型和多波段模型。

（1）单波段模型

单波段模型认为遥感器接收到经大气和水体削弱的水底反射光辐射能与水体深度成反比，这是目前几乎所有遥感水深反演技术的理论基础。该模型基于光在水体内的辐射衰减而建立，削弱了大气和水体对遥感测深的影响，因而水深反演效果较好，但由于模型以水底反射率较高、水质较清和研究水域较浅等假设为前提，而这些假设条件在实际应用中很难都得到满足，这在一定程度上限制了模型的应用范围。

单波段模型还可划分为水体后向散射模型和水底后向散射模型，前者更适应于反演水深。如果在确定模型参数时，考虑了研究区域内实际的水深，则将对模型参数起到一定的校正作用，反演水深的精度会比较高。

单波段模型作为水体深度遥感反演中应用较早的模型，具有计算相对简单、理论模型和经验值相结合的优点，但由于单波段模型水深反演精度不如多波段模型，因而实际应用仍相对较少。

（2）多波段模型

多波段模型是用多个波段的线性组合来求解水深。由于综合了遥感多个波段的水深信息，在水深反演精度上明显优于单波段模型而得到广泛应用。

与理论解译模型相比，半理论半经验模型采用理论模型和研究区经验值相结合的方式对模型进行了一定的简化，由于计算过程需要的光学参数少且具有较高的反演精度，而成为当前水深遥感反演中广为采用的模型。

3）统计相关模型

统计相关模型是通过建立遥感图像光谱值和实测水深值之间的相关关系而获得水深数据的模式，是水深遥感反演中应用较多的研究技术之一。其原理是假设辐射强度（或遥感反射率）和实测水深之间存在某种函数关系，无须水体内部光学参数，通过最小二乘法解算出有关参数，即可进行水深反演，其因计算简便而被广为应用。

但是，由于研究都是针对某一特定的水域，实测水深值与遥感图像光谱值的相关性无法保证普适性，使得采用该类模型计算所得水深结果的效果有时并不理想。

2. 遥感反演水深应用

不论采用什么方法，由遥感数据反演得到的水深，与回声测深仪和 ALB 系统测得的水深在意义上是有所不同的。回声测深仪（包括单波束测深仪和多波束测深系统）和 ALB 系统测得的水深是海底逐点的水深，也就是这些水深对应的是海底某一点的水深，尽管测深点的脚印大小有区别。然而对于遥感反演的水深而言，水深是一个像素或多个像素所对应区域的水深平均值。因此，在地理位置上这两种手段得到的水深是不完全对应的，意义也有所不同。

由于遥感反演的水深目前还不能达到编制航海图所要求的精度水平，因此，遥感反演的水深多用于描述大范围浅水区的海底地形概貌，或用于海岸带保护、沿岸影像海图制作等方面。

由于可见光遥感是基于光对水体的透射，水体对可见光的衰减系数越小，水体的穿透性就越好，可见光衰减系数决定了光在水体遥感反演水深中的可测深度。另外，海底底质和大气条件对遥感反演水深也有较大的影响，因此，浅海区的遥感反演水深包含了水深、底质成分、水质和大气条件等多种因素的影响。研究表明，利用可见光遥感反演水深范围一般局限在 20m 以内，在极端清洁的水体中，最大探测深度可达 40~50m。

3. 水下摄影测量

水下摄影测量是利用摄影测量方法获取水下目标信息的技术。对于海底地形测量目的而言，水下摄影测量主要指的是双介质摄影测量，也就是指利用像方空间与物方空间处在两种不同介质中拍摄的影像，来确定被摄目标的几何特性。其基本工作原理是利用自然或人工光源直接拍摄水下目标，形成胶片或数字图像数据，通过图像处理、分析、判读和量测，获取所需的信息。主要用于高分辨率海底环境信息、水下工程探查、水下考古和沉船等水下物体详情探测等。在双介质水下地形摄影测量中由于光线通过空气和水两种不同的介质，光线会产生折射，引起像点的位移。因此要利用介质的折射率进行像点位移的改正。

较大面积的水下摄影测量（如探测海底地形）类似于航空摄影测量中航线式立体摄影测量。在距离海底很近的航线上，用低速运载器和短焦距摄影机进行拍摄，以获得互相重叠的垂直或倾斜像片。

在获得相互重叠的像片后，需对像片进行数据处理，包括航线两侧倾斜图像纠正、由海水折射引起的变形与摄影机镜头畸变引起的位移改正、图像拼接和水下物体高度解算等。经过这些数据处理后，便可得到海底地形有关信息。

值得一提的是，单介质水下摄影测量也是水下摄影测量的一种，由于在水下利用人工光源进行水下目标拍摄，因此拍摄范围有限，多应用于考古研究和局部的工程应用，不适合用于大面积海底地形测量。

第 5 章　海洋重力与磁力测量

地球上任何物体都会受到地球重力场和磁力场的影响，而重力和磁力则是表征地球物理场的基本要素，两者均是矢量，既有大小，又有方向。重力的大小取决于地球内部物质及外部物质的分布和地球自转，磁力则主要受到地核内部物质、地球表层地壳磁性活动源等的影响。海洋重力测量和磁力测量均是海洋测量的重要组成部分，本章主要对海洋重力与磁力测量的相关概念、仪器、方法、数据应用等进行介绍。

5.1　海洋重力场基本概念

地球重力作用的空间即为地球重力场，其中每一点所受的重力的大小和方向只同该点的位置有关。地球重力场的构成非常复杂，既与地球的形状和大小有关，也与地球内部物质的密度及其分布有关。因此，只要测得地球表面上每一点的重力，就可以据此确定地球的形状、大小及其内部物质的密度分布。

地球的形状虽然近似于一个旋转椭球，但地球表面崇山峻岭、峡谷沟壑，自然形状非常不规则。加之地球内部物质构造极不均匀，从而使得地球外部的重力场构造非常复杂。这一特点意味着地球重力位的球谐展开式和水准面形状都是很复杂的。

海洋约占地球表面积的 71%，浩瀚无垠的海洋区域的重力场是整个地球重力场的重要组成部分，人们通常把海洋区域的重力场称为海洋重力场。风平浪静时的海洋表面看起来平静如镜，但实际上海底却如陆地一样也是崇山峻岭，其海洋部分的地球内部的物质分布同陆地一样复杂。总体而言，海洋部分的重力场变化比陆地重力场的变化要平缓，海洋重力异常值大小的绝对值也比陆地重力异常绝对值小。

为了方便对地球重力场进行研究，考虑到地球形状非常接近于一个旋转椭球以及地球重力场与旋转椭球产生的重力场非常相近，人们便引入了两个基本的概念：一个是旋转椭球，一个是正常重力场。前者是地球形状的数学表示，后者是由假想的一个形状和质量分布都很规则的匀速旋转椭球体所产生的重力场，这个假想的均质匀速旋转椭球就是正常椭球。正常重力场可以作为地球重力场的近似值。

重力场是一个矢量场，既有大小，又有方向。重力场的大小即重力，用重力加速度来衡量。重力场的方向即铅垂线的方向，用垂线偏差来表示。

地球表面上的任何一点的重力可分解为地球引力和地球自转产生的离心力，如图 5.1 所示。图中的 g 为地球重力，F 为地球引力，P 为离心力。引力的方向指向地球质心，离心力的方向垂直于地球的自转轴向外，重力的方向为引力和离心力两者的合力所指的方向，即垂线方向。由于地球形状是不规则的，地球内部的物质密度是不均匀的，因此，每一点的重力的大小和方向与其他点的重力的大小和方向是不同的。重力的方向与同一点的法线之间的夹角称为垂线偏差。垂线偏差是大地水准面上某点的重力方向与通过该点到正常椭球面的法线方向之间的夹角，简而言之，垂线偏差就是垂线方向与法线方向之间的夹角。垂线偏差可以分为两个量，其中一个是东西方向（即卯酉圈方向）的分量，另一个是南北方向（即子午圈方向）的分量。

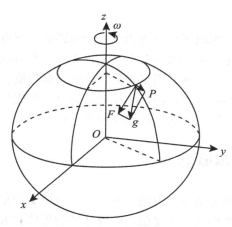

图 5.1　地球重力矢量分解示意图

　　大地水准面是地球重力场中又一个非常重要的概念，它定义为与平均海面最为接近的重力位水准面，是海拔高程的起算面。大地水准面高是描述大地水准面形状的一个量，它定义为正常椭球体表面到大地水准面的垂直距离。向上为正，向下为负。

　　重力异常是大地水准面上某点的重力与该点在正常椭球面投影点处的正常重力之差。

　　海洋重力测量属于相对重力测量，可采用航空重力测量的手段来实施海域的重力测量，但最普遍采用的还是用船载的方法来实施。即将重力仪安置在测量船上，从码头的重力基点出发，沿着计划测线进行测量，测量的结果是测点相对于码头重力基点的重力变化量。经过测前测后的重力基点比对、厄特弗斯改正、C-C 效应改正、潮汐改正、正常重力归算等，即可得到任意测点处的重力异常。

　　如果全球陆地和海洋都测量了重力异常 Δg，则可据此计算大地水准面高、垂线偏差等，其基本原理如下：

　　根据大地测量中的第三边值问题，扰动位 T 与重力异常 Δg 的关系见式（5.1）：

$$\Delta g = -\frac{\partial T}{\partial r} - \frac{2T}{R} \tag{5.1}$$

　　式中：r 为地心向径，R 为地球平均半径。

　　大地水准面的形状可以用大地水准面高（或称大地水准面差距）或垂线偏差表示。由扰动位 T 可以计算大地水准面高 N 及垂线偏差的两个分量 ξ 和 η，见式（5.2）。

$$\begin{cases} N = \dfrac{T}{\gamma} \\[2mm] \xi = -\dfrac{1}{\gamma R}\dfrac{\partial T}{\partial \varphi} \\[2mm] \eta = -\dfrac{1}{\gamma R\cos\varphi}\dfrac{\partial T}{\partial \lambda} \end{cases} \tag{5.2}$$

式中：λ、φ 为经纬度，γ 为正常重力值。

5.2 海洋重力测量方法

随着空间技术的发展，人们除了可通过常规的海底和海面重力测量手段获得海洋重力场信息以外，航空和卫星重力探测技术是目前实现全球高覆盖率和高分辨率重力测量最为有效的途径，特别是各种类型的卫星重力探测技术，这些技术主要包括：地面跟踪观测卫星轨道摄动、卫星测高、卫星跟踪卫星和卫星重力梯度测量等。海面船载重力测量和卫星测高重力反演乃是当今测定海洋重力场的两种主要技术手段。

5.2.1 海洋重力测量的特点

海洋重力测量是物理大地测量学研究的重要组成部分，因此，它具有陆地上开展重力测量相同的目的和作用。由于海洋重力测量的载体是测量船，测量过程中要受到海洋动态环境的各种影响，因此，海洋重力测量不可能像陆地重力测量那样可以在稳定的平台上进行静态观测，而只能在不断运动状态下进行动态观测。与陆地重力测量相比，海洋重力测量有其自身的特点。

一是测量船在重力测量工作状态时，由于风、流、浪、涌等因素的影响，不仅导致测量船受到波浪起伏的影响在垂直方向上产生干扰加速度，必须依靠阻尼等措施消除或削弱超出全球实际重力加速度变化的扰动量影响，而且还使得重力仪受到水平方向干扰加速度的影响。

二是测量船受到的水平加速度和垂直加速度出现频率一样而相位不同时，安装在稳定平台上的摆杆式（旋转型）重力仪会产生交叉耦合效应，这一效应简称为 C-C 效应。只有摆杆式重力仪才会出现这一效应。

三是由于科里奥利力（科氏力）垂直分量附加作用于重力仪，使得运动中的测量船测量重力值比实际重力偏大或偏小。这就是所谓的厄特弗斯效应的影响。

四是陆地重力测量是以测点形式出现的离散点测量，而海洋重力测量是以测线形式出现的剖面测量，在测线上可取任意密集的测点，但在测线与测线之间无测点。

五是陆地重力测量可以在测点上建立固定的标志，所以重力点的位置测量与重力值测量不需要同时进行，数据处理时也不需要将重力资料和重力点位置资料一起处理。海洋重力测量无法在每个测点上建立固定的标志，所以重力测量与测点定位必须同步进行，资料处理时也必须将这两部分资料一起处理。

5.2.2　海洋重力场测定的方法

海洋重力测量是在陆地重力测量的基础上发展起来的，因此，陆地重力测量的一些基本理论和方法都可以在海洋重力测量中得到应用。但由于海洋的动态性，使得海洋重力测量与陆地重力测量相比，在测量搭载平台、重力仪、测量方法、数据处理等方面又有着其特殊性。作为全球重力场的重要组成部分，海洋重力场的测定主要有以下几种方法。

1. 海底重力测量

当海底具备静态的工作平台时，就可以像陆地一样开展静态状态下的重力场观测。显然，海底重力测量是陆地重力测量直接扩展到海洋区域的结果。使用陆地重力仪在海底进行测量可以通过以下途径来实现：

（1）将陆地重力仪或者专门的水下重力仪和观测者一起安置在钟型潜水器或潜水艇中。

（2）通过屏蔽和遥控系统将陆地重力仪改装成水下重力仪。

当重力仪在海底固定以后，通过遥控设备可进行与陆地操作相似的测量。海底重力测量的精度与海洋和海底状态有关，在通常条件下，如果能有效地控制零点漂移（通过联测到港口上的测站来控制），则可取得±0.02mGal~0.2mGal（$1mGal=10^{-5}m/s^2$）的精度。

海底重力测量由于安置仪器的基础是稳固的，所以几乎不受海上各种特殊因素的影响。但是这种方法要求解决遥控、遥测以及自动置平等一系列复杂技术难题，而且观测工作既费时又麻烦，同时又只能在浅海地区作业，因此一般的海洋测量调查工作中已不再使用海底重力测量手段获取海洋重力场数据。值得指出的是，在海底观测网（站）等一些长期进行海洋环境监测的情况下，有时也会利用海底重力仪采集海洋重力场数据，但绝不是海洋重力测量的主要方法。

2. 船载海洋重力测量

海洋重力测量最常用的，同时也是最主要的手段，是将重力仪安置在海面舰船上进行动态观测，对测量剖面提供连续的观测值。这种方法是海洋测量调查工作中应用最广泛最普遍的方法，其所使用的仪器结构简单，观测方便，工作效率高。这种测量方式的显著特点是，测量船受到海浪起伏、航行速度、机器震动以及海风、海流等扰动因素的影响，将使重力仪始终处于运动状态。这样便使得除了重力作用在重力仪弹性系统上以外，还有许多因船的运动而引起的扰动力，这些扰动力必须在重力观测值中予以消除。同样是船载海洋重力测量，由于重力仪的工作原理不同，其受海洋环境的影响也是不同的。

在海面上进行重力测量受到的扰动影响归纳起来主要有水平加速度影响、垂直加速度影响、旋转影响和厄特弗斯效应。

以上各项扰动力的影响已经远远超过重力测量的观测误差，其量值甚至可以达到几十伽（Gal）。因此必须采取相应的措施来消除或在重力观测值中加以改正。

使用现有的海洋重力仪系统，在良好的导航条件下，海洋重力测量可获得 1~2km 的重力场分辨率，观测精度一般为±1mGal~2mGal，最好的情况可达±0.5mGal。

3. 航空重力测量

船载海洋重力测量虽然被广泛使用，但人们不禁想到，在海洋上能不能像陆地区域那样，利用航空重力测量手段获取海洋范围内的重力场数据呢？答案是显而易见的。航空重力测量在陆地区域的成功应用以及船载海洋重力测量的成功开展使得人们逐渐将航空重力测量手段应用于海洋重力场数据的获取。利用航空重力测量进行大面积测量既方便又迅速，对广阔的海洋具有特殊的意义。

航空重力测量和船载海洋重力测量均属动态重力测量，两者尽管有许多相似之处，但比较而言，航空重力测量比船载海洋重力测量还要复杂和困难得多。例如在海洋重力测量中，除去海洋潮汐影响以外，测量船基本上是在平均海面上航行的，不存在高度变化问题，垂直加速度可以通过取观测平均值予以消除。而在航空重力测量中，航行高度是随着气流影响不断变化的，垂直加速度同高度变化引起的重力变化叠加在一起，不能用简单的滤波方法予以消除，必须将其测出并加以改正，但又难以进行准确改正。由于飞机航速较快，厄特弗斯效应相应增大，也不易对其准确测定。此外，航空重力测量成果通常要通过向下延拓的方法，将空中的测量结果延拓到地球表面或者大地水准面上，才能够用于大地测量、地球物理测量及其他方面。

通过采取相关措施，可将航空重力测量对重力场的分辨率提高到几千米，测量精度可达到±1mGal 左右。

4. 卫星重力梯度测量

卫星重力梯度测量技术是利用卫星携带的重力梯度仪直接测定引力位二阶导数张量的重力测量技术。空间分辨率可达 $80 \sim 100 km$，大地水准面误差限制在 $1 \sim 2 cm$。为了减弱卫星姿态误差、位置误差以及转换到地固坐标系的换算误差，通常尽可能将梯度仪固定在卫星的质量中心，x 轴指向卫星的水平最大惯性主轴，y 轴指向卫星次惯性主轴（或 x，y 交换），z 轴指向卫星最大惯性主轴。这些观测量显著地包含重力场中、短波长的信息，可以以较高的精度确定重力场相应的位系数。

重力梯度张量包含了对大地测量和地球物理学中许多问题都十分重要的局部重力场信息。与传统方法相比，这种方法具有许多无可比拟的优越性：首先，梯度测量对惯性加速度不敏感，基本上没有厄特弗斯效应；其次，在地球物理解释中，利用重力向量或重力张量数据，其结果比单用重力异常标量好得多，而经过适当组合的梯度仪系统有可能测出重力向量或全部张量分量；最后，利用卫星梯度测量，可在短期内得到更详尽的全球重力图。

5. 卫星测高重力测量

卫星测高是 20 世纪 70 年代发展起来的一项高科技空间测量技术。它利用卫星上装载的雷达测高仪，连续向地球表面发射雷达脉冲，并接收自海洋表面返回的脉冲回波，通过处理，计算出海面高度，并由此进行地球物理、大地测量、海洋学以及其他相关学科的研究。

自 1970 年美国宇航局提出卫星测高的设想至今，先后已发射几十颗带有卫星测高仪的海洋卫星。期间经历了 Skylab 卫星的实验阶段，Geos-3 和 SeaSat 卫星的试用阶段和 GeoSat、ERS-1、Topex/Poseidon、ERS-2、GFO、Jason1、Jason2、CrySat、HY-2 等卫星的应用阶段。测高精度已由最初的米级提高到厘米级，其用途也由单纯的几何形态测量发展到地球物理解释。

卫星测高在大地测量中的直接应用是确定海洋大地水准面起伏，其间接应用是推求海洋地区的重力异常；测高卫星可以实时测量从卫星到瞬时海面的距离，经过对流层、电离层、潮汐、仪器偏差等各项改正后，可求得平均海面相对于某一参考椭球面的高度，结合某一已知的地球重力位模型可进一步求得海面地形高度，反过来又可以求得消除了海面地形影响的大地水准面。根据卫星测高求得的大地水准面高度，利用逆 Stokes 公式，就可推算出海洋地区的重力异常；也可以利用地面轨迹上平均海面高的一次差分求得垂线偏差，利用逆 Vening-Meinesz 公式求得海洋重力异常。

卫星测高技术的出现，极大地改变了对海洋区域重力场的了解，获得了占全球 71% 的海洋区域的 $1' \times 1'$ 分辨率的重力异常，大大丰富了人们对地球重力场的认识。利用卫星测高数据计算海洋重力异常已成为目前获取海洋区域重力场信息的重要手段。

5.3　海洋重力测量仪器

经过几十年的发展，海洋重力仪也在更新换代，从原理到精度都发生了很大的变化。从早期的气压式海洋重力仪、海洋摆仪、海底重力仪，到后来的摆杆型海洋重力仪、轴对称型海洋重力仪、捷联式重力仪等。目前，世界各国采用的海洋重力仪型号繁多，但根据原理和结构来区分主要有以下三种。

1. 海洋摆仪

一般认为海洋重力测量的真正起步以 20 世纪 20 年代海洋摆仪的介入为标志，海洋摆仪被视为第一代海洋重力测量仪器。其原理是利用同一平面内的三个摆的摆动周期来确定重力。由于海洋摆仪操作复杂、计算烦琐、观测周期长、费用高、效率低，因此，20 世纪 60 年代后已基本上被船载走航式重力仪所取代。

2. 摆杆型海洋重力仪

摆杆型海洋重力仪是替代海洋摆仪的主导型海洋重力测量仪器，被称为第二代海洋重力仪。其工作原理是用弹簧的弹性力来平衡重力，通过记录摆杆的偏移量来得到重力值的相对变化量。这种类型的代表性型号有 KSS5 型海洋重力仪、L&R 摆杆型海洋重力仪等。摆杆型海洋重力仪的最大缺陷是受交叉耦合效应的影响，尽管摆杆型海洋重力仪采取各种方法消除或减弱交叉耦合效应的影响，但毕竟难以尽除。

3. 轴对称型海洋重力仪

轴对称型海洋重力仪从 20 世纪 80 年代以来已逐步取代摆杆型重力仪，成为第三代海洋重力仪。其工作原理是轴对称型重力传感器用力平衡加速度计代替了摆杆。这类重力仪不受水平加速度的影响，因此从根本上消除了交叉耦合效应的影响。这种类型的代表性型号有 KSS30 型海洋重力仪、BGM-3 海洋重力仪等。

除了上面提到的三种类型的重力仪外，还有振弦型海洋重力仪、GPS/INS 捷联式重力仪等。此外，近年来利用冷原子技术的绝对重力测量在海洋动态环境下的应用也引起系统研究。

5.4 海洋重力测量的设计与实施

本节以船载海洋重力测量为例，介绍海洋重力测量的设计与实施。海洋重力测量是一个复杂的作业过程，涉及的环节多、过程复杂、技术难度大，任一环节处理不好都可能影响到最终数据成果的精度。海洋重力测量的目的就是获取海洋重力场信息，简言之，就是获取海洋重力异常（实际观测重力值与理论上的正常重力值之差）。

5.4.1 海洋重力测量的技术设计

同其他任何测量作业一样，出航前的技术设计是整个海洋重力测量活动的一部分。技术设计的好坏，直接影响着海上测量作业效率的高低、测量数据精度的高低，甚至影响着整个海洋重力测量活动的成功与否。因此，对海洋重力测量技术设计必须予以高度重视。

技术设计的内容主要包括资料收集、设计书编写、设计书报批等。

资料收集主要包括收集测区最新版的各种海图和航海资料、测区已有的海洋重力测量数据和图件资料、重力基点资料、卫星测高数据等。

设计书的内容主要包括目标任务与要求、测区概况、测量精度要求、测量比例尺、测量工作量、测线布设情况、仪器检验项目和要求、静态试验和动态试验要求、导航定位和水深测量方法、预期成果等。

技术设计书完成后，应报请主管部门审批备案，然后付诸实施。

5.4.2 海洋重力测量的数据获取

海洋重力测量数据的获取包括仪器安装和检验、重力基点比对、海上实施等几个主要环节。

以船载海洋重力测量为例，在海上测量之前，首先要将海洋重力仪安装在测量船舱室的合适位置，一般应将重力仪尽量安装在测量船的稳定中心部位，该位置的横摇、纵摇影响最小，远离热源体和强电磁源。重力仪的纵轴要沿着测量船的首尾方向，与测量船的纵轴相一致。重力仪要安装在具有空气调节设备的舱室内，整个重力仪系统应可靠接地。重力仪安装调节完毕后，应通电加温 48 小时以上，确保重力仪传感器内部达到正常恒温状态，然后对重力仪进行检校、测定重力仪参数，并对重力仪进行联机试验。测量出发前，在码头上进行重力基点比对，并进行重力仪稳定性试验，然后在开阔海区进行海上试验，试验合格后正式开始重力数据的获取。

测量船离开码头后，原则上不能关闭重力测量系统，测量时，采用走航式连续作业方式，并要求沿着布设测线匀速直线航行，提前上线，延后下线，偏离计划测线不得超过规范规定的指标，航线修正以及航速调整必须按照规范规定的要求进行。

重力测量过程中，必须同时进行导航定位和水深测量，并做好班报记录和数据记录。完成海上作业返回码头后，进行重力基点比对。

5.4.3　海洋重力测量的数据处理

海上测量作业完成后，其测量数据包含了一定的参数改正项、系统误差和偶然误差，需要对测量数据进行一定的处理才能得到最后的成果数据。

海洋重力测量数据处理主要包括以下几部分内容：重力基点比对、重力仪滞后效应校正、重力仪零点漂移改正、测量船吃水改正、厄特弗斯改正、重力异常计算等。

1. 重力基点比对

为了控制和计算重力仪器的零点漂移（又称为重力仪掉格）及测点观测误差的积累，同时将测点的相对重力值传递为绝对重力值，海洋重力测量规范要求：在每一次作业开始前和结束以后，都必须将海洋重力仪（即测量船）置于重力基准点附近进行测量比对。为此，要求重力基准点均需与 2000 国家重力基本网系统进行联测，联测精度要求不低于 $\pm$ 0.3mGal。重力基点比对计算公式如下：

（1）重力仪与重力基点之间纬度差改正公式：

根据重力基点比对时量取的重力仪到重力基点的距离和方位角，计算得到两者在南北向的距离 d_B，之后求纬度差改正 δg_B，有

$$\Delta B = d_B / 30$$

$$\delta g_B = 4.741636224 \ (0.01060488\sin B\cos B - 0.0000234\sin 2B\cos 2B) \ \Delta B$$

（2）重力读数 S 归算到重力基点高程面的改正公式，即

$$S_J = S_Z - 0.3086 h_{JZ}$$

$$h_{JZ} = h_J - (h_1 + h_r)/2 + h_Z$$

式中：h_J 为码头基点 P 到水面的高度，单位为 m；

$\qquad h_1$ 为船左舷甲板面（重力仪安装位置附近）到水面的高度，单位为 m；

$\qquad h_r$ 为船右舷甲板面到水面的高度，单位为 m；

$\qquad h_Z$ 为重力仪重心到甲板面的高度，单位为 m；

$\qquad h_{JZ}$ 为重力仪重心到重力基点高程面的高度，单位为 m；

$\qquad S_Z$ 为比对重力基点时重力仪读数值，单位为格；

$\qquad S_J$ 为归算到重力基点高程面的重力仪读数，单位为格。

2. 重力仪滞后效应校正

由于海洋环境的动态性，使得海洋重力仪受到的干扰加速度远大于实际的测量结果。为了消除或减弱扰动加速度的影响，得到真实的地球重力场数据，在生产海洋重力仪时，海洋重力仪的灵敏系统均采用了强阻尼措施，因而产生了仪器的滞后现象。换言之，在某一瞬间所读得或记录的重力观测值，不是当时测量船所在位置的重力值，而是在滞后时间前的那一瞬间的重力仪感应值。因此，在处理重力外业资料之前，必须事先消除这一滞后影响，使重力仪读数值正确对应于某一时刻的地理坐标和水深数据。每台仪器的滞后时间（即使是同类型仪器）都是不一样的，因此，为了标定这一滞后时间，在使用仪器进行作业以前，必须先在实验室内进行重复的测试，然后取其平均值作为该仪器的滞后时间常数，并登记在仪器观测记录簿上，以备对观测资料进行校正时使用。

3. 重力仪零点漂移改正

由于海洋重力仪灵敏系统的主要部件（如主测量弹簧）的老化以及其他部件的逐渐衰弱，而引起重力仪的起始读数的零位在不断地改变，这种现象称为仪器零点漂移，又称仪器掉格。在海上进行海洋重力测量时，因为我们不可能使每条重力测线都能在短时间内复位到重力控制网点或国家重力基准点上进行比对，因此，要求海洋重力仪的零点漂移率不能太大，其变化率最好呈线性的低值变化规律。

可以说，几乎所有的重力仪都存在零点漂移问题，这是重力仪固有的一大缺点。但是，只要其变化幅度不大，且有一定的规律性，那么我们就可以对相应的读数或记录进行零点漂移改正。关于零点漂移改正计算，以往通常采用两种计算方法：图解法和解析法。考虑到图解法既费时又不便实现数据自动化处理，目前已经很少使用，故这里仅将解析改正法介绍如下：

假设某船完成一个航次海洋重力测量任务，分别在开始和结束时刻停靠在基点 A 和 B 上进行了比对观测。已知基点 A 的绝对重力值为 g_A，基点 B 的绝对重力值为 g_B，两个基点的绝对值之差为 $\Delta g = g_B - g_A$。重力仪在基点 A 和 B 上的比对读数分别为 S_A' 和 S_B'，其重力差值表示为 $\Delta g' = K(S_B' - S_A')$（$K$ 为重力仪格值），比对的相应时间分别为 t_A 和 t_B，其时间差为 $\Delta t = t_B - t_A$，则这次测量的零点漂移变化率可计算得

$$C = \frac{\Delta g - \Delta g'}{\Delta t} \tag{5.3}$$

又假设在两次比对重力基点期间完成的各个重力测点的观测日期和时间，与比对基点 A 时刻的日期和时间之间的时间差依次为 Δt_1，Δt_2，$\cdots$，Δt_n，于是，各个重力测点的零点漂移改正值可按线性分配规律计算为 $C \cdot \Delta t_i$（$i = 1,2,\cdots,n$），经零点漂移改正后的各个重力值则为

$$g_i = g_i' + \delta g_K \cdot \Delta t_i \tag{5.4}$$

式中：$\delta g_K = C \cdot \Delta t_i$；$g' = K \cdot S_i$，$g_i$ 代表重力仪在第 i 个测点上的重力读数值，单位为格；时间 Δt_i 单位为 h；C 单位为 mGal/h。

若测量船在开始和结束时刻都闭合于同一个基点 A，则有 $g_A = g_B$，此时式（5.3）可以简化为

$$C = K(S_{A_2} - S_{A_1})/(t_{A_2} - t_{A_1}) \tag{5.5}$$

式中：S_{A_1} 和 S_{A_2} 分别代表重力仪在测量开始和结束时刻的读数值；t_{A_1} 和 t_{A_2} 分别代表相应的时间。

4. 测量船吃水改正

测量船吃水包括静态吃水和动态吃水，动态吃水对重力测量值的影响依靠海洋重力仪本身的阻尼和滤波性能可以得到消除或减弱。而静态吃水对重力测量值的影响则要靠测量前后的吃水值来改正。

其计算公式为

$$\delta g_C = 0.3086(h_{C_1} - h_{C_2})/(t_2 - t_1) \tag{5.6}$$

式中：δg_C 为测量船吃水改正值，单位为 mGal；h_{C_1} 和 h_{C_2} 分别为出测前和收测后测量船左右舷甲板面（重力仪安装位置附近）到水面的高度平均值，单位为 m；t_1 和 t_2 分别

为出测前和收测后比对基点的时间，单位为 h。

以上比对和改正过程均属于海洋重力测量数据处理的前期工作，所以，习惯上称这一过程为海洋重力测量数据的预处理。

5. 厄特弗斯改正

当测量船在同一条东西方向的测线上进行重力测量时，由东向西航行时所测得的重力值总是大于由西向东航行时所测得的重力值，这就是科里奥利力（科氏力）附加作用于重力仪造成的结果。测量船在自转的地球表面上航行，科氏力对安装在测量船上的重力仪所施加的影响就是厄特弗斯效应。消除厄特弗斯效应所进行的改正就是厄特弗斯改正。下面介绍厄特弗斯改正计算公式。

假设测量船的航向角为 A，航速为 V，则向东和向北的两个分速度 $V_E = V\sin A$，$V_N = V\cos A$。东向分速度使地球自转增加了一个角速度，大小为 $\dfrac{V_E}{R\cos\varphi}$（$R$ 为地球平均半径，φ 为测点地理纬度）。北向分速度对应的角速度为 $\dfrac{V_N}{R}$，它产生了一个附加的离心力 $R\left(\dfrac{V_N}{R}\right)^2 = \dfrac{V_N^2}{R}$，直接作用于重力方向。暂把地球看作均质球体，这样，安装在以速度 V 和航向 A 航行的船只上的重力仪所感受的重力值为

$$g' = \frac{fM}{R^2} - \left(\omega + \frac{V\sin A}{R\cos\varphi}\right)^2 R\cos^2\varphi - \frac{V^2\cos^2 A}{R} \tag{5.7}$$

式中：右端第一项代表地球引力；ω 为地球自转角速度。

地球表面上的实际重力值应该是

$$g = \frac{fM}{R^2} - \omega^2 R\cos^2\varphi \tag{5.8}$$

以式（5.7）减去式（5.8），并略加整理就得厄特弗斯改正计算式：

$$\delta g_E = 2\omega V\sin A\cos\varphi + \frac{V^2}{R} \tag{5.9}$$

将参数 R 和 ω 值代入上式，得实用计算式如下：

当航速 V 以 m/s 为单位时：

$$\delta g_E = 14.58 V\sin A\cos\varphi + 0.0155 V^2 \tag{5.10}$$

当航速 V 以 km/h 为单位时：

$$\delta g_E = 4.05 V\sin A\cos\phi + 0.0012 V^2 \tag{5.11}$$

当航速 V 以 kn 为单位时：

$$\delta g_E = 7.05 V\sin A\cos\phi + 0.004 V^2 \tag{5.12}$$

6. 重力异常计算

在完成海洋重力测量数据的预处理和厄特弗斯改正计算以后，资料处理下一步的任务是计算各类海洋重力异常，内容包括：测点绝对重力值计算、海洋空间重力异常计算、海洋布格重力异常计算等。这里仅介绍测点绝对重力值计算和海洋空间重力异常计算。

1）海洋重力测点绝对重力值计算

测点绝对重力值计算公式为

$$g = g_0 + K(S - S_0) + \delta g_E + \delta g_K + \delta g_C \tag{5.13}$$

式中：g_0 代表重力基点的绝对重力值；

K 代表重力仪格值；

S 为测点处重力仪读数（经滞后效应改正）；

S_0 为重力基点处的重力仪读数（经重力基点比对纬度差改正和高程面归算）；

δg_E 为厄特弗斯改正值；

δg_K 为重力仪零点漂移改正值；

δg_C 为测量船吃水改正值；

g 代表测点的绝对重力值。

各项改正的具体含义及其计算式这里不再赘述。

如果重力值是在潜水艇上测得的，则必须将测点观测重力值归算到海水面上。这种归算由两部分改正数组成，一部分是由潜水艇离海水面的深度（即负高度）引起的重力变化，可用空间改正公式计算，只要测得潜水艇的深度 h，然后用 h 乘以 0.3086 就得到此改正数；另一部分是由于海水质量的引力对重力值的影响。当观测点在潜水艇上时，观测点以上的海水层使其重力减小，而当观测点移到海面上时，此海水质量又在观测点的下面，它使海水面上观测点的重力增加，因此这部分改正数就是海水层质量的引力的两倍。海水层质量的引力采用层间改正公式计算，由此，这一部分改正数为 0.0861h，所以深度改正为：

$$\Delta g_h = -0.3086h + 0.0861h = -0.2225h \tag{5.14}$$

式中，空间改正和层间改正公式的推导可参阅普通的重力学教材。

2）海洋空间重力异常计算

海洋空间重力异常计算如图 5.2 所示，计算公式为

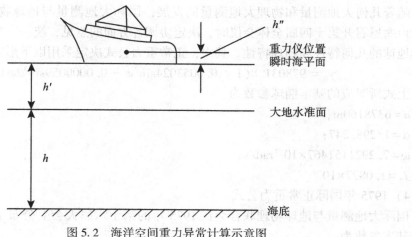

图 5.2 海洋空间重力异常计算示意图

$$\Delta g_F = g + 0.3086(h'' + h') - \gamma_0 \qquad (5.15)$$

式中：g 为测点的绝对重力值；

   h'' 为重力仪相对于瞬时海面的高度；

   h' 为瞬时海面到大地水准面（平均海面）的高度；

   γ_0 为重力测点所对应的正常重力值；

   Δg_F 为海洋空间重力异常。

关于正常重力场，目前国内各有关单位视不同的使用目的，有区别地选择了不同的计算公式，这些公式主要包括：

1）Helmert 公式

我国测绘部门在早期使用比较多的是 1901—1909 年 Helmert 正常重力公式，其实用形式为

$$\gamma_0 = 978030(1 + 0.005302\sin^2\varphi - 0.000007\sin^2 2\varphi) \qquad (5.16)$$

在我国，通常将这一公式与克拉索夫斯基参考椭球配合使用。克拉索夫斯基参考椭球基本参数为：长半径 $a = 6378245\text{m}$，扁率 $\alpha = 1/298.3$。

2）Cassini 公式

长期以来，我国一些勘探部门一直采用 1930 年 Cassini 正常重力公式，其实用形式为

$$\gamma_0 = 978049(1 + 0.0052884\sin^2\varphi - 0.0000059\sin^2 2\varphi) \qquad (5.17)$$

这一公式与 Hayford 椭球配合使用，其参数是根据国际大地测量与地球物理联合会1930 年斯德哥尔摩会议所通过的数值：

$a = 6378388\text{m}$；

$\alpha = 1/297.0$；

$\gamma_e = 978049\text{mGal}$（推算值）；

$\omega = 7.2921151 \times 10^{-5}\text{rad/s}$。

3）1967 年国际正常重力公式

随着几何大地测量和物理大地测量的发展，国际大地测量与地球物理联合会于 1967年在卢塞恩召开第十四届全体会议时，决定协调各方面的意见，统一一些基本参数来全面描述地球的几何特性和物理特性。其中，正常重力公式决定采用以下形式：

$$\gamma_0 = 978031.8(1 + 0.0053024\sin^2\varphi - 0.0000059\sin^2 2\varphi) \qquad (5.18)$$

上式所对应的基本椭球参数为：

$a = 6378160\text{m}$；

$\alpha = 1/298.247$；

$\omega = 7.2921151467 \times 10^{-5}\text{rad/s}$；

$J_2 = 1.0827 \times 10^{-3}$。

4）1975 年国际正常重力公式

国际大地测量与地球物理联合会在 1975 年的第十六届大会上公布了一个新的地球椭球，基本参数为：

$a = 6378140\text{m}$；

$\alpha = 1/298.257$；

$\omega = 7.292115 \times 10^{-5} \text{rad/s}$；

$J_2 = 1.08263 \times 10^{-3}$。

所对应的正常重力公式仍为式（5.18）。

5）1980 年国际正常重力公式

1979 年，国际大地测量与地球物理联合会在堪培拉召开了第十七届大会，决定从 1980 年起采用 1980 年大地测量参考系，其中的正常重力公式为：

$$\gamma_0 = 978032.7(1 + 0.0053024\sin^2\varphi - 0.0000058\sin^2 2\varphi) \tag{5.19}$$

上式所对应的基本椭球参数为

$a = 6378137\text{m}$；

$\alpha = 1/298.257$；

$\omega = 7.292115 \times 10^{-5}\text{rad/s}$；

$J_2 = 1.08263 \times 10^{-3}$。

6）CGCS 2000 正常重力公式

我国采用的 CGCS 2000 大地坐标系对应的 CGCS 2000 椭球的正常重力公式为：

$$\gamma_0 = 978032.53361(1 + 0.00530244\sin^2\varphi - 0.00000582\sin^2 2\varphi) \tag{5.20}$$

上式所对应的基本椭球参数为

$a = 6378137.0\text{m}$；

$f = 1/298.257222101$；

$\omega = 7.292115 \times 10^{-5}\text{rad/s}$；

$J_2 = 1.08262983 \times 10^{-3}$。

5.4.4　海洋重力测量的精度评估

精度评估无外乎两类，一类是外部精度检核，一类是内部精度检核。对于海洋重力测量而言，由于海洋环境的动态性，使得其精度评估既与陆地重力测量精度检核相似，又有别于陆地重力测量精度检核。海洋重力测量的外部精度检核主要是利用海底重力仪高精度的测量成果来检核海面重力测量的成果，除了需要进行重力向上延拓计算之外，精度评估本身的计算公式没有特殊之处。下面主要介绍海洋重力测量成果的内部精度检核，也称内符合检查。

海洋重力测量的测线一般都是布设成主测线和检查线相互正交的网状，这就表明在主测线和检查线的相交处有了重复观测，利用多条主测线和检查线交叉点处的重复观测值就可以进行精度评估。其评估步骤是先进行测线交叉点的计算，再利用交叉点处的不符值（主测线的重力值与检查线的重力值之差）进行精度评估。

交叉点的计算可利用线性内插的方法，利用主测线和检查线在交叉点附近的坐标和重力值，分别内插出交点处的坐标和重力值。交叉点不符值利用式（5.21）计算：

$$\Delta g_p = g_主 - g_检 \tag{5.21}$$

式中，Δg_p 为交叉点不符值，$g_主$ 为主测线在交叉点处的重力值，$g_检$ 为检查线在交叉点处的重力值。

求得测线交叉点处的重力不符值以后，海洋重力测量普遍采用式（5.22）进行精度估算：

$$M = \pm \sqrt{\frac{\sum \Delta g_{ij}^2}{2nm}} \tag{5.22}$$

式中，Δg_{ij} 表示交叉点重力不符值，n 和 m 分别代表主测线和检查线的数目总数。考虑到某些主检测线之间可能不存在相交点，所以，精度估算公式的实用形式为

$$M = \pm \sqrt{\frac{\sum \Delta g_{ij}^2}{2N}} \tag{5.23}$$

式中，N 代表主检测线实际相交点总个数。式（5.22）和式（5.23）均来自测量平差中常见的由双观测值之差求中误差公式。

海洋重力测量误差源主要来自五个方面：一是与海洋重力仪本身测量过程有关的误差；二是厄特弗斯改正不精确引起的误差；三是定位不精确引起的误差；四是空间改正误差；五是与重力基点有关的误差。上述五项误差中的前三项基本上都呈偶然性质，第四项既有偶然性也有系统性，第五项则基本上是系统性的。显然，按式（5.23）评定海洋重力测量精度，只能估算出偶然误差，不能估算出系统误差。海洋重力测量中各项偶然误差也很难精确分离，由交叉点不符值计算得到的精度指标，是各项偶然误差综合作用的结果。由于海洋测量环境的特殊性，使得我们无法在更多的测点上进行重复观测，只能依靠两条测线的交叉点获得重复观测值。应该说，这是一种带有抽样性质的、近似的评估方法，测线网越密，抽出的子样（即交叉点个数）越多，精度评定的可靠性就越高。

实际上，海洋重力测量数据中既有偶然误差，也有系统误差，甚至还会有粗差的存在。为了对测量数据中包含的粗差进行定位并剔除，就需要引入抗差估计等数据处理方法。为了消除或减弱系统误差或半系统误差的影响，就需要对海洋重力测量进行整体网平差。经过这些处理，海洋重力测量成果的可靠性和精度将会得以进一步提高。

5.5　海洋重力场数据的应用

海洋重力测量为整个地球重力场研究提供重力观测数据，因此，它具有和陆地重力测量学研究相同的目的和作用。海洋重力测量数据的应用是多方面的，主要有以下六种。

1. 确定地球的形状与大小，研究地球物理现象

大地水准面是地球重力场中代表地球形状的一个特定重力等位面，仅由地球物质引力和自转离心力决定，不受外力干扰且最接近静止海洋表面，是描述包括海洋在内的地球表面地形起伏和地球形状的理想参考面。大地水准面不仅代表了地球的大小和形状，而且是正高的起算面。略去海面地形，则大地水准面可看成平均海面，即为海拔高的起算面。目前利用卫星雷达测高技术可精密测定平均海面，由于受各种非保守力的作用，使海水处于运动状态，平均海面并非重力等位面，其相对于大地水准面的起伏为稳态海面地形，决定着全球大洋环流，产生海水热能的传递和物质的迁运，与大气互相作用影响全球气候变化。厄尔尼诺和拉尼娜现象就是其中一种灾害性气候变化，这两种现象都会引起平均海面高的异常变化。海洋大地水准面也是反映海底地形起伏及海底大地构造的物理面，洋中

脊、海沟、海山和海底断裂带都可经过频谱分析从海洋大地水准面起伏图像中进行识别，为海洋地球物理研究和矿产资源勘探提供基础信息。

2. 精化大地水准面，建立全球垂直基准

确定具有厘米级精度大地水准面将是大地测量学发展新的里程碑。大地水准面是大地测量的一个基本参考面，即正高（海拔高）的起算面，它的精密确定需要有高精度高分辨率的全球重力数据。大地水准面的中、长波在地球重力场谱结构中绝对占优，大于95%。因此提高中、长波分量的准确度是进一步精化地球重力场和大地水准面的关键，卫星重力探测计划是解决这一问题的最有效途径，可以低成本高效率地提供高精度的分辨率为 50～100km 全球分布的重力数据。如果实现厘米级精度大地水准面，就可将由 GNSS 测定的椭球高（大地高）直接转换为正高，并达到厘米级精度，在实用上可替代相应精度要求的繁重的水准测量，这将是大地测量学解决正高或正常高测定难点的重大进展。地面点正高数据是社会经济发展和地球科学研究需要的基础信息。各个国家目前都是采用各自由特定验潮站所确定的平均海面作为本国的高程起算面，并非大地水准面。由于海面地形的存在，各国高程基准不统一，相差可达 2～3m。统一全球高程基准也是大地测量跨世纪的目标和任务之一，以适应未来经济发展全球化和构造数字地球实现信息共享的发展趋势。

3. 了解地球内部构造

地球外部重力场不仅与地球的形状有关，更是地球内部物质密度分布不均匀的反映。地球重力场结构由地球物质分布结构所决定，重力场信息反映地球内部密度分布信息。重力异常能够揭示地球内部物质分布的非平衡状态，其对应地球内部的密度异常，是地球内部动力学过程的动因。测定重力异常是目前探索地球内部结构的三种手段（包括地震波传播分析以及地磁场测定）之一，重力场提供了反映地球内部构造的"一面镜子"。通过重力异常可反演密度异常，但这一反演问题并不确定；目前地震波层析成像可提供地震波速度异常的三维图像，但直接由波速异常转换为密度异常还很困难。联合重力异常和三维地震层析成像，结合地球表面的形变和位移信息（由大地测量获得）以及对地幔物质物理化学性质的实验研究，加之地壳及岩石圈的磁异常信息，就可以加深对地球内部密度异常结构及其动力过程的了解和认识。

4. 卫星定轨

现代的对地观测卫星，都要求高精度的卫星定轨，以便为星载对地观测设备所采集的数据和图像提供基准数据。卫星围绕地球运动，地球的球心引力和地球的非球形摄动是维持和影响卫星运动的主要因素。卫星定位精度在很大程度上取决于定轨精度，而后者决定于使用的地球重力场模型。尤其是对于低轨卫星而言，采用不同的重力场模型，对卫星轨道的影响很大。因此，为了保证定轨结果的准确性和可靠性，在实际的低轨卫星精密定轨应用中，要综合考虑低轨卫星的轨道高度等特点，合理选取重力场模型及其阶数，才能保证卫星定轨的精度。

5. 匹配导航

与地形匹配的原理相似，海洋重力场由于其变化特征明显，各地分布不同，因此也可以像陆地地形匹配一样，把海洋重力场匹配导航作为一种水下潜器的辅助导航手段。海洋重力场匹配导航是指将预先确定的水下潜器航行区域重力场的某种特征值，制成重力场背景分布图并储存在水下潜器海洋环境信息综合保障系统中。当水下潜器航行到这些地区时，水下潜器装载的传感器实时地测定重力场的有关特征值，并构成重力场实时分布图。实时分布图与预存的背景分布图在计算机中进行相关匹配，确定实时分布图在背景分布图中的最相似点，即匹配点，从而计算出水下潜器的实时位置，达到辅助导航的目的。

6. 远程武器发射

远程战略武器在其飞行过程中，时刻都处在地球重力场的作用下。为了保证战略武器准确命中预定目标，需要精确计算弹体在飞行中受地球引力作用的重力加速度，以便精确测算和控制导弹飞行轨道。另外，发射阵地首区详细的重力场模型，已成为有效地控制和提高远程战略武器精度的关键。因此，详细了解海洋重力场的分布可以有效提高远程武器的命中精度。

5.6　海洋地磁场基本概念

地球周围存在的磁场称为地磁场。地磁场的范围从地心到磁层边界。地磁场是重要的地球物理场之一，它的存在及其变化对人类生活、经济、军事和科学研究活动有重要影响。地磁场携带着从地核深部到外层空间的丰富信息，研究地磁场不仅有助于认识地球内部结构、性质和过程，而且有助于了解太阳与地球之间的能量、质量和动量的传输和耦合。地磁场研究成果在资源勘探、舰船和飞机导航等方面有着广泛的应用。地磁场也是一种重要的空间环境，其存在的空间是无线电波传播的区域，也是各种航天器和导弹武器的主要活动区域。地球表面海洋区域的地磁场称为海洋地磁场，也称海洋磁场，是地磁场的组成部分。主要用磁场强度、磁偏角、磁倾角、磁异常、梯度等物理量描述，是海洋固有的物理环境属性之一。地磁场通常分为三个部分：基本磁场及其长期变化、异常磁场和外源磁场。基本磁场及其长期变化来源于地核的内部；异常磁场是由地球表层地壳磁性活动源引起的；外源磁场是与近地空间的电流体系的外源相联系的。在地球表面所观测到的地磁场中，基本磁场占 95% 以上，异常磁场占 4%，外源磁场小于 1%。

海洋磁力测量是测定海上磁要素的工作。海底下的地层由不同岩性的地层组成，不同的岩性，以及岩石中蕴藏着的不同的矿床都具有不同的导磁率和磁化率，因而产生不同的磁场，以致在正常的磁场背景下，出现磁异常现象。海洋磁力测量主要是采用海洋磁力仪或磁力梯度仪探测海底磁场分布特征，发现由构造或矿产引起的磁力异常。海洋磁力测量是陆地磁力测量的拓展与延伸。以海底岩石和沉积物的磁性差异为依据，通过观测并研究海域地磁场强度的空间分布和变化规律，可探明区域地质特征。如地质勘察上，可为确定断裂地的位置、走向和火山口的位置，寻找铁磁性矿物、石油、天然气等海底矿产资源提供依据。军事上可用于探明水下沉船、未爆军火等，为舰艇安全航行和正确使用水中武器提供地磁场资料信息。

根据观测位置和磁力测量设备搭载的载体不同，海洋磁力测量可划分为船载海洋磁力测量、海底磁力测量、航空磁力测量、卫星磁力测量。狭义地，可把海洋磁力测量等同于船载海洋磁力测量。

地磁场是一个矢量场，磁场强度既有大小，又有方向。一般用三个独立的要素即可表示地磁场。由于地球形状不规则，地球内部物质分布不均匀，地磁场的大小和方向也是各地不同。同时，由于地球形状近似于一个旋转椭球，因此，地磁场又表现出某种与纬度的相关特性。

表示地球磁场大小和方向的物理量称为地磁要素，如图 5.3 所示。地球磁场可用坐标系内不同的分量表示。地磁要素共有七个：地磁场总强度 T、磁倾角 I、磁偏角 D、水平分量 H、垂直分量 Z、北向分量 X、东向分量 Y。确定某一地点的磁场情况需要三个独立的地磁要素即可，通常是磁倾角、磁偏角和地磁场总强度。

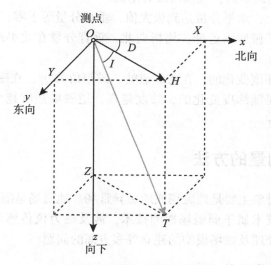

图 5.3　地磁七要素示意图

地磁七要素有式（5.24）所列关系式。

$$
\begin{cases}
X = H\cos D \\
Y = H\sin D \\
Z = H\tan I \\
H^2 = X^2 + Y^2 \\
T^2 = H^2 + Z^2 \\
T = H\sec I = Z\csc I \\
\tan D = \dfrac{Y}{X}
\end{cases}
\tag{5.24}
$$

用于表示各地地磁要素分布情况的地图称为地磁图，如等磁差图、等倾角图、地磁异常图等。由于地磁北极与地球的地理北极并不一致，磁极的位置不断地按椭圆轨道绕地极作缓慢的移动，故地磁要素的数值在逐年逐时不断地变化。

为了了解地磁要素的分布及其随时间变化规律，地球上设立了很多的地磁观测台站。这些地磁台站利用专门的地磁测量仪器对地磁要素进行测定，并据此绘制地磁要素变化曲线。常见的地磁要素图有地磁总场等值线图、地磁偏角等值线图、地磁倾角等值线图、地磁水平分量等值线图、地磁垂直分量等值线图。

地球磁场有两个磁极，接近地理北极的称为北磁极，接近地理南极的称为南磁极。在两个磁极具有这样的特征，即在这里的水平分量为 0，而磁倾角为 90°。另外，在地理两极和地磁两极的地方，等偏角线汇集于此，磁偏角的数值不能确定，在两极的周围，磁偏角的数值可以从 0°变到 360°。

地球磁场具有如下几个主要特征：

（1）地球有两个磁极，且分别靠近于两个地理极。在磁极处磁倾角等于±90°，水平分量为零，垂直分量达到最大，磁偏角没有定值。

（2）在磁子午线上，水平分量达到极大值，垂直分量等于零，磁倾角等于零。

（3）水平分量除了极地附近外，均指向北。垂直分量在北半球指向下，在南半球朝上。

（4）磁倾角是随纬度变化的，在磁赤道处，磁倾角为 0°，在磁极处，磁倾角为 90°。

（5）地磁场强度是随纬度变化的，纬度越高，地磁场强度越大。两极处的地磁场强度为赤道处的两倍左右。

5.7　海洋磁力测量的方法

海洋磁力测量的对象主要是地磁场或地磁异常场。地磁场是随时间和空间而变化的矢量场，海洋磁力测量技术属于弱磁场探测技术，涉及磁力仪传感器技术、磁场数据的采集、磁力测量信息的处理及磁场模型的建立等多方面的问题。

5.7.1　海洋磁力测量的特点

与海洋重力测量一样，海洋磁力测量也是在起伏不定的动态环境中进行的，因此毫无例外地受到波浪、海流等的影响。海洋磁力测量是整个地磁场研究的重要组成部分，因此，它具有和陆地磁力测量学研究相同的目的和作用。同时，海洋磁力测量还有着自己独特的作用。同海洋重力测量一样，实施测量作业的载体是测量船，测量过程中要受到海洋动态环境的各种影响，因此，海洋磁力测量不可能像陆地磁力测量那样可以在稳定的平台上进行静态观测，而只能在不断运动状态下进行动态观测。与陆地磁力测量相比，有其自身的特点：

一是测量船或多或少带有一定的磁性，尽管磁力仪探头拖曳在测量船后头，距离测量船有三倍左右的船长，但是测量船的磁性对测量结果的影响是客观存在的，因此，在海洋磁力测量数据处理时要进行船磁影响改正。

二是在磁力测量工作状态时，由于船速及风、流、浪、涌等因素的影响，使得磁力仪探头（拖鱼）上下起伏波动，磁力测量结果受到拖鱼上下起伏的影响。

三是海上测量布设地磁日变站比较困难，无法像陆地磁力测量那样可以利用附近地磁台站的观测结果，所以，海底地磁日变站得到广泛应用。由于海洋环境动态变化影响拖鱼位置变化，地磁日变站控制范围大从而降低了控制效果，综合作用的结果就使得海洋磁力测量的成果精度远远低于陆地磁力测量成果的精度。

四是陆地磁力测量是以测点形式出现的离散点测量，而海洋磁力测量是以测线形式出现的剖面测量，在测线上可取任意密集的测点，但在测线与测线之间无测点。

五是陆地磁力测量可以在测点上建立固定的标志，而海洋磁力测量无法在每个测点上建立固定的标志，所以海洋磁力测量与测点定位必须同步进行，资料处理时也必须将这两部分资料一起处理。

六是陆地磁力测量可以根据需要在同一测点上进行任意多次重复观测，而海洋磁力测量无法在同一测点上进行严格意义上的重复观测。

5.7.2 海洋地磁场测定的方法

海洋地磁场测定的方法与陆地磁场测定的方法既有相似之处，又因为环境不同，有其特殊性。与陆地磁力测量相比，海洋磁力测量在搭载平台、磁力仪、测量方法、数据处理等方面有着其特殊性。

根据观测位置和磁力测量设备搭载的载体不同，可将海洋磁力测量划分为海底磁力测量、船载海洋磁力测量、航空磁力测量和卫星磁力测量。

1. 海底磁力测量

顾名思义，海底磁力测量就是将磁力仪安置在海底直接测量地磁场强度。海面和海底同时进行测量，可以得到地磁场的垂直梯度。值得注意的是，海底磁力测量一般是将磁力仪安置在无磁性的潜器内进行测量，效率低，不易操作，已被淘汰。

2. 船载海洋磁力测量

船载海洋磁力测量是利用船载海洋磁力仪在海洋开展的地磁测量。这是海洋磁力测量的主要方法。目前主要采用光泵和质子等磁传感器测定地磁场的总强度值。

要对海洋磁场进行精确的磁力测量，目前通常的做法是把海洋磁力仪拖曳在测量船的后面进行走航式地磁总强度测量。与陆地磁力测量相比，船载海洋磁力测量具有以下特点：①由于测量船本身具有一定的磁性，因此装有地磁传感器的拖鱼就不能距离测量船太近，否则地磁传感器所测得的地磁总强度里面就包含了船磁的影响。作业时，海洋磁力测量的拖鱼拖曳在测量船后一定距离，一般要求与测量船的距离不小于测量船长度的3倍。②由于船磁的影响，当测量船以不同的航向通过某一点进行测量时，所得的地磁场强度不同，因此要进行船磁影响改正。测量前，要在测区或附近选定一个地磁平静海区进行船磁影响测定试验。测量船按照八个方位通过某个测点，测得地磁场总强度值，将这八个方位测得的地磁总强度拟合成多项式函数。在测量时即可进行船磁影响改正。③要求测量船保持匀速直线航行。由于拖鱼的位置一般是根据测量船的位置、拖缆长度和航速推算得到的，所以拖鱼的位置精度一般不高。当采用超短基线对拖鱼进行定位时，拖鱼的位置精度比推算得到的精度要高。④为了进行地磁日变改正，要在测区同纬度地区布设岸上地磁日变站，条件许可时也可在测区中央布设海底地磁日变站，在海上测量的同时进行连续日变观测。

船载海洋磁力测量后要对测量数据进行处理。数据处理项目包括地磁正常场计算、船磁影响改正、日变改正、拖鱼位置计算和系统差调平等，其成果图件包括地磁异常等值线图和地磁异常平面剖面图，可反映测量海区的地磁场分布。

3. 航空磁力测量

航空磁力测量指把航空磁力仪（光泵式、核旋式和磁通门式）、定位仪、磁补偿器等组成的航空磁力测量系统，安装于飞机或其他飞行器内，对地球磁场进行的测定。测量要素可包括地磁场总强度、垂直强度、水平强度、梯度和位置、航高等。与陆地磁力测量相比，航空磁力测量布设测线方便，不受地形、植被和交通等限制，速度快、费用省。在飞机上观测，测点距离地面具有一定高度，减弱了微小地质体及地表磁性不均匀的干扰，可以使得测量结果更能真实地反映地下较深处的地质情况。对于有些应用，需要将空中的地磁异常延拓到海面上，这就存在所谓的不确定性，也是人们一直研究的问题之一。

4. 卫星磁力测量

卫星磁力测量是指由卫星携带磁力、姿态和导航等传感器系统，对地球空间、太阳、太阳系各行星与行星际磁场进行的测定。测量要素包括磁场方向、强度、梯度及其变化等。能在较短的时间内获取整个地球磁场的资料，是地磁场监测的主要手段之一，也是建立全球地磁场模型、研究全球磁异常和地磁场的空间结构的基本资料来源。

卫星磁力测量目前不是海洋磁力测量研究的重点，这里不做过多介绍。

5.8　海洋磁力测量仪器

磁力测量主要是测定地磁场的相对变化值。按照测量的内容和方式可将海洋磁力测量所使用的磁力仪划分为海洋磁力仪和海洋磁力梯度仪两类。

海洋磁力仪是测量磁场强度以及磁场随时间变化规律的仪器，按照工作原理的不同可分为机械式磁力仪、磁通门磁力仪、质子磁力仪、光泵磁力仪、超导磁力仪等。按照所测量的地磁要素来分，有测量地磁总强度的总强度磁力仪，测量地磁倾角的地磁感应仪，测量地磁偏角的磁偏计等。但是，由于海洋环境的动态性，目前海洋磁力测量还是利用测量船搭载质子旋进式磁力仪或者光泵磁力仪来实施。

海洋磁力梯度仪是测量海洋地磁梯度的仪器。通过一定的转换关系，可以把测量得到的地磁梯度转化为地磁总强度，可消除被测磁场的时间误差，包括日变、微脉动、航向误差和短基线探头间距带来的误差以及固有的涌浪噪声等。磁力梯度仪测量的一个重要特征是可以从背景磁场分离出地表浅层的磁场特征，突出目标的解释边界等。

下面简要介绍一下磁力仪的种类。

1. 机械式磁力仪

机械式磁力仪是最早用于磁力测量的仪器，1915 年阿道夫·施密特刃口式磁秤问世，20 世纪 30 年代末出现凡斯洛悬丝式磁秤，成为广泛使用的地面相对测量的磁测仪器。根据测量地磁场要素的不同，又可分为垂直磁力仪及水平磁力仪。

2. 磁通门磁力仪

磁通门磁力仪又名饱和式磁力仪，出现于"二战"期间，主要用于飞机反潜，战后被广泛应用于海洋磁力测量、未爆军火探测、海底管线探测等。磁通门磁力仪利用高磁导率的坡莫合金，能感应很小的磁场强度，其感应磁场的磁通量密度（磁感应强度）与外部磁场呈非线性关系，并且通过产生的电磁感应信号，来测量地磁场总强度的模量差和垂直分量差。由于坡莫合金是一种高磁导率、矫顽力小的软磁性材料，它在外磁场作用下，极易达到磁化饱和。也就是说，外磁场的很小变化，便引起磁感应强度的很大变化。由于磁通门磁力仪很不稳定，后来被质子磁力仪和光泵磁力仪所代替。

3. 质子磁力仪

质子磁力仪于 20 世纪 50 年代中期问世，在航空、海洋及地面的磁力测量中都得到了广泛应用，它具有灵敏度高、准确率高的特点，可测量地磁场总强度的绝对值和梯度值。质子磁力仪使用的工作物质（探头中）有蒸馏水、酒精、煤油和苯等富含氢的液体。当没有外界磁场作用于氢液体时，其中质子磁矩无规则地任意指向，不显示出宏观磁矩。若在垂直地磁场 T 的方向，加入人工强磁场 H_0，则样品中的质子磁矩将按 H_0 的方向排列起来。然后切断磁场 H_0，则地磁场对质子有一个力矩试图将质子拉回到地磁场的方向。由于质子自旋，在力矩的作用下，质子磁矩将绕着地磁场 T 的方向作旋进运动。质子旋进频率乘上一个常数，就可以得到地磁场 T 的值。

4. 光泵磁力仪

20 世纪 50 年代中期，光泵技术应用于磁力仪研制，它具有灵敏度高、响应频率高，可在快速变化中进行测量的特点，且光泵磁力仪体积小、质量轻，目前已成为航空、海洋和陆地地磁测量的主要手段。光泵磁力仪所利用的元素是氦、汞、氮、氢以及碱金属铷、铯等，这些元素在特定的条件下，能发生磁共振吸收现象（或叫光泵吸收），而发生这些现象时的电磁场频率与样品所在地磁场强度成比例关系。只要能准确测定这个频率，就可以得到地磁场强度。

5. 超导磁力仪

超导磁力仪于 20 世纪 60 年代中期研制成功，其灵敏度超出其他磁力仪几个数量级，量程范围宽，磁场频率响应高，观测数据稳定可靠。超导磁力仪在大地电磁、古地磁研究和航空地磁分量测量中有所应用，但还没有得到广泛应用，主要是因为仪器需要低温，降低了超导磁力仪的可移动性。超导磁力仪是利用所谓的约瑟夫逊效应测量磁场，其测量器件是由超导材料制成的闭合环，有一个或两个超导隧道结。利用器件对外部磁场的周期性响应，对磁通量变化（与外部磁场变化成正比）进行计数。已知环的面积，就可以算得磁场值。

5.9 海洋磁力测量的设计与实施

本节以船载海洋磁力测量为例，简要介绍海洋磁力测量的设计与实施。海洋磁力测量是一个复杂的作业过程，涉及的环节多、过程复杂、技术难度大，任何一个环节处理不好都可能影响到最终数据成果的精度。海洋磁力测量的主要目的是获取海洋磁场信息，简言之，是获取海洋磁力异常。需要指出的是，在一些海岛礁上，也开展地磁偏角测量。在一些舰船上，也会因为某种特殊需要开展地磁三分量测量。

5.9.1 海洋磁力测量的技术设计

海洋磁力测量的技术设计是整个测量工作的组成部分，技术设计的好坏直接影响磁力测量成果是否满足规范要求，整个测量过程是否顺利完成。海洋磁力测量的作业方式不止一种，这里以船载海洋磁力测量为例，简要描述一下海洋磁力测量的整个作业过程。

船载海洋磁力测量利用拖曳在测量船后方的拖鱼来测量地磁场总强度（拖曳相距一定距离的两个拖鱼时，也可测量地磁场梯度）。

技术设计的内容主要包括资料收集、设计书编写、设计书报批等。

资料收集主要包括收集测区最新版的各种海图和航海资料、测区已有的海洋磁力测量数据和图件资料、地磁台站资料等。

设计书的内容主要包括制定测区范围、划分图幅及确定测图比例尺、磁力仪仪器检验项目和要求、静态试验和动态试验、地磁日变站设立、测线布设以及里程和工作量估算、导航定位方法的选择、船只及人力和仪器的安排计划、预期成果等。

完成技术设计书后，应报请主管部门审批备案，然后付诸实施。这里着重介绍测量比例尺、测线布设和日变站布设。

1. 测量比例尺

磁力测量比例尺的确定取决于磁力测量的目的。测量比例尺越大，则测线间距对应的实地距离就越小，对地磁场的描述就越精细。反之，测量比例尺越小，测线间距所对应的实地距离就越大，对地磁场的描述也就越粗略。一般而言，如果是地磁场普查，比例尺就较小，比如小于 1：20 万；如果是详查，则测量比例尺就较大，比如大于 1：10 万。

2. 测线布设

布设测线时一般都是取图上 1cm 为测线间距。测线网由相互平行的等间距的测线构成，这些测线称为主测线。另外，还要布设一些与主测线垂直的检查测线，以检查系统差的存在和进行精度评估。主测线的方向一般与地质构造走向相垂直，便于对地质构造剖面进行分析。

3. 日变站布设

布设日变站的目的就是连续测量地磁场变化，提供地磁日变改正资料。如果发现磁暴，则应在磁暴期间停止海上的磁力测量作业，但日变站的观测不能停止。日变站的位置应远离用电干扰区，尽可能置于测区中央，并能控制测区磁场变化。当条件不允许时，可设立海底日变站，也可在测区的同纬度地区设立日变站。日变站的控制范围与磁力测量精度有关，具体可参见有关磁力测量规范要求。

5.9.2 海洋磁力测量的数据获取

海洋磁力测量的数据采集与重力测量相似，同时由于专业不同，其获取方式也有区别。经过仪器调试、检定和各项试验后，即可开始海上数据的采集。需要注意的是，在测量船上测线时，要有适当的提前量，保证在测线起点处测量船已严格上线，进入测线后即可开始测量。下测线时，要等测量船后面的拖鱼过测线终点后方可转向。测量时，要保持测量船匀速直线航行。换线时，要及时定位并做好记录。完成主测线后，即进行检查线的测量。需要注意的是，海上测量期间要同时记录地磁日变站的观测数据，为了完整进行地磁日变改正，要求地磁日变站要在测量船出海测量的前一天开始日变观测，在测量船结束测量的后一天停止日变观测。

5.9.3 海洋磁力测量的数据处理

海洋磁力测量的数据处理是整个测量任务的重要环节。决定测量成果精度高低的因素除了海上外业测量之外，内业处理也是极为重要的因素。船载海洋磁力测量数据处理的内容主要包括正常场校正、地磁日变改正、船磁影响改正等。当然，在进行校正和改正之前，必须先进行拖鱼位置归算。如果采用超短基线声学定位，则拖鱼的位置确定就极为简单。如果没有采用超短基线定位手段，则需要根据拖缆长度、测量船航速、拖鱼质量等因素来计算确定。

1. 正常场校正

正常场校正一般采用国际参考场来计算地磁正常场。国际上广泛采用的是国际地磁参考场（如：IGRF 2020.0—2025.0），此时，地球的磁位可表示为式（5.25）：

$$U = a \sum_{n=1}^{8} \sum_{m=0}^{n} \left(\frac{a}{r}\right)^{n+1} \left(g_n^m \cos m\lambda + h_n^m \sin m\lambda\right) P_n^m(\cos\theta) \tag{5.25}$$

式中：g 和 h 称为高斯系数，$P_n^m(\cos\theta)$ 为缔合勒让德函数，a 为赤道半径，r 为地心向径，θ 为余纬度，λ 为经度。

2. 日变改正

地磁日变化是影响海洋磁力测量精度的主要因素，因此必须予以重视。地磁日变化分为静日变化和扰日变化。磁扰变化幅度低于 100nT 的变化为静日变化，一般静日变化范围在 10~40nT，而磁扰日变化可达 1000nT，远高于目前的磁测仪器的测量误差。

地磁日变改正的机理是将地磁变化看作时空分布的函数，属于地磁测量中的系统误差。其改正方法就是实施固定点观测，并根据日变的时空分布规律，对日变站控制区域内的所有测点进行日变改正。

3. 船磁影响改正

船磁影响改正是根据船磁试验所得的八方位曲线进行的。也可以采用傅里叶级数法或四航向法。通常为了简化改正手续，可使测线方位与方位曲线的交点为零，过此点作平行于横轴的直线，该直线即方位曲线的零线。然后根据测量时航向的方位在改正曲线上进行改正，零线以上的为正，其值应减掉；零线以下的为负，其值应加上。

经过正常场校正、日变改正和船磁影响改正后，就得到了所需的地磁场异常值 ΔT，如式（5.26）所示：

$$\Delta T = T - T_0 - T_d - T_s \tag{5.26}$$

式中：ΔT 为地磁异常值，T 为地磁场总强度值，T_0 为地磁正常场值，T_d 为地磁日变改正值，T_s 为船磁影响改正值。

5.9.4 海洋磁力测量的精度评估

同前面介绍的海洋重力测量一样，海洋磁力测量一般也是通过交叉点不符值来评价测量成果精度的。

海洋磁力测量的测线一般也是布设成主测线和检查线相互正交的网状，同海洋重力测量一样，利用多条主测线和检查线交叉点处的重复观测值就可以进行精度评估。其评估步骤是先进行测线交叉点的计算，再利用交叉点处的不符值（主测线的地磁测量值与检查线的地磁测量值之差）进行精度评估。

交叉点的计算可利用线性内插的方法，利用主测线和检查线在交叉点附近的坐标和地磁异常值，分别内插出交点处的坐标和地磁异常值。交叉点不符值利用式（5.27）计算：

$$\delta_i = \Delta T_主 - \Delta T_检 \tag{5.27}$$

式中，δ_i 为交叉点不符值，$\Delta T_主$ 为主测线在交叉点处的地磁异常值，$\Delta T_检$ 为检查线在交叉点处的地磁异常值。

求得测线交叉点处的地磁异常不符值以后，海洋磁力测量普遍采用式（5.28）进行精度估算：

$$\varepsilon = \pm \sqrt{\frac{\sum_{i=1}^{n} \delta_i^2}{2n}} \tag{5.28}$$

式中，δ_i 表示交叉点磁力异常不符值，n 为交叉点的个数。

海洋磁力测量误差源主要来自五个方面：一是与海洋磁力仪本身测量过程有关的误差；二是船磁影响改正不完善引起的误差；三是日变改正不完善引起的误差；四是拖鱼位置归算不准确引起的误差；五是与正常场校正有关的误差。这些误差有的属于偶然性质的误差，如拖鱼位置归算引起的误差，其他的则基本属于系统误差。同海洋重力测量一样，海洋磁力测量数据中既有偶然误差，也有系统误差，甚至还会有粗差的存在。为了对测量数据中包含的粗差进行定位并剔除，就需要引入抗差估计等数据处理方法。为了消除或减弱系统误差或半系统误差的影响，就需要对海洋磁力测量进行整体网平差。经过这些处理，海洋磁力测量成果的可靠性和精度将会得以提高。

5.10　海洋磁场数据的应用

海洋磁力测量成果在很多方面都有重要的应用。例如，通过观测并研究海域地磁场强度的空间分布和变化规律，可探明区域地质特征，如断裂带的位置和走向、火山口的位置，寻找海底矿产资源，如铁磁性矿物、石油、天然气等。军事上可用于探明水下沉船、未爆军火、海底管道和电缆等，为舰艇安全航行和正确使用水中武器提供地磁资料信息。归纳起来，海洋磁力测量成果的应用主要有以下五种。

1. 研究地球内部构造

磁异常是由地下各种地质体之间的磁性差异引起的。它同地质体的磁化强度的大小和方向有关，同地质体的埋深和倾斜方向等有关。测区异常磁场的分布与该区内的岩石分布和构造特征有关。因此，掌握了某个区域的地磁分布特征，即可据此来研究地球内部的物质构造，来推断地下金属矿藏和石油的分布情况。

2. 水下磁性目标的探测

由于海洋中磁性物体（潜艇、水雷、沉船、铁锚等）的存在，其产生的局部磁场会叠加在地球的固有磁场之上。如果我们已经测得地球磁场，则水下磁性目标等产生的磁场叠加在地球磁场之上就会引起地磁场的畸变，也就是产生局部磁异常。磁力仪一旦探测到这种局部磁异常，就能为探测和识别磁性物体提供一种非常实用的手段。

3. 海上导航方面的应用

地磁场用于导航主要体现在两个方面：一是地磁偏角用于舰船上的磁罗经导航。由于地球自转轴与地磁轴并不重合，地磁航向与地理方向之间存在一个称之为地磁偏角的夹角，因此，利用磁罗经测量的磁航向或磁方位角须经磁偏角改正后才能得到航行载体的地理航向或地理方位角。二是类似于水下重力场匹配导航，也是属于物理匹配导航的一种。地磁场匹配导航是指将预先确定的水下潜器航行区域地磁场的某种特征场值，制成地磁场背景分布图并储存在水下潜器海洋环境信息综合保障系统中。当水下潜器航行到这些地区时，水下潜器装载的传感器实时地测定地磁场的有关特征值，并构成地磁场实时分布图。实时分布图与预存的背景分布图在计算机中进行相关匹配，确定实时分布图在背景分布图中的最相似点，即匹配点，从而计算出水下潜器的实时位置，达到辅助导航的目的。

4. 在海底光电缆调查中的应用

由于海底光电缆的直径比较小，传统的多波束测深、侧扫声呐等常规声学几何探测手段难以对其进行探测和识别，然而海底光电缆的电磁特性为应用磁力仪探测和识别海底光电缆提供了物理基础和技术手段。通常海底光电缆的铁磁性材料和管线中的电流会产生磁场，叠加在地磁背景场之上，产生磁异常。因此，只要采用合理的精密磁力测量方法就能探测海底光电缆产生的磁异常信号，从而实现对海底光电缆的识别和定位。

5. 在海洋工程中的应用

随着跨海大桥、海底隧道工程以及核电站工程的增多，对工程区域的稳定性提出了更高要求，需要了解工程区域内的断层及其他构造的存在情况及其活动性。在这类工程中，一般采用磁法勘探和浅地层地震勘察相结合的方法，对工程区域内的地质稳定性进行研究。地磁异常剖面图和等值线图结合地震资料和钻孔资料就可以进行综合地质解释。

第6章 海洋测量数据管理与海图生产

海洋测量数据是重要的海洋基础信息，包含水深、地形、水文、重力等多元数据类型，如何高效地进行海洋测量数据的存储、管理、表达和应用，一直是海洋测绘工作者面临的重要任务之一，为了更好地阐述海洋测量数据管理与海图生产中的相关理论和技术方法，本章将重点介绍海底数字高程模型、海图制图，以及电子海图与海洋地理信息系统等基础知识。

6.1 海底数字高程模型

6.1.1 空间数据管理

1. 空间数据源

数据是指对某一目标定性、定量描述的原始资料，包括数字、文字、符号、图形、图像、声音等形式。信息是数据中所包含的意义。数据是用以载荷信息的物理符号，只有理解了数据的含义，对数据做出解释，才能提取数据中所包含的信息。

1）空间数据

空间数据是以点、线、面等方式采用编码技术对空间物体进行特征描述及在物体间建立相互联系的数据集。点是一个没有面积和长度的空间位置，表示单一位置或现象的地理特征，如三角点、灯浮标等。线是一系列点的坐标集，如河流、道路、等高（深）线、岸线等。多边形是由相互邻接的线组成的封闭图形，可表示具有面状空间特征的地理现象，如岛屿、滩涂等。

空间数据一般具有如下三个特征：位置信息、属性信息和时间信息。

（1）位置信息：用位置数据（亦称几何数据）来记录，它反映自然现象的空间分布。比如水深点的坐标。

（2）属性信息：描述自然现象、物体的质量和数量等特征。比如控制点的级别、海底底质等。

（3）时间信息：时间是空间物体存在的形式之一，空间和时间相互联系而不能分割，时间信息反映空间物体的时序变化及发展过程与规律，无论是位置数据还是属性数据，都是在某一时刻采集的空间信息，时间信息也可隐含在属性数据中。

2）元数据

元数据是关于数据的数据。随着海道测量数字化技术体系的建立，海道测量数据的标准化处理显得日益重要。特别是海道测量的数据除满足船只航行的航海保障之外，在海岸管理、环境监测、资源开发、法律和外交、海洋和气象模型、工程和建筑规划等其他众多领域也发挥着重要的作用。

一般将水深测量数据质量的文件化处理过程称为数据属性化，而包含数据质量信息的属性化数据称为水深测量的元数据。水深测量的元数据至少由下列信息组成：

(1) 测量基本信息，例如，测量日期、海区、仪器设备、测船名称；

(2) 采用的平面和垂直基准，如果采用局部坐标系，还应包括与 CGCS 2000 系统的联测数据；

(3) 校准比对处理过程与结果；

(4) 声速信息；

(5) 潮汐基准面和水位改正；

(6) 成果的置信度。

数字海图中包括元数据文件，记录每幅图的有关数据信息，如图名、图号、投影方式、比例尺、范围等，通常每项数据为一行，以文本文件方式保存。

3) 空间数据结构

空间数据结构是指空间数据的编排方式和组织关系。不同的数据源，其数据结构相差很大，同一数据源，可以用多种方式来组织数据。空间数据结构主要分为矢量数据结构和栅格数据结构两类。

矢量数据结构通过记录地理实体坐标及其关系，尽可能精确地表示点、线、多边形等地理实体，允许任意位置、长度和面积的精确定义。矢量数据结构直接以几何空间坐标为基础，记录采样点坐标，具有数据精度高、存储空间小等特点，是一种高效的图形数据结构。

栅格数据结构是以规则阵列表示空间对象的数据结构。阵列中每个栅格单元上的数值表示空间对象的属性特征，即栅格阵列中每个单元的行列号确定位置，属性值表示空间对象的类型、等级等特征。每个栅格单元只能存在一个值。在栅格数据结构中，地理空间被分成相互邻接、规则排列的栅格单元，一个栅格单元对应于小块地理范围。

2. 空间数据分析

1) 数据质量的基本要素

空间数据质量可以从准确度、精度、不确定性、一致性、完整性、现势性等方面来考察：

(1) 准确度：即测量值与真值之间的接近程度，可以用误差来衡量。如果两点间的距离为 100 海里，从海图上量测的距离为 99 海里，那么海图距离误差为 1 海里。

(2) 精度：即对现象描述的详细程度。例如有的用于水深测量的 GNSS 接收机精度为数米，而测量型 GNSS 接收机的精度可达 0.001m。

(3) 不确定性：指某现象不能精确测得。例如潮汐的影响，海岸线不能精确测定。不确定性包括位置、属性和时间上的不确定性。

(4) 一致性：指对同一现象或同类现象的表达的一致程度。同一地物在陆图和海图上形状不同，这表示数据的一致性差。

(5) 完整性：指具有同一准确度和精度的数据在特定空间范围内是否完整的程度。

如水深测量覆盖的范围。

(6) 现势性:指数据反映客观现象目前状况的程度。如港池由于洄淤、疏浚等而使水深发生变化,新测的数据就比过去的数据现势性要好。如果由于成图周期长,局部的快速变化不能及时地反映在水深图上,水深图就失去了现势性。

2) 空间数据质量问题的来源

(1) 空间现象自身存在的不稳定性。

空间现象自身存在的不稳定性包括空间特征和过程在空间、专题和时间内容上的不确定性。空间现象在空间上的不确定性指其在空间位置分布上的不确定性变化;空间现象在时间上的不确定性表现为其在发生时间段(区)上的游移性;空间现象在属性上的不确定性表现为属性类型划分的多样性,非数值型属性值表达的不精确等。

(2) 空间现象的表达。

数据采集、制图过程中的测量方法的选择等,由于它们都受到人类自身的关于空间过程和特征的认知以及表达的影响,因此,通过它们生成的数据都有可能出现误差。例如,海岸线综合必然要综合掉一部分数据内容而使海图数据出现误差;从测量到成图转换过程中也会出现误差,如位置分类标识、地理特征的空间夸张等。

(3) 空间数据处理中的误差。

海图数字化和扫描后的矢量化处理中,数字化过程采点的位置精度、空间分辨率、属性赋值等都可能出现误差。比如,在矢量格式和栅格格式之间的数据格式转换中,数据所表达的空间特征的位置具有差异性。在来源不同、类型不同的各种数据集的相互操作过程中会产生位置误差、属性误差。

(4) 空间数据使用中的误差。

在空间数据使用的过程中也会导致误差的出现。比如,对于同一种空间数据来说,不同用户对它的内容的解释和理解可能不同。例如,海图上分为明礁(屿)、干出礁、适淹礁和暗礁4种。地形图上不表示适淹礁,根据其编绘规范,适淹礁划分为暗礁类。此外,诸如缺少投影类型、数据定义等描述信息,往往也会导致数据用户对数据的随意性使用而使误差扩散开来。

3) 空间数据质量控制方法

数据质量控制是个复杂的过程,常见的方法有:利用人工将数字化数据与数据源进行比较的手工方法、通过跟踪元数据对数据质量进行检查的元数据方法、用空间数据的地理特征要素自身的相关性来分析数据质量的地理相关法。

3. 海洋测绘数据库

海洋测绘数据库是管理维护海洋测量基础数字成果的数据库系统,存储着历年来的水深、地形、控制、潮汐、重力、磁力和侧扫等原始测量成果资料,还包括利用原始资料整理、分析而得到的二手资料,数据种类繁多,数据量庞大。历史上积累的数据多是不同海域由不同的采样仪器调查得到的,因而不同海域数据的数据标准、数据采样密度、数据精度和分辨率等都不尽相同。这样的数据给应用分析带来很大困难。与此同时,许多高新技术也正在蓬勃发展,给海洋领域的研究又带来各种新的数据源。新老数据的时空多维变化问题,不同数据间的坐标协调问题,以及海量数据存储管理问题等都给海洋领域的研究带来了困难。建立合理的数据体系、数据管理系统和综合分析工具等，将会提高海洋数据的利用率，并改善海洋研究的环境和条件，最终提高海洋工作者的工作效率。海洋工作者们越来越认识到这方面的必要性。

中国海洋测绘数据库是由数字海图数据库、海洋测绘专题数据库和海洋测绘产品数字化生产体系组成的一个庞大的系统工程，是国家空间数据基础设施和国防基础设施的重要组成部分，也是新技术条件下航海图生产的重要基础数据。海洋测绘数据库以 ARC/INFO 地理信息为基础建立，分别由空间数据库和属性数据库构成，通过属性信息的关联实现空间数据和属性数据之间的统一管理。数据库的主要功能包括数据的存储、采集、管理、查询、显示、编辑和输出等。海洋专题数据库是海图数据库的辅助数据库，包括航海通告数据库、航标数据库、控制点数据库、中国海域地名数据库、海上石油井架平台数据库及其他数据库等，全面支持海图制图的生产以及满足各种应用的需求。

6.1.2 数字高程建模

1. 数字高程模型的基本概念

数字高程模型（Digital Elevation Model，DEM），是以数字的形式按一定结构组织在一起，表示实际地形特征空间分布的模型，也是地形形状大小和起伏的数字描述。DEM 的核心是地形表面特征点的三维坐标数据和一套对地表提供连续描述的算法，最基本的 DEM 由一系列地面点 (x, y) 坐标位置及其相联系的高程 z 所组成，其数学函数表达式是：

$$z = f(x, y)$$
$$(x, y) \in \mathrm{DEM}$$

(6.1)

尽管 DEM 是为了模拟地面起伏而发展起来的，但也可以用来模拟其他二维表面上连续变化的特征。考虑到水深所使用的起算基准，与陆地上高程所采用的起算基准在内涵和确定方法上都存在较大的差异，水深数据及其建立起的模型在应用层面上具有自身的特殊性，数字水深模型（DDM）逐渐开始被采用。

DEM 最常用的表示方法有两种，即规则格网（Regular Grid）和不规则三角网（Triangulated Irregular Network，TIN）。

2. 规则格网的建立

规则格网 DEM 的表示形式非常简单，把 DEM 覆盖区划分成为规则格网，每个网格大小和形状都相同，用相应矩阵元素的行列号来实现网格点的二维地理空间定位，第三维为高程，它实际上是一个高程矩阵，点的平面位置可由起始点坐标、格网间隔和在矩阵中的行列号来确定，因此点的分布是用一种隐含的方式表示的。其优点是数据结构简单，缺点是格网点往往不在地形特征点上，会损失地形的关键特征；同时对地形起伏不大尤其是平坦地区存在大量冗余数据。格网 DEM 数据的特点是数据量小而且便于管理和检索，更适合于分析处理。

由离散点建立规则格网的基本思想是，选择一合适的数学模型，利用已知采样点信息确定所选数学模型中的待定参数，然后根据该数学模型计算出相应格网点上的高程值。

在根据离散点建立规则格网时，经常需要选取与待求格网点距离最近的若干离散点。

如图 6.1（a）所示，可以通过计算各离散点与待插值点的距离，然后选取距离最短的若干个点的方法来选取。另外，也可以在插值点上建立一正方形的选取框，如图 6.1（b）所示，这样通过简单的坐标值比较就可找出落入框内的数据点。当落入框内的数据点较多时，可缩小框的尺寸；反之，增大框的尺寸。选取框尺寸的初始值可根据图幅中原始数据点的密度来确定。

由离散点建立规则格网的内插方法有多种，常用的内插方法主要有线性内插、多项式内插、距离加权平均内插等。

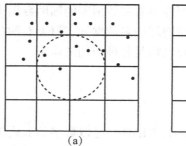

(a)   (b)

图 6.1 离散点的选取

3. TIN 的建立

TIN 表示的 DEM 由连续的相互连接的三角形组成，三角形的形状和大小取决于不规则分布的高程点的位置和密度。TIN 的优点是能充分体现地形特征点和特征线，能较好地表示复杂地形和处理断裂线，对复杂程度不同的地区可选取合适的采样点数。缺点是数据结构较为复杂，构建时需要的计算量大。接下来介绍经典的最近距离法构建 TIN。

首先取其中任一点 P_1，在其余各点中寻找与此点距离最近的点 P_2，连接 P_1P_2 构成第一边，然后在其余所有点中寻找与这条边中点距离最近的点（也就是所找点与这条边所构成角度为最大），找到后即构成第一个三角形，再以这个三角形新生成的两边为底边分别寻找距它们最近的点构成第二个、第三个三角形，依次类推，直到把所有的点全部连入三角网中（如图 6.2 所示）。

对一般的地形而言，只要采样点分布情况比较好，它们一般都能比较真实地反映地形情况。但在各种特殊的地性线如山脊线、山谷线、断裂线处则不能完全反映出真实情况。因为在地性线处的高程往往产生跳跃式的变化，若有三角形跨越地性线，则三角形会穿越地形表面或悬空于其上。这样的三角形不能反映地形真实情况，需要剔除这样的三角形或进行调整。

4. 等值线的生成

这里介绍利用 TIN 的方法生成等值线。等值点的内插是在三角形的边上进行的，生成等值线可分为下面两步：

1）第一步是确定各边上有无等值点，往往有如下三种情形。

（1）若三角形三个顶点的高程相等，且有 $z_1 = z_2 = z_3 = z$（z 为等值线高程值）；

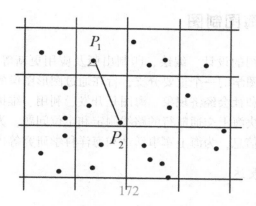

图 6.2 TIN 的建立

（2）若三角形顶点高程值不相等，那么要进行下述判断：

对 P_1P_2 边，若 $(z-z_1)(z-z_2) \leqslant 0$，则必有等值点，且其位置坐标为：

$$
\left.
\begin{array}{l}
x = x_1 + \dfrac{x_2 - x_1}{z_2 - z_1}(z - z_1) \\[2mm]
y = y_1 + \dfrac{y_2 - y_1}{z_2 - z_1}(z - z_1)
\end{array}
\right\}
\tag{6.2}
$$

对 P_1P_3，P_2P_3 边也要进行同样的判断。不过值得指出的是，若三角形的边上（不包含顶点）存在等值点，则其余两边上必有一边存在等值点，但也不会在三边上同时存在等值点，因此在判断并确定了两条边上的等值点后，就不必再对第三边进行判断了。

（3）若三角形有两个顶点高程相等，那么等值点不可能位于这两个点所构成的边上，只需对其余两边进行判断即可。

2）第二步是等值点的追踪。

等值线可能是非闭合曲线，也可能是闭曲线。不管是哪种等值线，我们都必须首先找到其线头（即起始等值点）。若在三角网的边界上找到等值点作为线头，那么这条等值线即为非闭合曲线，把这一点作为等值线在该三角形内的入口点，该三角形上必然存在另一个等值点，将其作为出口点。这个出口点又是下一个三角形的入口点，如此追踪下去直到另一个边界上的等值点，本等值线的追踪才能结束。对于闭曲等值线，情况就更简单了。在三角网内部找到的任一等值点都可作为线头，用追踪方法直到回到第一点。

一条等值线的等值点都找出来后，可以采用一定的方法将其插值或逼近成光滑的曲线，张力样条函数就是其中常用的一种方式。另外还要找一段曲率较小的地方进行注记。对所有等值线重复上面的工作，就可生成一幅等值线图。

格网法绘制等值线思想与 TIN 方法类似，只是在追踪时比较复杂，要分四种情况考虑：自下而上追踪，自左向右追踪，自上而下追踪，自右向左追踪。具体做法这里不再赘述。

6.2　数据表达和海图制图

海图制图是关于海图的设计、编绘、印制出版及应用更新等理论、技术和方法的总称，是测绘学、地图制图学的一个重要分支，旨在通过图形图像的形式模拟并反映海洋及其毗邻陆地的各种地理和社会经济现象。海图是开发、利用、维护海洋必备的工具，研究海图制图，能够帮助解决海上交通航行的路线制定和定位问题，为海洋资源开发、工程建设提供海域的水文环境信息，为海上军事活动和海洋科学研究等提供海洋地理信息支持。

6.2.1　海图符号与表达

1. 海图符号

符号是用图形或近似图形的方式来表达意念、传输信息的工具。广义的符号可以包括语言、文字、数学符号、化学符号、乐谱和交通标志等。海图也是通过符号描述海图要素的空间和属性信息，可以视作一种特殊的语言系统。事实上也正有很多制图学家把海图符号称为海图的图解语言。

1）海图符号的功能

海图符号是海图作为信息传递工具所不可缺少的媒介，它的主要功能表现在三个方面：首先，对客观事物进行抽象、概括和简化。其次，提高海图的表现力，使海图既能表示具体的事物，也能表示抽象的事物；既能表示现实中存在的事物，又能表示历史上有过的事物及未来将出现的事物；既能表示事物的外形，又能表示事物的内部性质，如海水的盐度等。最后，提高海图的应用效果，使我们能在平面上建立或再现客观现象的空间模型，并为无法表示形状的现象设计想象的模型。

2）海图符号的类型

依据不同的分类目的选用不同的分类标志，可以将海图符号分成不同的类型。

（1）按海图符号的分布特点，有点状符号、线状符号和面状符号。

点状符号是单个符号，所表示的事物在图上所占面积很小，只能以"点"的形式表示（图 6.3）。

线状符号是用来表示各种事物的单个线性记号。一般线性符号是用来表示线状或带状延伸的事物，如河流，但有的线状符号则是用来表示某种要素的界线（或不同事物的分界线），如国界、港界等。线性符号可以是实线、单线、双线、虚线或点线等（图 6.4）。

面状符号是用于在图面上表示延伸范围的符号，它指示具有某种共同特征的区域。如以符号表示的泥滩、沙滩、树木滩、丛草滩等（图 6.5）。

（2）按图形特点把海图符号分为几何图形符号、文字符号和象形符号。几何图形符号，如用圆圈表示的无线电导航站符号、用五星形表示的灯桩符号等。文字符号包括文字和数字符号，如水深、底质等。象形符号，如灯船符号、锚地符号等（图 6.3）。

（3）按符号的尺寸与海图比例尺的关系，分为依比例尺符号、半依比例尺符号和不依比例尺符号。依比例尺符号的图上符号面积符合实地面积，面状符号一般是依比例尺符号。半依比例尺符号表示呈线状分布的事物，当比例尺缩小时，其长度能依比例表示，但

图 6.3 点状符号（由上往下依次为：几何图形符号、文字符号和象形符号）

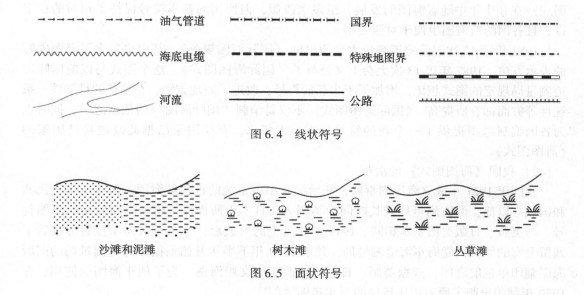

图 6.4 线状符号

图 6.5 面状符号

宽度在图上无法依比例表示而必须夸大，如公路符号。不依比例尺符号也称超比例尺符号，用于表示有重要意义而图上面积小至无法依比例表示的事物，一般是点状符号，如灯桩、烟囱等符号。

（4）按符号的形状与所表示对象的透视关系，分为正形符号和象征符号。正形符号是对象垂直投影的图形，其轮廓形状与实物垂直投影的形状一致或相似，如双线表示的河流。象征符号是将事物经抽象与形象化了的图形，如独立树的符号等。

2. 航海图与海图图式

航海图是海图生产中数量最多的海图，也是使用范围最广泛的海图。近代航海图的生产在世界上已有约 200 年的历史。200 多年来，航海图的内容不断完善，制图符号逐步系统化和标准化。世界各国航海图的生产都由政府或海军的专门机构承担，对海图符号都有统一的规定，这就是《海图图式》。《海图图式》包含了绘制航海图的全部符号和缩写，它同时也是绘制其他海图的基本符号。

1) 国际《海图图式》

由于航海图使用的广泛性与国际性，各国使用的海图符号大体上是相同或相似的。国际上于 1921 年正式成立了国际海道测量局，1967 年第 9 次大会时制订了"国际海道测量组织公约"（1970 年 9 月在联合国注册生效）。该组织的任务之一，就是协调各国海道测量部门之间的活动，尽最大可能使海图取得统一。1952 年国际海道测量局第 6 次大会曾以"技术决议"的形式，规定了国际通用的海图符号和缩写。大多数成员国在制定本国的《海图图式》时，都参照这个式样。所以，几十年来，大部分海图生产国的《海图图式》，在内容及编排上是基本一致的。

《海图图式》中每一个符号和缩写都有一个编号。大多数国家的《海图图式》中，凡与国际规定一致的符号和缩写，一般以正体数字编号，凡与国际规定不一致的符号和缩写，则以斜体数字编号，本国补充的符号则以带括号的数字编号。这样，各国的《海图图式》在几十年中随着海图的发展，虽多次改版，但使用的基本符号保持了相对的稳定性，且各国的航海图也便于对照使用。

1982 年第 12 次国际海道测量大会通过的《国际海图规范》，其中也包含了海图内容的表示方法，1987 年第 13 次大会上又公布了《国际海图图式》。这个图式与以前国际海道测量局规定的图式相比，增加了不少新的符号，改进了表现方法，在编排的科学性、系统性等方面都有所提高。《国际海图图式》不仅是编制"国际海图"的依据之一，同时也为各国编制海图提供了一个新的符号标准。近年来，有些国家已据此改进自己国家的《海图图式》。

2) 我国《海图图式》的沿革

我国于 1921 年成立海道测量局，开始编制出版系统的近代航海图。但在中华人民共和国成立以前，海道测量局较长时间为英国人、日本人所操纵，绘制海图使用的海图符号，与英版、日版海图基本相同。1949 年 5 月上海解放后，华东军区海军接管部接管了残留上海的原国民党海军海道测量局，并于 1949 年下半年开始根据原海道测量局的旧版海图翻印单色航海图，或据英版、日版海图改制中文版海图。为了便于海图的使用，在 1950 年翻印出版了原海道测量局的《水道图图例》。

1954 年 1 月，中国人民解放军海军司令部海道测量部出版了《海军水道图图例》。这册图例内容分 18 类，共有 240 多个符号，单色印刷。制图符号大多因袭旧版航海图的符号，与当时国际上通用的式样大致相同。

1960 年海军司令部航海保证部对 1954 年版《海军水道图图例》进行修订，制订了《海图图式（草案）》，经海军司令部批准，于 1961 年 1 月 1 日起实施。该图式受苏联版《海图图式》的影响较大，陆部要素的表示与当时陆地地形图基本相同。图式符号分国内、国外两个系统，共计 669 项，加上注记（65 项）及标题、对景图式样等共 749 项，13 色印刷。

1960 年版《海图图式（草案）》使用后，因符号及印色过多，后来又进行了缩减，1972 年 9 月起海司航保部颁布执行新的《海图图式》。1972 年版《海图图式》计符号 204 项，注记 41 项，实际使用中感到有些符号太少，还需参考 1960 年版《海图图式（草案）》来绘制某些要素，因而 1975 年 6 月，海军司令部又颁发了新的《海图图式》。

1975 年版《海图图式》制图符号计 191 项 371 种，注记 47 项，7 色印刷。这册图式在质量和式样上都有提高。与 1960 年版《海图图式（草案）》相比，注意突出航海要素，去掉了与航海关系不大的要素符号，如荒草地、矮小灌木丛、龟裂地、果园等，对陆地符号适当缩减，如将原来 38 种道路符号概括为 15 种。但图式符号仍未考虑国际的统一性。

1980 年，我国进行航海图书改革，其中包括制订新的《海图图式》。这次制订的新图式于 1982 年出版，并由海军司令部批准实施。1982 年版《海图图式》注意总结新中国成立 30 多年来海图制图的经验，并吸收国际上海图制图的优点，增加了一些新的符号，同时改进部分符号使之适用于刻图作业，还注意向国际上有关规定靠拢。1982 年版《海图图式》改变了以往符号统一编号的做法，实行分类编号，共分 18 类。但各类的编排，基本上因袭我国几十年来的习惯，未采用国际上的规定，有的符号（如礁石）仍与国际上通用的符号不同。

为了使我国的海图符号进一步规范化、国际化，海司航保部在 20 世纪 80 年代末进一步修订了《海图图式》，制订的新版《海图图式》经国家技术监督局批准于 1990 年 12 月起实施，并由中国标准化出版社出版。《海图图式》（GB 12317—1990）是以 1987 年国际海道测量局公布的《国际海图图式》为基础制订的，其符号分类、编排次序及符号式样等均基本相同，仅根据我国的具体情况对其中某些符号作了少量增删，并增加了中文注记的字体、字级等。1998 版《中国海图图式》（GB 12319—1998）是在《海图图式》（GB 12317—1990）和《中国航海图图式》（GB 12319—1990）的基础上修订的，保留了上述国标的主体内容，根据海图生产实际需要，对上述国标的个别符号进行了修改、增补、删减。标准的修订同时也参考了国际海道测量组织的《IHO 海图规范及 IHO 国际海图条例》（1992 年）和《国际 1 号海图图式》、《国际 2 号海图图廓整饰样式》（1987 年）。

3. 海底地貌表示方法

海底地貌是海图最主要的内容要素，主要是指海底表面起伏的变化情况和形态特征，它与研究海底形态发生规律的"海底地貌学"中的"海底地貌"既有联系，又有区别。海图上表示的海底地貌，在有些文献中也称"海底地形""水下地形"。

航海图、海底地形图及各种海洋专题图，由于它们的用途不同，对海底地貌的表示有不同的要求，常常采用不同的表示方法。就是同一种海图（如海底地形图），由于比例尺的不同及制图资料详细程度的差异，采用的表示方法也不一样。

海图上常用的海底地貌表示法有：深度注记法、等深线法、明暗等深线法、分层设色法、晕渲法和写景法等。

1）深度注记法

海洋的深度注记与陆地的高程注记相类似，但高程注记一般不单独用来表示陆地地貌，而深度注记在航海图上却在较长的历史时期内是表示海底地貌的主要方法（图 6.6）。

深度注记也称水深。航海图上用它表示海底地貌是与测深的详细程度及航海图的具体用途相联系的。从航海图的用途来说，用水深显示海底地貌有其优越性，主要是三点：首先是深度注记正确反映了测点的深度，根据深度变化情况可以概略地判别海底起伏情况，航海人员根据海图上的水深可以选择航道、锚地等；其次是海图比较清晰，便于航海人员

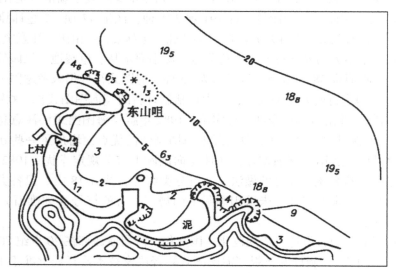

图 6.6　某海图局部区域

在图上作业；最后是绘制简便。用水深表示海底地貌的缺点是缺乏直观性，不能完整、明显地表示出海底地貌形态，当水深密度较小时，表示的海底地貌更为概略。为了克服这些缺点，近几十年来航海图上用深度注记为主表示海底地貌的同时，还采用等深线作为辅助方法，同时还在浅水层设色。

2）等深线法

等深线是把深度相同的各点联结所成的平滑曲线（图 6.6）。用等深线表示海底地貌时，一般每隔几条等深线加粗绘出，并注记深度值，所以能较方便地读出任何一条等深线的深度，且可进一步确定图上任一点的深度。同时，等深线表示海底地貌比较直观。

等深线是以一定的深度数据为基础描绘的，而测深数据往往是有限的，并且由于水深测量不能像陆地地形测量那样可以根据需要测量特征地形点，故根据水深勾绘等深线带有较多的主观成分。近年来测深技术不断发展，测深点的密度、测深精度不断提高，据此描绘的等深线所反映的海底形态特征逐渐趋于真实，但它们仍然不能代替航海图上的深度注记。在航海图上，等深线仍然是海底地貌的辅助表示方法，它仅是画出与航行有关的一些深度带，并不能完整反映海底地貌。而在海底地形图上，等深线是表示海底地貌的基本方法。

在航海图上，等深线主要用来判断对航行有无危险，因而为安全起见，描绘等深线所通过的实际深度要稍大于所标的深度。在海底地形图上，等深线通过的水深，原则上应与它所代表的深度值相同，而在不同比例尺的海底地形图上，对等深线的描绘有不同的要求。

3）明暗等深线法

"明暗等深线法"是从表示陆地地貌的"明暗等高线法"演变而来的，是一种增加等深线图形立体效应的方法。其基本绘制、印刷方法是这样的：海图印一定的底色，其等深线按某一段在斜坡上向光或背光的不同方位,将等深线印成白色(向光者)或深颜色(背光者),并根据斜坡所对光线的方向改变等深线的粗细。

4)分层设色法

分层设色法亦称色层法,是在不同的地形层级(不同的高度层和深度层)用不同的颜色(或不同的色调)进行普染,以显示地表的起伏形态。用这种方法表示海底地貌的主要优点是简单、易读。但它只能概略地显示海底起伏,故一般常与等深线法联合应用,仅在对显示海底地貌要求不高的图上,或在由于资料缺乏、海底地貌无法详细表示的图上,才单独运用这种方法。航海图上等深线层级普染,一般仅限于浅水区,且采用"愈浅愈暗"的原则。

5)晕渲法

晕渲法是用浓淡不同的色调来显示陆地和海底的起伏形态,立体效果比较好,其缺点是在图上不能进行深度的量算,且绘制和印刷均有较高的技术要求。近十年来,随着晕渲技术设备的革新及印刷工艺的改进,这种表示方法有较大的发展。

晕渲法由于用色的不同,又有单色、双色和彩色(多色)之分。晕渲表示海底地貌一般适用于小比例尺图,它还可与等深线法配合使用。

6)写景法

写景法表示陆地地貌在古代地图上就已经有了,早期的写景法是艺术性强而科学性较少的山景写意描绘。这种方法也可用来表示海底地貌,近几十年来有了新的发展,一些以普及为目的反映海底研究成果、描述海底自然概貌的海图,常用这种方法。其优点是形象、生动,能引起广大读者的兴趣,而且现代写景法一般是在正射投影的海图上用侧视的写景法表示海底地貌,因而科学性比古代的写景法有所增加。

随着计算机技术的进步,在 DEM 基础上的计算机绘制海底地貌写景法开始受到大家的重视,并发展出了各种成熟的算法,能够快速形象地表现地势起伏(图 6.7)。如果再结合真彩色纹理贴图技术,可以创造出非常逼真的高度真实感三维立体地势模型。

4. 其他要素表示方法

1)海图上航行障碍物的表示方法

海图上航行障碍物的表示方法多种多样,分别适用于不同的障碍物,并且各种方法也是相互联系、配合使用的。概括起来主要分为如下几种。

(1)符号表示法:用依比例图形和不依比例尺符号表示。如明礁、沉船、浪花等。如图 6.8(a)所示。

(2)区域表示法:对一些区域性分布的障碍物,如雷区、群礁区、渔网区等,用折实线或点虚线将其范围标出来,有时还可加注注记,以示醒目和明确范围界限。如图 6.8(b)所示。

(3)文字注记法:用文字或数字注记的方法来说明航行障碍物的种类、性质、范围、深度等内容。它又包括以下三种:

①符号加注记,就是用符号配合文字或数字注记来表示其性质、高度或深度以及其他内容。如明礁加注高度。如图 6.8(c)所示。

②深度加文字注记,某些暗礁、沉船以及水下柱桩等障碍物,已经测得深度,则用深

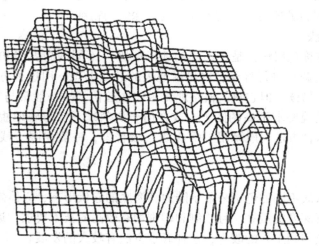

图 6.7　基于 DEM 计算机绘制海底地貌写景法

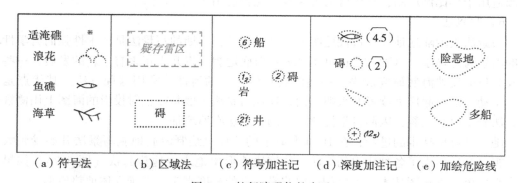

| （a）符号法 | （b）区域法 | （c）符号加注记 | （d）深度加注记 | （e）加绘危险线 |

图 6.8　航行障碍物的表示

度数字表示，数字外套危险性，再加文字说明。如图 6.8（d）所示。

③只用文字说明法，如"此处多鱼栅"等。

④加绘危险线的方法：当障碍物孤立存在或深度较小而危险性较大时，为了明显起见，常在障碍物符号外加绘危险线。目前对已知深度的障碍物加绘危险线的深度界限是 20m。如图 6.8（e）所示。

2）陆地地貌要素

海图上对陆地地貌的表示主要是沿用了陆地地形图和小比例尺地理图对陆地地貌的表示方法。其资料来源也主要是陆地地形图。这是因为海洋测量并不对陆地进行重新测量，只是对海岸地形（包括海岸线及干出滩）和一定的陆地纵深作必要的补测和修测，从而使海图上对陆地地貌的表示受陆地地形图的影响和制约。其中主要的表示方法在海图上早已被采用。除以等高线表示为主外，也辅以分层设色、晕渲和明暗等高线。而海图对陆地地貌的表示其独到之处在于使用了被称为山形线的一种表示方法。其次是，晕渲法在早期的海图上也应用得比较多。

　　山形线是航海图上用以表示陆地地貌的独特方法之一。通常是根据海图的特殊要求，对地貌降低精度表示，或者等高线资料不全时而采取的一种表示方法。每条山形线不代表陆地的实际高度，因此它也没有等高距的概念。我国出版的外轮用航海图或国内民用航海图多采用此法表示。山形线绘制的形式、风格不同，对陆地地貌表示的完整程度也不一，无论哪种形式均保证山头位置的准确和主要山脊的正确。图6.9是几种有代表性的山形线的形式。其中，图6.9（a）是我国出版的航海图上的山形线，图6.9（b）和图6.9（c）是外版海图上的山形线，对比起来其风格都不相同。

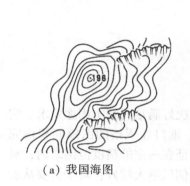

| (a) 我国海图 | (b) 日版海图 | (c) 苏联版海图 |

图6.9　海图上的山形线

　　用山形线表示陆地地貌的最大优点是形式灵活，曲线可不封闭和连续，背海的山坡或谷地也可不表示。这就突出了山头和主要山脊的位置和形状，从而达到了清晰易读的目的。因此，利用山形线表示陆地地貌对航海图有较好的效果。

　　除此之外，海图上的海洋水文要素、助航标志都有较为明确的表示方式，具体可参见《中国海图图式》。

6.2.2　海图设计

1. 海图编辑设计的概念

　　海图编辑设计，也称海图设计，是海图生产的初级阶段，是制作高质量海图的基础。海图编辑设计是海图编绘和数字化作业的依据，最终产品是海图。编辑设计是制图技术准备过程中所有思维活动的统称，是把海图学理论转化为海图成果的重要环节，在海图制图生产过程中起着决定性作用。

　　具体地说，海图编辑设计是指海图编辑人员所进行的各项技术工作。即根据海图用途要求，确定海图的规格与内容、达到的技术指标、所需的资料，以及为此所进行的各种分析研究和技术准备工作。广义上讲，海图编辑设计既包括对海图的创造性设计，又包括制图生产过程中的组织实施。后者也可泛指相关的业务部门和业务领导部门所从事的属于设计范畴的一些工作内容。如海洋测绘主管部门对海图制图任务的计划、检查和协调工作；制图资料管理部门对海图制图资料的搜集、保管和提供工作；印刷工厂业务部门对海图制印的技术组织实施工作。从这个意义上说，海图编辑设计又是由多方面专业技术人员按其各自岗位分工共同完成的。

制图任务性质不同，海图编辑设计的难易程度也不同。对于"定型"海图（如航海图）的设计，通常具有标准的技术规范。海图编辑可直接以其技术规范为依据，结合制图区域特点和制图资料分析研究成果，循着常规进行具体的设计。而对于航海图以外的其他海图，因种类繁多，涉及的学科知识面较广，其设计就很少有或没有现成的模式可循。这样，海图编辑设计的创造性将起决定性作用。制图任务不同，编辑设计的组织分工也不同。单幅图或区域性成套图的设计可由海图编辑独自来完成。大型制图作品或大规模的制图设计任务，则要由多个编辑共同完成，必要时还需邀请有关学科领域的专家或技术人员参加。

2. 海图总体设计

1）海图比例尺的确定

（1）海图比例尺确定的原则

①满足海图的基本用途要求

海图的用途要求是多方面的，从比例尺的角度就是要解决好满足其基本用途要求。它可能是制图区域范围上的要求，如保持某海洋区域、海湾、港口在规格的图幅面积内完整；也可能是选择某种海图比例尺，使其图的量测精度能保证在一定的精度范围之内；对于需要详细完备地表示自然要素和社会经济要素时，海图比例尺越大越好；对于需要从宏观上反映海洋概况或海底地势的海图，其比例尺就要小一些。

②要全面考虑影响比例尺确定的因素

如前所述，比例尺对海图设计的制约关系，实质上都是影响海图比例尺确定的因素。当我们从某一因素考虑时，势必要受到其他因素的制约，它可能是一个因素、两个因素，甚至是更多因素的制约。当涉及较多的重要因素时，就要分清主次、权衡利弊、综合考虑，而不能够顾此失彼。

③不强求比例尺系列化

比例尺系列化是指某种类型海图比例尺从大到小具有固定的系列。海图比例尺系列化有助于用户的方便使用，但也有一定的缺点，这就是比例尺固定不变，在一定规格图幅面积内制图区域范围的调整就更受到限制，进而使海图的实用性受到影响。20 世纪 80 年代我国航海图改革，其中就不强求航海图比例尺的系列化。实践证明，不同比例尺海图的灵活确定增强了海图的实用性。

④比例尺应相对取整

比例尺取整可以方便用图人员在图上量测、计算，也利于同比例尺成套图制图，不同比例尺区间或大中小的 3 种比例尺其取整程度不同。例如千万分之一以下比例尺图可能取整至百万（1∶1200 万，1∶1500 万）；大比例尺图可能取整至百或千（1∶1500）。另外，数值取整也是相对某种进位制而言。例如文字比例尺为"图上 1 cm 相当于实地 30 n mile"，其米制比例尺为 1∶2188800。这对于米制海图来说，比例尺就没有取整，类似这种比例尺在外版海图中也是比较常见的。

（2）海图比例尺确定的方法

在海图设计中，对比例尺的确定通常有 3 种情况：一是根据用途要求直接给定海图比例尺。这种情况主要是用户的特定要求。如根据某种仪器的精度要求限定在一定比例尺海图上使用，需制作特定比例尺海图。在这种情况下，对海图比例尺的确定，主要是调整图幅面积和制图区域范围。二是根据已有标准海图编绘规范所规定的比例尺区间来确定比例尺。这种情况多针对航海图制图而言。如编制一套沿岸航行图，则可根据航海图编绘规范规定的 1：10 万~1：20 万比例尺区间进一步确定其具体的比例尺。三是在制图区域范围一定的情况下确定海图比例尺。它多用于对挂图和图集图幅的编制。通常是在满足用途要求的前提下，首先考虑保持制图区域的完整性，然后根据选定的图幅面积或多幅图拼接后的总面积确定比例尺。也可以先确定好比例尺，再调整图幅面积。

2）海图控制基础的确定

（1）海图坐标系的确定

①地理坐标系的确定

我国自中华人民共和国成立后至 20 世纪末测制的各种比例尺地形图一般是采用 1954 年北京坐标系。新中国刚成立时，大地测量成果少，不具备建立我国独立坐标系的条件。于是就与苏联 1942 年的普尔科沃大地坐标系联测，采用局部平差，于 1954 年在北京建立天文原点，作为全国大地控制网的起算点。称 1954 年北京坐标系，简称 54 坐标系。

20 世纪 70 年代我国开始建立新的大地坐标系，于 1980 年初完成，定名为"1980 年国家大地坐标系"。椭球参数采用国际大地测量与地球物理联合会 1975 年推荐的数值：长半径 6378140m，扁率 1：298.245。大地坐标系原点位于陕西省泾阳县永乐镇。

尽管 1954 年北京坐标系不太精确，但为了避免"1980 年国家大地坐标系"给地图测制带来较大影响，考虑到我国测绘的现状及其测绘实用性、可行性、经济效益和社会效益，我国在"1980 年国家大地坐标系"基础上，又建立了"整体平差值的 1954 年北京坐标系"。椭球参数仍然采用克拉索夫斯基椭球体。

20 世纪下半叶，空间技术发展迅速，应用航空航天和人造卫星测绘地球。综合地面天文、大地和重力测量资料，建立了地心坐标系。如 WGS-60，WGS-66，WGS-72，WGS-84 等世界大地坐标系。国际海道测量组织（IHO）建议各国在大于 1：50 万航海图上都加注世界大地坐标系变换到海图坐标系的改正值说明。改正数值由美国国防部制图局提供。如海图上加注以下类似说明："如将本图置于 WGS-84 坐标系上，应将所有平行圈向南移 11.5 秒，所有子午圈向东移 9.8 秒"。目前，国际海道测量组织的许多成员国出版的海图均已加注 WGS-84 坐标系改正海图坐标系的改正数值，或直接编制出版 WGS-84 坐标系的海图，供 GPS 定位时直接使用。

2000 年大地坐标系又称国家大地坐标系统 2000（CGCS 2000），为地心三维坐标系统。2000 年大地坐标系的原点是地球的地心（也称质心），两个常用参数为：长半径 6378137m，扁率 1：298.257222101，该参数值与 WGS-84 坐标系的参数值非常接近。2008 年 7 月 1 日正式启用，今后我国海图都采用该坐标系，凡海图资料采用其他坐标系的，一般将予以改算。

②平面坐标系的确定

海图的另一类坐标系是平面坐标系统。平面坐标系统包括平面直角坐标系和平面极坐标系。海图较多采用的是平面直角坐标系。它是通过投影方法把地球表面上的经纬网、控制点的地理坐标转换成平面直角坐标。而直角坐标则便于制图时精确计算和展绘。墨卡托投影海图上通常只表示经纬网和控制点。对于某些军用海图也可同时表示平面直角坐标网，亦称千米网或方里网。

我国地图上的平面直角坐标系是采用高斯-克吕格投影平面直角坐标系。在这一系统上的千米网称为高斯-克吕格平面直角坐标网。海图上表示的或使用的地图资料也多数是该平面坐标系。

在海图设计中，当涉及高斯-克吕格平面直角坐标网的制图资料或者海图需要表示该坐标网时，需要在新编墨卡托海图上加注高斯-克吕格平面直角坐标网。根据新编海图图幅范围，确定该坐标网的东西和南北千米线数值，以供海图投影计算时使用。为便于制图资料的转绘和误差配赋（平差），起止整千米线应超过或接近新编图图幅范围。一般还应绘出平面直角坐标系与地理坐标系的位置关系图解，以供计算人员参考使用。

（2）海图基准面的确定

海图的高程基准面和深度基准面，总称为海图基准面。海图上各要素的高度一般从高程基准面向上起算，而深度则是从深度基准面向下起算。

①高程基准面

海图上高程的起算面，叫作海图的高程基准面。海图上的高程是地面点至平均海面的垂直高度。1956 年以前，我国没有统一的高程基准面，而是采用了当地的平均海面，如大连平均海面、大沽平均海面、黄河口零点（平均海面）、青岛平均海面、坎门平均海面、吴淞平均海面、珠江基面等。1957 年确定，根据青岛验潮站 1950—1956 年共 7 年间的验潮资料求得的平均海面作为国家统一的高程基准面，并定名为"1956 年黄海平均海面"，该平均海面在青岛观象山上的水准点下 72.289m。

由于 1956 年黄海平均海面只用了 7 年的验潮资料计算得到，并且最初两年的验潮资料还有错误，所以该平均海面不太精确。20 世纪 70 年代，我国提出了新的高程基准面方案。采用青岛验潮站 1952—1979 年 27 年中 19 年的潮汐观测资料重新计算确定，定名为"1985 年国家高程基准"。1985 年国家高程基准在青岛观象山水准原点下 72.260m，与 1956 年黄海平均海面相差 0.029m。世界各国海图所采用的高程基准面都不一致。英、美等国过去曾采用平均大潮高面，而现在大多数国家都以平均海面作为高程起算面。其确立方法都是以某一地点验潮站多年观测资料计算的多年平均海面为基准设立统一的大地原点，以建立统一的高程系统。

我国海图设计中确定高程基准面时，是以编绘规范为依据的，规定高程基准面采用"1985 年国家高程基准"或"当地平均海面"。国外地区采用原资料的高程基准，若需要改正，则用改正公式进行计算和改正。

②深度基准面

深度基准面又叫海图基准面，是海图上水深的起算面。从深度基准面至水底之间的垂直距离称为"图载水深"。水深测量是在随时升降的水面（亦称瞬时水面或即时水面）上进行的，因此，在同一点上不同时刻测得的水深值不同。为此，必须确定一个起算面，把不同时刻测得的某点水深归算到这个面上，这个面就是深度基准面。深度基准面通常在当地平均海面下某一深度值处。求算深度基准面的原则是既要考虑到舰船航行的安全，又要考虑到航道的利用率。一般保证率在 90%~95% 之间。

世界各国所采用的深度基准面也不相同，一般采用理论最低潮面、平均低潮面、最低低潮面、平均大潮低低潮面、略最低潮面、平均海面、平均大潮低潮面、赤道大潮低潮面等。

我国 1956 年以前的海图上一般采用略最低潮面（印度大潮低潮面），从 1956 年开始采用理论深度基准面，也就是理论最低潮面。理论最低潮面是理论上可能出现的最低潮面，我国的《海道测量规范》规定由 13 个分潮的调和常数计算而得。

3）海图投影的选择

（1）影响海图投影选择的因素

海图投影的选择受多种因素的影响，这些因素互相制约。影响投影选择的主要因素包括以下几个方面：海图的性质和用途对投影选择的影响；制图区域的形状和地理位置对投影选择的影响；制图区域面积的大小及地图比例尺对投影选择的影响；使用对象和使用方式对投影选择的影响；特殊要求对投影选择的影响；资料转绘技术要求对投影选择的影响。

（2）航海图的投影选择

墨卡托投影满足了航海图必须具备的条件，保持了实地方位与图上方位的一致性，从而使图上作业十分方便，无须进行角度改正。等角航线投影成直线，非常有利于海图作业。因此，航海图多采用墨卡托投影。

我国现行航海图编绘规范规定：同比例尺成套航行图以制图区域中纬为基准纬线，其余图以本图中纬为基准纬线，基准纬线取至整分或整度。对 1:100 万，1:500 万远洋航行图基准纬线统一采用 30°。

在大比例尺特定条件下，某些投影也可以满足航海上的等面积和等角航线在一定范围内表现为直线的要求。国家标准《中国航海图编绘规范》（GB 12320—1998）规定 1:2 万及更大比例尺航海图采用高斯-克吕格投影和平面图。在有些国家还采用了其他一些投影。

（3）普通海图的投影选择

普通海图和专题海图的特点和用途决定其投影选择的广泛性和复杂性。从投影性质出发，包括对等角投影、等面积投影和任意投影的选择。

尽管普通海图和专题海图不直接为航海使用，但这两种海图都与海上活动有关，而且与航海图有着紧密的联系。因此墨卡托投影仍是主要的选择对象。如各种小比例尺海底地形图、大洋地势图以及为航海参考使用的专题海图。某些海区形势图也多采用墨卡托投影。这些图采用墨卡托投影的优点在于与航海图投影取得一致和便于图上量算和标绘方位，如航线、流向、风向等。除墨卡托投影外，在国外出版的一些海底地形图也选择 UTM 投影和 TM 投影。

在专题海图中，对表示某些海洋水文、海洋生物等要素（数量的或非数量的）面积分布或面积对比关系的海图多选择等面积投影。主要有：兰勃特等面积方位投影；亚尔勃斯投影——正轴等面积圆锥投影；兰勃特等面积圆柱投影等。

4）海图图幅设计

海图图幅设计主要受比例尺、制图区域地理特点及海图投影等因素的影响。一般情况下，海图图幅设计是在比例尺和投影确定以后进行的，但有时也和比例尺的确定同时进行。

（1）单幅图的设计

①比例尺固定条件下的图幅设计

在海图比例尺已经固定的情况下，图幅设计主要是从制图区域和图幅数量上加以考虑。对于连续成套的航海图的相邻图幅还要有重叠。由于比例尺一定，则可以选择小比例尺底图，在底图上根据所计算的经纬差进行单幅图框套或多幅图的连续框套。这种设计图幅的方法也称为海图的分幅设计。

②制图区域固定条件下的图幅设计

这种情况下的图幅设计主要是满足海图用途对制图区域的完整性的要求。特别是对于区域界线较为明显的海域地理单元，更要突出其区域的完整性，包括大比例尺表示的港口、海湾、岛屿、海峡水道或小比例尺表示的大洋海域。制图区域一定，图幅设计主要是考虑海图的比例尺和一定图幅规格下的图幅数量。因此，这种情况下的图幅设计将和比例尺的确定同时进行。

③比例尺和制图区域均不固定的条件下的图幅设计

对有某些特定用途要求的海图，有时比例尺不固定，制图区域可相对大些或小些，对这类海图图幅设计繁简程度不一。如果海图投影确定为墨卡托投影，则图幅设计相对简单些，即可直接根据计算的经纬差确定制图区域，或者调整比例尺计算新的经纬差再进一步确定制图区域。对日晷投影海图，图幅设计就复杂一些，它需要根据制图区域、比例尺两个因素试凑的方法进行。

以上 3 种方法实际是 3 种不同情况下的单幅图设计问题。对于单幅图设计，除确定海图经纬度范围外，同时还要确定图幅方向，即横幅或直幅。通常是以设计横幅海图为主。

（2）附图图幅的设计

对于小面积的，不宜单独作图的图幅可以用附图形式配置在主图的适当位置上，配置有附图的图幅通常又称其图为"主附图"。

5）海图编号

（1）海图编号方法

为便于查询和保管，每幅海图都赋予一个编号，用 1~5 位阿拉伯数字表示，放在图廓外角处。

①分区编号法

将海域分区，区域范围大时，还分二级区。以某一位或某两位数字代表不同的海区，以其他位的数字代表海图的顺号。

②分区、分比例尺编号

除以一位或两位数字代表不同海区外，还以某位不同数字或不同位上的某数字表示海图的不同比例尺，其余位数为海图的顺号。

③任意编号法

既不分区，也不按比例尺编号。这种编号无明显的规律性。只是某一海区海图或某一种比例尺海图具有一定的连续的顺号。因此，编号中的每位数字不代表任何意义。

（2）我国航海图的编号

①对世界海洋的分区编号

我国将世界海洋分为 9 个大区，用阿拉伯数字 1~9 表示；每个大区又进一步分为 5~9 个二级区（亚区，2009），围绕大陆顺时针方向编号。具体来说：

"1"为中国海区，下设 8 个二级区：

11——渤海及黄海北部；

12——黄海中部及南部；

13——东海北部；

14——东海南部（含台湾海峡及台湾东岸）；

15——南海北部沿岸至琼州海峡西口；

16——海南岛沿岸及北部湾；

17——西沙、中沙群岛海域；

18——南沙群岛海域。

②普通航海图的编号方案

世界海洋总图、大洋总图采用两位数字编号，××，比例尺小于 1：1000 万，第一位为大区号，第二位为亚区号。

海区总图采用 3 位数字编号，×××，比例尺为 1：300 万~1：1000 万，第一位为大区号，第二位为亚区号，第三位为数字 0~9。

航行图包括远洋航行图、近海航行图、沿岸航行图三种，采用 5 位数字进行编号，××××××。

港湾图采用 5 位数字编号，×××××，比例尺大于 1：10 万，5 位数中都不为 0，后 3 位数字为 111~999。

在具体掌握时，每种比例尺区内的图幅顺号不一定要从最低号编起。例如，我国海区 1：100 万~1：299 万远洋航行图的编号是从 10011 开始的，第 2 幅为 10012……。这是因为我国沿海在这个比例尺区间的图幅也只有二十几幅。但若按可编图幅数可达 1000 幅（见表 6-1 后三位号码栏），与实有图幅相差太大，所以可留有充分空号备用。

表 6-1   我国现行航海图编号方案表

海图种类	图号	比例尺区间	后三位号码
世界总图、大洋总图	××	小于 1：1000 万	
海区总图	×××	1：300 万~1：1000 万	
远洋航行图	×0000~×0×××	1：100 万~1：299 万	000,001,002,…,998,999
近海航行图	××000~××0××	1：50 万~1：99 万	000,001,002,…,098,099
	×××00~×××0×	1：20 万~1：49 万	100,101,102,…,908,909
沿岸航行图	××××0	1：10 万~1：19 万	110,120,130,…,980,990
港湾图	×××××	大于 1：10 万	111,112,113,…,998,999

③专用航海图的编号方案

专用航海图采用数字加字母前缀，或直接在航海图编号前加字母前缀。

罗兰-A 双曲线格网图：LA×××××；

罗兰-C 双曲线格网图：LC×××××；

近程导航图：DJ××××；

救生艇用图：SB××××；

渔业用图：YU××××；

九九格网图：N×××××。

④其他海图及航海书表的编号方案

挂图编号：四位数，第一位为 0，0×××；

军用海图编号：四位数，第一位为 1、4、5，××××；

航路指南：A××××；

航海天文历、天体高度方位表：B××××；

港口资料：D××××；

航标表：G××××；

海洋水文气象资料类：H××××；

各种航海参考图集：J××××。

3. 海图内容选题

海图内容选题设计是指根据海图用途要求，对海图表示的地理要素和空间实体所进行的选择设计。内容选题主要是解决海图需要表示什么要素，而表示的程度、数量的多少则是制图综合讨论的问题。下面主要介绍航海图的内容选题设计。

1）航海图的一般性选题

海洋空间的各种自然现象和经济现象都是航海图内容选择设计的对象。航海图内容选题设计受海图用途、比例尺、资料的可取性与可靠性，以及制图部门经济条件的影响。有时海图设计人员的主观因素，即对主题内容的理解和获取资料的可能条件的了解也是很重要的。一般来说，航海图通常选择下列诸要素：

海岸（包括海岸线、海岸性质和干出滩）；海底地貌；天然的和人为的各种障碍物；助航设备；供航海参考用的海洋水文、气象；陆地地貌；各种人工地物和天然地物；水系及附属物；居民地；交通网及附属设施；各种区域界线、境界线等。

2）航海图上航海要素的选题

从航海用途出发，航海图应突出对航海要素的选择。所谓航海要素是指那些直接用于航海导航定位、选择航线和保证航行安全的要素。舰船海上活动大致可分为远洋航行、近海航行、沿岸航行和狭水道航行及港湾海区活动。不同的航海用途和不同的航海活动区域需要各种不同比例尺的相应海图，因此对航海要素的最低限度的选择也不同。下面从舰船海上活动区域来分别进行研究。

（1）导航定位对航海要素的选择

目前，舰船在海上航行所应用的导航手段包括地文、天文、无线电导航及卫星导航等。无论采用哪种手段进行导航，航海人员都离不开海图。

从海图用于导航定位的角度出发，海图要重点选择各种定位用的方位物、各种显著目标、无线电导航使用的双曲线格网等。为便于磁方位和真方位的换算，要详细表示地磁要素。为更好显示舰船定位后的位置关系，海图需要详细表示水深注记、底质及海岸线。参见表6-2。

表6-2 导航定位对航海要素的选择

	远洋航行	近海航行	沿岸航行	港湾区活动
磁偏差	√	√	√	
海岸线			√	√
陆地地貌			√	
陆地方位物			√	√
显著方位物		√	√	
叠标线、雷达显著目标			√	√
水深	√	√		√
底质			√	
助航标志		√	√	
无线电助航标志		√	√	
双曲线导航格网	√	√	√	

（2）制订航海计划对航海要素的选择

为航海人员制订航海计划，海图需要选择的内容要素主要是水深、等深线、航行危险物、航道及导航线，其次是海岸线、港湾的分布和水文条件及地名等。参见表6-3。

表6-3 制订航海计划对航海要素的选择

	远洋航行	近海航行	沿岸航行	港湾区活动
海岸线	√	√	√	√
航道			√	√
导航线		√	√	√
水深、等深线	√	√	√	√
航行危险物	√		√	√
潮信	√		√	√
海流			√	√
航行限制区	√	√	√	√

续表

	远洋航行	近海航行	沿岸航行	港湾区活动
重要港湾	✓	✓		
港湾锚地			✓	✓
地名	✓	✓	✓	✓

（3）海上航行安全对航海要素的选择

为了保证舰船海上航行安全，航海人员需要了解和掌握那些直接威胁航行安全的各种人为因素和有助于安全航行的服务机构及设施。包括各种海底管线、架空电线或索道，各种军事训练区，以及各种航行注意、航行警告的说明。表 6-4 表示了从保证航行安全角度出发，不同海域的航海活动对航海要素的选择。

表 6-4　　　　　　　　　　　海上航行安全对航海要素的选择

	远洋航行	近海航行	沿岸航行	港湾区活动
军事训练区	✓	✓	✓	
区域界线	✓	✓	✓	✓
海底管线		✓	✓	✓
注意、警告	✓	✓	✓	✓
底质			✓	✓
海图基准面			✓	✓
架空线高度			✓	✓
港口设施				✓
海关、港务			✓	
海岸无线电台		✓	✓	
信号台站			✓	✓

如果我们将表 6-2、表 6-3、表 6-4 综合考虑的话，可以发现，海图内容选题和航海活动区域关系极大。从纵向上分析，沿岸航行活动对海图航海要素内容的选择要求较高，需要的要素类型较多。其次是港湾活动和近海航行活动。对航海要素要求较少的是远洋航行活动。从横向上分析，海图上的水深注记、等深线、航行危险物、航行限制区、地理名称、区界线及航行警告的说明要素是各种航海活动均需要的要素。从而说明这些要素对航海人员来讲是最为重要的。

4. 制图资料及其分析处理

制图资料的选择，通常是在资料部门提供的制图区域范围内各种资料的基础上进行的。根据新编海图的用途要求，在制图资料分析评价的同时，对制图资料作出最佳的选择，主要是确定新编海图的基本资料、补充资料和参考资料。

1）基本资料的选择

通常能作为编图基础的和用以构成基本内容的图形资料主要有：水深测量原图、岸线地形测量原图、海图、地形图等。通常要求采用大于或略等于新编图比例尺的制图资料作为基本资料。基本资料的内容要素或某一要素应比新编海图详细些。缩小为新编图比例尺后，其要素密度应大些，以便为新编海图的制图综合留有充分的余地。采用不同的编图方法，对资料处理的要求也不同。当采用蓝图编绘时，要考虑对资料复照的条件，作为基本资料应尽量选择不带底色和避免有大面积多颜色印制的资料，否则要进行加工处理。当采用薄膜编稿时，需对制图资料进行复印，则应选择不影响复印效果的资料。当采用计算机制图时，要考虑对资料数字化处理的条件，则应选择便于用作扫描数字化或进行数据格式转换的制图资料。但是不管哪种制图资料的选择都应考虑资料进行坐标系统统一和投影变换处理的可能性。

通常编制大比例尺海图，资料的现势性和地理适应性显得重要，而对于小比例尺海图的编制，资料的完备性和投影变换的方便性显得重要些。所以，前者应优先选择现势性强，地理适应性好的资料，后者应优先选择内容完备性好和使用方便的资料。又由于海图的海域部分和陆地部分及海岸地带往往分别采用不同的资料进行编图，因此，会有多种采用情况。海部资料采用较多的是水深测量原图；陆部资料采用较多的是地形图；海岸地带多采用陆地地形图和海图。对于海岸地形测量原图资料，由于多数是在地形图基础上进行补测的，所以资料本身的完备性较差，很少用作基本资料，多数用以补充海岸线和海岸性质。

另外，编制国外地区海图，所使用的通常是不同国家出版的海图和地形图资料。一般情况下，应优先采用海区所属国出版的海图和地形图，只有当所属国的海图或地形图在现势性方面太差时，才选用其他国家的海图作基本资料。

按一般规律，编制国内地区海图，较多的要使用原始测量资料，所以资料要复杂些，但这些资料的完备性、精度及现势性，分析起来都比较明显，因此对基本资料的选择比较容易，也不易出现采用资料的错误。编制国外地区海图，尽管不会涉及原始资料，但是有时不同国家版本的海图较多，又因它们的出版时间不同，内容现势性程度不同，所以分析这些资料就显得困难些，有时还要经过去伪存真方能选择出可靠的基本资料来。

2）补充资料和参考资料的选择

（1）补充资料

补充资料在制图资料的选择中占有较重要的位置。这是由于海图制图资料种类较多，且内容质量参差不齐所决定的。事实上，除制图区域所采用的基本资料外，经常需要用某些资料补充其范围的不足。因此，从一定意义上讲，补充资料并不意味着资料的不重要或资料的精度较差。有时，用补充资料所补充的内容还相当重要。诸如，当采用"海岸地形测量原图"作为海岸线和海岸性质的编绘依据时，多数是把该资料作为补充资料来实施的。因为该资料只是在海岸狭窄范围内进行修测的，并且很难构成编绘底图，只能作为补充资料加以使用。又如，在"水深测量原图"上，对助航标志一般不作重新测量，在原图上即使表示了助航标志，其精度和现势性也不一定可靠。因此，编绘中应搜集和采用具有较高精度和较新的助航标志资料加以补充。

另外，在编绘中也经常利用一些现势性较强的资料对部分要素加以补充。利用航海通告提供的改正信息，实质上是一种补充资料的运用。诸如海区范围水深的变化，发现航行障碍物，新增加助航标志，以及海区界线的变化等。

（2）参考资料

参考资料的类型范围更为广泛，一般不直接使用，只作为编绘时参考。参考资料的选择往往是针对某个具体问题进行的。诸如，在制图综合中，选择某种制图资料作为编绘时对要素进行分类、分级参考，供研究海区地理特点参考使用等。参考资料更不受其内容、形式的限制。

3）制图资料分析结论及示意图

（1）资料分析的结论

制图资料分析的结论是编辑文件中的重要内容。它不但是制图编辑对制图资料分析评价的成果，也是编绘人员对制图资料使用的重要依据。结论的一般内容包括以下几个方面：

①制图资料的一般情况：比例尺、投影、坐标系统、高程和深度基准面、单位、测量和出版时间及小改正期数等。

②制图资料的测量方面：大地测量、地形测量、水深测量方法及其精度，各要素（特别是航行障碍物、航道水深、助航标志）测量精度及详细程度的评价结论。

③制图资料的编制方面：控制点及制图网的精度和变形情况，各主要要素的编绘精度及相互关系的合理性，资料转绘的控制基础、方法、精度，各要素综合取舍的质量。

④各内容要素的完整性、地理适应性。

⑤整饰质量、依据的"图式"及表示形式等对编图的适应程度。

⑥其他有关方面的介绍和评价。

最后应对整个制图资料是否能保证编图的质量作出总的结论，包括大地控制基础和制图资料经转绘平差后的精度保证情况，各主要要素的正确性、真实性、完整性方面是否能保证新编海图的各种用途要求。对制图资料的缺欠和不足之处，在结论中也应注意指出，以供编绘人员在使用资料时借鉴。

资料结论说明应简单、明确、肯定，要避免含糊不清和似是而非，使编绘人员对制图资料有一个明确的认识。为了能清晰、直观地表达制图资料分析情况，某些内容也可采用表格方式表述。把各种制图资料按其图名、图号、类型、比例尺、投影、单位、测量或出版时间、基准面、坐标系统等一一列出。

（2）制图资料采用示意图

制图资料采用示意图是附在《图历表》中用于指示基本资料采用情况的一个略图。配合"编辑计划"供制图人员参考使用（图 6.10）。制图资料采用示意图上包括海岸线，各种基本资料或补充资料的分布范围，各资料之间的关系，资料的版别及图号等。

资料范围线的绘制，除与实际图幅面积相应按比例缩小外，还应反映出采用的顺序。如图 6.10 中，朝版 202 是第一采用的，其次是朝版 206，再次是朝版 224B 及朝版 224A等。

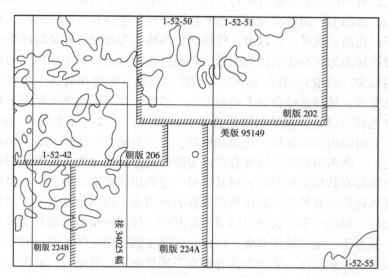

图 6.10　资料采用示意图

制图资料采用示意图一般绘制成彩色示意图。其用色应能明显区别出海陆部和不同版别的制图资料或海陆部不同资料等。诸如，海岸线用蓝色描绘，不同版别的制图资料以不同的颜色区别表示，新编图图幅范围和接幅范围以黑色表示。

（3）制图资料索引图

制图资料索引图是供编辑人员使用的工作略图。一般是在制图区域范围内的新编图图幅设计完成和基本上搜集了各种主要制图资料以后绘制。底图一般选择小于新编图比例尺的 5~10 倍，以透明纸绘制。内容包括：海岸线，新编图图幅范围，所搜集到的各种图形资料范围、版别和图号，必要时可标出资料比例尺。为清晰易读方便使用，通常也以彩色绘制，其用色与制图资料采用略图用色相同。

6.2.3　海图制图综合

1. 海图制图综合的概念

1）制图综合的实质

"综合"一词起源于法文 generalisation，表示概括的意思。它又是拉丁文 generalis（共同的，主要的）一词的派生词。这是从语言来源上考究的，它表达了"综合"一词的基本含义。综合，作为一种方法，在自然科学和社会科学研究中都有着广泛的应用。它是指研究任何事物都要抓住主要的、本质的东西。综合方法在海图制图中的应用，即海图制图综合。

众所周知，地面现象和物体是繁杂纷纭、数不胜数，可以说是无限的。为了制作海图，首先必须对实地多种多样、互有差异的物体和现象加以分析，找到它们的共性，抽象成概念，进行分类分级，并符号化表示。即使进行了符号化，任何一幅海图要想包罗万象地把地面上的一切现象都如实地"复现"出来是不可能的，除非制作与地球等大的海图。

　　而事实上，海图的大小是很有限的，我们只能采用一定的比例尺，将地面的物体和现象表示在缩小的海图上，而且必须对地面的物体和现象进行有目的的选择，并对被选取的物体的形状予以化简、概括。所以说，将地面物体转换为海图符号是制图综合的基础，将较大比例尺海图转换为较小比例尺海图则是制图综合的重点。海图比例尺的存在势必引起对制图要素的取舍（选取）、化简和概括。因此，选取、化简和概括，是海图比例尺对海图内容的必然要求，是制图综合的手段和方法。然而，在海图比例尺制约下对海图内容的选取、化简和概括，只是体现了制图综合的表现形式，并没有完全揭示出制图综合的实质。实际上，对海图内容的选取、化简和概括，绝不是随意地或机械地，而是具有强烈的目的性，就是说，海图内容的制图综合是以海图的用途、主题为出发点和归宿的。

　　每一幅海图都有其特定的制图区域并满足一定的用途要求。如果一幅海图能够包罗万象，将整个区域内的所有种类的物体和现象都表示出来，以满足社会各方面的要求，这自然是非常理想的，但是事实上这种海图是不存在的，任何一幅海图都只能满足一个或几个方面的要求，服务于一定的使用对象。因此，不同主题、用途的海图，对海图内容要素的选取、内容表示的详细程度、表示方法等都有不同要求。也就是说，制图要素的选取、化简和概括，都必须与海图主题相适应，并满足海图用途的目的要求。因此，海图制图综合必然受到海图主题与用途的制约。例如，普通航海图与海底地形图二者之间在制图综合等方面有着显著的不同。前者以水深注记为主、等深线为辅（即水深注记密度大而等深线稀少）的方法表示海底地貌，图面清晰易读；后者则以等深线为主、水深注记为辅（等深线较密且以粗细和明暗变化来增强立体效果，水深点稀少）的方法表示海底地貌，且蓝色普染使图面不清；前者表示了航行障碍物（沉船等）和助航标志（灯桩等），以满足舰船航行的要求，而后者对此却不加表示；前者以简单的等高线图形表示陆地地貌，而后者则以晕渲表示陆地地貌，以与海底地貌的表示相适应，等等。在比例尺和主题与用途的要求下，每一幅海图都有一定的制图区域，表示特定的制图要素。制图综合的任务，就是要表现制图区域内制图要素的空间分布、典型特点及相互联系。

　　综上所述，我们不难得出这样一个结论：所谓制图综合，就是在海图主题和用途的要求下，在海图比例尺的限制条件下，通过选取、化简和概括等手段，将制图要素表示在海图上，以反映客观实际的某一局部（或某一方面）的基本规律和典型特征，这便是制图综合的实质。

　　2）制图综合的分类

　　制图综合的产生主要受海图比例尺和海图主题与用途要求的制约。因此，制图综合主要表现为比例综合（按海图比例尺要求实施的制图综合）、目的综合（按海图主题与用途要求实施的制图综合）和感受综合（从对海图内容的视觉感受出发实施的制图综合）。

　　（1）比例综合

　　由于海图比例尺的缩小，使得图上物体过分密集、符号相互拥挤、图形缩小不能清晰可见或清楚描绘，从而有必要实施选取、化简和概括等方法，以保持海图的清晰易读性。这就是比例综合。

　　（2）目的综合

　　制图要素表示与否及表示的详细程度取决于要素本身的重要程度，而其重要程度不仅取决于要素平面图形的大小，更受到海图主题和用途的制约（这是主要的）。尺寸过小的重要物体可以采用不依比例尺的符号表示或夸大表示，而不能仅仅由于其小而舍去。因此，制图综合不仅仅是比例综合，更应该强调从海图主题和用途的要求出发，选取重要的和实质性的物体（不唯其大、不嫌其小），并有目的地加以化简（或夸大）和概括，这便是目的综合。

比例综合和目的综合两者之间既有区别又有联系。比例综合主要表现为舍去图形的细小碎部和部分次要物体，保持图形的主要特征和重要物体，其注意力常在局部内容，容易忽略整个区域内要素之间的相互联系和内在规律。目的综合则以满足海图主题和用途要求为核心，突出典型的、主要的和本质的东西，揭示最一般的客观规律，这才是制图综合的真正意义。同时，由于海图用途与比例尺有直接关系，因此目的综合和比例综合又是可以转化的。

（3）感受综合

除了比例综合和目的综合外，用图者在读图的过程中也存在着由于感受过程所应有的自然取舍而产生的无意识的综合。人眼感觉（察觉）大的物体和色调清晰的符号要比小的轮廓和色调不清楚的符号要快，而且容易记忆。这种因视觉和记忆等因素而产生的无意识的综合，称之为感受综合。感受综合由记忆综合和消除综合两部分组成。读图时人们的注意力会自然集中在那些图斑大的、色彩鲜明和形状结构特殊的符号和区域上，并把它记录在人们的记忆中；而对一些细小的内容则逐渐模糊和遗忘。这种由记忆而自然形成的结果，称之为记忆综合。感受综合对研究地图的感受效果以及编图人员在编制地图时都是很有意义的。

2. 海图制图综合的基本方法

制图综合作为一种编制海图的理论和技术方法，其表现形式是多种多样的。归纳起来，就普通海图制图而言（专题海图制图有其特殊的综合方法），制图综合的基本方法有四种：选取、概括、化简和移位。

1）选取

"选取"是制图综合的最基本、最重要的方法。所谓选取（又称取舍），就是从编图资料中选取那些从海图用途上讲是需要的、从比例尺上讲是能够容纳的、从地理分布上来看又是相互联系和制约的制图要素。

"选取"有两层含义。其一谓之曰"内容要素选取"，即按照海图主题和用途的要求，选取某种或某几种对海图主题和用途是必要的且有意义的内容，而舍去次要的或无用的内容。因此，这种选取的结果是减少或改变了海图内容要素的种类及结构。

"选取"的第二层含义谓之曰"制图物体选取"，即在每一种内容要素中确定具体的选取对象。如在大量的水深注记中选取有意义的水深，在众多的居民地中选取重要的部分等。我们通常所称的选取主要是指这种选取，下面的内容也主要是围绕它而展开的，物体选取的结果是减少了某类内容要素中的物体数量。

总之，选取的实质是通过解决海图内容的构成以及制图物体的数量问题，达到简化区域整体的图形特征，来满足海图主题与用途要求的目的。换言之，选取的目的就是在海图编绘过程中，解决海图的内容详细性与清晰易读性之间的矛盾。选取不是简单的"取"

或"舍",而必须以制图资料为基础、以海图用途为依据,以海图的清晰易读性为条件,经过全面、系统和科学的分析研究,选择那些重要的、有用的、相互联系紧密的制图物体,舍去那些相对来说次要的、无用的制图物体,从而构成科学的、完整的、清晰的海图内容。

可见,选取主要是要解决选取多少、选取哪些和怎样选取的问题。选取的基本任务之一就是解决海图内容多与少的矛盾,即解决海图内容的数量问题。它是整个制图综合的基础,因为不解决选取多少的问题,海图就不可能有适当的载负量。因此,选取应具有严格的数量标准。这种数量标准,是在海图用途和制图区域的限定下,在海图清晰易读性的要求下,由海图负载量决定的。

选取的另一个任务是确定具体的选取对象和选取程序,它是选取过程的具体化。即在选取中应保证重要要素首先被选取,然后在几乎同等重要的要素之间进行选取。因此必须确定各要素的选取标准。确定选取指标的方法有诸如数理统计法、方根模型、回归模型、等比数列模型等。选取指标的基本形式有两种:定额指标和资格指标。

（1）定额指标

定额指标规定了图上单位面积内应选取的制图物体的数量。该法的关键是确定合适的定额指标。确定定额的方法通常是按各种数学模型获得的,如方根模型、图解计算模型、回归模型等。定额指标可以保证海图具有充实的内容和较高的清晰易读性。

（2）资格指标

资格指标是按制图要素的质量或数量指标作为衡量制图物体是否选取的标准（资格）。制图要素的质量指标和数量指标均可作为物体选取的资格,前者如居民地的行政等级、助航标志的类型、控制点的等级、道路等级、礁石类型、境界线的等级、河流的入海与不入海或通航与不通航等,后者如居民地的人口数、河流长度、湖泊面积、发光助航标志的射程、地貌谷间距等。概括起来,资格指标又可分为两种形式:等级指标和分界尺度指标（物体的长、宽、高、面积和间隔等）。

①等级指标

从海图的主题和用途出发,按照制图要素的某种指标（通常是质量指标）将制图物体构成顺序量表,从而确定物体的顺序等级,在选取时以某一等级为资格决定物体的取舍。例如,可以按行政意义将居民地顺序排列为首都、省（自治区或直辖市）政府驻地、地区行政公署（自治州）及地级市政府驻地、县（旗）及县级市政府驻地、镇政府驻地、村;对于道路,其顺序等级构成为铁路、高速公路、普通公路、简易公路、大路和小路等。选取时等级指标由高级向低级选取。

②分界尺度指标

分界尺度,是要素的某一种数量标志,是编图时决定制图物体取与舍的数量标准。即制图物体选取的最小尺寸。按分界尺度选取,是指在编绘底图上测定地物的尺寸（如长度、大小、间隔等）,将测定的尺寸和事先规定的分界尺度相比较,以判断该地物的取舍。也就是根据海图的用途要求、比例尺和制图区域特点等,规定某一大小的尺度（分界尺度）作为"资格"来确定物体的取舍。

2）概括

概括，就是减少制图要素的分类分级或进行质量转换与图形转换，从而减少制图要素在质量和数量上的差异。

概括主要表现为对制图物体的分类和分级表示。制图物体在图上是用图形符号表示的，而物体的种类又是千变万化的，因而图上不可能对实地具有某种差别（数量的或质量的）的物体都用不同的符号表示出来。实际上，地图（海图）是用一种符号来表示实地上质量或数量特征比较接近的众多物体的。也就是说，制图物体在图上是分类或分级表示的，每一类或每一级都表示了对实地制图物体的一种概括。包括地图学的所有学科，都试图对研究对象进行分类分级，以便对错综复杂的世界做出解释。尽管分类分级会损失细节，但却是必要的，它能够增强对物体信息的解译能力。实施分类分级必须明确两点：第一，分类分级有着特定的目的，即为了显示出那些不经分类分级就无法表示的内容。其本身并不是目的，而只是揭示制图物体空间关系的一种方法。第二，没有任何一种一成不变的分类分级原则，必须根据海图的主题和用途来确定相应的原则。

在制图物体的各种特征中，质量特征是决定物体性质的本质特征，是区分制图物体并对其进行分类的基础和依据。物体分类的目的在于以概括的分类代替详细的分类，以综合的质量概念代替个别的具体的质量概念，分类的结果是减少了制图物体的类别。

制图物体的数量特征是对物体分级表示的基础和依据。物体分级是以扩大级差或重新划定分级界限的方法来减少分级的数量，其结果是以概略的分级代替详细的分级，减少制图物体在数量特征上的差异。除了分类和分级方法外，常用的概括方法还有质量（概念）转换方法和图形转换方法等。例如，将一小片泥滩进行质量转换合并到邻近的大片沙滩中，如图 6.11 所示。

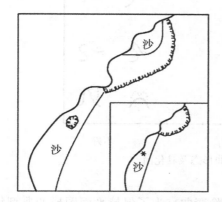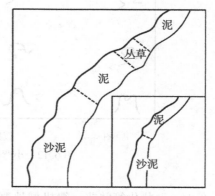

图 6.11　按质量概念转换法实施干出滩制图综合

制图物体的质量特征和数量特征是相互联系的，因此概括的诸种方法也是可以相互转化的。例如，分级方法在大多数情况下是对数量特征的概括，但有时也表现为对质量特征的概括，如对居民地人口数的分级合并是对数量特征的概括，但人口数量的不同等级又在一定程度上反映着居民地的质量概念（如大、中、小城市），因此分级合并又可看作是对质量特征的概括。

　　3）化简

　　化简，就是简化制图要素的平面图形（线状图形和面状图形），其结果是以简单图形代替复杂图形。在编制海图时，由于比例尺的缩小，其图形越来越小，弯曲越来越多，妨碍了其主要特征的显示。或者由于海图主题和用途的不同而不必表示过于详细的图形等，因此有必要对制图物体的平面图形加以化简。化简的目的就是保留物体图形所特有的轮廓特征，并显示出从海图用途来看是实质性的或必须表示的特征，保持图面的清晰易读性。"化简"就是简化物体平面图形的碎部，以简单的平面图形代替复杂的平面图形，甚至以不依比例的符号图形代替平面图形。

　　要素平面图形化简的基本方法有删除（弯曲）、夸大（弯曲）、合并（碎部）。前两种主要用于曲线（折线）化简，最后一种主要用于内部结构的化简。

　　（1）删除：在删除曲线的细小弯曲时，应按扩大和保持上一级弯曲（小弯曲所在的大弯曲）特征的原则，沿小弯曲口部的外缘呈微弧状通过。图 6.12 表示了常见弯曲类型的特征及其形状的化简方法。

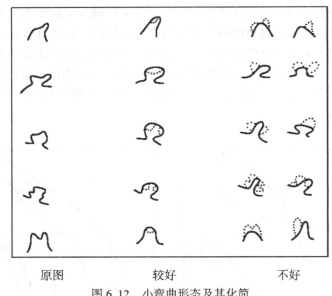

原图　　　　　　　较好　　　　　　　不好

图 6.12　小弯曲形态及其化简

　　（2）夸大：形状化简并非一律机械地删除弯曲。为了保持平面图形的典型特征和相似性，对某些因尺寸大小而应删除的细小弯曲，有时要采用夸（扩）大的方法强调表示出来。

　　使用夸大方法时有两点必须注意：第一是掌握使用的场景，被夸大的弯曲必须确是特征性弯曲，对整个平面图形有重要影响；第二是夸大后的图形应与原图形相似，大小达到图式要求的最小尺寸，防止变形（图 6.13）。

　　（3）合并：合并的方法主要用于平面图形内部结构的化简，如居民地街区的合并、三角洲海岸处岛屿的合并、相邻干出滩的合并，等等（图 6.14）。

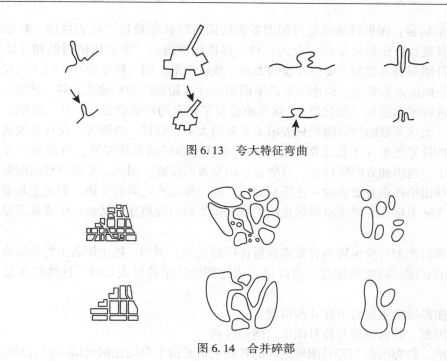

图 6.13 夸大特征弯曲

图 6.14 合并碎部

（4）分割：分割是为保持物体平面图形的特征而采取的一种特殊方法，通常只在中小比例尺图上使用。

典型的分割方法运用在居民地街区的化简上，即为了保持街区的面积对比、街道网的密度对比及方向性而采用的重新构造图形的分割方法（图 6.15(a)）。在小比例尺图上，曲线（如河流、海岸线）的化简也可以适当采用分割方法以保持曲线图形的特征（图 6.15(b)）。由图 6.15 可以看出，分割方法较好地达到了化简的效果，而合并或删除则不然。

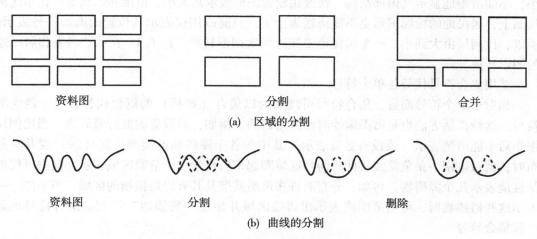

资料图　　　　　分割　　　　　合并

(a) 区域的分割

资料图　　　　　分割　　　　　删除

(b) 曲线的分割

图 6.15 分割方法的运用

（5）图形转换：图形转换也是对制图要素的质量特征和数量特征的概括。制图要素的图形，按其是否依比例尺绘制可分为三种，即依比例图形、半依比例图形和非比例符号。采用何种图形表示要素，要依要素的大小、性质而定。同一种要素在不同比例尺图上可能要采用不同的图形表示，即由原来的平面图形（或轮廓图形）改变为符号图形。

制图要素的平面图形（依比例），真实地表现了要素的精确位置、形状、范围、方向和内部结构。面状要素的轮廓图形只表示了要素的大小、形状、范围等，没有表现其内部结构。要素的符号图形（不依比例）是大小、形状等固定的点状符号，所表示的要素没有形状、大小、范围和方向等特征，只能表示出要素的位置。因此，要素的平面图形、轮廓图形和符号图形代表着要素的三种质量等级。这三种图形之间的变换，形式上是要素图形的简化，实际上标志着要素由形状化简的量变积累到引起质变，从而产生要素质量的转换。

制图要素的图形转换也影响着要素数量特征的表示。例如，依比例表示的陡岸真实地反映了陡岸的宽度、高度和坡度，当改以不依比例的陡岸符号表示时，这些特征便消失了。

要素的图形转换主要有下述几种情况：

①平面图形、轮廓图形与符号图形之间的转换

平面图形、轮廓图形与符号图形之间的转换主要是由于海图比例尺缩小而引起的。

例如，表示河流时，由于河流由河口到河源逐渐变窄，不可能始终完全依比例符号表示，其图形变换情况为：依比例表示的双线河——宽度不依比例的双线符号——宽度依比例的单线河——宽度不依比例的单线河。或者：依比例的双线河——不依比例的单线河。

这样就出现了两次（前一种情况）或一次（后一种情况）由平面图形到线状符号的转换，转换后的图形失去了河流宽度的意义。

再如居民地的图形转换。在大比例尺图上，居民地用平面图形表示，可以区分出主次街道以及街区大小和方向等内部结构和外部轮廓。在中比例尺图上，居民地平面图形缩小，不能清晰地显示其内部结构，便改用轮廓图形表示其大小、范围和形状等。在小比例尺图上，居民地的轮廓图形更不能清晰表示了，只能改用仅表示其位置的圈形符号表示。所以，比例尺由大到小，一个居民地要经过两次图形转换。图 6.16 表示了码头和居民地的图形转换。

②用集合符号代替各单个符号

相对于单个符号而言，集合符号可理解为以集合（概括）的概念代替各单个概念的符号。这种概括方法也是海图编绘时经常用到的。例如，对群集的航行障碍物，当比例尺缩小后不能清楚表示（或没有必要表示）其中的各个障碍物的类型、高（深）度及其分布时，就可以用一条危险线将此障碍物区域圈起来，作为一个危险区域表示，其内可仅象征性地表示几个障碍物。再如，分布有许多沉船残骸及其有碍抛锚物的区域，当不能一一表示这些碍锚物时，可用范围线表示出碍锚区域并加注"碍锚地"注记。组合符号也是一种集合符号。

③图形符号与文字注记之间的转换

图形符号与文字注记之间的转换是将原来详细的质量或数量概念代之以概括和简单的

（a）码头的转换　　　　　　　　　　　　（b）居民地的转换

图 6.16　图形转换

概念。例如，在断续而又广泛分布有渔栅或渔网的区域，可以将这些短小的渔栅或渔网符号舍去，代之以"此处多渔具"字样的文字说明，这便是图形符号转换为文字注记。又如，将用水深数字加注记"沉船"表示的沉船改为不明深度的沉船符号表示（但应区分危险与否）；将用水深数字加注记"岩"表示的暗礁改为以暗礁符号表示，等等，就是运用了文字注记转换为图形的方法。

4）移位

制图要素图形的移位也是制图综合的基本方法之一。移位，是海图编绘中处理各要素相互关系的基本手段。通过移位，可以解决由于海图比例尺缩小而产生的地理适应性问题。

严格地说，制图要素（图形）的移位是制图综合过程中必然要产生的结果。在对要素图形进行化简时，伴随着弯曲或碎部的删除、夸大和合并，必然会引起要素（或其局部）的移位。但这种移位并非有目的地应用移位方法的结果。我们在这里所讨论的移位方法，是有目的的、为了解决要素间关系而使用的一种制图综合方法。

随着海图比例尺的缩小，相邻制图要素之间的距离亦愈来愈小，加之半依比例尺符号和不依比例尺符号的等大表示（不依比例尺而变化），使得要素间相互拥挤，关系混乱，这时就必须采用移位方法加以处理。

3. 海图制图综合的制约因素

制图综合是一个科学的复杂的过程。在制作各种不同类型、不同比例尺和不同用途的海图时，制图综合本身将表现为不同的程度、方向和特点等。也就是说，制图综合各种方法的实施，是受到一些客观因素制约的，而不是随意的和无限制的。制图综合的制约因素主要有：海图的主题与用途、海图比例尺、制图区域的地理特点、海图内容的图解限制和制图资料等。

1）海图的主题与用途

海图的主题与用途决定了制图综合的目的性。它是编制海图时制图综合的出发点和归宿，是制图综合时所要考虑的首要因素，它对制图综合的影响是多方面的。

（1）海图的主题和用途确定了制图综合的方向

海图的用途不同，它所表现的主题方向显然就不同。如：普通航海图的目的是为航海提供服务，因此，它应该着重表示海底地貌要素和助航标志等要素。海底底质图的主题是海底底质，它主要表示的内容应该是底质的种类及其分布范围，而对海底地貌要素的表示就很概略，对助航标志甚至不予表示。

（2）海图的主题和用途决定着制图综合的程度

在不同类型的海图上，即使都表示了同一类要素，但其表示的详细程度也可能是相差很大的。例如，同为航海图，军用航海图和外轮用图在要素的表示程度上就有很大的差异：军用航海图考虑到军舰活动无固定航线、航向和范围等特点，以及军事活动的要求，如登陆、抗登陆作战等，因此图上详细而准确地表示了海部各要素，同时对陆部要素也尽量与地形图取得一致；而在外轮用航海图上，由于外轮被限定在特定的航线上航行，并且出于保密的要求，通常只表示航线上及其附近的海部要素，其他区域则大量简化，对陆部要素的要求更低，例如地貌可以用山形线取代等高线来表示。再如，在海区形势图上，为了综合地反映海区及与其毗邻陆地的地理要素的分布，相对于航海图来说，此类型的图上海部要素的表示就概略得多，而陆部要素则相对表示得详细一些。

（3）海图主题和用途还决定着海图要素的表示方法

形势图上一般以立体方法表示地貌形态，地形图上则以等高线表示地貌，等等。这种表示方法的变化也影响着制图综合的各个方面。

2）海图比例尺

海图比例尺是影响制图综合的又一重要因素。它对制图综合的制约作用主要体现在两个方面。首先，海图比例尺标志着实地面积转换到图上面积的缩小程度，因此直接决定着海图内容表示的详细程度。其次，海图比例尺在一定程度上体现着海图的用途，从而影响着对制图要素重要性的评价。

显然，海图比例尺的存在要求对制图要素实施比例综合。为了解决由于比例尺缩小而产生的图面物体密集、图形复杂混乱等问题，就必须对制图要素实施符合比例尺和有效传输要求的选取、化简和概括，以减少物体数量、概括要素种类、简化物体符号图形，保持图面清晰易读，增强制图信息传输的有效性。

3）制图区域的地理特点

制图综合的基本目的是在海图上尽可能真实地表示制图区域的一般现象和典型特征。制图区域的地理特点是客观存在的，它对制图综合的影响不仅表现在制图要素重要程度的评价上，而且也表现在对制图综合的原则和方法的影响上。

同一种要素往往在某一区域内是典型的、重要的，而在另一区域内便成为一般的、次要的了，这样制图区域特点便影响到制图要素本身的选取。例如，一条小河或一口水井，在水系发达的长江流域是非常一般的物体，图上可以不予表示。而在山区或小岛上，这样的小河或水井就成为重要的地理要素，图上必须选取。再如，在同一幅海图上，海底地貌复杂的地区，为了能反映出海底的起伏特征，水深点就必须选得密些；而在海底平坦的地区，较为稀少的水深点就可以反映出海底地形，保证舰船的航行安全。

制图区域的地理特点还影响着制图综合的原则和方法。例如综合岛屿时，一般只能选取或舍去小岛，而不允许将其合并；但在三角洲海岸处，由于岛屿是冲积而成的，并呈扩大趋势，因而从这个特点出发，规定冲积三角洲海岸的岛屿一般是可以合并的。

海图的用途、比例尺和制图区域的地理特点是海图最主要的标志，它们是影响制图综合的最重要的因素。在编制海图过程中，它们是同时存在、互相制约、互为条件的。

4）海图内容的图解限制

除上述三种因素之外，海图内容的图解限制也是一种影响制图综合的制约因素。它主要包括两个方面：海图符号的最小尺寸限制和海图极限载负量的限制。

（1）海图符号的最小尺寸限制

一切海图要素都是由符号（图形和文字）构成的。在一定条件下，符号线划愈精细，尺寸愈小，海图内容就可表示得愈详细和愈精确。然而，符号的尺寸是有图解限制的，这种限制主要是物理限制和生理与心理限制。

物理限制是指海图制图中使用的设备、材料和制图人员本身的技艺。例如，用绘图法得到的线划最细可达 0.06~0.08mm，用刻图法可得到 0.03~0.04mm 的线划，通常的复制技术可印出 0.08mm 的线条。这只是指单一的线条，若是复杂图形，符号的精细程度还受制图人员技术水平的限制。用计算机辅助制图时，符号的精确性和一致性，可达千分之几毫米，远远超过手工绘图所能达到的精度。

生理和心理限制，则是指用图者对于图形要素的感受的反应以及对符号的感受调节能力，它是随用图者感受的不同而改变的。例如，在白纸上人的正常视力能分辨出的最小符号。如 0.02~0.03mm 的孤立黑色线划，间隔 0.15~0.18mm 的平行线划，直径为 0.3~0.4mm 的圆，面积为 0.5~0.8mm 的实线轮廓等。视觉感受还受符号的形状、色相、亮度、密度、方向、位置、底色等因素的影响。例如，矩形符号，其长度增大会增加可见性，而使其视觉宽度显著缩小；两个面积相差 1 倍的圆，看上去其差异却明显不足 1 倍，等等。

海图的使用方式对符号的最小尺寸也有明显的限制。例如，航海图是供舰船航行使用的，由于舰船摇摆不定，增大了读图的困难，因而图上符号要相应地比陆地图符号大些；对于挂图，由于读者相距较远，也要求符号更为粗大明显。

（2）海图极限载负量的限制

海图载负量亦称海图容量，它是衡量海图内容多少的数量标准，通常用单位面积内物体图形和注记的数值（面积或个数）来计量。显然，在图式符号和注记大小一定的情况下，载负量愈大，海图上所能表示的物体就愈多，海图内容就愈丰富和详细。然而，海图清晰易读性的要求，一方面限制了海图符号的最小尺寸，另一方面又限制了海图载负量的无限增大。对每一种海图，都存在着一个极限载负量来控制海图内容要素的多少，以保证海图应有的清晰易读性。

所谓极限载负量，指的是在制图物体分布最密集的区域海图上所能表示的制图物体的最大载负量。超过这个限度，海图的清晰易读性就会受到破坏，使得读图困难。显然，极限载负量与符号的精细程度、色彩的搭配及地图复制水平有很大关系，并随着海图主题与用图方式的不同而变化。

5）制图资料

在编制海图时，所采用的编图资料的质量将对制图综合有直接的影响。

由于编制海图所采用的资料不像编制地形图那样简单而有规律，通常资料比例尺不统一，新旧程度不一致，版别不一样等，这就在一定程度上影响到制图综合的方法和程度。例如，编制航海图时，陆部一般以地形图作基本资料，海部则以海图或海测图板作基本资料，这样就产生了海陆资料的拼接问题，需要确定何处采用地形图资料，何处采用海图资料。再如，编制 1：20 万海图时，通常以 1：10 万的海图作资料，但也可能使用 1：5 万新测资料或 1：50 万的海图资料。对 1：5 万资料就需要进行很大程度的取舍和概括；而对 1：50 万的资料，由于是放大编绘，将资料上的全部要素都转绘到新编图上，亦不能达到密度指标，就根本谈不上取舍和概括了。

4. 海图制图综合的基本原则

制图综合是将制图区域缩小并简化地表示在图上的过程。但是，这种简化并不是简单的、随意的或机械的，而是科学的和富于创造性的，因此是要遵循一定的原则和要求的。这些原则体现在海图编辑设计和编绘的每个环节之中，有着重要而具体的意义。制图综合总的原则是：制图综合的一切方法、规则和指标等，都应以满足海图主题和用途要求为出发点和归宿。

1）海图内容详细性与清晰易读性相统一

海图内容详细性是相对于海图主题和用途而言的，它有两方面的含义：其一是要素种类完备，即保证对海图主题和用途而言是必要的要素种类都表示在图上；其二是指在海图要素一定的前提下，保证各类要素在分类分级上是详细的，物体选取的数量是足够的，图形符号的形状和位置是真实的。

海图清晰易读性是相对于海图使用者而言的，即保证海图具有良好的视觉感受效果（如图形和注记清晰，物体之间主次分明、关系清楚等）。影响海图清晰易读的因素主要是海图载负量、图形符号的形状、大小和复杂程度、色彩等。制图综合的原则（任务）之一，就是要将海图内容的详细性和海图清晰易读性这一矛盾双方统一起来，使之和谐、均衡。

2）几何精确性与地理适应性相统一

几何精确性，就是要求海图上所表示的制图要素必须达到海图比例尺所允许的几何精度，也就是保持制图要素的地理位置的准确。

地理适应性，即海图上制图要素的地理分布特点及相互间相对位置关系的正确性。

几何精确性与地理适应性是一对尖锐的矛盾，这个矛盾随海图比例尺的缩小而产生并加深。在大比例尺海图上，要素相对稀疏，一般都具有很高的几何精度，同时，制图要素的相对位置关系也是很真实准确的。这时海图的几何精确性与地理适应性同时得到满足，彼此矛盾很小。在这种海图上，只要保证制图要素的几何精确性，也就基本保证了地理适应性。

随着海图比例尺的缩小，图上各种非比例符号越来越多，要素之间相互拥挤，争位矛盾突出，要素图形渐趋复杂，读图困难，几何精确性与地理适应性之间的矛盾就变得尖锐起来。此时，为了保持图上要素的相互关系（距离远近、左右位置、相交情况等），就必须将一部分要素移位或用组合符号表示（产生移位误差），将一部分要素图形加以化简（产生化简误差），即以有限度地牺牲要素的几何精度来换取（保持）地理适应性。如当水深注记和礁石符号争位时移动水深注记；当道路符号按图式扩大描绘时，路旁毗邻的建筑物必须随之移位等。

3）保持景观特征的真实性

制图区域的景观特征是客观存在的。保持制图区域景观特征的真实性是制图综合的必然要求。景观特征主要分为两类：分布密度特征，如按稠密、中等和稀疏来划分密度等级；形态特征，如海岸是侵蚀型或是冲积型，河系是树状或是平行状，等等。

在对制图要素实施各种制图综合时，都必须考虑到保持景观特征的问题。对于选取方法而言，主要是保持分布密度特征，即真实地反映要素分布特征及不同地区的分布密度对比。

在形状化简时主要体现在保持物体平面图形的形态特征即相似性，进而揭示要素的内在规律。例如，河系图形的化简是通过取舍河流实现的，而河流的选取通常是以河流的最小尺度（长度）为标准的。

4）协调一致

制图综合的协调一致，是指制图综合方法、制图综合指标和制图要素关系处理等方面的协调一致。其目的是使所表示的制图要素达到统一、客观、可检验、易阅读。这种协调一致要体现在同一图幅的不同地区和不同要素之间、同一比例尺的不同图幅之间以及系列比例尺海图之间。

同一幅图的不同区域之间，制图物体的形态和分布密度可能是不同的，因而其综合指标在这些不同地区应相互协调。

在小比例尺海图特别是大型挂图上，不同纬度地区的综合指标应保持协调。海图一般采用墨卡托投影，这种投影随纬度增高产生的变形很大。因此，不同纬度地区的制图综合方法和指标必须协调。

同一比例尺（或相近比例尺）的不同图幅之间应协调一致。例如，航海图一般是按比例尺成套编绘的，在成套海图叠幅部分各要素的表示应基本一致。

海图上同时包含了海洋和陆地两个毗邻的区域，海陆协调还表现在海底地貌和陆地地貌的协调方面。海底地貌是陆地地貌在海水下的延伸，二者在形态结构上有着密切的联系，因而综合时应照顾到二者的关系，使之协调一致。例如，在陆地河流的入海口都分布有水下河谷，通过等深线可以很好地反映出河流与水下河谷的联系；等深线的走向与形态应与海岸的方向相一致，等等。

为了正确表示出制图要素的空间分布及其相互联系，不同要素的制图综合应该协调一致。例如，化简等高线图形时必须兼顾到已经表示在图上的河流图形的化简，以保持河曲与等高线弯曲之间的协调关系。

5. 海图制图综合的过程与顺序

1）海图制图综合的过程

在整个海图编制过程中，制图综合都贯穿始终，从而形成一个完整的、复杂的、有序的过程。这个过程分为海图编辑设计和海图要素编绘两个阶段。

海图编辑设计时就包含有制图综合内容，在这一阶段制图综合的任务主要是：拟定制图综合指标；规定制图综合原则等。这一阶段的成果一般表现为编辑文件，如编绘规范、编绘方案等。

对于普通航海图系列而言，上述编辑制图综合工作已基本包括在国家标准《中国航海图编绘规范》（GB 12320—1998）和《中国海图图式》（GB 12319—1998）中。因而编绘航海图时，可以直接从要素编绘阶段入手，实施编绘制图综合。

在海图编绘阶段，制图综合过程包括读图、评价、判断和实施四个步骤。

（1）读图

读图即分析研究编图基本资料及其他资料（如航路指南），熟悉制图区域的地理特点，认识各类制图要素，为编绘海图打下基础。通过读图，应该了解制图要素的种类、分布位置、密度差别、质量和数量特征等，以有助于正确地实施制图综合。同时，读图还有检查的作用，检查编图资料的真实性、可靠性和详细性等。读图可以采用定性分析和定量分析的方法。

（2）评价

评价是根据海图的主题和用途，在阅读分析的基础上，对制图要素的重要性作出评价，即区分出哪些是重要的，哪些是次要的，哪些是无用的，以及何处是要素图形的特征，等等。

（3）判断

判断是在分析评价的基础上，对制图要素是否需要综合以及如何综合作出决断。例如，某个居民地是否选取，选取后如何化简其形状，如何处理与道路或河流的关系，是否需要移位、如何移位，等等。

（4）实施

实施即进行制图综合的图上作业，具体运用制图综合的基本方法，从而最终完成海图编绘工作。在简单情况下，读图、评价、判断是一个简短的、连续的思维过程。问题愈复杂，则要有愈加详细的读图和全面正确的评价。

2）海图要素制图综合的顺序

海图要素制图综合的顺序即海图编绘的顺序。海图上表示的内容要素很多，而且它们之间又是相互联系、相互制约的，因此，海图编绘必须按一定的顺序进行。确定海图内容要素编绘顺序的一般原则为：先海部要素后陆部要素；先重要要素后次要要素；顺应要素间的相互制约关系；便于处理要素间的关系，便于作业。

在编制海图的制图综合过程中，一定要有先后次序，要从大处着眼，要有整体观念。先总体的，后局部的。由主到次，由大到小，由外部到内部，由特殊到一般，循序渐进，逐步展开。

6.2.4　海图生产

1. 海图生产流程

1）纸质海图生产的模拟方式

纸质海图生产的模拟方式一般按照纸质海图出版原图的制作、纸质海图出版方案的拟定顺序进行。其中，纸质海图出版原图的制作包括：（1）图版编稿——清绘（刻）法；（2）连编带绘（刻）法；（3）蒙膜编稿——清刻法。

由出版原图经制版印刷便可生产纸质海图。此为传统的纸质海图制作生产方法。

海图出版方案的拟定是指对海图印刷、出版有关的技术要求和说明的拟定，主要有海图印刷版次、印刷次数说明，印色和要素的设色方案，海图及海图集的拼版，装帧方法等。

2）纸质海图生产的数字方式

纸质海图生产的数字方式是指在现代海图制图生产条件下，数字海图数据出版的一种形式。是从海图数据库中提供 Arc/Info E00 格式数据，对 E00 数据进行转换、修编、分版、符号化处理成制版胶片，然后进行制版印刷。

3）数字海图生产

数字海图的生产包括资料准备与编辑设计、海图数字化、海图数据入库与维护、输出与出版四个阶段。

其中，资料准备与编辑设计阶段的主要任务是负责航海图书资料的搜集、整理、扫描建库，提供制图资料。海图数字化的核心任务是根据不同的数据源进行资料加工转换、编辑作业，然后经校对、修编、验收，最后入库。海图数据入库与维护阶段的主要任务是海图数据建库和入库、海图数据的维护与更新、海图数据的输出服务。最后阶段就是海图输出与出版分发。

2. 海图质量管理与评估

海图质量管理与评估分为纸质海图质量管理与评估和数字海图质量管理与评估。其中，纸质海图质量管理与评估包括纸质海图质量检查与验收、纸质海图的质量评定。数字海图质量管理与评估包括数字海图质量管理和数字海图生产的质量评估。

3. 海图的更新

海图的更新是通过小改正、大改正、改版以及计算机辅助海图自动改正系统进行的。

小改正是利用航海通告进行的改正，又称通告改正。航海图图廓左下角设有小改正记载栏，专门记载本图改正的年份和航海通告的期数。大改正是由于小改正过多，影响图面清晰和使用而进行的改正。大改正后的原图，要重新制版印刷，并累计印刷次数。经大改正印刷的海图发行后，原海图并不作废，仍可以通过小改正进行改正，使其海图保持最新的现势性。改版是海图内容经过较大的增删变动后的再出版，称为改版（或称再版）。计算机辅助海图通告改正系统是利用计算机实施海图通告改正的系统，能使航海人员及时、准确地实施海图改正，以确保航行安全。

6.3 电子海图

6.3.1 电子海图概述

电子海图是 20 世纪 70 年代开始的一门新技术，兴起于 20 世纪 90 年代。由于它形象、直观、灵活，有着许多纸质海图无法比拟的优点，因而引起了海洋测绘领域和航海领域的一场技术变革。伴随着电子海图的出现和发展，出现了诸多有关电子海图的概念。1999 年出版的《海洋测绘词典》定义，电子海图是电子海图显示与信息系统（Electronic Chart Display and Information System，ECDIS）及类似系统的统称。

1. 电子海图的相关概念

1）广义的电子海图

电子海图是一个用于描述能显示电子海图信息的数据、软件和硬件系统的泛称。

2）狭义的电子海图

指以数字形式出现的海图，即数字海图（Digital Chart，DC）。

3）数字海图

数字海图是用数字表示的，以描写海域地理信息和航海信息为主的空间数据的有序集合。数字海图可分为矢量海图和光栅海图。

4）矢量海图

矢量海图（Vector Navigational Chart，VNC）是以矢量方式表示并以矢量数据结构存储的数字海图。由于 VNC 是一种对数字化海图信息进行分类组织与存储的数字海图，可支持对任意物标（要素）的细节（如灯标位置、颜色、周期等）查询，海图要素分层显示，根据需要选择不同层次的信息量（如只显示小于 10m 的水深），设置警戒区、危险区自动报警，以及查询其他航海信息（如港口、潮汐、海流等）。因此有人称矢量海图为"智能化电子海图"。

5）光栅海图

光栅海图（Raster Navigational Chart，RNC）是以栅格数据表示并以栅格数据结构存储的数字海图，也叫栅格海图。通常是通过对纸质海图的一次性扫描所形成的单一的数字信息文件。光栅海图可以看作是纸质海图的复制品，包括的信息（如岸线、水深等）与纸质海图一一对应。可定期改正，但使用者不能对光栅海图进行查询式操作（如查询某一海图要素特征，或隐去某类海图要素等）。因此有人称光栅海图为"非智能化电子海图"。

6）电子航海图

电子航海图（Electronic Navigational Chart，ENC）是由官方授权的海道测量机构（HO）发布的，专供 ECDIS 使用的，在内容、结构和格式上均已标准化的数据集。ENC 包含安全航行所需要的全部海图信息，也可以包含纸质海图上没有的而对安全航行认为是需要的补充信息（如航路指南）。ENC 是采用矢量化的方式制作的，所以又叫国际标准矢量海图。

7）电子海图数据库

电子海图数据库（Electronic Chart Data Base，ECDB）是指由官方海道测量部门提供的电子航海图 ENC，以及如航路指南、潮汐表、灯标表等一些航海出版物的数据。使用时从中选用所需的部分，并可以适当地加以处理，以满足不同使用者、不同场合对海图信息的需求。

8）系统电子航海图

系统电子航海图（System Electronic Navigational Chart，SENC）是为了适合特定的应用由 ECDIS 从 ENC 转换而来的一个数据库，通过适当的方法更新 ENC，并由航海人员增加其他信息。这个数据库实际上由 ECDIS 访问，为生成显示和实现其他导航功能服务，它等同于改正至最新的纸质海图。SENC 还可以包含来自其他渠道的信息。

9）电子海图显示与信息系统

ECDIS 是指符合有关国际标准的导航信息系统，这个系统具有充足的后备措施，可以被接受为符合 1974 年《国际海上人命安全条约》第五章第二十条（V/20）规则要求的最新海图。它可以有选择地显示 SENC 中的信息以及从导航传感器获得的位置信息以帮助航海人员进行航线设计和航路监视，并且能够按要求显示其他与航海相关的补充信息。

10）电子海图系统

电子海图系统（Electronic Chart System，ECS）是海图显示设备的一种统称，它不遵守 IMO 关于 ECDIS 的性能标准，也没考虑满足《国际海上人命安全条约》第五章（SOLAS Chapter V）携带航海图的要求。

ECDIS 与 ECS 可统称为电子海图应用系统。

11）光栅海图显示系统

光栅海图显示系统（Raster Chart Display System，RCDS）是一种用于显示光栅海图和来自导航传感器位置信息的导航信息系统，用以辅助航海人员进行航线设计和航路监视。需要时，可显示与航海相关的其他信息。

2. 电子海图的组成

广义上讲，电子海图是一个能显示电子海图信息的数据、软件和硬件系统。而 ECDIS 是一种能够满足国际标准的电子海图系统，本节以 ECDIS 为例来简述电子海图系统的组成。ECDIS 总体上包括硬件、软件和数据三大部分。目前世界上航行的船舶多种多样，不仅大小不一，形状各异，就吨位而言，从几十吨到数十万吨都有。因此，ECDIS 的单一模式就满足不了多方面的需求，因而要求 ECDIS 的软、硬件结构必须是模块化的，以便用户能够根据需要选择合适的模块来开发特定的 ECDIS。但无论系统的大小如何，ECDIS 的基本软、硬件和数据这三部分是不能缺少的。如图 6.17 所示是某 ECDIS 的外形图，图 6.18 为 ECDIS 的基本构成框图。

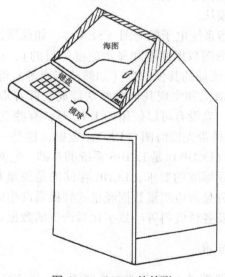

海图

键盘

滚球

图 6.17　ECDIS 的外形

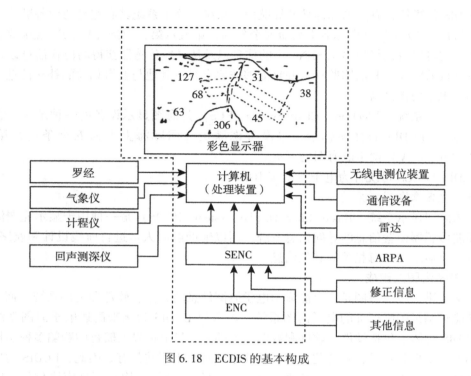

图 6.18　ECDIS 的基本构成

　　ECDIS 的硬件通常包括中央处理装置、高分辨率显示器、ENC 载体、中央处理装置与外部设备的接口和 ECDIS 相关导航设备等部分。

　　ECDIS 的软件至少应包括系统管理和主控程序、组合导航、用户命令处理、雷达信息叠加处理、海图显示与海图作业、航路监视与避碰模块、航海咨询与图上查询、系统电子航海图生成和海图改正等模块。

　　ECDIS 的数据主要是指系统电子航海图（SENC）。如前所述，SENC 是由 ECDIS 为一定的使用目的（如为提高海图数据读取和显示速度等目的），把 ENC 及其对 ENC 的改正（即 ER 文档）和航海人员添加的其他信息（如航路指南等）综合在一起而形成的一个数据库。这是 ECDIS 为显示海图和实现其他导航功能而实际存取的数据库，它等同于改正至最新的纸质海图。另外，当没有可以使用的 ENC 时，有些支持光栅海图的 ECDIS 系统（即"双燃料"系统），也携带光栅海图（RNC）数据，这是一种作为用于航行参考的海图数据。电子海图数据库（ECDB）是 ECDIS 系统的基础，它对 ECDIS 系统功能的影响是至关重要的。按照相关国际标准的要求，ECDB 存储的是矢量数据。目前，ECDB 的数据主要来自两大部分：一部分是海道测量数据经格式转换后产生的数据；另一部分是根据原先的纸质海图、航海通告及各种资料等经数字化后产生的数据。

6.3.2　电子海图国际标准

　　电子海图国际标准主要涉及 S-52 标准、S-57 标准、S-100 标准及 S-58、S-61、S-63、S-65 等标准。

1. S-52 标准

S-52，即《电子海图显示与信息系统海图内容与显示规范（Specification for Chart Content and Display Aspects of ECDIS）》。该标准的草案由 IHO 1986 年成立的 ECDIS 委员会（COE）开发，于 1987 年 5 月在摩纳哥召开的第 13 届国际海道测量大会上提交给 IHO 的各成员国，以及各国的航运管理部门、海员协会和系统设备制造厂商广泛征求意见，1988 年 4 月正式形成第 1 版，以 IHO 第 52 号特殊出版物方式出版。此后历经多次修改。

2. S-57 标准

S-57，即《IHO 数字式海道测量数据传输标准（IHO Transfer Standard for Digital Hydrographic Data）》。S-57 标准是国际海道测量组织（IHO）数字海道测量数据传输标准，旨在对各国海道测量部门之间用于交换数字化海道数据以及将这些数据传递给生产厂家、航海者和其他数据用户的标准加以说明。S-57 标准采用 ISO/IEC 8211 国际标准（信息交换数据文件技术要求）作为封装数据的技术方法，该标准可用作电子海图显示与信息系统（ECDIS）的数据源，并且，在交换与传递过程中，数据的含义不能有一丝一毫的改变。

该标准源于 IHO 数字数据交换委员会（CEDD）1987 年开发的数字制图数据交换与供给格式（DX-87 格式），1991 年正式形成第 1 版，以 IHO 第 57 号特殊出版物方式出版，并命名为"数字海道测量数据传输标准"，其数据交换格式称为 DX-90，1992 年 4 月 15 日在摩纳哥召开的第 9 届国际海道测量大会上该标准被推荐为官方标准，1993 年 11 月修改为第 2 版。起实质变化的是 1996 年 11 月发表的 S-57 3.0 版，它以全新的数据定义和组织方法对 2.0 版做了彻底的修改，并抛弃了 DX-90 的称谓。此后历经多次修改。

3. S-100 标准

IHO 于 2001 年正式把开发通用海道测量数据模型（S-100）纳入工作计划，现已由 IHO 的传输标准维护及应用开发（TSMAD）工作组开发完成，于 2010 年 1 月推出了 S-100 标准 1.0.0 版。同时，也得到了来自海洋测绘部门、工业界和相关院校的积极参与。

S-100 提供了一个现代化的海洋地理空间数据标准，可支持各种各样与海洋测绘相关的数据源，与国际主流的地理空间标准相兼容，特别是 ISO 19100 系列的地理信息标准，因而，使得海洋测绘数据和应用可更易于集成到地理空间解决方案中。

S-100 的目标是支持与海洋测绘相关的多样化的数据源、数字产品以及服务。包含了影像和栅格数据、元数据规范、无限制的编码格式和一个更加灵活的维护机制。这样就可以开发超出常规的海洋测绘范围的应用，比如，高密度测深、海底分类、海洋 GIS，等等。S-100 是可扩展的，考虑到了未来的需求，比如，3 维数据、时变数据（x，y，z 以及时间）以及获取、处理、分析、存取和表达海洋测绘数据的 Web 服务，一旦需要，可以容易地加入或嵌入到一个相同的标准体系。

S-100 最终将取代目前的海洋测绘数据传输标准（S-57）。尽管 S-57 具有许多好的方面，可是，它也存在以下局限性：

①S-57 几乎只是服务于电子海图显示与信息系统（ECDIS）中的电子航海图（ENCs）的编码。

②S-57 不是一个被国际 GIS 领域广泛认可和接受的现代化标准。

③S-57 的维护机制不太灵活，长时间冻结标准会导致效率的降低。

④按照目前的结构，难以支持未来的需求（比如，网格化测深或者时变数据）。

⑤数据模型嵌入于一个封装的数据中，限制了模型的灵活性和扩展性。

⑥许多人认为它不是一个开放的标准，只是服务于 ENC 数据的生产和交换。

⑦由 S-57 到 S-100 的转换受到 IHO 的严格监控，以确保目前的 S-57 用户，特别是与 ENC 相关的用户不会受到太大的影响。在可预见的未来，S-57 仍将会继续作为 ENC 的数据标准而存在。

6.3.3　ENC 生产

ENC 生产的一般过程包括数据输入、数据编辑、数据检核、数据封装、文件命名等。

1. 数据输入

目前，数据的输入主要是在 ENC 生产系统软件（如 dKart Editor）的支持下，通过采取对现有纸质海图扫描矢量化的方法完成数据的输入，也可直接利用已有系统的数据或海道测量数据经转换后完成数据的输入。以纸质海图扫描矢量化为例，其主要过程包括纸质海图扫描、扫描图像配准、扫描图像矢量化和坐标转换等。

2. 数据编辑

通常要利用专门用于制作 ENC 的软件（如 dKart Editor）来完成矢量化后的海图数据的编辑作业。即在有关软件的支持下，按照 S-57 标准的有关规定和要求，完成对各种数据的编辑处理。如调整线要素的方向，对线的部分图形、面边界的部分或全部图形进行屏蔽处理，按要求对面的内外边界进行标定等。

3. 数据检核

为了使制作的 ENC 符合 S-57 标准的要求，必须对其实施数据检核。虽然在数据编辑阶段通过目视检查等方法，已经对 ENC 数据进行了初步的检核，但无论是物标的几何数据、拓扑关系数据，还是物标的属性数据，很难说就达到了 IHO S-57 标准的要求。为此，通常还需要采取软件的方法对 ENC 数据进行严格的检核。为了配合检核软件设计与开发的需要，IHO 推出了用于 ENC 数据检核的标准：《电子航海图有效性检核推荐案》（S-58）。

4. 数据封装

S-57 把 ISO/IEC 8211 国际标准（信息交换数据文件技术要求）用作封装数据的技术方法。ISO/IEC 8211 标准提供了独立于机器构造的从一种计算机体系向另一种计算机体系的基于文件的机制。此外，它还不依赖于建立这种传递的介质。它能够传递数据，也能传递有关这些数据是如何组织的描述。

5. 文件命名

S-57 中的所有文件名均应在 ISO 9660 第一级的限定内，即文件名可包含 A 到 Z 大写字母，数字 0~9 和下划线"_"。文件名长度为 8 位，再加 3 位扩展名，二者的分隔符必须是小圆点"."。

6.4 海洋 GIS

海洋占整个地球表面积的71%以上，拥有丰富的生物资源、矿产资源、动力资源等人类发展所需重要资源，它是全球生命支持系统的一个基本组成部分和实现可持续发展的宝贵财富，21世纪是人类开发利用海洋的新世纪。海洋及其资源和环境是人类共同的财富，需善加利用和保护。在20世纪后半叶得到迅速发展的海洋科学，其在地球系统中的关键位置已日益为人们所承认，在人类可持续发展中的重要地位也日益为人们所认识。其中，海洋地理信息系统（MGIS）的应用与发展是海洋科学的有机组成部分和高科技应用于海洋研究的重要进展，是"数字地球"之"数字海洋"建设必不可少的组成部分。

6.4.1 海洋 GIS 概述

1. 海洋 GIS 的定义和特点

海洋 GIS，即海洋地理信息系统，是指以海底、水体、海表面、大气及海岸带人类活动为研究对象，通过开发利用地理信息系统的空间海洋数据处理、GIS 和制图系统集成、三维数据结构、海洋数据模拟和动态显示等功能，为各种来源的数据提供协调坐标、存储和集成信息等工具，其在海洋科学上的使用可大大提高海洋数据的使用率和工作效率，并改善海洋数据的管理方式。海洋地理信息系统（MGIS）学科组成及功能如图6.19所示。

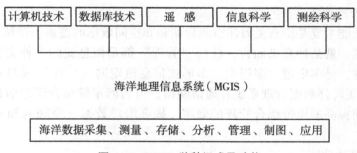

图 6.19 MGIS 学科组成及功能

地理信息系统（GIS）是海岸带资源和环境综合管理的强有力的技术手段。但它应用于海洋必须在数据结构、系统组成、软件功能等方面进行一系列改造，使之适应海洋的特点。经改造而适用于海洋的 GIS，被称为海洋地理信息系统（MGIS）或海岸带地理信息系统（CGIS），它具有许多不同于常规 GIS 的特点。

1）MGIS 的特点

在诸多不同于常规 GIS 的特点中，MGIS 的主要特点有以下三点：

（1）具有三维甚至四维空间数据处理能力

因为海洋不同于陆地，海表面上任意一个"点"（如观测站或任一流动物体，如船只、污染物等）的方位除包含 x 和 y 量之外，还应包含一个深度量 z，若此"点"在海底则是高度量。海面上一个"面"（如海上养殖场、海上油田等）方位的表达也是如此。此

265

外，如海面油膜、赤潮或其他污染物等某一时间在 A 处，过段时间后随海水运动到达 B 处，这类海上流动物体方位的表达除上述三个量外，还包含一个时变量；海岸线随时间的动态变化过程亦如此。目前商用 GIS 软件均是按二维的空间拓扑结构开发的，不能有效地显示和分析海上物体三维或四维特性。

（2）具有多种数据源数据的集成能力和数据同化能力

沿海台站、浮标、船舶、海洋遥感技术等既是 MGIS 原始数据源，也是数据更新源。特别是海洋遥感信息源，它可提供大范围的、同步的、连续的实时数据，甚至可提供其他观测手段不能提供的恶劣海况条件下的数据，成为海洋地理信息系统的支撑数据源。因此，MGIS 具有较强的遥感信息输入和处理能力。由于数据源的多样化，不同来源数据标准、精度、分辨率等都不统一。为了保证 MGIS 输出产品质量、精度和空间尺度的一致性，MGIS 具有较强的数据同化能力。

（3）具有模型化、智能化和多功能性等特征

海岸带自然属性的多样性和复杂性，综合管理目标（社会、经济、环境、资源等）的多重性，均要求 MGIS 具有比常规 GIS 更强的智能化程度和多功能性，在策略计划制订、多目标优选决策、开发项目方案优化以及管理效果预测等方面，必然要应用分析、评价、预测、决策等多种模型。

2）MGIS 基本功能

多功能性是 MGIS 的一大特点。加深对 MGIS 基本功能的认识，将有益于 MGIS 的深度开发及其技术发展。

（1）数据管理功能

数据管理功能主要是指有关海洋空间数据和非空间数据的搜集、存储、检索、显示查询和编辑等功能。就某种意义而言，任何"管理"都是信息流的一种交流形式，特别是海岸带综合管理，是多渠道、多层次、多形式信息流定向（单向）或双向或多向交流形式。MGIS 开发了海洋数据管理系统和通信网络，可为海岸带综合管理信息交流提供便利创造条件，从而提高海岸带综合管理的效率，提高海洋数据（空间的和非空间的）自身的利用价值。

（2）决策管理功能

MGIS 通过一般决策模型、多目标决策模型、模糊决策模型等不同的决策模型，为海岸带综合管理分析自然和社会各种因素提供多目标辅助决策支持，以减少决策的盲目性和片面性，同时，也为海岸带管理实现标准化、可视化、计算机化的统一管理提供了技术手段，从而达到信息资源共享、提高管理效率、节约管理经费的目的。

（3）分析评价功能

建立不同的分析模型和辅助决策支持系统，可对各种开发项目，如港口建设、围海造地、海上油气开采、海水增养殖等进行综合评价分析，提供多种可行方案，供管理部门决策参考。在发生突发事件时，如发生海面大范围溢油、赤潮和风暴潮一类的自然灾害时，管理部门利用 MGIS 进行分析评价，作出快速应急响应，可减少损失。

（4）模拟预测功能

MGIS 的模拟预测功能主要有两方面作用。首先，根据海岸带资源及开发现状、地区

海洋经济发展趋势的潜力等各种综合因素，运用不同的预测模型，模拟显示海岸带地区发展前景，为中长期规划和宏观调控提供参考依据。其次，在发生海难或海面溢油事故时，向预测模型输入事故海区现场的风速风向、流速流向等海况数据，模拟事故的发生和发展过程，以便采取有效的救助打捞或防范措施。

2. MGIS 的发展背景

1）海洋数据特点

（1）海洋数据研究要素相对陆地要少得多。海洋不同于陆地构成物质的多样性，虽然不同地方海水的温度、盐度、密度等物理性质和化学性状有所不同，但是整体来说海洋具有单一均质性。这也是海洋数据的优势之一，可以利用获取数据对海洋进行较全面的研究。

（2）海洋数据具有动态性和海量性。由于地球的形状和大气环流的影响，不同气候带和气压带的海洋以风海流、密度流、上升流和下降流等洋流运动进行物质和能量交换，所以海洋的均一性是建立在海洋动态过程的基础上的。由此可见，海洋数据虽然获取要素相对较少，但是变化较快，是动态过程，而且在动态监测过程中所产生的海量数据的质量控制、存储、调用和应用是待解决的问题之一。

（3）海洋数据是多维数据。海洋数据包括海底地形地貌、水体物理和化学性质、海洋生态环境、气-水结合等研究对象，是三维甚至四维的数据。通过收集数据并进行处理，对多维数据进行处理并将研究对象以立体、直观的形式表现出来，是海洋研究发展的必然趋势。

随着海洋经济时代的到来，对海洋矿产的勘探、环境的监测、生物资源的研究等经济活动和科研活动增加，扩大了海洋数据的来源，同时由于海洋数据的获取有难度，时间和经费耗费高，所使用的仪器不尽相同，而在原始数据的处理过程中没有采用统一的质量控制体系，使海洋数据出现不同的采样密度、数据标准、数据精度、总体分辨率较低并且具有不同的数据格式等问题，为数据的综合和利用增加了困难。

2）MGIS 在海洋研究中的先进性

海洋地理信息系统充分考虑到了海洋数据的动态性，顾及完整地表达和分析海洋动态现象的特征与变化规律，使之具备对海洋动态过程的管理、处理和分析能力。MGIS 是对传统 GIS 的发展和应用于海洋研究的适宜性修正，使 MGIS 成为现代海洋研究的重要科技手段和应用平台。

MGIS 是海洋学、遥感、数学、计算机科学、信息科学等多学科的综合科学，可以对获取的原始海洋数据进行系统整理。例如，对分布不规则和精度较粗的原始数据进行插值等数学处理；由于海洋数据是多维的，研究剖面图、平面图有其局限性，有时不能直观或准确地揭示研究要素的海域特征和规律，应用 MGIS 开发三维立体可视图形，可以得到体积图和切片图等立体直观的表达方式，并实现对空间分布的地物属性信息的可视化。

MGIS 具有强大的数据库存储功能和可供 Web 调用的能力。海洋数据的获取无论是经费消耗还是所需人力、物力资源均很高，凭借单个部门或国家对全海域进行研究是不可能的，同时由于《联合国海洋法公约》的制定和颁布，各沿海国拥有 200 海里的专属经济区，在专属经济区内享有矿产勘探和科研等权利，为联合各国进行海洋研究提供了契机，MGIS 则对研究提供了可行的技术基础，已有成果表明 MGIS 在海洋科学研究中大有前途。

3. MGIS 研究概况

1）MGIS 的发展过程

MGIS 的研究和应用，最早可以追溯到 20 世纪 60 年代早期美国国家海洋测量局进行的航海自动化制图。关于 MGIS 的第一篇文章，是美国海洋学家 Manley 与动态图形软件专家 Tallet 合作发表的，文章深入讨论了 GIS 的数据管理和显示功能，同时前瞻性地讨论了物理和化学海洋数据的真三维建模和可视化窗口。随后，陈述彭院士率先在国内提倡海岸与海洋 GIS 的研究与开发，并提出了"以海岸链为基线的全球数据库"的构想。MGIS 在国内外随即得到了迅速发展。由对 MGIS 的基础建设、科学讨论到实际应用，使它具有了较完整的数学模型系统、空间分析功能、海洋专业模型、数据库存储交换系统和制图功能等，并运用到海洋特征现象和洋中脊等的科学研究工作和渔业生产管理系统、海洋管理、海洋环境监测、污染扩散、海洋油气资源预测、矿产勘探等领域。

以我国国家海洋信息中心在 MGIS 方面的建设为例，信息中心建设和维护海洋基础地理信息系统，负责海洋基础资料数据的搜集、处理、管理和服务；进行海洋遥感应用技术研究，收集整理海岸带地区的卫星遥感资料，建设海洋遥感数据库，生产海洋遥感信息产品；承担地理信息系统的研究开发项目，为海洋管理服务，建立全国海岛基础地理信息系统、提供海洋基础地理信息服务产品等。MGIS 提供的服务包括：为信息中心信息传输提供技术保障，为履行行政管理职能提供技术支撑，为信息更新与发布的业务化运行提供平台，为各级海洋主管部门、科研机构和社会公众提供海洋信息共享服务等。

2）MGIS 在海洋研究中的应用

MGIS 最初只是简单地应用在海洋环境管理上，但随着 MGIS 基础的奠定和技术的不断发展，它的应用越来越广泛，成为海洋科学研究的重要手段之一。

（1）海洋资源勘查、开发与利用

MGIS 在渔业生物资源中的开发利用比较早，并且在海洋渔业领域所起到的重要作用日益受到重视。MGIS 在数据库、可视化和制图、空间渔业管理、渔业海洋学和生态系统等方面的应用，使 MGIS 技术在海洋渔业领域具有重要的作用和意义。通过 MGIS 对各种渔业资源的种类、数量、分布，渔业水域的划分，以及养殖区的分布，渔船状况等因子的数据采集、处理、存储、分析，可以全面地、直观地掌握渔业资源的管理现状，提高工作效率。

MGIS 在海洋资源领域的另一比较成熟的应用为矿产勘探。以海洋油气的开发和勘探为例，这涉及很多学科领域的知识，要进行海洋油气的勘探必须分析大量的各种各样的数据，这就需要有合适的管理和分析工具——MGIS。针对海洋油气资源综合预测而开发的海洋油气资源预测集成系统已经研发成功，该系统以 GIS 为中心，通过集成各种分享技术，形成了一整套经济、快速、有效的综合评价 MGIS，该系统的建立推动了海洋油气资源综合预测地理信息系统的产业化发展，为我国海洋地理信息系统的研究奠定了一定的基础。

（2）海洋环境研究、监测与保护

随着 MGIS 技术的进一步发展，其在海洋环境中的研究、污染监测和保护等方面的应用也越来越广泛。将地理信息系统等现代信息技术应用到海洋环境保护，是加强海洋综合管理、保护好海洋环境、预防海洋环境灾害、维护国家海洋权益的有效方法。利用优良的地理信息系统（GIS）工具和数据库管理系统，构成一个集成化的环境，以满足海洋立体监测管理系统功能的需要。

（3）海洋行政管理

在海洋领域利用 MGIS 建立海洋综合管理信息网络系统、海洋管理信息数据库系统和海洋综合管理分析与决策子系统，可以科学地管理海洋政治、经济等相关事务。MGIS 最初在海洋管理上的应用只是简单和原始的，而后随着 MGIS 本身的迅速发展，在海洋管理方面的应用越来越深入广泛。其应用不再局限在海岸带管理，而是应用数据库、遥感和数学模型等技术，在 GIS 的基础上，支持海岸带管理的合理规划、监测和分析等工作，同时对海洋图像数据、水文地理数据、水质数据及其他物理和化学数据进行处理。

（4）海洋信息空间管理、发布与查询

MGIS 作为一种集管理、决策等于一体的综合性系统，已广泛应用于各个海洋领域。MGIS 与互联网结合可以在互联网上进行空间信息查询、发布与辅助领导决策。由于海洋数据具有动态性和海量性的特点，同时海洋数据的获取相对较困难，海洋数据需要整合为统一的数据库，以供海洋工作者查询、应用和作为政府海洋部门制定政策的依据。MGIS 拥有强大的数据库管理和与互联网相结合的信息发布功能，是海洋信息空间管理、发布与查询行之有效的工具。

6.4.2　海洋 GIS 的应用

1. 海洋要素场的时空变化分析

随着社会与经济的调查与统计、对地观测技术、计算机网络和地理信息系统的快速发展和普及，具有空间位置的自然环境与社会经济数据近几十年快速增长，形成了海量的时空数据集和时空大数据。

1）相关概念

（1）时空统计分析的内容

时空统计分析主要包括基本 GIS 分析、基础统计、数据处理、图像处理、预测模型等，具体如表 6-5 所示。

表 6-5　　　　　　　　　　　　　　　　时空统计分析种类

基本分类	具体分析
基础统计	极值、方差、标准差、均值、范围、协相关、自相关、分级相关、峰度和偏度等
数据处理	插值、距平、标准化、滤波（高通、低通和带通）、数据平滑、数据拟合
误差分析	均方误差、或然误差、平均误差、离散系数
统计模型	自回归模型、动平均模型、自回归滑动平均模型、自适应时序模型、多元回归
GIS 分析	基于点要素的缓冲区分析、基于线要素的缓冲区分析、二维插值
高级分析	谱分析（功率谱、（FFT、经营模式分解、交叉谱分析、调和分析、熵谱、小波分析和奇异谱分析等）、聚类分析、因子分析、判别分析、经验正交函数分析、二维傅里叶分析、奇异值分解、典型相关分析

（2）海洋标量场时空过程快速可视化需求分析

近年来，随着多源、大面海洋遥感数据及其反演产品呈指数形式增加，利用网络实现长时间序列的海洋标量场动态可视化查询、分析，成为海洋信息服务的迫切需求之一。但由于受网络技术的限制，以往以 GE 技术实现的遥感或海洋要素场数据网络共享系统大部分为静态系统，其中的栅格数据或场数据只是以静态图片的形式进行可视化表达。故此，共享的只是图片而非数据或海洋过程。

然而，海洋的温、盐、密、浪、潮、流等要素数据，具有很强的动态性和多样性，单纯用静态图片的可视化方式进行表达，不能满足对任意时间、空间海洋要素数据查询的需求，很难满足用户获取海洋要素场时空动态变化的需求，也无法满足海洋现象的网络实时定量化分析和高精度定量计算的需求。因此，如何将现有的静态可视化系统扩展成时间动态系统是实现海洋环境过程分析的基础。在海洋分析领域，通常对各要素以场为对象进行研究，以求海洋数据的发布具有动态连续性，并能动态显示诸多海洋现象的变化过程。

（3）时空数据模型与海洋时空数据模型

时态地理信息系统（TGIS）是一种采集、存储、管理、分析与显示地学对象随时间变化信息的计算机系统。建立合理、完善、高效的时空数据模型是实现时态 GIS 的基础和关键，以便有效地组织、管理和完善时态地理数据、属性、空间和时间语义，实现重建历史状态，跟踪变化，预测未来。目前，关于时空数据模型的研究大多都是基于陆地应用的，海洋数据由于其测量方式以及自身因素等方面的原因，使其具有不同于陆地上数据的独特之处。因此，必须根据海洋数据独有的特点建立起合适的海洋时空数据模型。

（4）海洋时空过程网络可视化模型

要实现海洋标量场数据点过程和面过程的网络可视化，需要充分发挥矢量和栅格模型在网络查询和可视化方面各自的优势。为此本节设计了一种海洋标量场数据网络可视化查询的数据模型，暂且命名为"场过程矢栅联动网络可视化模型"，并通过此模型实现海洋要素值随时间变化过程的可视化和海洋标量场时空过程可视化。

①场过程矢栅联动网络可视化模型

联动网络可视化模型中的矢量表达部分以点、线、多边形表达地物特征，发挥其在表示地物的精确形状、位置、属性和拓扑关系等信息方面的优势。在海洋标量场可视化中，具有精确空间形状和边界信息的海洋要素离散对象，采用矢量方式进行数据组织，以满足网络环境下对空间中任意点位海洋要素值的定量查询需求。

联动网络可视化模型中的栅格表达部分用规则的网格单元表达地物的特征值，适于表达影像数据或连续场数据，且易进行特征值的各种栅格运算，对于存储和应用连续变化的海洋要素数据具有较强的优势，尤其是以场形式出现的海洋要素。因此，在海洋标量场时空过程网络可视化中，对海洋标量场数据采用栅格数据模型进行存储。由于现有网络环境不支持对栅格数据的操作、分析，所以，在进行要素值的空间定位查询时，通过栅格与矢量联动的方式来实现。

②海洋要素值时间变化过程的可视化

为了实现任意空间区域的海洋要素时间变化过程的动态分析，需要对海洋要素随时间变化的过程进行直观的可视化表达，这里主要采用要素值的时间变化曲线来表达海洋要素的动态变化过程，并在网络上以过程曲线来表达。从前述的矢量海洋数据组织可知，长时间序列的海洋要素信息，是采用一个空间矢量背景图层，外接一个包含多个时刻海洋要素数据的数据库共同组织而成。

为此，对用户空间查询需求的响应分为三个部分。首先，从矢量背景中获取用户的空间定位数据；其次，利用海洋要素数据库的关联查询，提取对应位置上用户所选时间段的要素序列数据；最后，服务器端通过曲线生成组件建立曲线生成模板，同时把得到的海洋要素序列数据传给模板程序，此时服务器生成海洋要素值过程曲线，并返回给客户端。

③海洋标量场时空过程可视化

为了直观地显示海洋标量场的时空变化过程，最好是采用动态演进的形式显示海洋标量场的连续变化。即针对海洋标量场的时空过程可视化，根据用户任意选择的空间范围和时间范围实时动态地抽取或生成数据，并以动态演进的方式显示在客户端。为此，一般采用如下方式进行处理：即根据用户在客户端的空间和时间选择，向服务器端发送数据请求，待服务器端数据生成后，通过软件生成动态可视化数据文件，并以数据流的形式发送到客户端实现动态过程。由于动态数据是在服务器端生成的，因而对服务器造成很大压力。实际上，服务器端可直接把各时间点上的数据传送到客户端，存于客户端的缓存中，客户端按照用户选择的时间顺序，显示被选择的数据文件序列，直接产生动态过程的效果，从而完成海洋标量场时空过程的可视化表达。该方法节省动态文件生成时间，同时可减轻对服务器的压力。

2）面向时空过程的查询分析与应用

这里以风暴潮为例，描述其时空过程的查询分析与应用。风暴潮的预报方法很多，总体分为两大类：经验统计预报方法和动力-数值预报方法。后者包括诺模图方法和数值模式预报方法。

经验统计预报的主要思路是依据历史资料，用数理统计的方法建立起气象要素（如风、气压等）与特定地点风暴潮之间的经验函数关系。但是这种方法需要有足够长的观测资料，因此受到很大局限。而动力-数值预报方法则是利用天气数值预报结果所提供的风暴的预报资料，或是海面风和气压的预报场，在一定条件下，用数值方法求解控制海水运动的动力方程组，对特定海域的风暴潮进行预报，随着计算机技术的不断进步，世界各国均采用这种方法进行风暴潮预报。

（1）风暴潮预报要素的时空显示

①风暴潮在空间上的显示控制

在空间上的显示控制主要针对流场、风场、波向等矢量场。流场、风场、波向等矢量场的空间范围大、数据量大、显示要素多，若全部显示则非常密集，显示效果差且显示效率低，如图 6.20 所示。

风暴潮系统基于 GIS 的空间分布属性，在保证准确表达矢量场分布和变化的前提下，实现了在不同比例尺下的数据浏览的无级缩放、显示数据的范围控制等功能。流场的显示要素在显示控制后如图 6.21 所示。

图 6.20　流场显示要素全部显示效果图

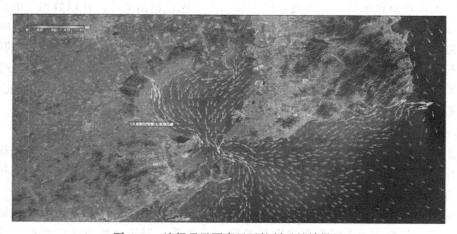

图 6.21　流场显示要素显示控制后的效果图

　　在不同比例尺下的数据浏览的无级缩放是指通过显示控制，实现随比例尺变化，矢量场的显示要素也随之变化。该方法通过对矢量场显示要素的抽稀控制，在保证准确表达矢量场分布和变化的前提下，不仅能美化显示效果，还能提高显示效率。

　　显示数据的范围控制是指只对屏幕范围内的矢量场数据进行显示绘制，屏幕范围之外的矢量场数据不予显示绘制，通过该方法可解决矢量场数据量大、全部显示效率低的问题。

　　风暴潮系统的矢量场数据流场与波向、风场的数据自身特点与数据存储格式都有所不同，针对这一情况，风暴潮系统设计了两套显示控制方案，分别从不同比例尺下的无级缩放、显示数据范围控制两方面进行了设计。

　　②风暴潮在时间上的动态表达

　　风暴潮是持续性的自然灾害，其表现形式不仅局限于空间上，也包括在时间上。风暴潮系统针对风暴潮的时空特征，不仅在空间上进行显示控制，还提供了风暴潮预报要素的动态表达功能。风暴潮系统用类似于幻灯片播放的形式进行预报要素的动态表达，形象直观地展现了风暴潮在一定时间内的变化发展趋势，方便预报人员的预报工作。

③风暴潮预报要素的查询与分析

风暴潮系统提供了针对预报要素、浮标、台风路径、天气情况的多种查询方式和淹没区域分析、疏散路径分析等分析功能，辅助预报人员进行风暴潮预报工作，并提供相关决策支持。其中，预报要素的查询是风暴潮系统最核心的查询功能。

（2）风暴潮预报要素的时空表达

预报要素的时空表达，分别在时间上进行动态播放，在空间上进行显示控制，是风暴潮系统的亮点和创新点，下面以流场为例，分别用三幅图，对时间动态播放和空间显示控制两方面进行效果展现。

①时间动态播放

图 6.22 中（a）、（b）、（c）分别是选取流场的 23、24、25 时刻渲染效果图，正在用播放控制工具条进行动态播放，三张图连起来看，可明显地看出其两个涡旋的变化趋势。预报要素的时间动态播放，最终表达流场的动态变化。

（a）流场23时刻

（b）流场24时刻

（c）流场25时刻

图 6.22　选取流场的 23、24、25 时刻渲染效果图

②空间显示控制

图 6.23 中（a）、（b）、（c）分别选择流场同一区域不同比例尺下的显示效果图，可明显看出，随着比例尺放大，显示要素逐渐增多，尤其是河流处最为明显。预报要素的空间显示控制，最终实现的是在不同比例尺下，对显示要素抽稀处理，既不影响预报要素的准确表达，又能美化显示效果。

（a）小比例尺下的流场显示　　　　　　　　　　（b）中比例尺下的流场显示

（c）大比例尺下的流场显示

图 6.23　选择流场同一区域不同比例尺下的显示效果图

2. 功能区划分析应用

面对日益加重的风暴潮灾害，需要利用综合分析技术与手段，增强风暴潮灾害的防灾减灾能力，提高风暴潮灾害风险评估的准确性。同时，随着地理信息系统的广泛发展与应用，其在空间分析与空间可视化方面的优势日益明显。利用地理信息系统的优势进行风暴潮灾害风险评估，设计海洋地理信息系统，能有效地针对风暴潮灾害进行分析，为各级政府和公众应对海洋灾害提供重要信息，从而减少风暴潮带来的损失。

这里以青岛市风暴潮风险区划平台为例，介绍海洋地理信息系统在风暴潮风险评估分析中的应用。该平台主要实现对风暴潮数据的风险性等级的评估和划分，支持风暴潮历史数据的过程演变显示，满足对历史风暴潮发生情况的动态展现；支持风暴潮多尺度评估、风险区划分级，满足对历史风暴潮数据的评估，包括市县级尺度和省级尺度两种，进而获得青岛市各风险区划单元在每种尺度下的风暴潮风险性等级；同时，选择历史典型及典型重现期等，制作风暴潮灾害的危险性、脆弱性及风险性等系列成果图件，形成风暴潮灾害风险评估和区划报告，客观反映青岛市沿海海洋风暴潮灾害风险情况，对沿海地方社会经济建设布局、海洋资源开发与利用、灾害防御以及沿海大型工程设防等具有重要的指导意义。

1）风暴潮历史数据管理

在青岛市风暴潮风险区划平台中，可以对历史风暴潮数据进行查询展示，数据包括风暴潮历年最大数据、历年最大时刻数据、典型重现期数据。首先，将源数据（包括风暴潮 Excel 文件、NetCDF 文件）进行预处理，使用 SDS（Scientific DataSet）以及自定义类将其转换成 TIN 数据，并生成水位等深线及矢量融合面，经过渲染，获得最终各类风暴潮数据。

2）风暴潮风险评估

《风暴潮灾害风险评估和区划技术导则》（以下简称"导则"）由国家海洋局提出，是国家海洋局海洋减灾中心起草的风暴潮灾害风险评估和区划工作的规范性技术文件。该文件有助于科学认识风暴潮灾害系统及其风险，规范风暴潮灾害风险评估和区划工作，提高风暴潮灾害风险减轻能力，降低风暴潮灾害造成的生命和财产损失。

在青岛市风暴潮风险区划平台中，共完成了青岛市风暴潮在市县尺度以及省级尺度下的风险区划工作。依据《风暴潮灾害风险评估和区划技术导则》，按照不同的分级标准、不同的分析单元进行两种尺度下的风险分析。以省级尺度为例，在危险性等级评估时，计算青岛市每个岸段（以乡镇为单位划分）的最大增水和最高潮位值，利用沿岸地形高程数据，获得各乡（镇）的淹没范围，根据导则中的省级危险性等级与最大增水及最高潮位关系表格，确定各岸段危险性等级，进而得到各乡（镇）危险性等级；在脆弱性等级评估时，利用青岛市土地利用现状，根据导则中的土地利用现状分类与脆弱性等级范围关系表格，得到各乡（镇）淹没范围的脆弱性等级；在风险性综合评估时，基于风暴潮危险性等级评估结果、脆弱性等级评估结果，以及二者与导则中灾害风险等级的对应关系，确定青岛市各乡（镇）省级尺度下的风险性等级，为省级尺度下的青岛市沿海某岸段区域的风暴潮危险性等级、脆弱性等级、风险性等级提供评估结果，其中，各警报等级分别为红色警报、橙色警报、黄色警报、蓝色警报，威胁等级依次为低级、较低级、较高级、高级。

市县级尺度下的风险评估，其过程与省级尺度评估大致相同，在危险性等级评估时，利用漫滩模式栅格集，以土地利用现状二级类空间单元为危险性分级评价基本单元，计算其内所有漫滩模式栅格淹没水深值，利用地形高程数据，获得各单元的淹没范围，根据导则中的市县级危险性等级与淹没水深关系表格，确定危险性等级；在脆弱性等级评估、风险性等级评估时，其过程与省级尺度下相同。经过上述过程，最终得到青岛市市县级尺度下的风险性等级评估结果。

3）风暴潮风险评估结果修改

在风暴潮风险评估中，由于风暴潮数据、地形高程数据的不精确性以及评估方法中某

275

些空间分析方法的不稳定性，造成最终评估结果的不准确性，导致风暴潮分析结果中某些区域的风险等级值出现偏差。因此，通过与可靠、权威的历史数据的对比，对获得不准确的区域进行风险等级值修改。

4）风暴潮风险评估和区划成果

在风暴潮风险评估和区划成果中，用户可以对风暴潮灾害的危险性等级、脆弱性等级及风险性等级结果进行制图。其出图范围的设置有两种：默认范围及手动拉框选择。确定制图范围之后，设定图片分辨率，即可对成果图件进行预览。同时支持图片的输出，便于对风暴潮灾害的分析、决策以及风暴潮灾害风险评估和区划报告的编制。

第7章 海洋工程测量

海洋工程测量是为海洋工程建设、设计施工和监测进行的测量工作。海洋工程是与开发利用海洋直接相关的有关活动的总称。早期的海洋工程多指与港口码头、堤坝等有关的土石方工程。随着科学技术的进步，海洋工程的内容也在不断扩大，按照离岸距离可划分为海岸工程、近岸工程、深海工程等。按照用途可划分为港口工程（或称海港工程，其中包括码头、防波堤、航道、锚地施工等工程）、海上油气工程（其中包括平台场址选择、管道路由铺设、登陆、油气处理厂建设等工程）、海上构筑物工程（其中包括海上大桥、海底隧道、人工岛建设等工程）、救助打捞工程，以及海底采矿、海上能源、综合利用等工程。限于篇幅，本章仅从最常用的港口航道工程、海上油气工程、海上构筑物、海上救助打捞等几方面，介绍海洋测绘在这些工程中的实施。

7.1 港口航道工程测量

港口工程测量指港口工程设计、施工和管理阶段的测量工程。其目的是为港口工程建设提供资料，保障工程按设计施工、竣工和管理。设计阶段的测量内容有控制测量、底质探测、水文观测和港口资料调查等。施工阶段的测量包括施工控制网的布设、建筑物设计位置和高度的放样测量、竣工测量和施工中的变形监测等。管理阶段的测量是港口工程建成后的测量工作，包括沉降观测、位移观测和倾斜观测等。

7.1.1 港口工程设计阶段的测量工作

港口的位置大部分选定在河口或海湾内。为了港口工程的总体规划、平面布置和技术设计，通常需要各种比例尺的陆地地形图和水下地形图。港口工程设计一般分为三个阶段：在规划选址阶段需要1∶5000～1∶10000的海湾地形图；在初步设计阶段需要1∶1000～1∶2000的地形图；在施工设计阶段，需要1∶500～1∶1000的地形图。此外，还需要气象、海洋水文和地质方面的资料。工程设计人员综合利用上述资料，进行港口位置的选定和方案比较，对码头、船坞、防波堤、仓库、铁路枢纽等以及其他一些附属建筑物进行总体布置，并且进一步精确地确定建筑物的位置和尺寸。

港口工程的占地面积一般不大，建设初期一般需要陆地和水下地形图都是实测的。水下地形通常采用断面法测量或者全覆盖测量。陆地测量与一般的地形测量要求基本相同，读者可以参考陆地测量的相关文献，本节不再赘述。特别需要注意的是，需要注明陆地测量高程数据和水深测量之间基准面的换算关系。测深断面和测深点间距定义如表 7-1 所示。测深点的定位方法早期采用经纬仪交会法，现在大部分采用差分 GNSS 定位。水深测量主要是应用单波束回声测深仪或多波束测深系统。

表 7-1　　　　　　　　　测图比例尺与测深断面、测深点间距关系

测图比例尺	测深断面间距（m）	测深点间距（m）	等高距（m）
1∶1000	15~25	12~15	0.5
1∶2000	20~50	15~20	1
1∶5000	80~130	40~80	1
1∶10000	200~250	60~100	1

　　水下地形图测深点平面位置的中误差，一般规定为图上 ±1.5mm。测深中误差的大小与水深有关，水深在 10m 以内时为 15cm，水深在 20m 以内时为 20cm，水深大于 20m 时为水深的 1%。

　　水深测量能定量地掌握海底深度和地形的变化情况，对于建造港口设施和海岸防护设施来说是十分必要的。另外，航道、泊地、码头、防波堤的规划设计和疏浚均需要水深测量。

7.1.2　码头施工中的定线放样

　　港口由水域和陆域两部分组成，其陆域部分包括码头、货场、仓库、铁路、公路及其他辅助设施。码头是停靠船舶、上下旅客及装卸货物的场所，码头的前沿线是指港口水域和陆域的交接线。码头的结构形式一般可分为高桩板梁式码头及重力式码头。高桩码头要用打桩船打桩，重力式码头需用挖泥船挖掘水下基槽，并且利用抛填船只运载沙石料到指定地点填筑基床，还要有潜水员配合检查水下施工的情况。为方便施工期间的测量，需要首先定义码头施工测量坐标系或施工基线。施工基线的定义方式一般有两种，一种为相互垂直的基线，另一种为两条任意夹角的基线。这两种基线的定义方式如图 7.1 所示。

　　在修建高桩板梁式码头时，一般利用桩基础支承上部结构，使码头上部荷载通过桩传递到密实的下卧层中，或利用桩与土壤之间的摩擦力，将建筑物的荷载传到桩周围的土壤里。目前，在码头水工建筑物中用得最广的桩是方形钢筋混凝土桩和圆形钢桩。根据建筑物的不同用途和它承受荷载的情况，一般布置成直桩或斜桩。

1. 高桩板梁式码头的施工测量

　　由高桩板梁式码头的剖面图（图 7.2）可以看出，直桩 7 和斜桩 8 是基础部分，靠船构件 1、面板 2、吊车梁 3、纵梁 4、横梁 5 和平台横梁 6 是上部构件。在此仅介绍方形直桩与斜桩的定位测量工作。

　　1）直角交会法打桩定位

　　该法是根据桩位布置图事先在基线上标出各桩的定位控制点，施工时在控制点上安置经纬仪进行各桩的打桩定位。如图 7.3 所示为直桩与基线的关系，直桩中心点 Q 的坐标为 x_0、y_0，由图知，正面基线上定位控制点 L'、P'、R' 的横坐标为：

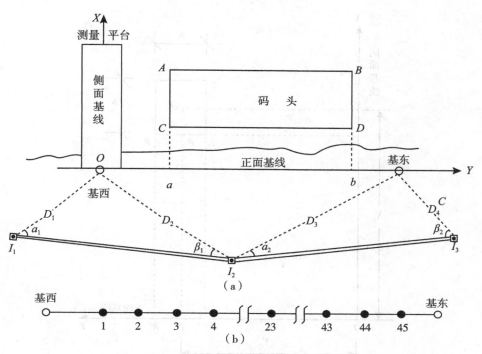

图 7.1 相互垂直和任意夹角的施工基线布设图

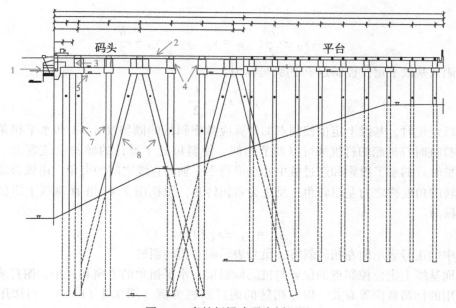

图 7.2 高桩板梁式码头剖面图

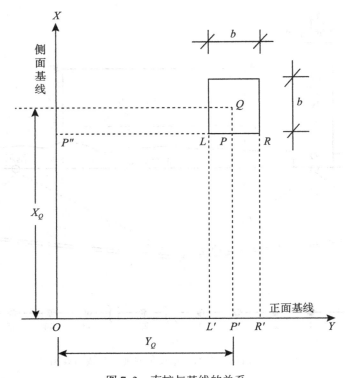

图 7.3　直桩与基线的关系

$$y_{L'} = y_Q - \frac{b}{2}, \ \ y_{P'} = y_Q, \ \ y_{R'} = y_Q + \frac{b}{2} \tag{7.1}$$

在侧面基线上定位控制点 P'' 的纵坐标为：

$$x_{P''} = x_Q - \frac{b}{2} \tag{7.2}$$

斜桩定位时，基线上定位控制点的计算应考虑斜桩的倾斜度 $n:1$ 和水平扭角 φ（图 7.4）。打桩时打桩船的打桩架可以调节俯仰，使斜桩处于设计的倾斜度位置上。水平扭角是斜桩轴线的水平投影和通过桩中心点平行于 x 轴的直线之间的夹角，由该直线逆时针方向旋转的角度称之为左扭转角，反之为右扭转角。根据图 7.4，正面基线上定位控制点 A_p 的坐标为：

$$y_{A_p} = y_A \pm x_A \cdot \tan\varphi \tag{7.3}$$

式中的正号表示向左扭转斜桩，负号表示向右扭转斜桩。

侧面基线上定位控制点的位置与桩的倾斜度、水平扭角的方向和大小、俯打或仰打以及所选用的标高截面等有关。以左扭转的俯打斜桩为例（图 7.4（b））。当选用设计标高截面的左棱点 L 作为定位点进行定位时，可根据桩中心点 Q 的坐标，求得 P 点的坐标，然后再由 P 点的坐标推算得侧面基线和正面基线上定位控制点的坐标为

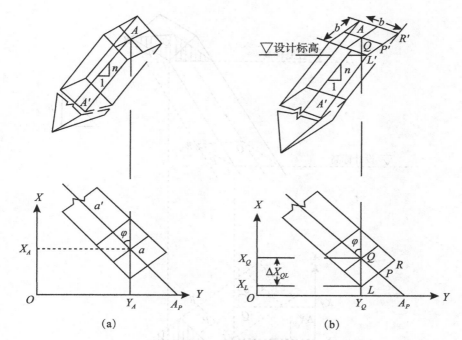

图 7.4 斜桩平面定位

$$x_L = x_Q - \frac{\sqrt{n^2+1}}{n} \cdot \frac{b}{2}\cos\varphi - \frac{b}{2}\sin\varphi, \quad y_L = y_Q - \frac{\sqrt{n^2+1}}{n} \cdot \frac{b}{2}\sin\varphi - \frac{b}{2}\cos\varphi \quad (7.4)$$

当左扭转仰打斜桩时,侧面基线上定位控制点的纵坐标与式(7.4)的第一个公式相同。

当右扭转俯打或仰打斜桩时,在两条基线上定位控制点的坐标为:

$$x_R = x_Q - \frac{\sqrt{n^2+1}}{n} \cdot \frac{b}{2}\cos\varphi - \frac{b}{2}\sin\varphi, \quad y_R = y_Q - \frac{\sqrt{n^2+1}}{n} \cdot \frac{b}{2}\sin\varphi - \frac{b}{2}\cos\varphi \quad (7.5)$$

侧面基线上定位控制点的位置与桩的倾斜度、水平扭角的方向和大小、俯打或仰打以及所选用的标高截面等有关。以左扭转的俯打斜桩为例(图 7.4(b)),当选用设计标高截面的左棱角点 L 作为定位点进行定位时,可根据桩中心点 Q 的坐标,求得 P 点的坐标,然后再由 P 点的坐标推算得侧面基线和正面基线上定位控制点的坐标:

$$x_L = x_Q - \frac{\sqrt{n^2+1}}{n} \cdot \frac{b}{2}\cos\varphi - \frac{b}{2}\sin\varphi, \quad y_L = y_Q - \frac{\sqrt{n^2+1}}{n} \cdot \frac{b}{2}\sin\varphi - \frac{b}{2}\cos\varphi \quad (7.6)$$

由于潮汐的变化,设计标高截面上的定位棱角要被潮水淹没。通常另外选择一个控制标高截面上棱角点 L' 进行定位(图 7.5),这时,棱角点 L' 在两条基线上的坐标为:

$$x_{L'} = x_L \pm \frac{h}{n} \cdot \cos\varphi, \quad y_{L'} = y_L \pm \frac{h}{n} \cdot \sin\varphi \quad (7.7)$$

定位控制点的纵坐标增量

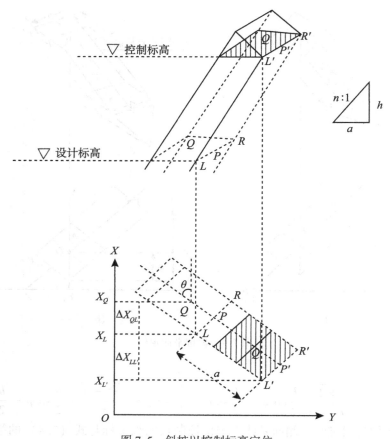

图 7.5　斜桩以控制标高定位

$$\Delta x_{LL'} = \pm \frac{h}{n}\cos\varphi \tag{7.8}$$

上式中，仰打时取"＋"，俯打时取"－"。

2）前方交会法打桩定位

当设置侧面基线有困难时，可利用岸上的测量控制点进行前方交会打桩定位。在打桩定位之前，需要将控制点的测量坐标换算为施工坐标，对所选定的定位点按上述方法计算施工坐标，然后计算放样角度（图 7.6）。打桩时，为了控制打桩船停泊的方向，需要在岸上确定点 3 的位置。

由图 7.6 看出，点 3 是打桩船上 1、2 两根花杆连线延长与 BC 边的交点。由桩中心点 Q 求得垂足点 m 的坐标为

$$x_m = x_Q + \Delta x_{Qm}, \quad y_m = y_Q + \Delta y_{Qm} \tag{7.9}$$

基于上式和图 7.6，可得 $3B$ 和 $3m$ 两直线的方程式为

$$y_B - y_3 = k_1(x_B - x_3), \quad y_m - y_3 = k_2(x_m - x_3) \tag{7.10}$$

式中，$k_1 = \tan\varphi_{CB}$，$k_2 = \tan\varphi_{3m} = \tan(360° - \varphi)$ 都是已知的，解上式可得

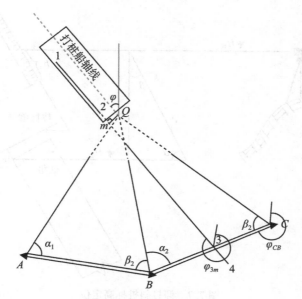

图 7.6 前方交会法定位

$$x_3 = \frac{k_1 x_B - k_2 x_m - y_B + y_m}{k_1 - k_2}, \quad y_3 = y_B - k_1(x_B - x_3) \tag{7.11}$$

由 B 点和 3 点的坐标求出两点间的距离，这样在 BC 边上就确定了点 3 的位置。

上面介绍了直、斜桩的平面定位。下面介绍斜桩的标高定位。

斜桩的标高定位，必须考虑桩身倾斜度的影响，当桩身倾斜度为 $n:1$ 时，则桩顶的倾斜度也是 $n:1$，因此，斜桩的桩顶标高是指桩顶最低处的标高。若桩的倾角为 α，则当斜桩仰打时（图 7.7），水准尺的最后读数 $\beta_{仰}$ 为：

$$\beta_{仰} = (H_{仪} - H_{桩}) \times \frac{1}{\sin\alpha} - 替打角 - 垫层 - 桩角$$

$$\frac{1}{\sin\alpha} = \frac{\sqrt{n^2 + 1}}{n}, \quad 替打角 = \frac{替打宽 - 桩宽}{2n} \tag{7.12}$$

对于图 7.8 为斜桩俯打时的情况，水准尺的最后读数为：

$$\beta_{俯} = (H_{仪} - H_{桩}) \times \frac{1}{\sin\alpha} + 替打角 - 垫层 \tag{7.13}$$

2. 重力式码头的施工测量

重力式码头主要由墙身、基床、墙后抛石棱体和上部结构四部分组成。按形式可分为方块码头（图 7.9）、沉箱码头和扶壁码头。重力式码头的特点是依靠码头本身及其填料的重量维持其稳定，它要求有良好的地基。重力式码头的施工测量主要有施工基线的测设、设置挖泥和抛填导标、基床整平和预制件安装等。

挖泥船进行基槽开挖时，传统的测量工作是设置挖泥导标控制开挖宽度和方向，测设

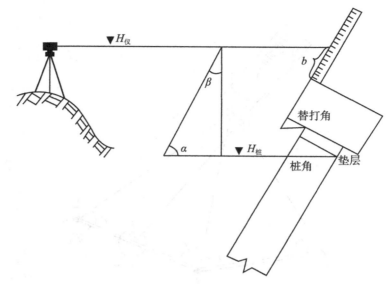

图 7.7　仰打斜桩标高定位

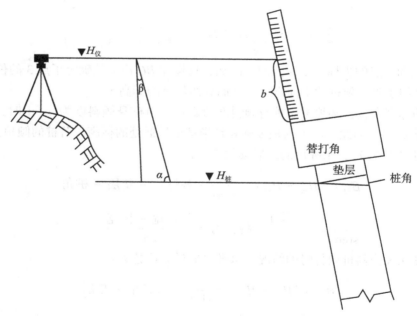

图 7.8　俯打斜桩标高定位

横断面桩，施测挖泥前后的断面，检查基槽开挖是否合乎设计要求。为了控制开挖宽度和方向，可沿侧面基线 AB 上按设计要求的尺寸测设纵向导标，沿正面基线 AC，每隔 5～10m 测定横断面桩（图 7.10）。在基槽开挖过程中，要经常检查开挖深度，为此，需要在每一断面方向上设立一对活动导标，测深船可沿断面方向测深。另外，当码头两端的延伸

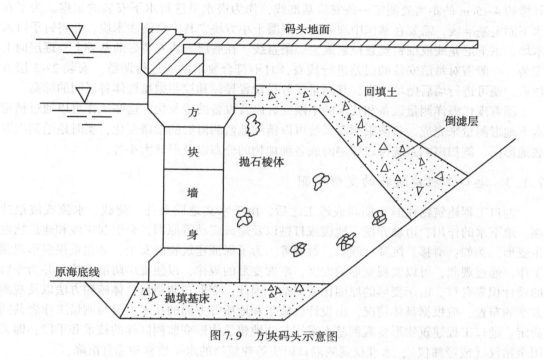

图 7.9 方块码头示意图

方向均为水域时，需要架设水上导标，例如，在混凝土墩块中插入各种形式的水上导标。

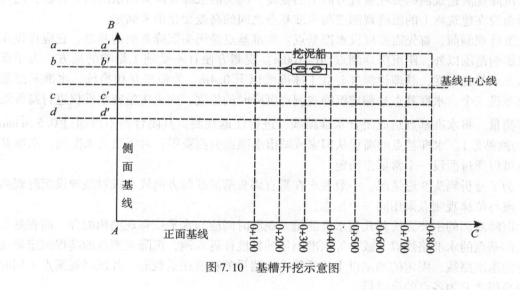

图 7.10 基槽开挖示意图

基床开挖完成后，根据设计的要求进行填砂和抛石，相应的测量工作是按设计尺寸为抛填设置导标，进行水深测量以检查抛填情况以及为基床平整进行放样工作。

基床平整之后，应及时安装混凝土预制件。对于方块码头而言，就是在水下底层方块外缘约 4~5cm 的距离处测定一条安装基准线，作为潜水员进行水下安装的依据。为了在水下固定基准线，需要在基床中埋入几个混凝土小方块，其中央浇注木块，并将钉子钉入木块，系上尼龙线或细铅丝且拉紧成为一条直线。在底层方块安装好的基础上，逐层向上安装。一般需对每层安装的误差进行检查，对不符合要求的应进行调整。安装 2~3 层方块后，便可进行墙后抛填工作，其测量任务是设置导标和控制抛填棱体各层间的标高。

随着现代海洋测量设备和技术的不断完善以及设备的普及化，这些工作可以通过精密水下地形测量来完成。多波束测深系统可以精细地监测海底的细微变化，实时地绘制出海底地形图。侧扫声呐系统可以探测海底各种地物的分布以及形状大小等。

7.1.3　港口工程建筑物的变形观测

港口工程建筑物在施工期间或竣工之后，由于水文地质条件、荷载、水流或波浪冲刷、地下水的作用、边坡开挖、地震或打桩以及爆破震动等原因，会引起岸坡和建筑物发生变形，例如：滑移、沉降、倾斜、裂缝等。为了保证建筑物的安全，必须重视变形观测工作，通过观测，可以监视变形的发展，掌握变形的规律，以便提出防治措施，并为今后的设计积累资料。由于变形的原因比较复杂，因此，变形观测项目具体施测方法以及观测方案的布置，应根据具体情况，由设计、施工和地质等方面的技术人员与测量工作者共同商定。港口工程建筑物形变观测基本采用与陆地建筑物形变监测同样的技术和手段，即采用全站仪（或经纬仪）、水准仪观测港口码头等建筑物的水平位移和垂直沉降。

1. 码头的垂直位移（沉降）观测

沉降观测是观测码头在垂直方向上的变动。码头的沉降观测采用水准测量方法，通过观测布设在建筑物上的沉降观测点与水准基点之间的高差变化值来确定。

沉降观测前，首先需要埋设水准基点。水准基点是码头沉降观测的基准，它应埋设在沉降影响范围以外，距沉降观测点 20~100m，观测方便且不受施工影响的地方。为了保证水准点的稳定性，其埋设深度要低于冰冻线以下 0.4m。为便于互相检核，水准基点最少应布设三个。水准基点是测定沉降观测点沉降时的依据，应采用精密水准仪进行高等级水准测量。将水准基点组成闭合水准路线，进行往返观测，其闭合差不得超过 $0.5\sqrt{n}\,\mathrm{mm}$（n 为测站数）。水准基点的高程从国家或城市水准点引测获得；对于独立水准网，水准基点也可以通过假设一个常值来给定。

为了分析码头变形情况，一般要求在垂直码头前沿线的方向线上成对地埋设沉降观测点，或与位移观测点采用同一个标志。

沉降观测的主要方法是几何水准测量，观测时间应与水平位移观测相配合。高程基点至工作基点的水准路线以 I 或 II 等水准测量的精度往返观测，沉降观测点的高程测定是按固定的水准路线、固定的测站以 I 或 II 等水准测量的精度往返观测。各沉降观测点不同时间的高程之差为各点的沉降量。

沉降观测的时间和次数应根据工程性质、施工进度、荷载的变化情况而定。当埋设的观测点稳定后应立即进行第一次观测。施工期间，高层建筑物每升高 1~2 层或每增加一次载荷就要观测一次。此外，如果施工期间停工时间较长，应在停工后和复工前进行观测。当发生大量沉降或严重的裂缝时，应立即进行逐日或几天一次的连续观测。码头竣工后应根据沉降量的大小来确定观测时间间隔，通常第一年为四次，第二年为两次，第三年后改为每年一次，直到沉降量稳定为止。

2. 码头的水平位移观测

1）方向线法测定水平位移

根据码头所在地区的地形条件布置方向线。方向线的两地基点布设在码头的左右两侧岸坡上，有时受地形限制可将两个基点设于码头的同一侧或者将另一基点设在垂线上，但尽可能使两基点间的距离远些。位移观测点应沿方向线埋设，点位的数量应由设计、施工、科研与测量人员共同商定。定期地观测这些点偏离方向线的距离，计算出各点在不同时期测得的偏离值之差，即得其水平位移量。

基点应设在稳固的基础上，并且能够与其他控制点联测。基点上可设置观测墩，墩顶离地面约 $1.0 \sim 1.2m$。在土层很厚的地区，采用深埋和宽基础的钢筋混凝土墩。在岩石地区，采用钢筋混凝土墩。为了减少仪器与觇牌的安置误差，在观测墩顶面常埋设固定的强制对中设备，通常要求它能够使仪器及觇牌的偏心误差小于 $0.1mm$。

位移观测点上部标志用铜板或不锈钢制成，一般埋设在码头伸缩缝的两边与混凝土面齐平，在顶面上预制出"+"字形标志。用活动觇牌时，需要埋设铜质圆锥。方向线法所使用的觇牌有固定觇牌和活动觇牌。这种图案的觇牌照准精度高，观测距离远，且适合各种十字丝的形状和宽度。觇板图案可涂成黑、白或红、白的颜色。另外，还需要一个安装活动觇牌的置中圆盘。利用活动觇牌测定位移的步骤如下：

（1）在基点上安置经纬仪/全站仪，在另一基点上安置固定觇牌；

（2）在观测点上安置活动觇牌置中圆盘并固定，在置中圆盘上安放活动觇牌；

（3）经纬仪/全站仪照准基点上的固定觇牌后，由仪器观测员指挥觇牌观测员在不同观测点上移动活动觇牌，依次观测基线方向（两个基点连线）到每一个觇牌中心的水平角度以及基点到觇牌的照准标志中心的距离。最后完成所有方向的观测后，再回到初始观测方向。以上过程完成了上半测回的测量。采用与上半测回相反的照准顺序，完成下半测回的测量。这两个半测回测量构成了一个全测回的测量。

（4）在第二个测回开始时，应重新整平仪器，重新定向，其余步骤与上相同。对于每个位移观测点都要进行往返观测各两个测回。返测时，仪器与固定觇牌需要互换位置。以设置方向线时的首次观测值为准，与以后每次观测值相比较，求得偏离值为

$$t_{往} = M_0 - P, \quad t_{返} = P' - M_0 \tag{7.14}$$

式中，P 为往测时一测回中两次读数平均值；P' 为返测时一测回中两次读数平均值；M_0 为活动觇牌零位值（即设置方向线时的首次观测值）。

2）支距法测定水平位移

当因条件限制不能利用方向线法时，可用支距法，该法是在码头的后方设一条基线，在码头前沿线附近选定若干位移观测点，由位移观测点向基线引垂线，其垂足称为测点，基线端点为基点。在周围地形条件许可的情况下，将基线向两端延伸，在离开码头一定距离处另设立 1 至 2 点，作为以后检查基点的依据。定期地丈量位移观测点与测点之间的距离（通称支距），可求得不同时间量得的支距值之差，即得出各位移观测点在码头前后方向上的水平位移值。支距长短应视码头的具体情况而定，一般支距长度不应超

过一个尺段。

在丈量支距之前，应先用方向线法检查和测定测点的偏离值，然后用两把检定过的钢尺，各往返测量一次，每把钢尺读取 3 个读数，取平均值。设支距往返丈量的平均值为 l，首次丈量的支距为 L，则偏离值为 $d = l - L$。

为了测定码头在左右方向上的变位，在伸缩缝的两边都埋设位移观测点，定期地用刻有毫米分划的小钢板尺测量它们之间的距离，不同时间的距离差即为伸缩缝的变化值。

3）前方交会法测定水平位移

当码头离岸较远，用方向线法和支距法均有困难时，可在码头周围建筑物顶上或在便于交会的地方设置基点进行前方交会测定观测点的位移。基点可设置观测墩，位移观测点上预埋设圆锥，作业时将标心安上，作业完后可取下。观测时应尽可能选择较远的稳固的目标作为定向点。基点至定向点的距离一般要求不小于交会边长。前方交会常采用经纬仪以全圆方向测回法进行观测。观测点的位移值根据观测值的变化直接计算。

除了上述方法外，还可以应用波带板激光准直系统和激光经纬仪测定码头的水平位移。

在测定码头水平位移时，我们均假设基点是稳定的，而实际上由于基点不可能离码头太远，因此，总会产生微小的变动。为了检查与测定基点的位移，一船采用三角测量法和检核方向线法，也可以在远处设置稳定不变的定向点，在基点上以后方交会法测定其位移值。当基点位移对位移观测点的偏离值有影响时，应施加改正值。

3. 码头的垂直和水平位移综合观测

目前，随着高精度全站仪尤其是全自动全站仪（也称测量机器人）的发展，码头的垂直和水平位移测量可以一次完成。其中水平形变观测仍采用前面的边角交会的方法，而垂直方向监测，则采用三角高程方法获得各监测点的高程。

采用测量机器人进行码头形变和沉降测量时，用于沉降监测和形变监测的照准标准合二为一。一次监测完成后，可直接获得各个点的三维坐标。与首次观测数据进行比较，可以直接获得水平方向的形变以及垂直方向的沉降变化，如图 7.11 所示。

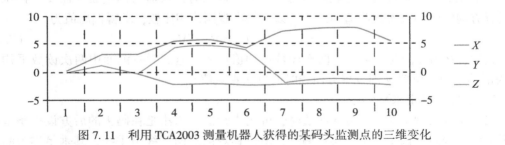

图 7.11　利用 TCA2003 测量机器人获得的某码头监测点的三维变化

7.1.4　多波束航道障碍物探测案例

某港航道长 40 余千米，底宽 397m，设计通航水深为 18.5m 和 21.4m 两段。为全面检验航道疏浚质量、排除航行障碍物、确保通航安全，要求对该航道实施全覆盖扫海测量，并提交比例尺为 1：2000 航道扫海测量水深图和水深断面图等成果。该航道为人工开挖，狭长且大多为开阔水域。又时值初冬季节，风浪等气象条件影响较大，加之进出航道的船舶众多，对航道测量工作的展开产生较多影响。为保证项目按时完成，需要依据要求组织测量小组，并进行周密的技术设计。技术设计内容应主要包括工程概述、作业区域的自然状况和现有条件、遵循的技术规范标准、产品成果的主要技术规格以及项目实施的技术路线、作业方法与质量控制等内容。

1. 技术依据

按照扫海测量的相关要求，确定应遵循的主要技术标准及文件有：

（1）《海道测量规范》GB 12327—1998；

（2）《国家三、四等水准测量规范》GB/T 12898—2009；

（3）《多波束测深系统测量技术要求》JT/T 790—2010；

（4）《水运工程测量规范》JT/S 131—2012；

（5）工程项目委托书。

2. 控制系统及技术手段

1）平面控制基准

按要求，平面坐标采用 1954 年北京坐标系。测区地处东经 117°42′中纬度地区，距离 117°中央经线较近，可采用高斯-克吕格 3°带投影。外业测量时，现场直接采集 WGS-84 坐标系 GNSS 坐标，在制图过程中将坐标系统转换成 1954 年北京坐标系统。本次测量使用的平面控制点如表 7-2 所示。

表 7-2　　　　　　　　　　　　　平面控制点资料

点名	类型	等级	位置	备注
平控甲	标点	Ⅱ等	38.××, 117.××	保存完好
平控乙	标点	GNSS D 级	39.××, 117.××	保存完好

2）高程及深度控制基准

高程控制基准采用 1985 国家高程基准，深度基准面采用理论最低潮面。本次测量使用的高程控制点如表 7-3 所示。

表 7-3　　　　　　　　　　　　　高程控制点资料

点名	等级	位置	基准面	状况
JC1284	四等	集装箱码头东端	理论最低潮面	完好

3）技术手段

（1）水深测量定位。

中国沿海无线电指向标-差分全球定位系统（Radio Beacon-Differential Global

Positioning System，RBN/DGPS)，实时采集 WGS-84 坐标，数据后处理时转换到 1954 年北京坐标系。

（2）水深测量。

水深测量采用多波束测深系统，平行于航道中心线布设主测深线，并在边线两侧各增加 1 条多波束测深线；垂直航道布设单波束检查线。

（3）声速测量。

采用环鸣式声速仪沿航道方向采集声速剖面数据，用于多波束测深的声速改正。由于航道较长，须分段采集声速剖面。

（4）潮位控制。

该港为不规则半日潮港，平均潮差 2.47m，最大潮差 4.37m。潮汐受风影响较大，当遇强烈偏东风时，涨潮提前 0.5～1.5h，且有风暴潮发生，历史最大潮高曾达 5.81m。

根据测区潮汐性质及以往测量经验，本次测量需在港区码头和航道外端各设立 1 个自动验潮站进行水位观测，进而实施分带潮位改正，并使用天文潮叠加余水位法进行验证。其中，港区码头水文站的水尺关系为：水位＝水尺读数−0.516（m），如图 7.12 所示。

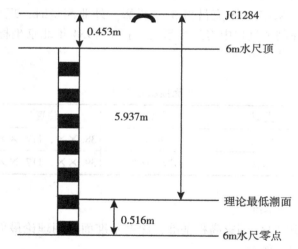

图 7.12　港区码头水尺关系图

3. 设备安装与校准

1）定位设备

本次测量定位采用 RBN/DGPS 方法实施测量定位。4 套 GNSS 定位设备均在已知高级控制点上进行了每年一次的连续 8 小时的稳定性实验，测试结果表明，内符合精度优于 1m，符合测量规范要求。在到达测量工地后，工前和工后分别对定位仪器进行了 1 小时稳定性实验，实验结果见表 7-4。

表 7-4　　　　　　　　**信标差分 GPS 接收机内、外符合精度测试统计表**

仪器	编号	内符合中误差			外符合误差	
		Mx（m）	My（m）	Mr（m）	ΔX（m）	ΔY（m）
天宝 SPS351	4926D53002	±0.164	±0.111	±0.198	0.015	−0.6
定位设备 2	11130	±0.477	±0.1	±0.488	−0.718	0.053
定位设备 3	0225116734	±0.286	±0.246	±0.377	0.369	0.012
定位设备 4	5225K0073	±0.584	±0.227	±0.627	−0.043	0.727

2）单波束测深仪

单波束测深仪为 Odom Hydrotrac 型单波束测深仪，其水深分辨率为 1cm，标称测深精度为 0.01m±0.1%（频率为 200kHz）。对采用的单波束测深仪，进行连续 8 小时稳定性实验，实验区域水深大于 5m，统计结果显示最大差值为 ±0.02m，实验结果满足测量规范要求。

3）多波束测深系统

多波束测深系统共 4 套，以 R2Sonic2024 型多波束为例，系统技术指标如表 7-5 所示。

表 7-5　　　　　　　　　　　**多波束系统技术指标**

R2Sonic2024 型多波束系统技术参数			
工作频率	200kHz~400kHz，20 多个频率值可选，用户在线实时选择		
带宽	60kHz，全部频率可选		
波束宽度	0.3°×0.6°@700kHz		
	0.5°×1°@400kHz		
	1°×2°@200kHz		
覆盖宽度	10°~160°	最大量程	500m
最大发射率	60Hz	量程分辨率	1.25cm
脉冲宽度	15~500μs	波束数目	256

4）姿态传感器设备

罗经及姿态传感器拟选用 4 台 Octans 光纤罗经，其标称精度如表 7-6 所示。

表 7-6　　　　　　　　　　**Octans 光纤罗经技术指标**

动态精度	±0.2°或 0.1°RMS	静态精度	±0.1°或 0.05°RMS
静态稳定时间	1 分钟	海上稳定时间	3 分钟
Heave 精度	5cm 或 5%（最高值）	分辨率	1cm
运动周期	0.003~1000s	Pitch 精度	0.01°

续表

动态精度	±0.2°或 0.1°RMS	静态精度	±0.1°或 0.05°RMS
Roll 精度	0.01°	Yaw 精度	0.01°
量程	无限制	角度变化	最大 500°/s

5）声速剖面仪

采用 AML Minos SVP 声速剖面仪、Odom Digbar S 声速剖面仪和海鹰公司 HY1200 声速剖面仪共 3 套，以 AML Minos SVP 声速剖面仪为例，技术指标如表 7-7 所示。

表 7-7　声速剖面仪技术指标

AML Minos SVP 声速剖面仪技术参数			
采样率	最快 8 幅/秒	工作深度	8000m
声速传感器	量程 1400~1600m/s，精度优于 0.05m/s，分辨率 0.015m/s		
温度传感器	量程−2~32℃，精度±0.005℃，分辨率 0.001℃，响应时间为 10ms		
压力传感器	精度为满量程的 0.15%，分辨率为满量程的 0.005%，响应时间为 10ms		

6）多波束测深系统校准

（1）偏离量的定义与测量。

多波束测深系统需与 GNSS 定位设备以及姿态传感器等外围设备安装在同一测量平台（如测量船），并将不同的测量要素归算到同一时空基准。为此，须准确测量各种传感器在某一参照系（一般使用船体坐标系）中的相对关系，即偏离量（OFFSET）。船体坐标系一般通过换能器的垂线与船舶静态吃水水面交点作为参考原点，定义船右舷方向为 X 轴正方向，船头方向为 Y 轴正方向，垂直向上为 Z 轴正方向。各传感器相对于参考点的位置，往返各测量一次，取其中值，如图 7.13、图 7.14 所示。

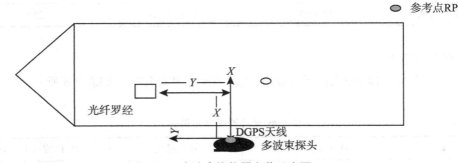

图 7.13　多波束换能器安装示意图（一）

四条测量船设备安装参数详见表 7-8。

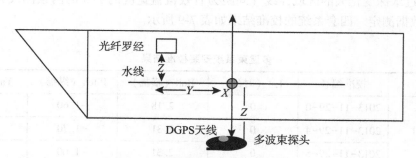

图 7.14 多波束换能器安装示意图（二）

表 7-8 多波束系统各传感器的相对位置值

船 名	设备名称	ΔX（m）	ΔY（m）	ΔZ（m）
测量船 1	光纤罗经	2.43	−1.14	−2.14
	GNSS 天线盘	1.55	0	−4.80
	多波束声呐头	0	0	1.50
测量船 2	光纤罗经	2.47	1.56	−0.85
	GNSS 天线盘	1.39	1.08	−4.66
	多波束声呐头	0	0	1.42
测量船 3	光纤罗经	2.62	−0.18	1.89
	GNSS 天线盘	0	0	−3.26
	多波束声呐头	0	−0.182	1.56
测量船 4	光纤罗经	0	−0.22	0.38
	GNSS 天线盘	−1.26	−1.36	−6.66
	多波束声呐头	−1.14	2.38	1.71

（2）多波束系统安装校准。

多波束测深系统校准选择在航道附近进行，航道水深与自然水深坡度变化明显，测定 GNSS 定位仪相对于测深系统的时间延迟，多波束系统换能器的初始安装角度。

首先，选择坡度明显的海底斜坡或水下特征地物，根据同线同向倍速（相差一倍以上）的一对多波束中央波束测量数据计算时间延迟（Latency）。测量使用的多波束测深系统均已通过同步采集 GNSS 的 ZDA（Time and Date）数据和 PPS（Pulse Per Second）数据，将多波束系统时间同步到 GNSS 内部时钟，因此测量使用的多波束系统无 GNSS 时间延迟改正。

横摇倾角（Roll）通过海底平坦区域同线同速反向的条带断面测量数据测定；纵摇倾角（Pitch）通过水深变化大的区域同线同速反向的中央波束测量数据测定；艏摇偏角

（Yaw）通过水深变化大的区域异线（间距为有效覆盖宽度的 2/3 的两条测线）同速反向边缘测量数据测定。四套系统的校准结果如表 7-9 所示。

表 7-9　　　　　　　　　　　　　　　多波束系统安装校准结果

船舶	校准编号	Lat（时延）	Roll（横摇）	Pitch（纵摇）	Yaw（艏摇）
测量船 1	2013-11-29-0	0	2.18	-1.60	0.40
	2013-11-29-4	0	2.31	-1.70	-2.30
	2013-11-29-5	0	2.31	-1.00	-2.30
测量船 2	2013-11-17-8	0	-0.59	-1.86	2.52
测量船 3	2013-11-19-1	0	-1.12	-1.28	2.50
测量船 4	2013-11-13-2	0	-0.34	-5.00	0.36

多波束测深系统安装校准的顺序一般为时延、横摇倾角、纵摇倾角以及艏摇偏角。如遇换能器重新安装就位或燃油等明显消耗，须及时处理当天的测量数据，并通过相邻测线数据检验初始安装角度变化情况，必要时应重新校准。

7）换能器动吃水测定

测量前采用测深仪同航迹测深比对法进行了换能器动吃水测定，测得 4 条测量船的动态吃水（下沉量）分别为 7cm（航速 7.0kn）、7cm（航速 7.0kn）、8cm（航速 7.0kn）和 10cm（航速 7.2kn），在水深处理过程中均予以改正。

4. 测量实施

1）多波束水深测量

（1）测线布设。

测量时，为了保证多波束扫测数据的质量和可靠性，多波束水深测量的有效扫测宽深比仅取 3。

多波束扫测计划测线平行于航道中心线布设。因扫测航道长达 40km，为保证数据质量及声速控制，将测区分为 10 段，每段 4km 左右。为充分保证多波束扫测条带间的水深重叠，扫趟宽度按宽深比等于 2.5 计算，则航道内测线间距设置为 40~50m，航道外自然水深部分测线间距约为 20m。

（2）数据采集。

测深作业时，使用定位仪输出导航和定位数据；采用 HYPACK4.3A 软件进行测线导航；使用 Qinsy8.0 等软件进行多波束测深系统以及相关配套外围设备的数据采集。

（3）声速测量。

受温度、盐度和水深的影响，不同季节、不同海区、不同深度条件下水声信号在水中的传播速度会不断地产生变化，且不同水域之间的声速变化亦不同。因此测量时将整个测量区域每 4km 划分成一个子测量区域，每个工天均使用声速仪在测量前和更换子测量区域时，进行多波束换能器位置的表面声速测定和测区声速剖面的测定。

（4）水位改正。

此前测量作业经验表明，航道内、外两端的潮汐性质基本相同，最大潮差 15cm，最大潮时差 20 分钟，满足分带改正相关规定要求（最大潮差 1m、最大潮时差 1 小时）。

$$K = \frac{2\Delta h}{\sigma} \tag{7.15}$$

式中，K 为分带数；Δh 为两验潮站同一瞬时的最大潮差；σ 为测深精度。

为进一步验证水位分带改正的精度和技术可行性，还利用天文潮叠加余水文的方法对整个测量区域进行了水位推算。结果表明，双站分带改正的技术方案合理，精度满足规范要求。

（5）数据处理。

采用 CARIS HIPS 7.0 后处理软件对多波束原始数据进行数据转换、声速剖面改正、潮汐改正、条带编辑、子区（SUBSET）编辑，最后采用 CARIS GIS4.4a 软件进行多波束水深数据的压缩、输出和编绘出图。

2）单波束检查线测量

检查线垂直于主测线方向（即航道中线方向）均匀布设，测线间距 500m。使用 HYPACK4.3A 测量软件自动采集单波束水深和定位数据，采样间隔设置为 1s。外业水深数据经换能器吃水、声速、潮位等改正后，得到基于深度基准面的深度值，再经制图软件水深压缩，按照成图比例尺图上 3~5mm 间距进行筛选，最后输出单波束检查线水深。

3）水深符合性比对

（1）将本次扫测水深与现版海图图载水深进行了比对，比对结果表明自然水深水域符合性较好。

（2）为评估水深测量成果质量，对测量成果进行了检查线测量比对。共选取检测线水深比对点 1748 点对，超限点为 0，水深符合情况良好，结果符合测量规范要求，如表 7-10 所示。

表 7-10   **主检测线水深比对表**

不符值	0.0m	0.1m	0.2m	0.3m	0.4m	>0.5
点对数	510	750	360	128	—	—
百分比	29.18%	42.91%	20.59%	7.32%	—	—

4）障碍物扫测

扫测过程中，还在测区附近发现一处特殊浅点，最浅深度 15.9m，高出海底 1.6m，如图 7.15 所示。

后经下潜探摸，证实该浅点是堆积的渔网具，并将其打捞出水。

5）水深图绘制

将经数据处理后的多波束水深数据导入专用水深图编辑软件，制作 1∶2000 基本比例尺的水深图件和扫测断面图（500m 间隔断面），与工程扫测技术报告和电子数据文档一并提交业主单位。

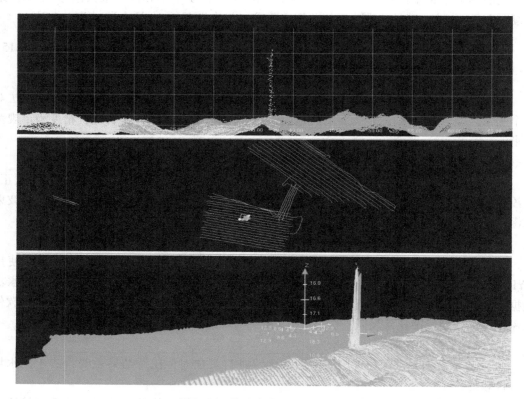

图 7.15　特殊浅点多波束扫测图

7.2　海洋油气资源开发利用测量

海洋开发、海洋工程兴建（例如采油、采矿工程测量，管线、电线敷设时的测量，打捞工程测量等）均离不开测量工作。这些工作有的可在水面上进行（例如海底地形地貌测量、重力测量、磁力测量），有的要在水下进行（如海底定位和水下摄像）。在水下进行测量工作，需要潜水器的配合，采用特殊的仪器，主要是声学测量系统和一些非声学方法（如水下经纬仪、水下电视、水下摄影等）。下面通过对一些典型的水下测量工作介绍来说明水下工程测量的方法和特点。

7.2.1　海底管缆敷设前路由调查与测量

海底管缆敷设前路由调查与测量的目的是通过对海底管线路路由区进行水深地形、地貌、浅地层剖面探测及地质勘察，了解该段路由区的海底地形、地貌、地层和各土层的工程地质参数，调查路由区海洋环境特征及区域地质背景，开展海床稳定性分析，同时查明路由区海洋资源开发利用情况，分析海底管线路铺设施工对海洋环境造成的影响，对路由区条件进行综合评价，为海底管线路的工程设计及施工等提供依据。本节以某场区海底电缆路由勘测为例，描述海底路由勘测的基本勘测内容和涉及的技术方法、流程等。

海底电缆敷设前，需对敷设线路进行海洋调查与测量。提供水温、底质、潮汐潮流、海底地形、水深、登陆点等资料。这些资料是计算电缆数据和电缆敷设时的依据，也为今后电缆的使用维护提供参考。这一任务往往由海洋调查人员和测量人员共同完成。

1. 调查与测量的内容

（1）路线上水深测量。测量范围为线路起点至终点（一般为直线），测图比例尺为1∶15万~1∶20万，如线路在沿海，比例尺应大些，在大陆至海洋岛屿之间，比例尺可小些。一般测深线3条。其间隔为图上1cm，中间测线应与线路重合。对于较复杂的沿海区，有时也采用1∶2.5万比例尺，测深线5条。水深测量定位中误差不应大于图上3mm，水深点在测线上的密度为图上0.5cm。

（2）登陆点附近的水深及地形测量。测图比例尺一般为1∶2000，测图范围为登陆点附近宽500m，岸上部分为图上5~10cm，平坦地区略宽一些。水上测至5m水深，一般离岸不超过500m。如果控制点稀少可用独立坐标系统，独立坐标系的高程可以从当地平均海面起算。控制点误差不应大于0.5m。

（3）表层底质取样。底质点布设，水深100m以内三条线，100m以上两条线（路线左右各一条）。其间隔同于测深线间隔，每条线上底质点密度为：水深50m以内时3km一个点，水深50~100m时5km一个点，水深100~200m时10km一个点，水深200m以上时20km一个点。底质采样用采泥器。

（4）海底地层探测。探测线布设方式同上，采用海底地层剖面仪作业。图7.16给出了一个海区的海底不同深度层地质分布的剖面图。图中，T0为海底面，T1为基岩面，由这两个界面分隔的沉积单元层为L层，厚度（0~22m）变化较大，测水深时在测区浅滩处出现大面积基岩裸露，基岩面在海底面下最深处可达22m。

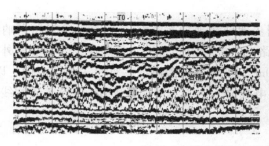 

图7.16 某水域海底地质剖面图以及海底地形图

（5）测水温。在一条测线上，每一个底质取样点测一个水温，包括底层水温和表面水温。一般采用颠倒温度计。

（6）验流。验流地点应选在线路上流速较大的地方和登陆点附近以及转折点处。采用海流计测量上、中、下层最大流向和流速，或者按相关要求对不同的洋度层的流速和流向进行测量。

（7）资料整理。所提供的资料包括：线路水深图、断面图、登陆点附近水深及地形图、海底地层剖面图、底质类型图、测温报表和验流报表等。

2. 调查方法

1）导航定位

调查船导航定位采用卫星导航定位系统，精度符合工作要求。工作时 GNSS 天线固定于测深仪安装杆顶端。导航软件采用专业的导航软件。

整个系统连接示意图见图 7.17。工作前，先将设计测线、测区范围、测区背景情况等资料输入导航软件，导航软件实时读取 GNSS 数据和测深仪水深数据，经过计算处理后在导航屏幕上同步更新显示 GNSS 位置、水深数据以及调查船航迹、航向、速度、偏航距等信息，同时将 GNSS 位置数据传送给侧扫声呐、浅地层剖面仪；当船航行至预定测线后，导航软件开始记录，按设定距离间隔同步向侧扫声呐、浅地层剖面仪和测深仪发送打标信号，在浅地层剖面探测、侧扫声呐和测深记录纸上打上标记，并在导航计算机中保存相应时间和位置所采集的水深等数据，形成航迹图。

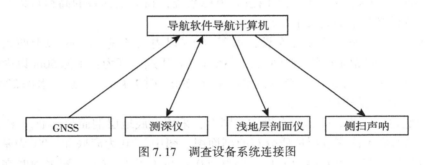

图 7.17　调查设备系统连接图

调查采用 WGS-84 坐标系和高斯投影，中央子午线为 120°。

2）测线布设

场区测线布设：根据工作内容要求，同步地球物理探测测线（测深、浅剖和声呐）按不同路由段进行布设。其中，A 路由区以路由为中心线共布设 7 条测线，除中心线外，由中心线向南北两侧依次布设间距 50m、100m、100m 各 1 条测线。垂直主测线方向，以 750m 间距布设检查测线。B 路由区基本以集电线路为中心，两侧各 150m 布设 3 条测线。测线布设情况见图 7.18 和图 7.19。

登陆段测线布设：测线布设见图 7.20。

3）水深测量

本次调查使用美国 Echotrac（DF3200 MKIII）双频测深仪。测深仪的精度优于量程的 5‰±5cm。换能器采用舷挂式安装于船右舷距船尾 7.7m 处。测量时将测深仪输出的数字式水深信息以标准串口形式与数据采集计算机相连，它向海底发射声波信号并接收回波信号，同时记录发射信号和回波信号之间的时间，根据声波在海水中的传播速度计算出水深。同时船上 GNSS 接收机输出的定位数据也以标准串口形式与数据采集计算机相连。数据采集计算机同步采集水深数据与定位数据。测深仪同步进行模拟记录，并由数据采集计算机的导航软件在模拟记录上同步进行打标。计算机水深采集记录至 0.01m，测深仪模拟

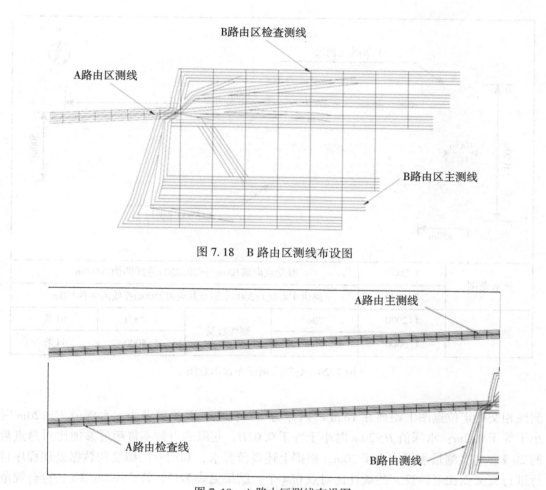

图 7.18 B 路由区测线布设图

图 7.19 A 路由区测线布设图

记录读数精度为±0.1m。

（1）吃水改正。测量时按换能器的实际入水深度，调节测深仪的数字和模拟记录，使其吃水深度与换能器入水深度一致，实现换能器的吃水改正。在换能器安装完毕，正式开始测量工作之前，按正常测量航速进行走航试验，确定换能器入水深度。每日水深测量开始前及结束后记录换能器吃水深度，用于测深资料的吃水改正。

（2）潮位改正。在进行水深测量期间，在东台川水闸边、大丰港码头、江家坞东洋及西洋深槽南端建立临时验潮站。川水闸和大丰港码头验潮站高程通过水准联测获得，江家坞东洋及西洋深槽南端临时验潮站验潮基点通过与大丰港码头验潮站平均海平面传递求解。内业资料处理时，利用这些潮位站的潮位资料进行测深数据的潮位改正。

（3）声速改正。在进行水深测量作业时，按规定进行海水水体声速测量，从而采用实测声速剖面数据对测深数据进行声速改正。

（4）水深比对。根据《水运工程测量规范》（JTS 131—2012）规定，在主测线和检

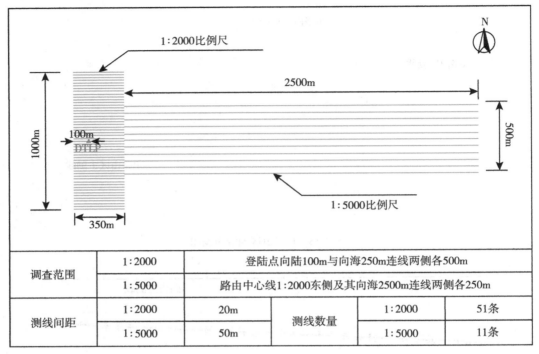

调查范围	1:2000	登陆点向陆100m与向海250m连线两侧各500m		
	1:5000	路由中心线1:2000东侧及其向海2500m连线两侧各250m		
测线间距	1:2000	20m	测线数量	1:2000	51条
	1:5000	50m		1:5000	11条

图7.20 登陆段测线布设示意图

测线相交处定位点图上距离在1mm以内作为可对比点,限差要求为:水深值 $H \leq 20m$ 时小于等于0.2m;水深值 $H > 20m$ 时小于等于 $0.02H$;超限的点数不得超过参加比对总点数的20%。本次测量水深均小于20m,根据上述规范要求,利用专门编制的数据处理程序自行进行交叉点比对计算,共统计比对点684个,结果见表7-11,符合率96.3%,符合规范要求。

表7-11　　　　　　　　主测线和检测线重合点水深值比对统计表

主测线	检 测 线	
总长（km）	总长（km）	检测线占主测线（%）
455.570	74.436	16.3%

重合点比对结果（$H \leq 20m$）									
0~0.1（m）		0.1~0.2（m）		0.2~0.3（m）		0.3~0.4（m）		>0.4（m）	
点数	占比（%）	点数	占比（%）	点数	占比（%）	点数	占比（%）	点数	占比（%）
300	43.9	181	26.5	123	18.0	55	8.0	25	3.7
经检测684点,其差值≤0.4m的为433点,占总比对点96.3%,该水深测量精度符合要求									

将经改正、校对无误的测深数据，建立 WGS-84 坐标系和 1985 国家高程基准下的测区水深数据集。根据经各项改正后的测区水深数据集，采用绘图软件，绘制等深线间距为 1m 的水下地形图。

4) 浅地层剖面探测

浅地层剖面探测使用 CAP-6600 线性扫频 Chirp 浅地层剖面仪系统。探测时浅地层剖面仪的换能器采用舷挂式安装于船左舷距船尾 7.7m 处。

正式工作前，在工作水域进行动态试验，确认仪器工作性能正常后开始正式工作。

结合地质和相关底质取样资料，对浅地层剖面探测资料进行解释，编制沿各路由的海底地质剖面图。

5) 侧扫声呐调查

侧扫声呐探测采用美国 Klein 公司的 Klein 3000 数字式侧扫声呐系统，用于除检测线外的所有测线调查，以获取海底面状况和障碍物等方面的资料。拖鱼采用船舷侧尾拖方式，声呐拖鱼位置用设备本身所带后拖长度计算确定。现场声呐记录采用数字记录方式，以备室内回放及打印。

侧扫声呐资料解释结合海底取样和其他物探资料进行。分析海底表面的灾害地质类型和确定海底障碍物的位置、形状大小及分布范围，并尽可能判别性质；解释海底地貌特征、形态，进行海底地貌特征工程评价。结合水深和沉积物资料，按规定比例尺编制调查海区的海底面状况图。

6) 登陆段调查

登陆段调查内容主要包括登陆点位置选定、登陆点位置测量、登陆点前缘滩地及周边地形地貌调查、登陆点周边海岸工程设施调查等。

登陆点的确定：首先，对预选登陆点及其周边环境条件进行详细的现场踏勘，考虑与海、陆域路由的衔接，以及与其他海洋开发活动的关系，确认登陆点，进行精确定位，并做醒目标记。

岸滩周边环境及沉积地貌调查：实地调访登陆岸段及海域的人类开发活动的历史、现状及规划。沿滩地路由中心线，在滩地上可适当增加取样站位，采集柱状样，或使用手摇钻分层取样。沿路由中心线及两侧，进行沉积地貌剖面调查（调查是否有潮水沟、冲刷坑等不良地貌），分析岸滩冲淤动态。

采用测量和人工踏勘相结合的调查方式。登陆点岸线利用 Trimble DGPS 定位系统进行现场踏勘和补点测绘。登陆点用红色油漆画圈编号标识。登陆点滩地地质地貌调查采用现场踏勘、描述、照相等方式。周边的工程设施进行现场踏勘和调访。

7) 底质取样

为了查明路由区海底底质类型，在工程地球物理调查的基础上，选择具有典型底质特征的区域进行底质取样。表层样站位分布多，在风机场区和海缆路由区采用抓泥斗取样，登陆段潮间带采用手摇麻花钻取样。整个 A 路由上共布置了 4 个 10m 浅钻站位。

B 电缆路由区沿集电线路布设取样站位，间隔约为 3km，共布设取样站位 30 个（图 7.22）。按先柱状样后表层样的原则进行取样。具体位置和数量依据现状资料和现场环境

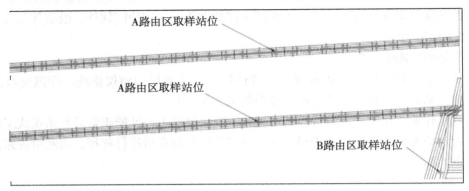

图 7.21　A 路由区表层取样站位布设图（分两段）

条件确定。

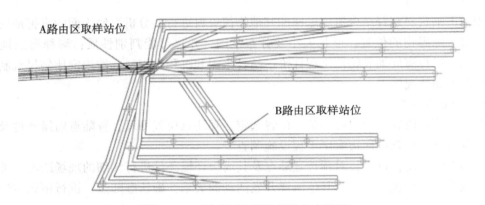

图 7.22　B 路由区表层取样站位布设图

　　钻孔位置布设情况：10m 浅钻的位置见图 7.23，具体位置和数量依据现状资料和现场环境条件确定。

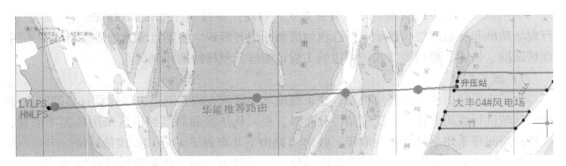

图 7.23　钻孔初步设计位置

8）工程地质钻探

选用载重 800 吨左右的运输船搭建钻探平台，并配备 1 条机动船作为交通船。钻机采用 GXY-2 型钻机（钻深 300m），配备 BW-200/40 泥浆泵 1 台，以 S495 型柴油机作机械动力，采用回转钻进，全孔取芯的钻探方法。本次钻探在 A 路由区布设了 4 个钻孔。本次钻探对不同地层采用不同的取样方法：软土采用 φ75mm 敞口薄壁取土器，一般黏性土采用 φ108mm 半合管取土器。厚度>0.5m 的土层均有样品，无漏层。所采取原状样品在现场密封，运输时样品置于防震箱中。黏性土层（黏土、粉质黏土、粉土）平均约 1.50m 取原状样品一件，遇土层变化时立即取样；砂层约 1.50m 取扰动样一件。

9）腐蚀环境要素调查

海底电缆路由腐蚀性环境要素调查包括底层水化学、沉积物化学和沉积物电导率等参数的测定。底层水化学参数测定以《岩土工程勘察规范》（GB 50021—2001）（2009 年版）中所要求的试验方法为依据，按地质矿产行业标准《地下水质检验方法》（DZ/T 0064.6—93）的标准测试方法进行测定。沉积物化学参数测定是根据《岩土工程勘察规范》（GB 50021—2001）（2009 年版）、《海洋调查规范》（GB/T 12763.4—2007）第八部分"海洋地质地球物理调查"和《土工试验方法标准》（GB/T 50123—2019）等标准进行。

3. 图件编制

成果图包括水深地形图、沿路由水深剖面图、海底面状况图和海底地质剖面图。水深地形图主要反映调查路由区内的水深地形、调查路由、登陆点位置及登陆点附近的地形地物特征等；水深剖面图主要反映沿路由的水深地形变化特征；海底面状况图主要反映场区及登陆段附近海底面不良地质体以及障碍物等要素；浅地层剖面图主要反映海缆路由地形剖面特征、海底面以下的地层结构、岩土性质等要素。

7.2.2 海底管道敷设测量

海洋石油工业的发展使海底管道的建造成为一项重要的海洋工程。在海底管道的规划阶段，需要有海底地形图用于选线。选定线路后，需有更精确的图用于定线，一般是在线路方向上进行断面测量和地质调查，这方面的工作类似于敷设海底电线时的调查和测量工作。

海底管道的建造方法主要有铺管船法、卷筒式铺管船法和拖引法等。目前，世界范围内约有 90% 的近海管道是用铺管船法铺设的。当一段管道连接完后，铺管驳向前移动一段管子的距离。一般用 8~12 个锚来维持定位铺管驳和使它向前移动。目前大多数铺管船装有高精度的定位系统。下面通过几个实例来说明海底管道的一些测量方法。

1. 管线连接测量

当管道铺设到生产平台附近后就必须进行连接测量以确定管道端法兰盘和平台石油出口法兰盘之间的相对位置，相应测量精度的要求较高，因为测量的结果要直接用于设计两法兰盘之间的连接管道。下面以某平台管道为例介绍连接测量的过程。

图 7.24 是现场连接测量示意图，该地区位于北海一个油田，水深 140m。由于常规的

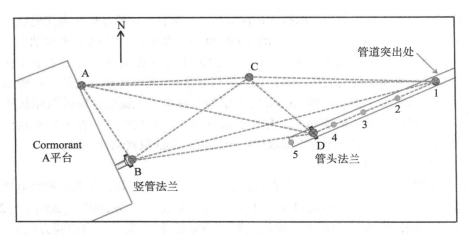

图 7.24　用 HATS 做 Cormorant 管道连接测量

水下声学定位系统满足不了要求，因此为承担这项测量任务专门设计了高精度声学测距仪器，称 HATS。HATS 系统工作频率为 120~160kHz，测距 100m，精度 20mm。之所以能达到这样高的精度是用了声速计以确定声波的传播速度。系统由 4 个海底应答器和 1 个小型信号标组成，信号标是活动的，可由潜水器的操作手放在待测点上。

在 A 平台上，HATS 的应答器安置在平台的东面，其中点 A 是已知点，B 放在直径为 0.6m 的法兰盘中心，而应答器 C 放在海底，D 放在管道端法兰盘中心。A、B、C、D 构成一个大地四边形，用 HATS 测量了四边形的 4 条边和 2 条对角线，就可以由已知点 A、B 推算 C、D 的位置。

解决了大地四边形后，下一步是找出管线相对于平台的方向。为此把小型信号标依次放在管道 1、2、3、4、5 点，并测量到 A、B、C 的距离。由这些观测量就可以计算这 5 个点的位置和管线的方向。测量的总体精度为 200mm，相应的管线方位误差为 1°~2°，这些误差均在所要求的限差以内。误差主要来源为放置信号标和应答器产生的位置误差以及 140m 深处声波传播速度不一致的误差，前者误差约 50mm。

除获取管线相对方向外，还要测量法兰盘在垂直方向和水平方向上的位移。测量采用钢尺和倾斜仪。为了完整地记录整个测量过程，还进行了彩色静止摄影和黑白摄像记录。

2. FRIGG 天然气管道连接测量

在北海 Total Oil Marine 油田安装 Frigg 天然气管道时，需要确定现有两条管道（北和南）的相对方向，如图 7.25 所示。水下测量所用的仪器是 HASINS 惯性导航系统。

在两根重叠的管线部分设置了参考点，这些参考点一般都放在如接头等明显地点。潜水器沿着管线行驶，从 1~7 点，在每个点上停留，HASINS 计算每一点坐标。潜水器下部前端设有对点器，对点误差约 10cm。最终测量距离为 259m，总的闭合差约为 30cm。

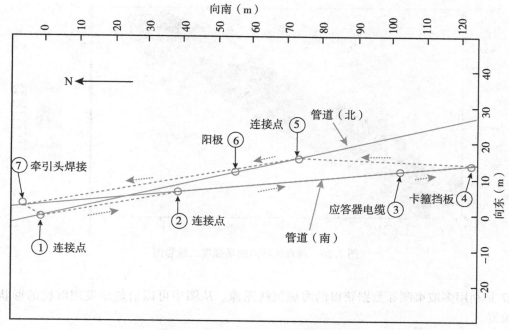

图 7.25　Frigg 天然气管道连接测量

7.3　海上搜寻与打捞测量

海上搜寻是动用船舶、飞机、专门营救队伍和装备在海上搜寻和营救遇险人员的有组织的工作；打捞测量是包括打捞船舶、飞行器、货物等沉没于水中物体的工程作业。在航道、港口水域中的打捞作业，可达到清理通航障碍物的目的。下面通过对一些典型的海上搜索与打捞测量工作来说明该工程的方法和特点。

7.3.1　海底异常物体的探测

海底异常物体，如失事飞机、沉船、鱼雷等，常引起海区的磁力、重力异常，利用该特点，借助磁力测量或重力测量，通过磁异常或重力异常分布，可以确定异常物体的位置。图 7.26 是利用磁力仪探测某港口疏浚异常海域，通过对其磁场强度数据进行处理，绘制的磁场强度二维图。从图中可以清楚地发现磁场异常显著的水域，该水域即为可疑物体的位置，经打捞，为长方体钢板遗失。

多波束系统可以对海底实施"面状"扫测，对位于海底的物体，可以从形状、几何尺寸、位置、属性等方面给以全面的描述。其中海底物体的形状、几何尺寸、位置可以通过多波束获得的测深数据形成的海底地形图或海床 DEM 中获得，物体的属性可以通过多波束的回波强度信息获得。利用这些要素，可以实现对海底目标的搜寻以及判断。图

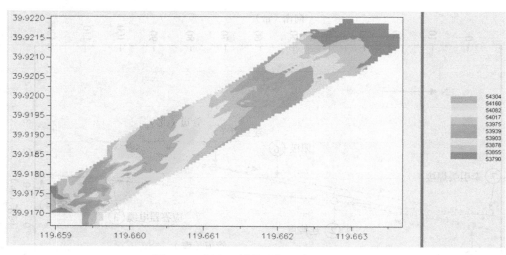

图 7.26 调查区域的磁场强度二维彩图

7.27 是利用多波束测深数据获得的海底沉枕图像。从图中可以清楚地发现沉枕的形状以及位置。

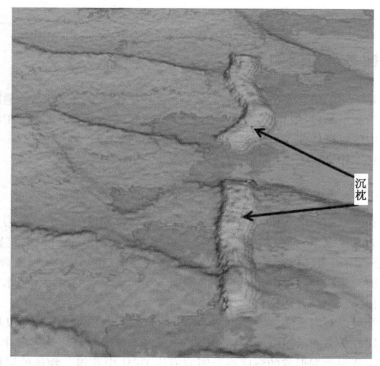

图 7.27 海底沉枕的发现

　　侧扫声呐是探测海底地貌的重要手段，可以获得清晰的高分辨率海底影像图。利用侧扫声呐也可以实现对海底目标的搜寻。通常情况下，多波束和侧扫声呐结合用于获取海底地形和地貌信息。实际搜寻作业中，首先利用侧扫声呐进行相关水域的快速搜寻，确定目标的概略位置后，再利用多波束和侧扫声呐对物体所在水域进行综合性的精细扫测，最终获得关于物体的图形和图像资料。

7.3.2　渤海湾"碧海行动"

　　近年来，随着航运经济的快速发展，环渤海各主要港口吞吐量大幅增加，船舶交通流量不断增长，渤海水域沉船数量也逐年递增，给海上交通安全和海洋环境带来严重隐患。

　　为保护渤海，保障海上交通运输畅通，防止沉船存油泄露污染海洋环境，交通运输部海事局提出渤海及以东水域"碧海行动"公益性打捞计划，并于 2011 年启动对相关水域的沉船及碍航物清查、梳理、分析和评估工作。截至 2013 年 7 月，渤海及以东水域共有碍航沉船 73 艘，其中水深在 20m 以内的有 67 艘，还有部分沉船在低潮时露出水面，80% 以上的沉船分布于环渤海港口的航道、锚地、习惯航路及有关规划航道水域，所以大部分沉船有碍航行安全。此外，海图上还标识许多无从考证的沉船，大量的沉船严重影响到船舶通航环境，极易发生次生事故，对环渤海经济区港口正常生产营运和航道发展存在较大不利影响。同时，随着时间的推移以及海流、海浪的作用，沉船上的存油随时可能外泄污染海水，特别是燃油沉积将给海洋生物造成严重灾害。该行动于 2018 年已完成相关任务。

　　为配合打捞，前期进行了沉船扫测，共对渤海湾内 73 艘沉船进行打捞前扫测作业。打捞前扫测的目的为精确锁定沉船水下位置和姿态，其测量结果直接关系到后期打捞方案的制定与实施。现将扫测案例介绍如下：

　　1）扫测设备

　　主要包括 GNSS、侧扫声呐、单波束测深仪、多波束测深仪、声速仪等装备。

　　2）扫测范围

　　为了顾及潮流影响，扫测计划线布设分为南北向和东西向两组，结合实际情况进行合理选取。

　　以业主提供沉船坐标为中心点，沿南北方向布设计划线，测线长度 1000m，两侧各500m 范围内平行于中央测线进行计划线布设，测线间隔 10m。考虑到各沉船测区水深及设备扫宽等因素，实际扫测过程中，测线间距常以 100% 全覆盖为要求，依现场情况而定。测线布设示意图如图 7.28 所示。

　　3）设备安装与调试

　　（1）DGPS 安装：DGPS 天线需安置于无遮挡的多波束测深设备之上。

　　（2）单波束测深仪安装：换能器属于声学仪器，易受外界环境的干扰，为排除噪声、动态吃水等对测深精度的影响及方便工作，将测深仪换能器安装在测量船左舷距船首约1/2 船长处，并通过焊接的金属架固定。为了获得准确的测量数据，精确测量换能器与定位天线之间的相对关系，对水深数据进行了偏移改正。

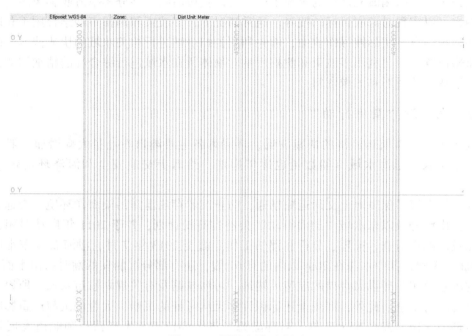

图 7.28　测线布设示意图

（3）多波束测深仪安装：多波束换能器支架安装在测量船重心附近的左侧船舷位置（约 1/2 船长处），此安装位置下仪器能远离船主机、泵和螺旋桨并有效避免测量船摇摆及噪声干扰。选择测量船甲板结实处安装姿态仪（光纤罗经），调整光纤罗经使其测量的方位角与测量船艏艉线一致。

以多波束换能器安装杆与海水面交点作为参考点，建立船体坐标系，定义右舷方向为 X 轴正方向，船艏方向为 Y 轴正方向，垂直向上为 Z 轴正方向，量取各传感器相对于参考点的位置，往返各量一次，取平均值作为最终结果。

4）校准多波束测深仪

多波束安装校准区域选择在测区附近海底地形坡度变化较大的区域，该区域陡坡坡度明显、周围地形平坦，有利于测定多波束系统换能器的初始安装角度。通过在测区内海底平坦海区以相同速度沿同一测线往返测得的两条带断面测量数据测试系统横摇安装值（Roll）。通过在测区内水深变化大的陡坡区域以相同速度沿同一测线往返测得的两条带的中央波束数据测试系统纵摇安装值（Pitch）。通过在测区内水深变化大的陡坡区域以同一速度沿相邻测线（间距为覆盖宽度的 2/3 的两条测线）同向测得的两条带的多波束边缘数据测试系统艏摇安装值（Yaw）。由于 Sonic 2024 多波束系统采用 PPS 秒脉冲时间同步，时延为零，不需校准。

5）调查实施

利用综合导航系统的导航窗口可以显示正在施测的测线，从图像中看出船偏离测线的左右距离，供操船者随时修正航向，以保证测量船按照设计测线航行。通过航迹图实时反映已测测线和未测测线以及测量船在图上的位置、航行方向，以及漏测和需要补测的地方，方便指挥测量船完成未测部分的工作。多波束测深系统采用 PDS 2000 软件进行水深数据采集，工作期间严格按照技术要求进行作业，对大开角下（如 120°扇形开角）多波束剖面数据进行实时监控，以确保多波束现场采集的数据质量和有效覆盖宽度；现场及时调整量程，以保证有效覆盖宽度。同时实时对水深数据进行深度滤波，剔除明显飞点，使采集的水深数据准确有效。测量前后，观察换能器吃水值，并做好记录。多波束水深测量完成后，利用单波束进行检查线测量。

单波束测量前，利用声速剖面仪测量海水声速剖面，求取平均声速。精确量取换能器的吃水深度，在测深仪中输入标准声速 1500m/s 和船舶实际静吃水。整个测量过程中，根据水深变化实时调整仪器增益。测量过程中瞬时水深数据和定位数据自动记入计算机，形成原始记录数据文件，并同步进行水深模拟打印，供内业资料处理使用。测量期间，观察并量取换能器吃水变化，做好记录。测量船作业时船速控制在 5kn 左右，保证测量数据质量良好。

声速测量：测量作业期间，每天测前、测后进行声速剖面测量，用于水深数据的声速改正。

数据处理：①导航数据处理：所有导航数据使用软件进行处理，首先对导航数据资料对照计划测线进行全面的检查，剔除定位误差大的个别点。根据仪器不同的位置偏移量，生成不同仪器相应的航迹图。②单波束水深数据处理：所有水深数据使用软件进行处理，先将记录中测得的深度值对照模拟记录纸进行检查。③水深摘录及检查：将计算机上记录的测线文件名、水深文件名与水深卷上的文件名进行一一对照，发现记录有误时进行相应改正，使文件名对应一致；根据测深卷记录，对计算机记录的测深文件进行检查，去除错误或不可信的水深值。④吃水及声速改正：根据每次测量之前进行校准所获得的换能器静态吃水，声速改正在后处理时由软件完成。⑤潮位改正：使用软件依照潮位数据对水深资料进行潮位改正，获得最终某一垂直基准下的水深或高程值。

多波束数据处理：多波束数据处理采用加拿大 CARIS 公司生产的专业多波束处理软件 CARIS HIPS and SIPS 6.1。数据处理内容主要包括：辅助数据的编辑（船参数、导航参数、姿态数据等）、条带数据编辑（噪点剔除）、声速改正、数据融合、安装误差校准等过程，最后采用经过基面差改正和气压改正后的潮位数据进行潮位改正。在条带数据编辑过程中，通常根据测区测线布设情况，平均每 4~6 条测线为一组，逐区进行数据清理。多波束系统采集水深数据量极大，因而在开始制图编绘工作之前，需对相互重叠或超稠密的水深进行压缩，压缩时保留最浅水深。将经过各项改正后的数据输出成标准 ASCII 格式，用于后期成图。

为了解和掌握沉船周围的水深地形情况，基于多波束数据生成测区平面水深图、地形图和三维立体图。利用 AutoCAD 2008 软件对水深图进行修饰（等深线平滑、图幅边缘修整等），出最终成果图，成图比例尺为 1：500，形成沉船扫测成果图。三维立体图更加直观，结合二维平面水深图，有利于准确把握沉船姿态和方位。沉船平面位置示意图如图7.29 所示，沉船三维姿态示意图如图 7.30~图 7.33 所示。

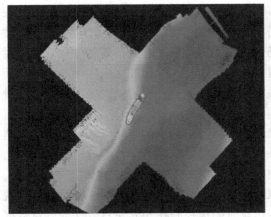

图 7.29　沉船平面位置示意图

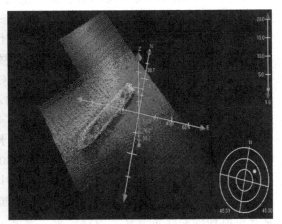

图 7.30　沉船三维姿态示意图

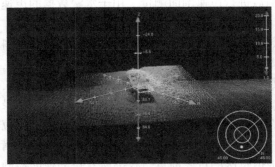

图 7.31　沉船三维姿态示意图（后视图）

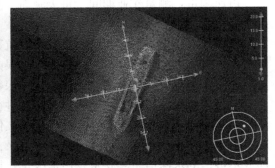

图 7.32　沉船三维姿态示意图（俯视图）

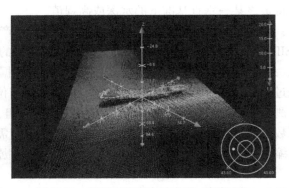

图 7.33　沉船三维姿态示意图（侧视图）

第 8 章　海洋环境调查

8.1　海洋调查简介

海洋调查是用各种仪器设备直接或间接对海洋的物理学、化学、生物学、地质学、地貌学、气象学及其他相关学科的海洋状况进行调查研究的手段。海洋调查一般是在选定的海区、测线和测点上布设和使用适当的仪器设备，获取海洋环境要素资料，揭示并阐明其时空分布和变化规律，为海洋科学研究、海洋资源开发、海洋工程建设、航海安全保证、海洋环境保护、海洋灾害预防提供基础资料和科学依据。

海洋学的主要研究对象是海洋中各种不同类别和不同尺度的动力和热力过程，研究手段是现场观测，最直接的方法是利用船舶出海调查。海洋调查船是指从事海洋现场观测、采集样品和科学研究的船只。海洋调查船按其调查任务可分为综合调查船、专业调查船和特种海洋调查船三种。

（1）综合调查船船上仪器设备系统可同时观测和采集海洋水文、气象、物理、化学、生物和地质基本资料和样品，并进行数据整理分析、样品鉴定和初步综合研究。

（2）专业调查船船体较综合调查船小，任务单一。常见的有海洋测量船、海洋物理调查船、海洋气象调查船、海洋地球物理调查船、海洋渔业调查船和打捞救生船。

（3）特种海洋调查船是按专门任务建造的结构特殊的调查船，常见的有航天用远洋测量船、极地考察船、深海钻探船等。

8.1.1　世界海洋调查发展历史

1. 测量船调查

世界上第一艘海洋调查船是英国"挑战者"号，它由军舰改装而成，于 1872 年 12 月 7 日至 1876 年 5 月 26 日进行了世界上第一次环球海洋考察。

测量调查船经历了两个主要时期，即单船海洋调查时期和多船协同调查时期。

1）单船海洋调查时期

20 世纪 60 年代以前，海洋水文观测资料的来源除了岸边寥寥可数的验潮站和水文气象台的观测资料外，几乎完全依靠单船走航获得。单船走航测量一直延续到了 20 世纪 50 年代，是海洋调查的基本工作方式。这种以单船走航方式进行的海洋调查，18 世纪仅有 8 次，19 世纪共有 133 次，20 世纪前半叶共有 166 次。总的来说，这些单船走航海洋调查范围都不大，调查项目有限，调查持续时间不长，观测手段也比较落后，主要集中在几个海区，如欧洲的北海、波罗的海和地中海，北美洲东岸的墨西哥湾流区域、西岸的加利福尼亚流区域，以及亚洲的黑潮区域和日本近海等。自 19 世纪到 20 世纪 50 年代前期，比较著名的单船走航调查有：

（1）1831—1836 年英国的"贝格尔"号环球探险，考察了大西洋、印度洋和太平洋。英国科学家、生物进化论创始者达尔文参加了此次考察。根据考察资料，达尔文解释了珊瑚礁的成因，并于 1859 年出版了《物种起源》一书。

（2）1872—1875 年英国的"挑战者"号环球科学考察，航程约 124000km。"挑战者"号在 362 个点上进行了测深和生物采集，同时还测量了世界各地海域的地磁、海底地形、海底地质和海洋深层水温的季节变化；发现世界大洋中盐类组成具有恒定性的规律；测量了海流、透明度、海洋动植物等，为现代海洋物理学、海洋化学、海洋地质学奠定了基础。这次考察被誉为"近代海洋学的奠基性调查"。

（3）1874—1876 年，德国"羚羊"（Gazelle）号在大西洋、太平洋进行了以海洋物理学为主的调查。

（4）1882—1883 年，第一届国际极地年（IPY）观测（1958 年之后，更名为"国际地球物理年"），研究了南北极的气象、极光和地磁等有关现象，首先提出大气循环的报告。

（5）1886—1889 年，俄国"勇士"号在世界航行中调查了中国海、日本海、鄂霍次克海。

（6）1925—1927 年及其后 1937—1938 年的德国著名的"流星"海洋调查。1925—1927 年主要在大西洋西部（20°N~65°S）进行了 14 个断面的水文观测；1937—1938 年在大西洋北部（20°N 以北）进行了 7 个断面的补充观测，前后共做了 21 个断面、310 多个水文站位的观测。这次调查以物理海洋学为主，内容包括水文、气象、生物、地质等，所获资料被海洋学界认为是"海洋调查的代表性资料"。

（7）1947—1948 年瑞典"信天翁"号海洋调查，被誉为"近代海洋综合调查的典型"。该次调查重点是三大洋赤道无风带的深海调查和深海海底的底质采样，以填补"挑战者"号调查船当时无法在无风带区域进行观测的空白。

（8）1950—1952 年英国"挑战者Ⅱ"号海洋调查，其航线和站位与 1872—1875 年的第一次调查相同，其目的是用当时最新的仪器设备检验第一次"挑战者"号的调查结果。

2）多船协同调查时期

多船联合调查始于 1958 年。海洋学家斯瓦罗（Swallow）用声学追踪中性浮子的方法测量湾流区域的底层流，实测结果显示，那里的海流流速比他预期的大 10 倍以上，而且在几十千米这样短的距离之内，海流的流向可能完全相反，同时，在一个月左右的时间内海流还显示出相当明显的时间变化。于是以多船合作调查代替单船进行海洋调查的方式应时而起。比较典型的多船协同海洋调查有：

（1）早在 1950—1958 年期间，美国加利福尼亚大学斯克里普斯海洋研究所发起并主持了一系列海洋调查（代号：NORPAC），最初由秘鲁和加拿大参加，随后有美、日、苏等十余艘调查船参加。由于参加的调查船为数较多，大大缩短了一个海域进行调查所需的时间，并大大增加了调查资料的数量以及调查资料的质量。

（2）1957—1958 年国际地球物理年（IGY）和 1959—1962 年国际地球物理合作

（IGC）的联合海洋调查，其调查范围遍及世界各大洋，调查船有 70 艘之多，参与国家达 17 个以上。

（3）20 世纪 60 年代，海洋联合调查的数目越来越多，其中主要有 1960—1964 年国际印度洋调查（IIOE）；1963—1965 年国际赤道大西洋合作调查（ICITA）；1963—1965 年（后又延至 1972 年）黑潮及其毗邻海区合作调查（CSKC）等。

（4）1986—1992 年，中日黑潮合作调查对台湾暖流、对马暖流的来源、路径和水文结构等提出了新的见解，对海洋锋、黑潮路径和大弯曲等有了进一步的认识。

（5）1990 年之后，进行了世界大洋范围的环流调查，即"WOCE"计划，和热带海洋与全球大气-热带西太平洋海气耦合响应试验，即"TOGA-COARE"调查，这些皆了解了热带西太平洋"暖池区"（Warm Pool）通过海气耦合作用对全球气候变化的影响，从而进一步改进和完善了全球海洋和大气系统模式。

2. 浮标海洋调查

为在现场读取海洋调查数据，需将大量测量设备装到船上，在海上收集样品而在船上或在岸上的实验室进行分析。船只调查要不断地停留观测，每天前进的速度很慢，即使不停顿地航行，一天也只能航行几百至上千米，而且只能得出一条线上的资料。这种常规的海洋调查方法提供的是离散的、非同步的、有限的海洋数据。这些数据在构造海洋中大尺度过程的概念上、在建立经典的海洋动力学模型中曾经起过作用，但是要较精确地研究海洋的各种中、小尺度过程就显得无能为力了。用船只观测费用很高，而且要受到恶劣天气的限制。海洋浮标技术是一种现代化的海洋观测设施，它具有全天候、全天时稳定可靠地收集海洋环境资料的能力，并能实现数据的自动采集、自动标示和自动发送。海洋浮标与卫星、飞机、调查船、潜水器及声呐探测设备一起，组成了现代海洋环境主体监测系统。

海洋浮标一般分为水上和水下两部分。水上部分装有多种气象要素传感器，分别测量风速、风向、气温、气压和温度等气象要素；水下部分装有多种水文要素传感器，分别测量波浪、海流、潮位、海温和盐度等海洋水文要素。各种传感器将采集到的信号，通过仪器自动处理，由发射机定时发出，地面接收站将收到的信号经过处理，就得到了人们所需要的资料。海洋浮标的种类比较多，有锚定类型浮标和漂流类型浮标。前者包括气象资料浮标、海水水质监测浮标、波浪浮标等；后者有表面漂流浮标、中性浮标、各种小型漂流器等。

1970 年，苏联应用几十个资料探测浮标和五六艘装备有最新调查仪器的调查船，在北大西洋东部，进行了以海流观测为主要目标的代号"多边形"的大洋实验，获得了大量的海流资料。1973 年 3 月到 6 月，美国在北大西洋北部的弱流海域内，进行了一次代号为 MODE（大洋动力学实验）的大规模海洋调查，参加这次实验的有美、英、法三个国家 15 个研究所的 50 名海洋学家。

3. 卫星海洋遥感调查

卫星海洋遥感（Satellite Ocean Remote Sensing）是以海洋及海岸带作为监测对象的遥感技术，包括电磁波遥感与声波遥感。卫星海洋遥感是以卫星平台观测和研究海洋的分支学科，属于多学科交叉的新兴学科，其内容涉及物理学、海洋学和信息科学，并与空间技术、光电子技术、微波技术、计算机技术、通信技术密切相关。卫星遥感技术的广泛应用是 20 世纪后期海洋科学取得重大进展的关键之一，这一信息获取技术方面的突破，为海洋观测、研究与开发揭开了崭新的一页。

20 世纪 60 年代，第一部海洋遥感专著的出版标志着空间海洋学的诞生。1978 年，美国连续发射了 3 颗用于海洋观测的卫星：Seasat-A，Tiros-N 和 Nimbus-7，形成了卫星海洋学史上的第一次高潮。90 年代以来，以 SeaWIFS，TOPEX/Poseidon，ERS-1、ERS-2 和 Radarsat 等为代表的系列海洋卫星从数量到传感器的综合探测能力方面都有了飞速发展，卫星海洋遥感的重点明显地由实验型转向业务化，并开始进入社会生活的各个方面，从而形成其发展史上的第二次高潮。

用于卫星遥感的卫星传感器分为两大类，即被动型和主动型。前者亦称无源雷达，是接收太阳光的反射或目标自身辐射电磁波的遥感方式，工作波段在紫外、可见光、红外、微波等波段，主要仪器有摄影机、扫描仪、分光计和辐射计等。被动遥感在航空、航天遥感中占有很重要的地位，其中使用最多的是光学成像手段，但必须依赖太阳照射和目标自身的辐射。后者亦称有源遥感，是遥感器在遥感平台上向被测目标发射一定波长的电磁波并接收目标回波信号的遥感方式。其主要使用激光和微波作为照射源，有激光雷达、激光高度计、激光散射计、微波高度计、微波散射计、真实孔径侧视雷达和合成孔径雷达等遥感器，不受天气和太阳辐射的影响。

海洋卫星遥感在海洋大范围调查中扮演着重要的角色，海洋卫星遥感系统包括遥感平台和遥感传感器、地面接收和预处理系统、海洋卫星资料的反演和信息管理、分析及应用系统。卫星遥感海洋调查具有如下优点：

（1）可大面积同步测量，且具有很高或较高的空间分辨率，可满足区域海洋学研究乃至全球变化研究的需求；

（2）可满足动态观测和长期监测的需求；

（3）具有实时性或准实时性，可满足海洋动力学观测和海洋环境预报的需求；

（4）卫星资料不仅具有大面积同步测量的特点，同时具有自动求面积平均值的特点，尤其适用于数值模型的检验和改进；

（5）卫星观测可以涉足船舶、浮标不易抵达的海区。

8.1.2　我国海洋调查发展历史

1. 常规调查

海洋调查是正确认识海洋、合理开发利用海洋和有效管理与保护海洋的基础性工作。中华人民共和国成立以来，我国进行了 3 次一定规模的海洋调查。

第一次是 1958—1960 年的"全国海洋综合普查"。在我国近海水域直至近岸区，设立了数十条水文断面和百余个定点连续观测站，进行了海洋水文、气象、化学和生物等方面的调查。通过这次"普查"，首次比较完整地获取了我国近海大量水文、气象、化学、生物和地质等方面的观测数据。初步摸清了黄海西侧海域海洋水体环境的基本状况，以及水文、气象、化学和生物等环境要素的时空分布和变化特征，翻开了我国近海海洋调查发展的新篇章。

第二次是始于 1960 年的"海洋标准断面调查"。在我国近海水域布设了多条标准断面，定期开展水文、气象和海水化学等要素的观测，为研究主要海洋现象的季节和年际变化以及异常海况等提供了宝贵的基础资料。

第三次是 1980—1986 年开展的"全国海岸带及海涂资源调查"。调查项目有水文、气象、生物、化学等内容。通过这次专项调查，初步摸清了我国近海海洋环境状况，以及海岸带和滩涂资源数量和质量，为海岸带和近岸水域的开发利用提供了大量水文、气象、化学和生物等基础资料。

我国的海洋调查在 1949 年以前只进行了几次以海洋生物为主的调查，且规模和范围都很小，研究工作几乎一片空白。中华人民共和国成立后，逐步设立了相应的调查研究机构，组织调查研究队伍，相继开展了一系列海洋调查研究工作，取得了显著的成绩。纵观我国海洋调查的发展，大致可划分为三个阶段。

1）海洋水文调查起步和初始发展阶段

20 世纪 50 年代中期，国家制定了《十二年科学技术发展规划》，我国近海的综合调查被列为重点项目之一。50 年代末我国实施了第一次大规模综合性海洋水文调查，即全国海洋普查。通过这次普查，初步掌握了我国近海海洋水文、气象、化学、生物、地质等要素的基本特征和变化规律，翻开了我国近海海洋调查发展史上新的一页，奠定了现代中国海洋科学发展的基础。

2）海洋调查开始向深、远海进发

进入 20 世纪 70 年代，国家海洋局适时提出了"查清中国海，进军三大洋，登上南极洲"的宏伟目标。从此，我国海洋调查研究范围不断扩大，调查技术力量得到进一步加强。此外，极地科学考察站的建立，标志着我国海洋调查真正地从近海扩展到大洋。

3）海洋调查向广度、深度发展

20 世纪 90 年代以来，随着我国综合国力的提高和国民经济高速发展的战略需求，海洋科学调查研究工作得到更加迅速的发展。相继开展了"中国近海海洋环境综合调查研究""西北太平洋环境调查和研究专项"和"我国近海海洋综合调查与评价专项"。这些调查项目规模大，涉及范围广，为开发海洋资源、保护海洋环境和维护海洋权益提供了依据。

2. 深潜器海洋调查

深潜器的调查，包括从陆架水域的调查潜艇到大深度作业的交通器。无人装置的遥控水下操纵器（Remote Underwater Manipulator，RUM）使人们可以在水下直接观测到被测对象，也成为当代海洋调查的有力工具。20 世纪 80 年代中期，我国第一艘载人多功能潜水器"鱼鹰一号"诞生。20 世纪 90 年代初，我国自行设计研制了第一台智能型 600m 无人缆控"8A4"号水下机器人。1994 年研制成"探索者"号第一台无缆水下机器人，工作深度 1000m。2012 年 7 月，我国自行设计、自主研制的"蛟龙"号载人潜水器在马里亚纳海沟实验区创造了下潜 7062m 的载人深潜记录，同时创造了世界同类作业型潜水器的最大潜深记录。2020 年 11 月，我国的"奋斗者"号载人潜水器在马里亚纳海沟成功坐底，坐底深度 10909m。

8.1.3 全球海洋调查研究计划

进入 20 世纪 70 年代，由于资料的传递方式、质控技术、定位技术等方面的空前发展，对海洋的观测也有了长足的进步，同时对海洋特性及其在全球环境中的作用也有了更加深刻的认识，发展全球海洋长期观测系统的呼声得到了世界范围内的高度响应。目前主要的研究计划和全球海洋观测系统包括：

1. 全球海洋观测系统（GOOS）

政府间海洋学委员会（Intergovernmental Oceanographic Commission，IOC）在第 15 次全体会议上决定与世界气象组织（World Meteorological Organization，WMO）和联合国其他相关组织合作，共同制定全球联合海洋观测系统（Global Ocean Observing System，GOOS），纳入监测和预报环境变化的全球系统。初期重点放在加强各国对当前活动进行广泛合作，分阶段采用新技术进行现场观测，加速建设现有的各海洋观测系统。

2. 气候变率及可预报性计划（CLIVAR）

气候变率及可预报性计划（Climate Variability and Predictability Programme）是世界气候研究计划（World Climate Research Program，WCRP）一个新的 15 年研究计划，以研究气候变率和可预报性以及气候系统对人类活动的反应。计划目标是：

（1）通过收集和分析观测资料，开发和应用耦合气候系统模式，结合其他相关气候和观测计划，描述和认识决定季节的、年际的以及世纪尺度的气候变率和可预报性的物理过程。

（2）通过对经过质量控制处理的古气候和仪器观测数据的汇编，把气候变率记录扩展到令人关注的时间尺度。

（3）通过发展全球耦合预报模式提高季节到年际气候预报的实效性和准确性。

（4）认识和预报气候系统对辐射活性气体及气溶胶的反应，同时将这些预报结果与观测到的气候记录进行比较，以检测人类活动对自然气候的影响。

该计划包括三个部分：

（1）全球海洋、大气和陆地系统季节至年际气候变率和可预报性（CLIVAR-GOALS）；

（2）年际到世纪尺度气候变率和可预报性（CLIVAR-DecCen）；

（3）人类活动变化的模拟和预测（CLIVAR-ACC）。

3. 热带海洋与全球大气计划（TOGA 和 TOGA-COARE）

TOGA-COARE（Tropical Ocean Global Atmosphere-Coupled Ocean Atmosphere Response Experiment）全称是：热带海洋与全球大气-热带西太平洋海气耦合响应试验。该计划的目标是：

（1）以地球系统时间变量为函数，获得对热带海洋和全球大气的描述，以确定地球系统按月至年的时间尺度可预测性的程度，认识这种可预测性所包含的机理和过程；

（2）为了预测月至年时间尺度的海洋和大气变化，研究模拟海洋与大气耦合系统的可行性；

（3）如果这种能力得到海洋与大气耦合模式的证实，就为现今的观测系统和数据系统以及预报的设计提供了科学依据。

4. 世界大洋环流实验（WOCE）

世界大洋环流实验（The World Ocean Circulation Expedition，WOCE）是世界气候研究计划的重要组成部分，旨在全球范围内观测和了解海洋各种时间尺度变化及其对全球气候产生的影响，建立气候变化预测模式。该实验的目标是：

（1）发展对气候变化有用的模式，搜集检验这些模式所必需的数据；

（2）确定 WOCE 特殊数据集表示海洋长期特性的代表性；

（3）寻找测定大洋环流长期变化的方法。

5. 极地计划

以南极区域在全球变化中所起的作用为核心研究计划，为国际科学联盟理事会（International Council for Science，ICSU）和世界气象组织（World Meteorological Organization，WMO）主持确立的国际地圈-生物圈计划（InternationaI Geosphere Biosphere Programme，IGBP）和世界研究计划（WCRP）两个全球尺度相互作用过程计划中的一个。主要内容包括：

（1）南极海水在全球陆圈和生物圈系统中的相互作用和反馈作用；

（2）南极冰盖、海洋和陆地沉积物中的全球环境记录；

（3）南极冰盖物质平衡和海平面；

（4）南极平流层臭氧、对流层化学和紫外线辐射对生物圈的作用；

（5）南极地区在全球生物地球化学循环和交换中的作用；

（6）在南极地区监测和探测全球环境变化等。

6. 全球联合海洋通量研究（JGOFS）

全球联合海洋通量研究是一项多学科的国际合作海洋科学研究活动。1990 年召开的联合国海洋研究专门委员会和全球海洋通量研究委员会的会议通过该项计划。该计划的目的是：测定并认识全球尺度的控制海洋二氧化碳及有关生物物质随时间变化通量的过程，评价与大气、海底及大陆边界有关的交换。

7. 全球能量和水循环实验（CGEWEX）

该实验的目标是：

（1）根据可观测到的大气性质和地面性质的全球测量，测定水文循环和能量通量；

（2）模拟全球水文循环及其大气和海洋的影响；

（3）发展全球及地区水文过程和水资源的变化及其对环境变化的响应预测能力；

（4）促进适合长期天气预报、水文及气候预测业务应用的观测技术数据管理系统和数据同化系统的发展。

8. 世界气候资料计划（WCDP）

世界气候资料计划要求建立全球基线数据集，规定了以下要求：

（1）标准的天气式和气候式的预测；

（2）海面温度网格点数据集，半度经纬度网格混合数据；

（3）从尽可能实际的多个场地按标准频次进行高空大气测量。

9. 全球联合海洋服务系统（IGOSS）

IGOSS 为海洋数据、产品和服务的搜集和交换业务网。IGOSS 的目的在于为成员国充分有效的海洋服务提供所需数据和情报，以保证业务和科研应用所需。

10. 世界天气监视网（WWW）

WWW 是世界气象组织（WMO）世界范围的一个协调系统，主要目的是在协商一致的系统之内收集业务应用及科研所需的气象资料和其他环境资料，是国际上在全球范围搜集和实时分发气象数据和其他环境数据的唯一业务项目。

11. 漂流浮标协调组（DBCP）

DBCP 为漂流浮标各方面业务的协作机构，由 IOC 和 WWO 组成，其目的是促进世界范围内漂流浮标的最佳利用，增加现有漂流浮标数据量，满足 WWO 和 IOC 的主要计划需要。

12. 国际海洋资料信息交换（IODE）

IODE 系统始建于 1960 年，目的在于促进 IOC 成员国之间海洋资料的交换，以提高海洋科研、海洋勘探和海洋开发的水平。IOC 提供数据编码和测报的标准格式，鼓励编制数据目录、帮助国家海洋资料中心的发展。

13. ARGO 计划

ARGO 计划（Array for Real-time Geostrophic Oceanography）通俗称"ARGO 全球海洋观测网"。是由美国等国家的大气、海洋科学家于 1998 年提出的一个全球海洋试验项目，旨在快速、准确、大范围收集全球海洋上层的海水温度、盐度剖面资料，以提高气候预报的精度，有效防御全球日益严重的气候灾害给人类造成的威胁。该计划构想用 3～4 年（2000—2003 年）时间，在全球大洋中每隔 300km 布放一个卫星跟踪浮标，总计 3000 个，组成全球海洋观测网。

8.1.4　海洋调查的内容及分类

海洋调查是研究海洋现状的基础，是对海洋物理过程、化学过程、生物过程等海洋各要素间的相互作用所反映的现象进行测定，并研究其测定方法。其主要任务是观测海洋要素及与之有关的气象要素，编制观测报表，整理分析观测资料，绘制各类海洋要素图，查清所观测的海域中各种要素的分布状况和变化规律。

海洋调查一般分为综合调查和专业调查两大类。调查方式有大面观测、断面观测、连续观测和辅助观测等。调查方法有航空观测、卫星观测、船舶观测、水下观测、浮标站自动观测等。调查项目有水温、水色、透明度、水深、海流、波浪、海冰、盐度、溶解氧、pH 值、磷酸盐、硅酸盐、硝酸盐等，以及水文气象要素，如气温、气压、湿度、能见度、风、云、各种天气现象等。还要测定水中悬浮物、游泳动物、浮游生物、底栖生物、海水发光、海水导电率、声速传播、稀有元素、海底底质等。

把海洋调查工作考虑为一个完整的系统，则该系统包含被测对象、传感器、平台、施测方法和数据信息处理五个主要方面。

1. 被测对象

海洋调查中的被测对象是指各种海洋学过程以及决定于它们的各种特征量的场，被测对象可分为基本稳定、缓慢变化、变化、迅速变化、瞬间变化五类。

2. 传感器

传感器是指能获取各海洋数据信息的仪器设备和装置，大体可分为点式、线式和面式三种。

3. 平台

平台是观测仪器的载体和支撑，也是海洋调查工作的基础，在海洋调查系统中平台是一个重要的环节，一般分为固定式和活动式两类。

4. 施测方法

对于一定的被测对象，以所掌握的传感器和平台来选定合理的施测方式，是海洋调查工作关键的一步，施测方法一般有随机方法、定点方法、走航方法和轨道扫描方法四种。

5. 数据信息处理

随着海洋技术的发展，海洋数据和信息的数量、种类的猛增，如何科学地处理这些数据和信息已成为一个重要课题。数据信息处理技术的发展，反过来也促进了传感器和施测方式的改进。数据信息处理技术大致可分为初级数据处理、进一步的数据处理、初级信息的处理和进一步的信息处理四种。

8.2 海水温度测量

海水的温度是海洋物理性质中最基本的要素之一，是反映海水热状况的一个物理量。很多海洋现象乃至地球现象都与海水温度有关。研究海水温度的时空分布及变化规律，不仅是海洋学的重要内容，而且对气象、航海、捕捞业和水声等学科也很重要。海水温度是海洋水文状况中最重要的因子之一，常作为研究水团性质、描述水团运动的基本指标。海洋水团的划分、海水不同层次的锋面结构、海流的性质判别等都离不开海水温度这一要素。水温的分布与变化又影响并制约其他水文气象要素的变化，如海水密度的大小与温度的高低有关，地球上水温分布不均匀，导致海水发生水平方向与垂直方向的运动。此外海雾、气温、风等也直接或间接地与水温有关。

海水温度是研究海洋的一个重要参数，它能直接反映全球气候变化和全球海洋整体特征分布。研究海水温度的分布变化规律对巩固国防、推动国民经济发展有着重要意义。例如，水面舰船的主机和冷动系统需要根据海水温度的高低来设计；滨海电厂的取水口、温排水口中的选择与水温的分布变化规律也有关系；水温分布变化能够制约生物的生长与活动状况；了解水温与海水养殖的关系是至关重要的；此外，海温分布对敷设海底电缆、温差发电、海气交换的研究等都具有重大的意义。

8.2.1 测量的基本要求

1. 海洋水温测量的准确度要求

海洋温度的单位，均采用摄氏温标（℃），由于温度对密度影响显著，而密度的微小变化都可导致海水大规模的运动，因此，在海洋学上，大洋温度的测量，特别是深层水温观测，要求达到很高的准确度：下层水温的准确度必须优于 0.05℃；在某些情况下，如研究温度变化很小的深层大洋时，甚至要求达到 0.01℃。对于大陆架和近岸浅水域，其温度的变化相对较大，用于测定表层水温的温度计，其准确度不一定要求这么高。在实际工作中，根据所测项目的要求，制定测温的准确度范围。一般来说，规定观测准确度的原则，除了根据海区具体情况外，首先必须从客观需要出发，并应尽量达到一种资料多种用途的效果。其次，规定观测准确度还应考虑到现有的技术条件的可能性。根据该原则，世界海洋学家有如下共识：

对于大洋，因其温度分布均匀，变化缓慢，观测准确度要求较高，一般温度应精确到一级，即 ±0.02℃。这个标准与国际标准接轨，有利于与国外交换资料，但对用遥感手段观测海温，或用 XCTD、XBT 等观测上层海水的跃层情况时，可适当放宽要求。

对于浅海，因海洋水文要素时空变化剧烈，梯度或变化率比大洋的要大上百倍乃至千倍，水温观测的准确度可以放宽。对于一般水文要素分布变化剧烈的海区，水温观测准确度为 ±0.1℃。对于那些有特殊要求，如水团界面和跃层的微细结构调查，以及海洋与大气小尺度能量交换的研究等，应根据各自的要求确定水温观测准确度。

2. 海水温度测量的标准层次

水温观测分表层水温观测和表层以下水温观测。对表层以下各层的水温观测，为了资料的统一使用，我国现在规定的标准观测层次如表 8-1 所示。

表 8-1　标准观测层次

水深范围（m）	标准观测水层	底层与相邻标准水层的距离（m）
<10	表层，5，底层	2
10~25	表层，5，10，15，20，底层	4
25~50	表层，5，10，15，20，25，30，底层	4
50~100	表层，5，10，15，20，25，30，50，75，底层	5
100~200	表层，5，10，15，20，25，30，50，75，100，125，150，底层	10
>200	表层，5，10，15，20，25，30，50，75，100，125，150，200，250，300，400，500，600，700，800，1000，1200，1500，2000，2500，3000（>3000m 每 1000m 加一层），底层	

其中，表层指海表面以下 1m 以内水层。底层的规定如下：水深不足 50m 时，底层为离底 2m 的水层；水深在 50~100m 范围内时，底层离底的距离为 5m；水深在 100~200m 范围内时，底层离底的距离为 10m；水深超过 200m 时，底层离底的距离，根据水深测量误差、海浪状况、船只漂移等情况和海底地形特征综合考虑。在保证仪器不触底的原则下尽量靠近海底，通常不小于 25m。另外，利用温深系统可以测量水温的铅直连续变化，但在正式资料汇编中，还必须给出标准层次的温度。

3. 海水温度测量的时次

沿岸台站只观测表面水温，观测时间一般在每日的 2，8，12，20 时进行。海上观测分表层和表层以下各层的水温观测，观测时间要求为：大面或断面站，船到站就观测一次；连续站每两小时观测一次。

8.2.2 水温的测定

测定海洋表层水温一般利用海水表面温度计、电测表面温度计及其他的测温仪器，其构造与普通水银温度计基本相同，不过装在特制的圆筒内，使得温度计提出水面时仍浸在水中，避免与外界空气接触而发生变化。另一种方法是用水桶提取海水，再用精密温度计测定水温。此外，在卫星上通常利用红外辐射温度计测量海水表面水温，在海洋浮标上一般装有自记测温仪器，从这些仪器上直接测得海水表层水温。深层水温的测定，主要采用常规的颠倒温度计、深度温度计、自容式温盐深自记仪器（如 STD、CTD）、电子温深仪（EBT）、投弃式温深仪（XBT）等，可以直接从这些仪器上测得铅直断面上各个水层的海水温度。

1. 液体和机械式温度计

液体温度计的代表是表面温度计和颠倒温度计。颠倒温度计是由英国的涅格罗齐（Negrotti）和赞布拉（Zambra）于 1876 年发明的，由于其测量准确度高、使用方便、性能比较稳定，到目前为止，仍然是深层水温观测的基本标准仪器，但颠倒温度计只能在停船时使用，且只能测定单层温度。机械式温度计的代表首推 1937 年发明的深度温度计。深度温度计（BT）是一种记录温度随深度变化的仪器，用于自动记录水深 200m（或 1000m）以内的水温变化情况。另一种深度温度计带有采水器，可同时在各指定的标准层采取水样，但观测准确度为 ±0.2℃。在各种高准确度的电子温度计问世以前，它一直被认为是能连续反映温度垂直变化的最廉价仪器，用它可以很精确地判别温跃层的深度和温度，现已被淘汰。

2. 电子温度计

液体和机械式温度计具有感温较慢、灵敏度不高、不能长期连续自记等缺点，因而近年来在深层水温观测中广泛采用电学式或电子式温度计。根据感温元件和传送信号的不同，这类温度计又可分为下列几种。

1）热电式温度计

热电式温度计其感应元件是热电偶。这类温度计将感应元件的一端连接电缆，直接感应海水温度，另一端保持恒温，测出热电动势的大小即可求得海水温度。此类温度计可在定点或走航时使用，测温深度一般在 100m 以内；测温准确度较低，约为 ±0.5℃。

2）电阻式温度计

根据导体电阻随温度而变化的规律来测量温度的温度计。最常用的电阻温度计都采用金属丝绕制成的感温元件。这类温度计在定点或走航时均可使用，测温准确度较高，约为 ±0.1℃，测温深度可达 500m，因此是目前国内外广泛采用的一种测温仪器。

3）电子式温度计

感温元件与电阻式温度计相同，仅是将感温元件作为阻容振荡电阻的调频元件。水温的变化转换为电阻的变化，再转换为频率的变化，将输出的频率信号加以放大记录，即可得海水温度。此类温度计在定点和走航时均可使用，其准确度较高，在定点测温时准确度可达±0.02℃，当航速为 16 节时测温准确度可达±0.1℃，因此也是目前国内外广泛使用的一种测温仪器。

4）晶体振荡式温度计

采用石英晶体作为感应元件。此类温度计准确度很高，可达±0.001℃，但此类温度计感温时间较长，不适于走航使用，专供定点观测及校正仪器使用。

3. 远距离海表温度辐射探测

近十几年来，根据红外谱区测得的辐射值，推算海表面温度技术已得到广泛应用。在上升流与湾流的中尺度涡旋研究中，其演变的时间尺度是几天或几个星期。这么短的时间尺度是船只调查难以完成的，只有飞机或卫星能够在短时间内进行大面积调查，并在短时间内进行重新测量。目前，已逐渐把海表面温度的变化看成是大范围气候变化的一种标志，可以用卫星提供的数据进行大洋气候业务预报。

在遥感中所应用的红外光谱区是所谓"窗口区"，即红外光谱受到吸收和散射较少，海面的辐射强度受到大气温度及湿度的影响相对较低。红外辐射计的工作原理是将海面发射的特定谱段里的辐射强度和接收器内黑体腔辐射强度进行对比而得。来自海面和黑体腔的辐射经过探测器的透镜前齿形调制片调制后，交替地进入探测器；当调制片挡住透镜时，其镀金表面就像镜子一样，把来自黑体腔的辐射反射到主探测器，调制结果产生一个交流信号，随后即进入放大器，从而确定辐射强度。在此基础上，通过一些反演方法可以反演海表温度。

4. 玻璃液体温度计

目前海洋台站和海上观测温度时使用的表面温度计和颠倒温度计都属于玻璃液体温度计，它是利用装在玻璃容器中的测温液体，随温度改变而引起体积的变化，以液柱位置的变化来测定温度的。

1）玻璃液体温度计的测温原理

玻璃液体温度计的感应部分是一充满液体的球部，与它相连的是一根一端封闭、粗细均匀的毛细管。设温度为 0℃ 时球部与管部的液体体积为 V_0，当温度改变到 t℃ 时，液体体积为 V_t，变化量为 ΔV，则有：

$$\Delta V = V_t - V_0 = V_0(1 + \alpha\Delta t) - V_0 = V_0\alpha\Delta t \qquad (8.1)$$

式中，α 为测温液的视膨胀系数，即测温液体膨胀与玻璃膨胀系数之差。

温度变化 Δt 引起测温液体体积的变化量为 ΔV，这时，体积为 ΔV 的测温液进入截面积为 S 的毛细管，使得毛细管内液柱的长度改变了 ΔL，即

$$\Delta L = \frac{\Delta V}{S} = \frac{V_0\alpha}{S}\Delta t \qquad (8.2)$$

式中，V_0，α，S 对温度计来说都已固定（α 近似常量），故液柱长度的改变量 ΔL 与温度的变化成正比。温度升高，毛细管中的液柱就伸长；反之，温度降低，液柱缩短。这就是玻璃液体温度计的测温原理。上式可改写为：

$$\frac{\Delta L}{\Delta t} = \frac{V_0\alpha}{S} \qquad (8.3)$$

式中, $\dfrac{\Delta L}{\Delta t}$ 表示温度每变化 1℃ 时, 液体的改变量, 称为温度计的灵敏度, 其值取决于 V_0, α, S 的值。温度计球部的容积越大, 温度计越灵敏。

2) 表面温度计测温

表面温度计用于测量表层水温, 其测量范围为 -6~40℃, 分度值为 0.2℃, 准确度为 0.1℃。

使用表面温度计测温, 可在台站或在船上进行。观测时, 既可以把温度计直接放入水中进行, 也可以用水桶取水进行。前者用于风浪较小的条件下, 后者用于风浪较大时。

用表面温度计测温或读数时应注意:

(1) 感温或取水应避开船只排水的影响, 读数时应避免阳光的直接照射;

(2) 冬天取水时不应取冰块或使雪落入桶中, 观测完毕应将水桶倒置;

(3) 表面温度计应每年检定一次。

3) 颠倒温度计测温

颠倒温度计是水温测量的主要仪器之一, 把装在颠倒采水器上的颠倒温度计, 沉放到预定的各水层中, 在一次观测中, 可同时取各水层的温度值。颠倒温度计在观测深水层水温时, 温度计需要颠倒过来, 此时表示现场水温的水银柱与原来的水银柱分离。若用一般温度计观测深层水温时, 当温度计取上来后, 温度就随之变化, 结果观测到的水温不是原定水层的水温。这就是颠倒水银温度计能观测深层温度的主要原因。

颠倒采水器由一个具有活门的采水桶构成, 在上下活门的两端装有平行杠杆, 通过连接杆将平行杆连接在一起, 使上下活门可以同时启闭, 通过仪器下端的固定夹杆和上端的释放器及穿索切口把颠倒采水器固定在直径不大于 5mm 的钢丝绳上。

当投下"使锤", 击中释放器的撞击开关, 于是挡钩张开, 仪器上端离开钢丝绳, 整个仪器以固定点为中心, 旋转 180°。这时, 通过连接杆使上下活门自动关闭。当连接杆移动过圆锥体的金属片之后, 上下活门自动关闭。

当仪器上端离开钢丝绳的同时, 使锤继续沿钢丝绳下落, 击中固定夹体上的小杠杆, 使锤在钢丝钩上的第二个击锤又沿着钢丝绳下落, 击中下一个采水器的撞击开关, 使一个采水器也自动颠倒、采水。附在采水器上的温度计架用插销固定在采水筒上, 温度计可以放在该架中, 通过调节螺丝固定。

颠倒温度计有闭端 (防压) 和开端 (受压) 两种, 均需配在颠倒采水器上使用。前者用于测量水温, 后者与前者配合使用, 确定仪器的沉放深度。闭端颠倒温度计是将两支温度计——主要温度计 (主温) 和辅助温度计 (辅温) 一同装在一个厚壁玻璃套内。主温用于测量水温, 辅温用于测量玻璃套管内的温度以进行还原订正。主温和辅温互相倒置, 用两金属箍固定在一起, 并用软木塞及镶在金属箍上的弹簧片固定在厚玻璃壁套管内。

颠倒采水器和颠倒温度计是采水样和观测水温的重要仪器。应用颠倒采水器并装上颠倒温度计可以分层进行测温和采水; 若同时将数个颠倒采水器沉放到预定的各水层中, 在一次观测中可同时取到各水层的水温值和水样。

利用颠倒温度计测标准层水温时, 温度计读数须作器差订正, 订正时先根据主、辅温度计的第二次读数，从温度计检定书中分别查得相应的订正值，再计算开端和闭端颠倒温度计的辅温、主温。颠倒温度计读数经器差订正后还须作还原订正，过程如下：

（1）闭端颠倒温度计还原订正值 K 的计算公式为：

$$K = \frac{(T - t)(T + V_0)}{n}\left[1 + \frac{T + V_0}{n}\right] \tag{8.4}$$

式中，T 为经器差订正后的主温表读数；t 为经器差订正后的辅温表读数；V_0 为闭端颠倒温度计的主温表自接受泡至刻度 0℃ 处的水银容积，以温度度数表示，V_0 值可从检定书中查得；$1/n$ 为水银与温度计玻璃的相对膨胀系数，通常 $n = 6300$ 或 6100；K 为主温表测得的水温受到气温的影响发生的微小变化的物理量，其正负与 $T-t$ 的正负一致。闭端颠倒温度计的主温读数经器差订正和还原订正后，即得实测水温。

（2）开端颠倒温度计还原订正值 K' 的计算公式为：

$$K' = \frac{(T_w - t')(T' + V_0')}{n}\left[1 + \frac{T_w - t}{2n}\right] \tag{8.5}$$

式中，T_w 为闭端颠倒温度计经器差订正和还原订正后的主温表读数（即当场水温）；t' 为开端颠倒温度计的辅温表经器差订正后的读数；T' 为开端颠倒温度计的主温经器差订正后的读数；V_0' 为开端颠倒温度计的主温表自接受泡至刻度 0℃ 处的水银容积，以温度度数表示；K' 值正负与 $T_w - t'$ 的正负一致。开端颠掉温度计经器差和还原订正后的主温表读数即为最终读数 $T_u = T' + K'$。

（3）确定观测水温时，若某观测层两支颠倒温度计实测水温的差小于 0.06℃ 时，取两支温度计实测水温的平均值作为该层的水温；当两支颠倒温度计实测水温的差值大于 0.06℃ 时，可根据相邻的水温或前后两次观测的水温（连续观测时）的比较，取两者中合理的一个温度值计入，并加括号。若无法判断时，可将两个水温值都计入记录表的 T_w 栏内。

（4）确定温度计测温的实际深度时，对于 100m 以浅的水层（含 100m），当钢丝绳倾角在 10° 时，须作钢丝绳的倾角订正，求得温度计测温的实际深度。深度大于 100m 的水层，闭端颠倒温度计测得的温度值，仅是当场水温，而开端颠倒温度计测得的温度值，既起当场水温的作用，又受当场压力（即水深）的影响，因而 $T_u \neq T_w$，或者说 $\Delta T = T_u - T_w$，则 ΔT 与当场压力有关，压力越大，ΔT 越大。

在实际应用时，确定采水器的沉放深度是以预定深度 L 为纵坐标，预定深度与计算深度之差 $L - H$ 为横坐标，通过原绘制沉放深度的订正曲线，然后将其绳长 L 减去由沉放深度订正曲线查得的订正值 d，即得采水器的沉放深度。

5. 温深仪

利用温深仪可以测量水温的铅直连续变化。常用的仪器有温盐深自记仪、电子温深仪和投弃式温深仪等。利用温深仪测水温时，每天至少应选择一个比较均匀的水层与颠倒温度计的测量结果对比一次，如发现温深系统的测量结果达不到所要求的准确度，应调整仪器零点或更换仪器探头，对比结果应记入观测值班日志。

1）电子式温盐深自记仪（CTD）

CTD 自 1974 年问世后很快被用于海洋调查中，在多国联合进行的 "JSN"，

"GEOSECS", "GATE", "TOGA", "WOCE" 等大规模调查中得到广泛应用。近年来在我国海洋调查中也日益广泛使用 CTD, 如图 8.1 所示。CTD 和其他一些高准确度、快速取样仪器以及卫星观测手段的应用, 使得海洋调查和海洋学研究进入了一个全新的阶段, 并推动了海洋中、小尺度过程和海洋微细结构的研究。

图 8.1 温盐深自记仪 (CTD)

与其他同类观测仪器相比, CTD 具有零漂小、长期稳定性好、噪声低等优点, 所得资料具有极高的准确度和分辨率。

CTD 投放的规则:

(1) 要保证仪器安全, 务必不要使仪器探头碰到船舷或触底, 释放仪器要在背风舷, 避免仪器压入船底。探头应放在阴凉处, 切忌曝晒。

(2) 根据现场水深确定探头的下放深度。温盐深仪探头下放速度一般应控制在 50～100cm/s 范围内, 在浅海或上温跃层下放速度选在 50～100cm/s; 在深海季节层以下下降速度可稍快, 但也以不超过 150cm/s 为宜, 并且一次观测中尽量保持不变。若船只摇摆剧烈, 应选择较大的下放速度, 以免观测资料中出现较多的深度 (或压强) 递压现象。

(3) 若探头过热或海-气温差较大, 观测前应将探头放入水中停留数分钟进行预热 (冷)。观测时, 先将探头下放到水面, 然后再下放观测, 观测前应记下探头在水面时的深度 (压强) 测量值。自容式温盐深仪应根据取样间隔确认在水面已记录了至少一组数据后方可下降开始观测。

(4) 探头下放时获取的数据为正式测量值, 探头上升时获取的数据为水温数据处理时的参考值。观测期间应记录仪器的型号、编号, 测站的站号、站位和水深, 观测日期, 开始时间 (探头入水开始下放时间), 结束时间 (探头到达底层的时间) 和观测深度, 数据取样间隔, 探头下放速度, 探头上升速度 (当获取上升数据时) 和探头出水时间 (当获取上升数据时) 以及船只漂移情况等。

2）投弃式深温计（XBT）

XBT 是一种常用的测量温度-深度的仪器，它由探头、信号传输线和接收系统组成。如图 8.2 所示。探头通过发射架投放，探头感应的温度通过导线输入接收系统并根据仪器的下沉时间得到深度值。利用 XBT 进行温深观测时，在船舶航行时使用的 XBT，称船用投弃式深温计（SXBT）；利用飞机投弃的 XBT，称航空投弃式深温计（AXBT）。XBT 易投放，并能快速地获得温深资料，因而有广泛的应用。

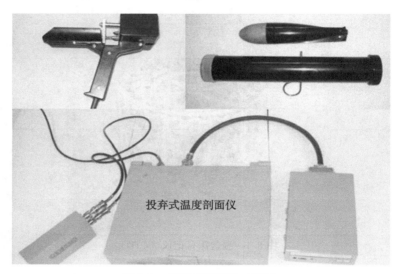

图 8.2　投弃式深温计（XBT）

XBT 用于测量海水剖面温度，可快速获取大面积海区剖面温度分布的准同步资料，它的主要优点是成本低，可以接装在各种船只上，在一定航速和海洋条件下投掷。

此外，常见的温深系统还有测温链，其基本组成是类似几组 CTD 探头通过电缆联系在一起，由一个控制单元控制并记录观测数据，在使用中可由调查船投放或锚定定点长期测量。

6. 遥感测温

液体测温和 CTD 系统测温都是探头直接与海水接触感温的，这要受到天气和经济能力等各种因素制约，不能同时进行多点同步观测，在分析温度大面分布特征时，会产生不可避免的误差，甚至得出与实际完全相反的结论。然而，用飞机或卫星遥感测温可以迅速同步地获得大面积温度信息，因此，遥感测温受到愈来愈多的重视。但是，遥感测温也有许多固有的局限性。

1）薄层温差的存在

在海表附近的空气和水中，都存在着分子运动起主导作用的薄边界层。由于这个原因，绝大部分海表与水体内部之间温差出现在一海水薄层里（其量级约为 1mm）。因此，遥感测得的海表温度与常规方法在 0.2~2m 深处测得的"表层温度"有很大差异。

2）大气温、湿度和油膜的影响

热带气团湿度很高，这使信号受到极大衰减，并且降低了海表温度对比度，热带气团对卫星观测影响最为严重。此外，油膜浓度可能引起明显的表面温度起伏。

8.3 海水盐度测量

几十亿年来，来自陆地的大量化学物质溶解并贮存于海洋中，如果全部海水都蒸发干，剩余的盐将会覆盖整个地球达 70m 厚。根据测定，海水中含量最多的化学物质有 11 种：钠、镁、钙、钾、锶等五种阳离子；氯、硫酸根、碳酸氢根（包括碳酸根）、溴和氟等五种阴离子和硼酸分子。其中，排在前三位的是钠、氯和镁。为了表示海水中化学物质的多寡，通常用海水盐度来表示。海水的盐度是海水含盐量的定量量度，是海水最重要的理化特性之一。盐度的分布变化是影响和制约其他水文、化学、生物等要素分布和变化的重要因素，海水盐度的测量是海洋观测的重要内容之一。

8.3.1 盐度的定义

绝对盐度是指海水中溶解物质质量与海水质量的比值。因绝对盐度不能直接测量，所以随着盐度测定方法的变化和改进，在实际应用中引入了相应的盐度定义。

1. 克纽森盐度公式

20 世纪初前后，丹麦海洋学家克纽森（Knudsen）等建立了海水氯度和海水盐度定义。当时的海水盐度定义，是指在 1kg 海水中，当碳酸盐全部变为氧化物，溴和碘全部被当量的氯置换，且所有的碳酸盐全部氧化之后所含无机盐的克数，以符号"$S‰$"表示。

其测量方法是取一定的海水样品，加盐酸酸化后，再加氯水，蒸干后继续增温，在 480℃ 的条件下干燥 48 小时后，称量剩余的固体物质的质量。用上述称量方法测量海水盐度，操作十分复杂，测一个样品要花费几天的时间，不适用海洋调查。因此，在实践中都是测定海水的氯度（Cl‰），根据海水的组成恒定性规律，来间接计算盐度。氯度与盐度的关系式（克纽森盐度公式）如下：

$$S‰ = 0.030 + 1.8050 \times Cl‰ \tag{8.6}$$

克纽森盐度公式使用时，用统一的硝酸银滴定法和海洋常用表，在实际工作中显示了极大的优越性，一直使用了 70 年之久。但是，在长期使用中也发现，克纽森盐度公式只是一种近似的关系，而且代表性较差，现场测量也不方便，不能满足现代海洋调查和测量的要求，于是人们寻求更精确更快速的方法。

2. 1969 年电导盐度定义

1966 年海洋学常用表和标准专家联合小组（JPOTS）基于海水导电这一物理特性，又根据一些海洋工作者的测定与研究结果，在氯度定义的基础上，重新定义了海水的盐度，并于 1969 年开始使用此定义。该定义根据海水电导与盐度为 35‰ 标准海水的电导比值 R_{15}（在 15℃ 时），以下列关系式作为 1969 年电导盐度定义：

$$S‰ = 1.80655Cl‰ \tag{8.7}$$

$$S‰ = -0.08996 + 28.29720R_{15} + 12.80832R_{15}^2 - 10.67869R_{15}^3 + 5.98624R_{15}^4 - 1.32311R_{15}^5 \tag{8.8}$$

电导测盐的方法准确度高，速度快，操作简便，适于海上现场观测。但在实际运用中，仍存在着一些问题。首先，缺乏严格的 35‰ 盐度标准。1969 年电导盐度定义实际上是以哥本哈根标准海水的氯度盐度作为相对标准的，但实际研究已经表明哥本哈根的标准氯度盐度不能为电导盐度提供可靠的 35‰ 的盐度标准，其误差可能超过电导测盐仪器本身的误差。其次，1969 年电导盐度定义是利用世界各地自然海水样品氯度与相对电导率资料求得的大洋海水的一种平均关系，因此，按此定义只能确定具有大洋海水平均离子组成的海水样品电导盐度，当待测海水样品离子组成与大洋海水平均离子组成有明显差异时，根据此定义确定的电导盐度及其计算密度的结果将产生不可忽视的偏差。最后，1969 年电导盐度定义的适用温度范围为 10~31℃，当测得的现场实际温度超过此范围时，计算的结果就会产生偏差。为了克服上述问题，进而建立了 1978 年的实用盐标（psu78）。

3. 1978 年实用盐标（psu）

国际海洋学常用表和规范联合小组（JPOTSGF）1977 年 5 月在美国伍兹霍尔海洋研究所和 1978 年 9 月在法国巴黎召开会议，通过并推荐了 1978 年实用盐标（Practical Salinity Units，psu）。

实用盐标依然是用电导方法测定海水的盐度。与 1969 年电导盐度定义的不同之处是，它克服了海水盐度标准受海水成分变化的影响问题，在实用盐标中采用了高纯度的 KCl，用标准的称量法制备成一定浓度（32.4357‰）的溶液，作为盐度的准确参考标准，而与海水样品的氯度无关，并且定义了盐度：在一个标准大气压下，15℃ 的环境温度中，海水样品与标准 KCl 溶液的电导比：

$$K_{15} = \frac{C(35,\ 15,\ 0)}{C(32.4357,\ 15,\ 0)} = 1 \tag{8.9}$$

式中，C 表示电导值。

该样品的实用盐度值精确地等于 35。若 $K_{15} \neq 1$，则实用盐度的表达式为：

$$S = \sum_{i=0}^{s} a_i K_{15}^{i/2} \tag{8.10}$$

式中，$a_0 = 0.0080$，$a_1 = -0.1692$，$a_2 = 25.3851$，$a_3 = 14.0941$，$a_4 = -7.0261$，$a_5 = 2.7081$，$\sum_{i=0}^{5} a_i = 35$，当 $2 \leq S \leq 42$ 有效。S 为实用盐度符号，是无量纲的量，如海水的盐度值为 35‰，实用盐度记为 35。式（8.10）中 K_{15} 可用 R_{15} 代替。R_{15} 是在大气压力下，温度为 15℃ 时，海水样品与实用盐度为 35‰ 的标准海水的电导比。

对于任意温度下海水样品的电导比的盐度表达式为：

$$S = \sum_{i=0}^{5} a_i K_T^{i/2} + \frac{T-15}{1+K(T-15)} \sum_{i=0}^{5} b_i R_T^{i/2} \tag{8.11}$$

式中第二项为温度修正项，系数 a_i 与公式（8.10）中的相同，系数 b_i 分别为：$b_0 = 0.0005$，$b_1 = -0.0056$，$b_2 = -0.0066$，$b_3 = -0.0375$，$b_4 = 0.0636$，$b_5 = -0.0144$，$\sum_{i=0}^{5} b_i = 0$，$K = 0.0162$，$-2℃ \leq T \leq 35℃$。

8.3.2 盐度的测定

1. 观测时间、标准层次及准确度要求

盐度与水温同时观测。大面或断面测站，船到站观测一次，连续测站，一般每 2 小时观测一次。根据需要，有时每小时观测一次。盐度测量的标准层次及其他有关规定与温度相同。

根据不同观测任务，提出对测盐度准确度的要求，通常将海上水文观测中盐度准确度分为三级标准（表 8-2）：

表 8-2　测量范围、准确度、分辨率

准确度等级	准确度	分辨率
1	±0.02	0.005
2	±0.05	0.01
3	±0.2	0.05

2. 盐度的测量方法

盐度的测定有化学方法和物理方法两大类。化学方法又简称硝酸银滴定法，是克纽森等在 1901 年提出的。其原理是，在离子比例恒定的前提下，采用硝酸银溶液滴定，通过麦克伽莱表查出氯度，然后根据氯度和盐度的线性关系，来确定水样盐度。物理方法主要分为比重法、折射率法、电导法三种，盐度测量的其他方法还有声学法、卫星遥感法。

（1）比重法测量是海洋学中广泛采用的比重定义，指一个大气压下，单位体积海水的重量与同温度同体积蒸馏水的重量之比。其理论依据是国际海水状态方程，当测得海水的密度、温度和深度时，由于海水比重和海水密度密切相关，而海水密度又取决于温度和盐度，因而可以反算出海水盐度。主要仪器有比重计，其实质是：由比重求密度，再根据密度、温度推求盐度。

（2）折射率法是通过测量水质的折射率来确定盐度，即利用光的折射原理测定海水盐度。不同盐度和不同温度的海水折射率是不同的。目前使用的仪器有通用的阿贝折射仪、多棱镜差式折射仪、现场折射仪等，虽然利用此种仪器可以测定盐度，但是精度折合成盐度最高也仅为 0.001，不能满足现代海洋资料精度的要求，且精度很难有所突破。

（3）电导法是利用不同盐度的海水具有不同导电特性来确定海水盐度的。1978 年的实用盐标解除了氯度和盐度的关系，直接建立了盐度和电导率比的关系。由于海水电导率是盐度、温度和压力的函数，因此，通过电导法测量盐度必须对温度和压力对电导率的影响进行补偿。这里仪器有感应式盐度计和电极式盐度计两种，最先利用电导测盐度的仪器是电极式盐度计，目前广泛使用的 STD、CTD 等剖面仪大多数是电极式盐度计。

（4）声学法是根据声速与盐度、温度和压力的关系，利用声速仪测得声速、温度和深度来反算盐度。由于是通过声速反算盐度，故所得盐度的精度不是很高。

（5）卫星遥感法。微波辐射计是一种有效测定海水盐度的传感器，利用星载微波辐射计针对海洋盐度进行遥感测量是非常有前景的实现全球海洋盐度监测的方法。微波辐射计遥感测量海水盐度的原理是：海洋盐度变化会改变海水的介电常数，进而使海面辐射的微波亮度温度（简称亮温）发生变化，利用微波辐射计测量海水的亮度温度，通过反演就可以从测量的微波亮度温度中得到海水的盐度。

8.4　海水密度测定

8.4.1　密度的定义

海水的密度是海水的基本物理要素之一，是指单位体积海水所包含的质量，单位是 kg/m^3，符号为 ρ。海水密度是海水温度、盐度和压力的函数，通常表示为 $\rho(S, t, p)$，用以表示在盐度 S、温度 t（℃）和压强 p（MPa）时的海水密度，又称现场密度。在海洋学中常把大气压当作零（即 $p = 0$）的海水密度以 ρ_0 表示，它只是盐度和温度的函数。

8.4.2　密度的特点

海水的密度与温度、盐度和压力的关系比较复杂。一切影响温度和盐度的因子都会影响到海水的密度。海水的密度随地理位置、海洋深度呈复杂的分布，并随时间而变化。海水的密度与温度和盐度也存在着必然的联系。一般来说，海水因温度升高体积膨胀，并随温度升高而密度减小，热膨胀系数为正值，所以海水密度随温度升高而减小；但当温度低于某一数值时，热膨胀系数为负值，这时海水密度随温度升高而增大。这一温度便是海水最大密度时的温度，这时的密度称为条件密度。海水密度与盐度的关系是近似线性关系，当盐度增加时，海水密度增大。海水密度随压力的增加而增大。对于表面海水的密度，一般可以直接而准确地测定，但对表层以下的海水由于条件的变化密度也随之变化，故不能直接准确地测定，需要采用计算当场密度的方法。当场密度是指现场温度、盐度和压力的海水密度。

在大洋上层，特别是表层，海水密度主要取决于海水的温度和盐度分布情况。由于太阳辐射和蒸发的作用，海水密度在大洋中的分布情况，从总体来看，在赤道地区，由于海水的温度很高，盐度很低，因而表面海水的密度很小；由赤道向两极，密度逐渐增大。表层海水密度的水平分布情况，受海流的影响较大，有海流的地方，密度的水平差异比较大。海水的密度一般为 $1.02 \sim 1.07 g/cm^3$。

在垂直方向上，平均而言，温度对密度的影响要比盐度大，因而，密度随深度的变化主要取决于温度。海水温度随着深度增加不均匀地递降，因而海水的密度随深度的增加而不均匀地增大，即密度向下递增。在海洋的上层，密度垂直梯度较大，约从 1500m 开始，密度的垂直梯度便很小，在深层，密度几乎不随深度而变化。

密度随时间的变化主要是表面海水密度的日变化，另外还有年变化。如前所述，海水的密度与温度和盐度及压力有关，在海面，密度的分布和变化仅取决于温度和盐度。在盐度变化较小的海区，海水的密度主要取决于温度状况。

8.4.3 密度的测定

海洋表层密度的测定可以通过 Knudsen（1902 年）密度模型测定盐度 S 获得：

$$\rho = -0.093 + 0.8149S - 0.000482S^2 + 0.0000068S^3 \tag{8.12}$$

海洋表层以下的海水密度一般采用数值计算的方法，利用实测的盐度 S、温度 t（℃）和压力 p（MPa）求得。F. J. Millero 等人于 1980 年提出了一个与 1978 年实用盐标相一致的海水状态方程，反映海水密度与温度、实用盐度和压强的关系，用于计算海水密度：

$$\rho(S,\ t,\ p) = \frac{\rho(S,\ t,\ 0)}{1 - 10p/K(S,\ t,\ p)} \tag{8.13}$$

式中，$\rho(S,\ t,\ 0)$ 为一个标准大气压下的海水密度，温度范围为 $-2\sim40$℃，盐度范围在 $0\sim42$，ρ_0 为标准平均大洋海水密度，则实用海洋表层以下密度为：

$$\rho(S,\ t,\ 0) = \rho_0 + AS + BS^{3/2} + CS^2 \tag{8.14}$$

$\rho_0 = 999.842594 + 6.793952 \times 10^{-2}t - 9.095290 \times 10^{-3}t^2 + 1.001685 \times 10^{-4}t^3 - 1.120083 \times 10^{-6}t^4 + 6.536332 \times 10^{-9}t^5$

$A = 8.24493 \times 10^{-1} - 4.0899 \times 10^{-3}t + 7.6438 \times 10^{-5}t^2 - 8.2467 \times 10^{-7}t^3 + 5.3875 \times 10^{-9}t^4$

$B = -5.72466 \times 10^{-3} + 1.0227 \times 10^{-4}t - 1.6546 \times 10^{-6}t^2$

$C = 4.8314 \times 10^{-4}$

$K(S,\ t,\ p) = K(S,\ t,\ 0) + A_1p + B_1p^2$

$K(S,\ t,\ 0) = K_w + aS + bS^{3/2} \qquad A_1 = A_w + cS + dS^{3/2} \qquad B_1 = B_w + eS$

$A_w = 3.239908 + 1.43713 \times 10^{-3}t + 1.16092 \times 10^{-4}t^2 - 5.77905 \times 10^{-7}t^3$

$B_w = 8.50935 \times 10^{-5} - 6.12293 \times 10^{-6}t + 5.2787 \times 10^{-8}t^2$

$K_w = 19652.21 + 148.4206t - 2.327105t^2 + 1.360477 \times 10^{-2}t^3 - 5.155288 \times 10^{-5}t^4$

$a = 54.6746 - 0.603459t + 1.09987 \times 10^{-2}t^2 - 6.1670 \times 10^{-5}t^3$

$b = 7.944 \times 10^{-2} + 1.6483 \times 10^{-2}t - 5.3009 \times 10^{-4}t^2$

$c = 2.2838 \times 10^{-3} - 1.0981 \times 10^{-5}t - 1.6078 \times 10^{-6}t^2$

$d = 1.91075 \times 10^{-4}$

$e = -9.9348 \times 10^{-7} + 2.0816 \times 10^{-8}t + 9.1697 \times 10^{-10}t^2$

上述各式中 S 表示盐度，密度 ρ 的单位为 kg/m³，温度 t 的单位为℃，压强 p 的单位为 MPa。公式适用范围：盐度 $0\sim42$，温度 $-2\sim40$℃，压强 $0\sim100$MPa。

8.5 海洋波动及海流观测

8.5.1 海洋中的波动及其特点

海洋由于受到众多力（如表面张力、风、地震、天体引力等）的影响，使得海洋存在许多波动，这些波动按照其形式、尺度、性质不同分为许多类型，海洋中的波动是海水的重要运动形式之一。各种波动就其时间尺度来说，周期可从零点几秒到几天、几个月甚至几年；从水平尺度来说，波长可从几毫米到几千千米。

波动可根据其不同的性质以及特点进行分类。如按相对水深（水深与波长之比）分为深水波（短波）和浅水波（长波）；按波形的传播分为行波与驻波；按波动发生的位置分为表面波、内波和边缘波；按成因分为风浪、涌浪、地震波、潮波等。

海洋内波是在密度（稳定）层结海洋中或密度不连续的分界面出现的一种波动。前者内波具有横波的性质，水质点运动方向与波向方向垂直；后者内波具有界面波的性质，波向主要集中在界面（密度跃层）附近，内部的频率介于惯性频率和 Brunt-Vaisala 频率之间。

海面上最常见的波动是风浪和涌浪，合称为海浪。风浪亦称风成波，在风力的直接作用下，海面或湖泊产生的波动，属于强制波。涌浪则指的是海面上由其他海区传来的或者当地风力迅速减小、平息，或者风向改变后海面上遗留下来的波动。在海洋中风浪和涌浪会单独存在，也往往同时存在，其传播方向往往不同。风浪的特征是波面比较杂乱粗糙，波形比较尖陡，波向基本与风向相同，风浪的盛衰取决于风要素的大小。涌浪属于自由波，涌浪的特点是波面圆滑，波形对称，波陡小，其波峰线比风浪长，波向明显。涌浪的大小取决于风区内的风浪大小和向外传播的距离，涌浪的周期随传播距离增大，而波高随之减小。

8.5.2　海浪观测

海浪观测的主要对象是风浪和涌浪。

由当地风引起且直到观测时仍处于风力作用下的海面波浪称为风浪。它的成长决定于风速、风区和风时。风区，指速度、方向基本恒定的风，在一定时间内所历经的海区长度。风时，指速度、方向基本不变的风所吹的时间。风浪的外形比较杂乱粗糙，有时伴有浪花和泡沫，而且传播的方向大多和风向一致（当然在近海岸由于地形等因素的影响，浪向和风向之间可能相差较大）。

风浪离开风的作用区域后，在风力甚小或无风力水域中依靠惯性维持的波浪统称为涌浪。它的外形比较规则，波面比较光滑，周期大于原来风浪的周期，且随传播距离增加而逐渐增大。此外，在风作用下的水域内，由于风力显著降低使原来产生的风浪处于消衰状态也可形成涌。在海洋上也经常遇到不同来源的波系叠加的现象，形成所谓的混合浪。

海浪观测既要在岸边台站上进行，也要在海上（或船上）实施。岸边台站的海浪观测是为了取得沿岸地带（包括港湾）较有代表性的海浪资料。为此，观测地点应面向开阔海面，避免岛屿、暗礁和沙洲等障碍物的影响。安设浮标处水深，应不小于该海区常风浪的波长的一半，而且海底尽量平坦并避开潮流过急地区。海上（或船上）的海浪观测所获得的离岸较远的开阔海域的海浪资料，可用于理论研究、风浪预报、船舶航行及捕捞等。

海浪观测的主要内容是风浪和涌浪的波面时空分布及其外貌特征。观测项目包括海面状况、波形、波向、周期和波高，并利用上述观测值计算波长、波速、1/10 和 1/3 大波的波高和波级。

海浪观测有目测和仪测两种。目测要求观测员具有正确估计波浪尺寸和判断海浪外貌特征的能力。仪测目前可测波高、波向和周期，其他要素仍用目测。波高的单位为米（m），周期的单位为秒（s），观测数据取至一位小数。

海浪观测的时间为：海上连续测站，每 3 小时观测一次（目测只在白天进行，仪测每次记录的时间为 10~20 分钟，使记录的单波个数不得少于 100 个），观测时间为 02，05，08，11，14，17，20，23 时；大面（或断面）的测站，船到站即观测。海滨测站的自记仪观测时间与连续观测的要求相同，目测（包括仪器目测）的时间为 08，11，14，17 时。观测海浪时，还应同时观测风速、风向和水深。

1. 海浪的基本要素

海浪的波面可用简谐波公式表示为：

$$\zeta = a\cos(kx - \omega t) \tag{8.15}$$

式中，幅角为 $(kx - \omega t)$，k 为波数，ω 为圆频率（$\omega = 2\pi f$，f 为频率），a 为振幅，两个相邻的波峰（或波谷）之间的水平距离称为波长（$\lambda = 2\pi/k$）；两个相邻波峰（或波谷）相继越过一固定点所经历的时间称为周期；波面离开水面的最大铅直距离称为振幅 a；振幅 a 的 2 倍称为波高 H，即波峰到相邻波谷的铅直距离；波峰或波谷在单位时间内的水平位移，称为波速 c（$= \lambda/T$）。以上统称为波浪要素。

波陡：$\delta = H/\lambda$，为波高（H）和波长（λ）之比，表示波形陡峭的程度。

波龄：$\beta = c/v$，为波速与风速之比，表示波浪发展的程度。观测表明，在风速一定的情况下，波浪发生初期，波速较小，而随着波浪的成长，波速逐渐增大。

从海浪的连续记录中量出波高后，取所有波高的平均值为平均波高，以 $\overline{H}$ 表示。在海上固定点连续观测到一系列的波高或周期，依大小的次序排列并加以统计整理，它们遵从一定的分布规律。我们将总个数的 $1/p$ 个大波波高的平均值称为 $1/p$ 部分大波的平均波高，简称 $1/p$ 部分大波波高，记为 $H_{1/p}$。常用的 1/10 和 1/3 部分大波波高，分别记为 $H_{1/10}$ 和 $H_{1/3}$，$H_{1/3}$ 又称为有效波高。

一个波的波长 L 和波速 c 与周期 T 的关系式如下：

$$L = \frac{gT^2}{2\pi}\text{th}\frac{2\pi d}{L} \tag{8.16}$$

$$c = \frac{gT}{2\pi}\text{th}\frac{2\pi d}{L} \tag{8.17}$$

式中，d 为水深，g 为重力加速度。

波向：波浪传来的方向，称为波向。

波峰线：在空间的波系中，垂直于波向的波峰连线叫波峰线。

2. 海浪的观测方法

海浪观测虽然很早就被人们注意了，但观测仪器和方法都很不完善。近几十年来，由于海洋开发和利用的进展速度加快，各有关部门对海上波浪观测资料的需求日益增加，这就大大促进了波浪观测方法的研究和观测仪器的研制。到目前为止，各国已研制和采用了各式各样的测波仪器和测波方法。按其传感器安装的位置来分，可分为水面以上的测波仪、水面附近的测波仪和水面以下的测波仪；按其测量范围来分，可分为单点式、多点式、面式测波仪等。

　　水面以上的测波仪和测波方法，是指一切可以从水面以上测量的仪器和方法。这类测波法有航空测波法、立体摄影法、雷达测波法等。水面附近的测波仪和测波法，是把传感器安装在水面上测波以及操作这些测波仪器的方法。这类测波仪有测波杆、光学式测波仪、重力式测波仪等。水面以下的测波仪和测波法，是指测波的传感器安装在水面以下进行测波的方法。这类测波仪器有水压式测波仪、声学式测波仪等。

　　1）目测海浪

　　目测海浪时，观测员应站在船只迎风面，以离船身 30m（或船长之半）以外的海面作为观测区域（同时还应环视广阔海面）来估计波浪尺寸和判断海浪外貌特征。

　　（1）海面状况观测

　　海面状况（简称海况）是指在风力作用下的海面外貌特征。根据波峰的形状、峰顶的破碎程度和浪花出现的多少，可将海况分为 10 级，如表 8-3 所示。

表 8-3　　　　　　　　　　　　　　海况登记表

海况等级	海 面 特 征
0	海面光滑如镜，或仅有涌浪存在
1	波纹或涌浪和小波纹同时存在
2	波浪很小，波峰开始破裂，浪花不显白色而仅呈玻璃色
3	波浪不大，但很触目，波峰破裂；其中，有些地方形成白色浪花——俗称白浪
4	波浪具有明显的形状，到处形成白浪
5	出现高大波峰，浪花占了波峰上很大面积，风开始削去波峰上的浪花
6	波峰上被风削去的浪花，开始沿着波浪斜面伸长成带状，波峰出现风暴波的长波形状
7	风削去的浪花布满了波浪斜面，有些地方到达波谷，波峰上布满了浪花层
8	稠密的浪花布满了波浪的斜面，海面变成白色，只有波谷某些地方没有浪花
9	整个海面布满了稠密的浪花层，空气中充满了水滴和飞沫，能见度显著降低

　　（2）波型观测

　　风浪的波型极不规则，背风面较陡，迎风面较平缓，波峰较大，波峰线较短；4~5 级风时，波峰翻倒破碎，出现"白浪"，波向一般与平均风力一致，有时偏离平均风向 20°左右。涌浪波型较规则，波面圆滑，波峰线较长，波面平坦，无破碎现象。

　　波型为风浪时记 F，波型为涌浪时记 U。风浪和涌浪同时存在并分别具备原有的外貌特征时，波型分三种记法：

　　①当风浪波高和涌浪波高相差不多时记 FU。

　　②当风浪波高大于涌浪波高时记 F/U。

　　③当风浪波高小于涌浪波高时记 U/F。

　　（3）波向观测

测定波向时，观测员应站在船只较高的位置，用罗经的方位仪，使其瞄准线平行于离船较远的波峰线，转动90°后，使其对着波浪的来向，读取罗经刻度盘上的度数，即为波向。然后，根据十六方位与度数表将度数换算为方位（见表8-4），波向的测量误差不大于±5°。当海面无浪或波向不明时，波向记为C，风浪和涌浪同时存在时，波向应分别观测。

表8-4 十六方位与度数换算表

方位	度数	方位	度数
N	348.9°~11.3°	S	168.9°~191.3°
NNE	11.4°~33.8°	SSW	191.4°~213.8°
NE	33.9°~56.3°	SW	213.9°~236.3°
ENE	56.4°~78.8°	WSW	236.4°~258.8°
E	78.9°~101.3°	W	258.9°~281.3°
ESE	101.4°~123.8°	WNW	281.4°~303.8°
SE	123.9°~146.3°	NW	303.9°~326.3°
SSE	146.4°~168.8°	NNW	326.4°~348.8°

（4）周期观测

观测员手持秒表，注视随海面浮动的某一标志物（当波长大于船长时，应以船身为标志物）。当一个显著的波的波峰经过此物时，起动秒表；待相邻的波峰再经过此物时，关闭秒表，读取记录时间，即为这个波的周期。

观测员手持秒表，当波峰经过海面上的某标志物或固定点时，开始计时，测量11个波峰相继经过此物的时间（波长大于船长时，可根据船只随波浪的起伏进行测定）。如此测量三次，然后将三次测量的时间相加，并除以30，即得平均周期（$\overline{T}$）。两次测量的时间间隔不得超过1分钟。

根据观测所得的平均周期$\overline{T}$，计算100个波浪所需要的时段$t_0 = 100 \times \overline{T}$，然后，在时段$t_0$内，目测15个显著波（在观测的波系中，较大的、发展完好的波浪）的波高及其周期。取其中10个较大的波高的平均值，作为1/10部分大波波高$H_{1/10}$值，查波级表（见表8-5）得出波级。从15个波高记录中选取一个最大值作为最大波高H_m。

表8-5 波级表

波级	波高范围（m）		海浪名称
0	0	0	无浪
1	$H_{1/3} < 0.1$	$H_{1/10} < 0.1$	微浪

续表

波级	波高范围（m）		海浪名称
2	$0.1 \leqslant H_{1/3} < 0.5$	$0.1 \leqslant H_{1/10} < 0.5$	小浪
3	$0.5 \leqslant H_{1/3} < 1.25$	$0.5 \leqslant H_{1/10} < 1.5$	轻浪
4	$1.25 \leqslant H_{1/3} < 2.5$	$1.5 \leqslant H_{1/10} < 3.0$	中浪
5	$2.5 \leqslant H_{1/3} < 4$	$3.0 \leqslant H_{1/10} < 5.0$	大浪
6	$4 \leqslant H_{1/3} < 6$	$5.0 \leqslant H_{1/10} < 7.5$	巨浪
7	$6 \leqslant H_{1/3} < 9$	$7.5 \leqslant H_{1/10} < 11.5$	狂浪
8	$9 \leqslant H_{1/3} < 14$	$11.5 \leqslant H_{1/10} < 18$	狂涛
9	$H_{1/3} \geqslant 14$	$H_{1/10} \geqslant 18$	怒涛

（5）波长和波速

将观测到的周期代入式（8.16）和式（8.17）中，得出波长和波速。

2）测波仪器

（1）光学式测波仪

光学式测波仪主要测定波浪的波高、周期、波向和波长，并且还可以测量海面上物体的距离、浮冰的速度及方向。此种测波仪严格地说仍属目测的范畴，其观测的结果受到观测者主观作用的影响。

（2）测波杆

测波杆是最简单的测波装置。就其设计原理而言，可以有电阻式、电容式等各种不同类型。将一测波杆直立于水中，未受海水浸泡的导线电阻（或电容、电感、高频振荡的调频特性等）将随着海面的起伏而变化，然后通过特定记录仪器记录之。

（3）测波浮标

测波浮标由浮筒、锚链和海底固定物三部分组成。浮标是用其浮筒的储备浮力浮在水面，并用锚链系于海底固定物上，以保证其在固定点上随海面波浪运动，通过测波仪观测其跳动幅度，以达到测定波高和周期的目的。

（4）波浪骑士浮标

波浪骑士浮标是可靠的海浪观测仪器，广泛应用于海浪波高、波周期及波的方向谱测量，具有很高的波浪测量精度及较好的耐用性和稳定性，如图 8.3 所示。波浪骑士浮标可用于海浪的长时间、实时、定点观测。在卫星定标检验工作中，波浪骑士浮标是卫星高度计有效波高产品检验的主要手段之一。通常情况下它可以有效地记录高达 30m 的波浪。

（5）SZF2-1 型测波仪

SZF2-1 型波浪浮标是一种能自动、定点、定时（或连续）地对波浪要素进行测量的小型浮标自动测量系统，能测量海浪的波高、周期、波向。可单独使用，也可作为海岸基或平台基海洋环境自动监测系统的基本设备。

SZF2-1 型波浪浮标采用重力加速度原理进行波浪测量，当波浪浮标随波面变化作升

图 8.3 波浪骑士浮标

沉运动时，安装在浮标内的垂直加速度计输出一个反映波面升沉运动加速度的变化信号，对该信号做二次积分处理后，即可得到对应于波面升沉运动高度变化的电压信号，将该信号做模数转换和计算处理后可以得到波高的各种特征值及其对应的波周期。

（6）水压式测波仪

水压式测波仪直接采用高准确度高灵敏度压力传感器。当仪器固定于水下某一点时，压力传感器采样与安德拉水位计一样，测得海水压力，并假设海水密度和波压衰减规律已知，这样既可求得压力传感器以上水柱的高度变化，又可反映海表面变化，从而推得波浪波高、周期；同时，进行波流的测量，进而获得波向信息。

（7）声学测波仪

声学测波仪是利用超声波在介质中的传播特性及其在不同介质的界面上的反射特性来连续不断地测量超声波发射器到海面的距离，并根据海面随时间的变化情况来计算波高、周期等波浪要素。根据超声波发射的方式不同，可分为水下声学式和水上声学式两种测波仪。

（8）遥感测波仪

遥感测波仪是指感应器不直接放置在海上或水下的测波仪器。通常可以把它们安置在岸边（如岸用测波雷达），或安置在某种载体上（如飞机、卫星等），也可以安置在水中平台上（如石油平台）。属于这一类的仪器主要有合成孔径雷达、激光测波仪、卫星高度计等。

8.5.3 内波观测

1. 海洋内波

海洋内波是一种发生在海水密度层结的海洋中的波动，它以地转科氏惯性力和约化重力为恢复力，全称是惯性重力内波。它是一种重要的海水运动，它将海洋上层的能量传至深层，又把深层较冷的海水连同营养物带到较暖的浅层，促进生物的生息繁衍。内波导致等密度面的波动，使声速的大小和方向均发生改变，对声呐的影响极大，有利于潜艇在水下的隐蔽；对海上设施也有破坏作用，因此对它们的观测、分析和研究是极其重要的。

内波观测，是指通过内波锚系阵列观测、内波拖曳及投抛观测、内波中性浮子观测、内波声学观测及内波卫星观测等技术，获取海洋内波、细结构、微结构及湍流等海洋现象的资料，并用随机过程理论和时间序列分析等手段，揭示它们的运动学特性和动力学机制。

2. 海洋内波的遥感探测

由于内波的发生随机性大，海洋调查只是偶尔碰到，即使遇到内波，因其波面横向延长达数十至数百千米，一次试验很难得到其全面的信息，星载海洋遥感的出现为内波研究翻开了崭新的一页。特别是大范围、高空间精度并可全天时全气候工作的合成孔径雷达（SAR）的出现为内波探测提供了一种全新的方法。

利用 SAR 探测内波的机理是内波在传播过程中将引起海表面流场发生变化，进而通过调制表面微尺度波，改变海面粗糙度，使海面的雷达后向散射截面发生变化，从而改变了 SAR 对海面的后向散射截面，在 SAR 图像上形成明暗相间的条纹。

由于 SAR 对内波成像的独特技术优势，使之成为内波定性和定量研究的主要手段之一。SAR 对内波的探测研究始于 SeaSat 卫星，此后 ERS1/2 和 RadarSat 的成功发射，为内波研究提供了丰富的 SAR 图像，利用这些图像不仅研究了内波在特定海区的分布情况、激发源、传播路径，而且还可定量反演内波的波长、相速度、振幅以及上混合层厚度。Velegrakis 于 1999 年利用 ERS-1 SAR 影像研究了克里特海峡的内波。Hsu 利用 ERS-SAR 影像研究了中国海内波的特征，特别对台湾北部复杂的内波，利用 KdV 方程模拟了由于黑潮入侵产生上升流所激发生成内波的过程。从 SAR 图像除了可以探测内波的信息外，Brandt 还利用 SAR 影像出现的内波信息探测海洋内部动力参数，Li 在两层模式的假定下，依据历史实测资料模拟了上混合层厚度与内波群速度的关系，同时计算出内波的群速度，由此得到与群速度最佳匹配的上混合层深度。

8.5.4　海流观测

海流又称洋流，是海水因热辐射、蒸发、降水、冷缩等而形成密度不同的水团，再加上风应力、地转偏向力、引潮力等作用而大规模相对稳定的流动，它是海水的普遍运动形式之一。海洋里那些比较大的海流，多是由强劲而稳定的风吹刮起来的。这种由风直接产生的海流叫作"风海流"，也有人叫作"漂流"。由于海水密度分布不均匀而产生的海水流动，称为"密度流"，也叫"梯度流"或"地转流"。海洋中最著名的海流是黑潮和湾流。由于海水的连续性和不可压缩性，一个地方的海水流走了，相邻海区的海水也就流来补充，这样就产生了补偿流。补偿流既有水平方向的，也有垂直方向的。潮流是伴随潮汐涨落现象所作的周期性变化的海水流动。它是由月球与太阳的引潮力引起的。海洋中除了由引潮力引起的周期性潮流运动外，海水还有沿一定路径、基本朝向一个方向的大规模的运动，这种准定常运动称为常流（余流）。它是由各种因素，如风的作用、海洋受热不均匀、地形的影响等产生的。

进行海流观测时，要按一定时间间隔持续观测一昼夜或多昼夜，所得到的结果是常流和潮流运动的合成。对一昼夜或多昼夜获得的资料，经过计算，可将这两部分分离开来。水平方向周期性的流动称为潮流，其剩余部分称为常流，也称余流或统称海流。

掌握海水流动的规律非常重要，它可以直接为国防、生产、海运交通、渔业、建港等服务。海流与渔业的关系很密切，在寒流和暖流交汇的地方往往形成良好的渔场，在建港中要计算海流对泥沙的搬运，在海上交通中要考虑顺流节约时间等。另外，了解海水的运动规律，对海洋科学其他领域研究也有重要的意义。

1. 海流观测方法

海流的观测包括流向和流速两项。单位时间内海水流动的距离称为流速，单位为 m/s 或 cm/s，流向指海水流去的方向，单位为度（°），正北为 0°，顺时针旋转，正东为 90°，正南为 180°，正西为 270°。海流观测层次参照温度观测层次，或根据需要选定。但海流观测的表层，规定为 0~3m 以内的水层，由于船体的影响（流线改变或船磁影响），往往使得流速、流向测量不准。

海流连续观测的时间长度不少于 25 小时，至少每小时观测一次。预报潮流的测站，一般应不小于 3 次符合良好天文条件的周日连续观测。在测量海流的同时，还要同时进行风速、风向等气象要素观测，以便对海流变化提供客观分析条件。

伴随科学技术和海洋学科本身的不断发展，观测海流的方式也在不断地改善和提高。按所采用的方式和手段，观测海流的方法大体划分为随流运动进行观测的拉格朗日方法和定点的欧拉方法。

1）浮标漂移测流法

浮标漂移测流方法是根据自由漂移物随海水流动的情况来确定海水的流速、流向，主要适用于表层流的观测。浮标法测流是使浮子随海流运动，再记录浮子的空间-时间位置。为此，使用了表面浮标、中性浮标、带水下帆的浮标、浮游冰块等。这些方法具有主动和被动性质，因此，可以借助于岸边、船上、飞机或者卫星上的无线电测向和定位系统跟踪浮标的运动。测较大深度的流速和流向则采用声学追踪中性浮标方法。

浮标漂移测流法虽然是一种比较古老的方法，但在表层观测中有其方便实用的优点，而且随着科学技术的发展，已开始应用雷达定位、航空摄影、无线电定位等工具来测定浮标的移动情况，这样就可以取得较为精确的海流资料。浮标漂移测流方法主要有漂流瓶测表层流、双联浮筒测表层流、跟踪浮标法、中性浮子测流。

2）定点观测海流

目前，海洋水文观测中，通常采用定点方法测流，以锚定的船只或浮标、海上平台或特制固定架等为承载工具，悬挂海流计进行海流观测。定点观测海流有如下三种方式：

（1）定点台架方式测流。在浅海海流观测中，若能用固定台架挂仪器，使海流计处于稳定状态，则可测得比较准确的海流资料并能进行长时间的连续观测。定点台架有水面台架和海底台架两种。

（2）锚定浮标测流。以锚定浮标或潜标为承载工具，悬挂自记式海流计进行海流观测。

（3）锚定船测流。以船只为承载工具，利用绞车和钢丝绳悬挂海流计观测海流，这是目前最常用和最主要的测流方式。

3）走航测流

在船只航行的同时观测海流，不仅可以节省时间，提高效益，而且可以同时观测多层海流。此外，该方法能够使常规方法很难测流的海区（如深海）的海流得以观测。

4）海流观测的注意事项

观测浅层（船吃水深度三倍以内的水层）海流时，应借助小型锚定浮标或施放小艇进行观测，以消除船体的影响；利用调查船为承载工具测浅层以下各层海流时，若使用非自记海流计，待海流计沉放至预定观测水层后即可进行观测；使用自记海流计，可根据绞车和钢丝绳的负载，串挂多台海流计同时观测多层海流。测流时，必须记录观测开始时间和结束时间。

如果用自记海流计悬挂于浮标或潜标上进行海流观测，投放与回收浮标（或潜标）的船只必须具备专用提吊设备，浮标（或潜标）锚定后记录观测开始时间和浮标（或潜标）的准确位置。观测结束，回收浮标（或潜标）前记录观测结束时间。在深海测流时，如船只抛锚困难且深层流速确实很小，可用"双机法"观测，即在漂移船只上，将一台海流计置于预定观测水层，而将另一台海流计沉放至"无流层"，两层海流计观测结果的矢量差，便是预定水层的海流观测值。

当施放海流计的钢丝绳或电缆的倾角超过 10°，应进行倾角订正。以船只为承载工具进行海流连续观测时，应至少每 3 小时观测一次船位。如发现船只严重走锚（超过定位准确度要求），应移至原位，重新开始观测。

海流连续观测时流速不大于 100cm/s 时，水深在 200m 以浅的海区流速测量的准确度应为 ±5cm/s；水深在 200m 以深的海区，流速测量的准确度为 ±3cm/s，流向测量的准确度为 ±10°。流速超过 100cm/s 时，水深在 200m 以浅的海区，流速测量的准确度为 ±5%；水深在 200m 以深的海区，流速测量的准确度为 ±3%，流向测量的准确度均为 ±10°。

2. 海流观测仪器

海流观测是水文观测中最重要而又最困难的观测项目，现场条件对海流观测的准确度有极大的影响。为了在恶劣的海洋条件下能准确、方便地观测海流，科学家研制出了各具特色的海流观测仪器。

1）机械旋桨式海流计

这类仪器的基本原理是依据旋桨叶片受水流推动的转数来确定流速，用磁罗经确定流向（必须进行磁差校正）。根据这类仪器记录方式的特征，大致可分为厄克曼型、印刷型、照相型、磁带记录型、遥测型、直读型、电传型等形式的旋桨海流计。

2）电磁海流计

该类仪器是应用法拉第电磁感应定理，通过测量海水流过磁场时所产生的感应电动势来测定海流。根据磁场的来源不同，可分为地磁场电磁海流计和人造磁场海流计两种。地磁场电磁海流计又可细分为深海型和表层型。

3）声学多普勒海流计

该类仪器是以声波在流动液体中的多普勒频移来测流速的。其优点是声速可以自动校准，能连续记录，仪器无活动部件，无摩擦和滞后现象，测量时感应时间快，测量准确度高，可测弱流等。其缺点是存在仪器的本身发射功率、电池寿命和声波衰减等问题，因此限制了该类仪器的实用性。该类仪器的流速准确度为±2cm/s，流向准确度为±5°，工作最大深度为50~6000m。广泛使用的有美国UCM-60、EG&G公司的SACM-3声学海流计和挪威安德拉公司生产的RCM9多普勒海流计。

4）声学多普勒海流剖面仪（ADCP）

声学多普勒海流剖面仪是根据多普勒原理，利用矢量合成法，测量水流的垂直剖面分布，是目前观测多层海流剖面的最有效的方法，如图8.4所示。ADCP相对于传统的测流方法具有如下特点：测量速度快，可进行断面同步测量；能体现三维流速和流向的特性；能自动消除各种外界因素的影响，还具有对数据资料进行判断的能力；在测量中对流层无破坏作用；测量范围广、线性好。

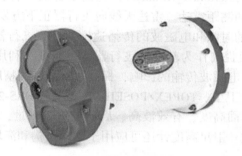

图8.4 声学多普勒海流剖面仪（ADCP）

ADCP的工作方式主要有如下三种：

（1）船载式ADCP，可以在大范围水域内走航测量水体的三维流速分布；

（2）直读式ADCP，用于近岸、海洋平台附近测量，一次可以测量一个剖面上的若干层水体流速的三维分量和绝对方向；

（3）自容式ADCP，用于海底、河底、浮标、潜标中进行长期定点监测。

ADCP测流原理就是测定声波入射到海水中微颗粒后散射在频率上的多普勒频移，从而得到不同水层水体的运动速度。超声波（或发射器）和接收器（散射体）之间有相对运动，而接收器所收到的频率和声源的固有频率是不一致的。若它们是相互靠近的，则接收频率和发射频率之差叫多普勒频移。把上述原理应用到声学多普勒反向散射系统时，如果一束超声波能量射入非均匀液体介质时，液体中的不均匀体把部分能量散射回接收器，反向散射声波信号的频率与发射频率将不同，产生多普勒频移，它正比于发射器/接收器和反向散射体的相对速度，这就是声学多普勒速度传感器的原理。

5）其他测流仪

（1）光学式海流计。通过多年的研究，国外有人认为激光多普勒技术可以应用在海洋中测流，认为激光多普勒流速计的准确度能达到百分之几的量级，空间分辨率大约为0.5m，时间分辨率大约为0.5s。此技术尚处在研究阶段，离实际应用还有距离。

（2）电阻式海流计。该型仪器是利用海流对电阻丝的降温作用来测流的，其优点是可测瞬时流和低速流，测量准确度高，可以遥测，但当前未见于实际应用。

（3）遮阴涡流海流计。它的工作原理为：将一扁平或圆柱杆置于流场中，必在其后产生海水涡动现象，用声学方法测出涡流的频率，并根据频率与流速成正比、与圆柱杆的直径成反比的关系得出流速值。

8.6 卫星潮汐观测

潮汐的产生以及潮汐的常规观测方法在本书第 2 章已有介绍，这里不再赘述。下面仅介绍微波高度计在潮汐观测中的应用。

从卫星探测海洋动力参数主要依靠微波传感器来看，其中高度计（Altimeter，ALT）最为成熟。微波高度计（Microwave Altimeter）是高度计的一种，亦称微波雷达，是测量飞行器到地面/海面高度的测距雷达。雷达天线向飞行器正下方发射电磁波并接收其回波，通过脉冲到达海面/地面的时间和电磁波的传播速度，计算飞行器到达海面/地面的高度。一般通过搭载 GPS 接收机提高作为基准的飞行器轨道精度，利用双频高度计、微波辐射计修正电离层、对流层对电磁波传输的影响，提高测量高度的精度。用于提供卫星高度计资料的卫星主要有 ERS-1 卫星、TOPEX/POSEIDON 卫星和 ERS-2 卫星等。

微波高度计通过对海面高度、有效波高、后向散射的测量，可同时获取流、浪、潮、海面风速等重要动力参数。卫星高度计还可应用于地球结构和海域重力场研究。

8.6.1 卫星高度计工作原理

卫星高度计由一台脉冲发射器、一台灵敏接收器和一台精确计时钟构成。脉冲发射器从海面上空向海面发射一系列极其狭窄的雷达脉冲，接收器检测经海面反射的电磁波信号，再由计时钟精确测定发射和接收的时间间隔 Δt，便可算出高度计质心到星下点瞬时海面的距离 $H_{\text{meas}} = \dfrac{c\Delta t}{2}$，其中 $c = 3 \times 10^8 \text{m/s}$，为电磁波在真空中的传播速度。

高度计的技术难度在于要达到厘米量级的测距精度。对于 5cm 的测高精度，相应的时间测量要精确到 0.2ns 左右，要求计时钟具有年误差不超过 1s 的精度。同时，对发射和接收技术也提出了很高的要求。首先，高度计向海面发射一系列测距尖脉冲能量很有限，不足以保证检测回波信号所需的信噪比。为了使输出脉冲携带足够的能量，星载高度计采用了脉冲压缩技术。其次是测距脉冲所要求的带宽问题。对于上述 0.2ns 的脉冲，相应的带宽约为 5GHz。这一带宽远超过国际公允的卫星使用带宽。为解决这一矛盾，采用波形检测的方法。从卫星向海面发射一脉宽为 τ_p 的矩形脉冲，波面以卫星为中心，呈球面向下传播到海面，海面与电磁波的作用从 $t = 0$ 时起，以球面波的波前与海面的切点开始，逐渐扩展，到 $t = \tau_p$ 时，作用面展为以 d 为半径的圆，即

$$d = \sqrt{H_{\text{sat}} \cdot \left(\tau_p^2 + 16H^2\ln\frac{2}{c^2}\right)} \tag{8.18}$$

式中：H_{sat} 为卫星高度；H 为海面波高的标准偏差。

当 $t > \tau_p$ 时，作用面积变为球面电磁波前与海面相割所成的圆环。该环的直径随时间

不断扩大，环宽却逐渐变窄，圆环的面积则保持不变。当球面电磁波束的边沿到达海面时，圆环外径不再扩展，内径继续扩大，圆环面积逐渐减小，直至最后消失。经海面返回的电磁波幅度随时间的变化和上述电磁波与海面的作用过程相对应，形成一个展宽的梯形波。精确测量脉冲传输时间和返回脉冲前后波形，就可以得到高精度的测高值。这种波形检测方法大大放宽了对发射脉宽的要求，是现有卫星高度计普遍采用的方法。

8.6.2 卫星测高原理

卫星测高中卫星高度计与各基准面及需要修正的参量之间的几何关系描述如图 8.5 所示。从卫星测高的几何关系上看，瞬时海平面高度可以表示为：

$$H_{inst} = (H_{sat} + \varepsilon_{sat}) - (H_{meas} + \Delta H_{meas} + \varepsilon_{meas})$$

$$\Delta H_{meas} = H_{com} + H_{wet} + H_{dry} + H_{iono} \tag{8.19}$$

式中：H_{inst} 为星下点瞬时海平面相对于参考椭球面的高度；H_{sat} 为卫星质心相对于参考椭球面的计算高度；ε_{sat} 为 H_{sat} 的计算误差；H_{meas} 为高度计质心到星下点瞬时海面的测量距离；ΔH_{meas} 为对 H_{meas} 的各种修正；ε_{meas} 为 H_{meas} 的测量误差；H_{com} 为质心修正；H_{wet} 为湿对流层修正；H_{dry} 为干对流层修正；H_{iono} 为电离层修正。

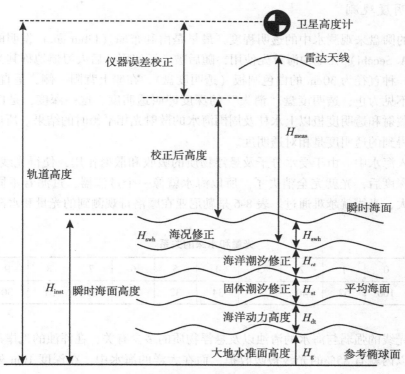

图 8.5　卫星高度计与各基面几何关系

从式（8.19）可以看出，瞬时海面高度是由卫星高度与测量高度之差经过一系列修正后得到的，而卫星高度是根据轨道运动方程结合地面遥测定位数据得到的，测量高度是根据前节描述的原理由高度计实测得到的，各修正量通过其他独立渠道获得。瞬时海面还可以表示为：

$$H_{inst} = H_g + H_{dt} + H_{ot} + H_{st} + H_{swh} \tag{8.20}$$

式中：H_g 为大地水准面高度，H_{dt} 为海洋动力高度，H_{ot} 为海洋潮汐修正，H_{st} 为固体潮汐修正，H_{swh} 为海况修正。

式（8.20）表明，若利用式（8.19）首先确定瞬时海面高度，采用适当的数据处理方法，则也可获得其他各海洋过程。

8.7　海水透明度、水色及海发光观测

透明度是表征海水透明程度的物理量，表征光在海水中的衰减程度，计量单位为米。水色是指海水的颜色，是由水质点及海水中的悬浮质点所散射的光线决定的。海发光是指夜晚海面生物发光的现象。海水透明度、水色及海发光也是关键的海洋水文要素，决定着海洋测量中水深遥感以及机载激光测深的作用深度范围和精度，对海洋测量具有重要的作用。

8.7.1　透明度观测

用白色的圆盘来观测水中的透明程度，最早是由利布瑙（Liburnau）发明的，意大利神父塞克（A. Secchi）在地中海首先使用，随后被广泛使用，后人习惯地称其为塞克透明度盘。这是一种直径为 30cm 的白色圆板（透明度盘），在船上背阳一侧，垂直放入水中，直到刚刚看不见为止，透明度盘"消失"的深度即叫透明度。这一深度，是白色透明度板的反射、散射和透明度板以上水柱及周围海水的散射光相平衡时的结果。所以，用透明度板观测而得到的透明度是相对透明度。

光线进入海水中，由于受水分子及悬浮物质的吸收和散射作用，使得光线很快减弱，到达一定的深度后，光就完全消失了。所以海水就像一个过滤器，过滤着不同颜色的光线，深度越大，光线就越难通过。表 8-6 是勒尼亚在摩洛哥观测到的光量和水深的关系。

表 8-6　　　　　　　　　　　　　　　　光量和水深的关系

深度（m）	0	1	2	3	4	5	6	7	8	9	10
光量（%）	100	52	40	37	34	32	32	31	31	30	29

海水中光线的强弱与海水的清浊以及悬浮物质的多少有关，在浑浊的近岸海水中，在表层 2~3m 以内就有 85% 的光线被吸收掉，而在大洋的海水中，在深度 10m 处被吸收的光线还不到 70%。

应用白色圆板测量透明度虽然简便、直观，但有不少缺点，如受海面反射光的影响、与观测人眼睛的近视程度有关等。因为测量的结果缺乏客观的代表性，而且透明度盘只能测到垂直方向上的透明度，不能测出水平方向上的透明度，因此，近年来国际上多采用仪

器来观测光能量在水中的衰减，以确定海水透明度，并对透明度做出新的定义。

透明度的新定义：一平行光束在水中传播一定距离后，其光能流 I 与原来光能流 I_0 之比，即为透明度 T，公式如下：

$$T = \frac{I}{I_0} \tag{8.21}$$

光在海水中的衰减规律为：

$$I = I_0 e^{-rz} \tag{8.22}$$

式中：z 为水深，r 为衰减系数。

将式（8.22）代入式（8.21）中得：

$$T = e^{-rz} \tag{8.23}$$

如果取光在海中的传播距离 $z = 1\text{m}$，那么透明度值的自然对数便与衰减系数的绝对值相等，即：

$$\ln T = |\, r\,| \tag{8.24}$$

因而，只要测量了透明度，便可得到衰减系数。衰减系数的倒数 L 称为衰减长度，它与圆板透明度的数值大体相当。透明度的新定义更能表现海水的物理性质。

海水透明度使用透明度盘进行观测，透明度盘是一块漆成白色的木质或金属圆盘，直径 30cm，底部系有铅锤（约 5kg），上部系有绳索锤，盘上系有绳索，绳索上标有以分米为单位的长度记号。绳索长度应根据海区透明度值大小而定，一般可取 30~50m。透明度盘的绳索标记使用前必须进行校正，标记必须清晰、完整，新绳索须事先进行缩水处理，透明度盘必须保持洁白，当油漆脱落或脏污时应重新油漆，每航次观测结束后，透明度盘应用淡水冲洗，绳索须用淡水浸洗，晾干后保存。

观测应在主甲板的背阳光处进行。观测时将透明度盘铅直放入水中，沉到刚好看不见的深度后，再慢慢提升到白色圆盘隐约可见时读取绳索在水面的标记数值（有波浪时应分别读取绳索在波峰和波谷处的标记数值），即为该次观测的透明度值，读到一位小数，重复 2~3 次，取其平均值，即为观测的透明度值。若倾角超过 10°，则应进行深度订正。当绳索倾角过大时，盘下的铅锤应适当加重。这一深度，是白色透明度盘的反射、散射和透明度盘以上水柱的散射光与周围海水的散射光平衡时的状况，所以称为相对透明度。

透明度的观测只在白天进行，观测地点应选择在背阳光的地方，观测时必须避免船上排出的污水的影响。

8.7.2　水色观测

海水的颜色主要取决于海面对光线的反射，因此，它与当时的天空状况和海面状况有关，而海水的颜色是由水分子及悬浮物质的散射和反射出来的光线决定的，称为水色。

海水是半透明的介质，太阳光线射达海面时，一部分被海面反射，反射能量的多少与太阳高度有关，太阳高度愈大，反射能量愈小；另一部分则经折射而进入海水中，而后被海水的水分子和悬浮物质吸收和散射。由于各种光线在进入海水中后被吸收和散射的情况不同，因此就产生了各种水色。

阳光进入海水，七种单色光线被海水逐渐吸收，但七种光线所吸收的情况各不相同。有的容易被吸收，有的很难被吸收。各色光的投射量与吸收量的比，叫作"吸收率"，即

$$吸收率 = \frac{各色光的吸收量}{各色光的投射量} \tag{8.25}$$

各色光线波长不同，吸收率也不同，一般来说，波长长度与吸收率成正比例关系（表 8-7）。

表 8-7 　　　　　　　　　　　　　　　**各色光线的波长和吸收率**

颜色	红	橙	黄	绿	青	蓝	紫
波长（μm）	660	630	600	531	470	450	415
吸收率	0.300	0.240	0.163	0.010	0.010	0.010	0.030

吸收与散射是互为相反的两种作用。吸收率大的光波，其散射能量小，而吸收率小的光波，其散射能量大。散射能量还与悬浮物颗粒粒径有关，颗粒粒径越小，短波散射能量越大，这种现象称为海水对光线的选择吸收和散射。

水色观测是用水色标准液进行的。它是由瑞士湖沼学家福莱尔（F. A. Forel）发明，于 1885 年在康斯坦茨湖和莱鞠湖使用后广为传播。

水色根据水色计目测确定。水色计是由蓝色、黄色以及褐色三种溶液按一定比例配制的 21 种不同色级，分别密封在 21 支内径为 8mm、长 100mm 的五色玻璃管内，置于敷有白色衬里的两开盒中（盒的左边为 1~11 号，右边为 11~12 号）。其中，1~2 号是蓝色；3~4 号是天蓝色；5~6 号是绿天蓝色；13~14 号是绿黄色；15~16 号是黄色；17~18 号是褐黄色；19~20 号是黄褐色。

观测透明度后，将透明度盘提到透明度值一半的位置，根据透明度盘上所呈现的海水颜色，在水色计中找出与之相似的色级号码。水色的观测只在白天进行，观测地点应选择在背阳光的地方，观测时必须避免船上排出的污水的影响。

8.7.3　海发光观测

海发光是指夜间海面生物的放光现象。船在海洋中黑夜航行时，船头两侧常会出现两道乳白色的光，船走得越快，光就越亮。在船尾同样可以看到一片闪烁的粼光。渔民撒网或收网时，把渔网一抖，即见"万点银星"。此类现象称为海中微光，即海发光。

海发光并不是海水本身具有什么发亮的性质，这种闪光完全是生活在海中的生物发出来的，这些能发光的生物主要有发光细菌、单细胞有机物、较复杂的海生生物发光以及鱼发光等。

海发光的观测参数有 2 项，即发光类型和发光强度（等级）。

1）海发光的类型

（1）火花型。火花型主要由大小（长度）为 0.02~51mm 的发光浮游生物引起，是最

常见的海发光现象。仅当海面有机物受到扰动或生物受化学物质刺激时才比较显著，而在海面平静或无化学物质刺激时，发光极其微弱。

（2）弥漫型。弥漫型主要是由发光的细菌发出的。其发光特点是海面上一片弥漫的白色光泽，只要这种发光细菌大量存在，在任何海况下都能发光。

（3）闪光型。闪光型是由大型发光动物（如水母等）产生的。像其他发光体一样，在机械或化学物质的刺激下，其发光才比较显著。闪光通常是孤立出现的，当大型发光动物成群出现时，发光才比较显著。

2）海发光的强度

海发光的强度分为五级，各级特征如表 8-8 所示。

表 8-8　　　　　　　　　　　　　海发光强度等级表

等级	发 光 征 象		
	火花型（H）	弥漫型（M）	闪光型（S）
0	无发光现象	无发光现象	无发光现象
1	在机械作用下发光，勉强可见	发光勉强可见	在视野内有几个发光体
2	在水面或风浪的波峰处发光，明晰可见	发光明晰可见	在视野内有十几个发光体
3	在风浪、涌浪的波面上发光显著，漆黑夜晚可借此看到水面物体的轮廓	发光显著	在视野内有几十个发光体
4	发光特别亮，连波纹上也能见到发光	发光特别明亮	在视野内有大量发光体

根据海发光的征兆，可目测判定海发光的类型和等级。为能感觉出微光，观测前，观测者应在黑暗环境中适应几秒，观测地点选在船上灯光照不到的黑暗处。海发光只在夜间观测，连续观测站，在每日的 20：00，23：00 和 2：00 观测；大面观测站到站观测，但在两站间的航行中要观测一次；海滨观测站在每日天黑后进行一次海发光观测。

8.8　海冰观测

海冰是指海洋中一切冰的总称。海冰观测的作用是为冰情作预报，为海港的海上工程、海事活动等提供重要冰情资料，以便采取有效的对策，防患于未然。所以，为预防海冰这一海洋灾害，进行海冰观测是非常重要的。

海冰观测的要素包括浮冰观测、固定冰观测和冰山观测。其中，浮冰观测量有冰量、密集度、冰型、表面特征、冰状、浮冰块大小、浮冰漂移方向和速度、冰厚及冰区边缘线。固定冰观测量有冰型和冰界，具体来说，有堆积量、堆积高度、固定冰宽度和厚度。冰山观测量有位置、大小、形状及漂流方向和速度。

海冰的辅助观测量有海面能见度、气温、风速、风向及天气现象。海冰观测的时间是连续站每 2h 观测一次，大面站到站即观测。

8.8.1　海冰概况

1. 海水结冰与盐度

海水结冰过程与淡水结冰过程是不同的。淡水表面受冷，密度增大，水温降到4℃时，表面水因密度最大便向下沉，而下层水被迫上升，这样发生了上下对流作用。这种对流作用一直进行到上、下层的水温都达到4℃为止。此后，如果温度继续下降，表面的冷水便不再下沉了，到了0℃就开始结冰。但是，由于海水含有盐的成分，结冰过程比淡水复杂得多，海水无论是其冰点温度还是其最大密度时的温度均与盐度有关。如图8.6所示。

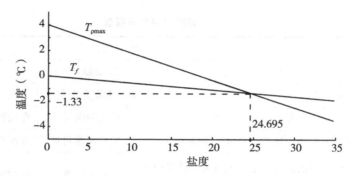

图 8.6　结冰温度、最大密度时的温度与盐度的关系

从图8.6中可以看出，随着盐度的增高，海水的冰点（ T_f ）和最大密度时的温度（ $T_{\rho max}$ ）都要下降，但它们的下降过程是不同的。当盐度低于24.695时，最大密度的温度在冰点以上，在上、下层海水都冷却到最大密度时的温度以后，此时对流停止，只要表面海水继续冷却到冰点就可以结冰了。当盐度高于24.695时，表面海水虽冷却到冰点，但最大密度值的温度均在冰点以下。因此，接近冰点的表层水将比下面的暖水重，这样，便引起了上、下层冷暖水的对流，从而减慢了海水降温，只有上、下层海水混合至冰点时，才能发生结冰现象。当盐度为24.695时，最大密度温度和结冰温度都是−1.33℃。当海冰形成以后，大量的盐分从冰中析出，因此冰层以下的海水盐度要增大，这就使海水结冰更加困难。

冰期是指冰维持的时间，自出现冰之日起至冰消失之日止的这一时段。最早出现冰之日的日期叫初冰日，用某月某日来表示。一般来说，初冰日早，说明本年冷得早。冰期是用初冰日起至终冰日止的一个时段的天数来表示的，这与实际有冰的天数不一样，也不能表达实际有冰的程度，但是能说明气候冷暖和变化特征。

在一个冰期内，依据冰的发展又可分为三个或五个特征期。三个特征期是初冰期、严重（盛）冰期、消冰期。五个特征期是在初冰和盛冰期之间加分封冰期，在盛冰期与消冰期之间加分融冰期。各个特征期的冰情是有区别的，但特征冰期的划分没有统一的严格标准。冰期是与海冰的生成、发展、持续时间、分布及其活动变化规律有关，海冰本身各要素随着有关的水文、气象、地形等因素而发生各种变化。

海冰观测中，把表达和描述冰情的许多术语统称为冰情要素。一种冰情要素，只表达或描述冰一个侧面的状况，冰情要素选取得越多，冰情的表达就越详细，同时，不同的部门，根据不同的需要，冰情要素的选取也不完全相同。

2. 海冰的类型

国际上，根据各种海冰特征，对冰型分为不同的种类。按成长过程分类有初生冰（包括冰针、油脂状冰、粘冰和海绵状冰），尼罗冰（包括暗尼罗冰、明尼罗冰和冰皮），莲叶冰，初期冰（包括灰冰、灰白冰），一年冰（包括薄一年冰、中一年冰、厚一年冰），老年冰（包括二年冰、多年冰）。按表面特征分类有平整冰、堆积冰、重叠冰、冰脊、冰丘、冰山、裸冰、雪帽冰等。按晶体结构分有原生冰、次生冰、层叠冰、集块冰。按固定形态分有固定冰、初期沿岸冰、冰脚、锚冰、座底冰、搁浅冰、座底冰丘。按运动状态分类有大冰原、中冰原、小冰原、浮冰区、冰群、浮冰带、浮冰舌、浮冰条、冰湾、冰塞、冰边缘等。按密集度分类有密结浮冰、非常密集浮冰、密集浮冰、稀疏浮冰、非常稀疏浮冰、开阔水面、无冰区。按溶解过程分类有水坑冰、水孔冰、干燥冰、蜂窝冰、覆水冰等。

3. 海冰观测点的选取

海冰观测点的选择，主要有岸边和海区两个方面。岸边测点应选择那些能观测到大范围的海冰情况的地点为测点，同时要求该测点周围视程内的海冰特征应具有代表性。一般选择海面开阔、海拔高度在 10m 以上的地点为测点。要尽量利用灯塔、瞭望台等高层建筑，以便能观测到航道、港湾锚地、海上建筑物附近的海冰特征；同时，也应考虑观测作业方便、安全等条件。测点选定后，应测定海拔高度和基线方向。

海区测点的布设原则上要求测点与测点之间的距离以其视距的两倍为好。此外，还要考虑到岸边常规观测点的配合，组成观测网，以便达到既有重点，又能全面、系统地了解海区冰情概况。

8.8.2 海冰观测的内容

1. 冰量和浮冰密集度观测

冰量为能见海域内海冰覆盖的面积占该海域面积的成数。冰量包括总冰量、浮冰量和固定冰量三种。总冰量为所有冰覆盖整个能见海面的成数；浮冰量为浮冰覆盖整个能见海面的成数；固定冰量为固定冰覆盖整个能见海面的成数。浮冰密集度，即浮冰群中所有冰块总面积占整个浮冰区域面积的成数，是描述浮冰群里冰块与冰块之间紧密程度的一个物理量。

总冰量（浮冰量、固定冰量）的观测，是将整个能见海面分成十等份，估计十等份中的冰（浮冰、固定冰）所覆盖的成数，用 0~10 和 ⑩，共 12 个数字和符号来表示，习惯上叫作"级"。如冰量 6 级表示冰占能见海面的 60%。记录时，只记整数。海面无冰，记录空白；海面有少量冰，但其量不到海面的 1/20 记 "0"；冰占整个能见海面的 1/10 记 "1"；占 2/10 记 "2"；海面全部被冰覆盖记 "10"，若有少量空隙可见海水，则记 ⑩，其余类推。

浮冰密集度的观测方法与冰量相同。在进行观测时，若浮冰分布海面内超过此海面 1/10 的完整水域，则该水域就不应该算作浮冰分布海面。若海面上只有微量（不足能见海面的 1/20）初生冰或只有零散分布的几块浮冰，则密集度记 "0"。

2. 冰型、冰貌特征和冰状观测

冰型是表示海冰的生成和发展过程的不同形式，又可分为浮冰型和固定冰型两种。固定冰观测时，应根据三种固定冰型的特征及形状，以符号记录。当三种冰型同时出现时，以量多少顺序来记录。特殊冰型出现时，与浮冰冰型一样，在备注栏内详细记录并摄影。

浮冰外貌特征随天气变化的冷暖及所在海区的水文、地形等因素不同而不同。浮冰冰状观测是指浮冰的大小尺度，分巨冰盘、大冰盘、中冰盘、小冰盘、冰块和碎冰六种。沿岸冰状观测时，应根据冰块特征，以量的多少用符号记录，当量相同时依碎冰到平整冰顺序记录。

3. 浮冰运动参数和固定冰堆积状况、范围观测

1）浮冰运动参数观测

海上浮冰和冰山的漂流，主要取决于风和流的共同作用。一般在弱流海区，由风引起的冰块漂流速度约为风速的 1/50。浮冰的运动过程，包括离散、集聚和剪切。浮冰观测可分为浮冰块大小、浮冰方向和速度的观测。

浮冰块大小是指单个冰块的最大水平尺度。初生冰不观测冰块大小。浮冰块按大小分级，先确定最多浮冰块水平尺度，按等级用符号记录，量相同时取其最大者并测定单个最大冰块的水平尺度。以 m 为单位，取整数。观测时，不分其形状，只按其水平尺度大小确定，冰块出现时往往是多种，甚至五种冰块全部出现。遇到这种情况，应选主要的、比较突出的一、二种记录。

浮冰运动方向是指浮冰的去向，以度或 16 方位表示；浮冰速度为单位时间内浮冰移动的距离，以 m/s 为单位。浮冰运动方向和速度的观测，分为海滨观测和海上观测。海滨观测用测波仪进行，若无测波仪则用指南针测定。速度按目测浮冰漂移速度参照表 8-9 估计，乘船在海上观测时还需观测冰区边缘线。

表 8-9　　　　　　　　　　　　**目测浮冰漂移速度参照表**

冰块动态	很慢	明显	快	很快
相当冰速 v（m/s）	$0 < v \leqslant 0.3$	$0.3 < v \leqslant 0.5$	$0.5 < v \leqslant 1.0$	$v > 1.0$
速度等级	1	2	3	4

冰山观测包括冰山位置观测、冰山大小观测、冰山形状类型观测和冰山漂移方向和速度观测。

2）固定冰堆积状况和范围观测

固定冰堆积状况观测分为堆积量、堆积高度观测。固定冰堆积量是指沿岸冰堆积聚块的情况。固定冰堆积量观测时，将整个能见固定冰冰面分为十等份，估计十等份中为堆积冰块所覆盖的成数，只记整数。冰面平滑，无堆积现象，或堆积冰块占冰面不到 1/20 记

"0"，冰面为堆积冰块所全部覆盖记"10"；若有少量空隙可见冰面则记 $\boxed{10}$ ，堆积冰块占整个冰面的 1/10 记"1"；占 2/10 记"2"，依次类推。堆积量和堆积高度，以三角形符号表示，在符号内标出堆积量。

固定冰堆积高度分一般堆积高度和最大堆积高度两种。一般堆积高度是指大多数堆积冰从冰面到堆积顶点的垂直距离。最大堆积高度是指个别最大堆积冰的垂直距离。观测时，对于近岸可用尺子进行丈量；对于远处的，估计其高度。观测高度的记录，以 m 为单位，一般堆积高度记在符号的底端，最大堆积高度记在符号的顶端。

固定冰范围观测包括固定冰宽度和厚度观测。固定冰宽度观测是指沿岸冰的海岸交接点至沿岸冰外缘的垂直距离，以 m 为单位，取整数。固定冰厚度观测是指沿岸冰表面至冰层底的垂直距离，以 cm 为单位，取整数。

4. 海冰监测系统

海冰监测系统即利用各种可能的手段对海冰的分布、类型、生成、发展以及消融等过程进行全天候监测的综合系统。主要监测手段包括沿岸海洋站海冰观测、破冰船海冰观测、雷达测冰、飞机航空遥测、卫星遥感和各种规模的联合海冰实验。现已发展为目测与器测相结合，观测某海岸附近海区尽可能大范围内的海冰种类、数量、表面特征、分布状态、厚度大小、运动变化，以及海冰盐度、密度和抗压力资料。

卫星海冰观测目前被广泛采用。这些观测是通过可见光照相、微波辐射计、多孔径雷达、红外线辐射仪等仪器对出现在海面上的海冰的厚度、密集度、冰类型等进行遥测。航空遥测海冰的优点是不受云的影响，分辨率高，所获资料丰富；不足的是飞行频率较低，天气恶劣的情况下不能飞行。而卫星遥感测冰的优点是监测时间长，可同时进行大面积监测。

8.9 海洋底质调查

海洋底质调查是海洋环境调查的基本内容之一，其主要任务是对海洋底质（包括表层沉积物）的类型、性质和分布进行调查，并对采集的沉积物样品进行分析和研究，以获得海洋底质各项要素的分布特征、主要声学特性和海洋底质环境总体特征。海洋底质调查作为基础性的大型调查项目，是国家基本建设和科学研究的重要内容之一，是海洋环境调查的重要组成部分，无论是对国家基础性海洋科学研究和国民经济建设，还是对部队建设，海洋底质调查都具有极为重要的意义。

8.9.1 海洋底质取样

1. 底质取样方法

底质取样是海洋底质调查的一种经典手段，主要包括底质表层取样、拖网取样和底质柱状取样三种方式。样品采集分表层取样和柱状取样两种。

海底表层样品采集一般采用蚌式、箱式、多管式、自返式或拖网等采样方法。一般情况下多选用蚌式采样器或小型箱式采样器，深水区可适当选用自返式无缆采样器，样品有特殊要求的调查可选用箱式采样器；当底质为基岩、石或粗碎屑物质时，选用拖网。柱状取样常使用重力、重力活塞、振动活塞和长岩芯重力活塞等取样仪器进行。底质为基岩或碎屑沉积物，不宜采用柱状取样。

底质取样站一般设置于沉积物发生变化处；在不同的水深、地貌沉积环境和底质类型条件下，根据取样目的按表 8-10 选用不同的取样设备，以保证所取样品符合试验要求。

2. 底质取样器

底质取样器有蚌式采泥器、箱式取样器、重力取样器、振动活塞取样器和拖网。

（1）蚌式采泥器。DDC 系列蚌式采泥器是专为表层沉积物调查而设计的底质取样设备，适用于各种河流、湖泊、港口、海洋等不同水深条件下各种表层底质的取样工作，现已广泛用于表层沉积物调查、工程底质调查、物探验证调查、矿物调查、生物及地球化学调查，效果非常理想。

表 8-10　　　　　　　　　　底质取样设备及土样级别

取土器分类		取土器名称	采取土试样等级	使用土类或海域
表层 取土器	蚌式 取样器	HNM1 型蚌式采泥器 大洋 50 型采泥器	扰动土、四级土样	松散砂性土、黏土
	箱式 取样器	QNC2-2 型小箱式采泥器	部分原状、三级土样	松散砂性土、粉质土、黏土
		箱式取样器	原状、二级土样	黏土
柱状 取土器	重力 取样器	HNM2 型重力取样管 DDC4-2 型重力活塞取样管 SM-2 型重力活塞取样器 长岩芯重力活塞取样管	原状、二级土样	松散砂性土、粉质土、黏土
	振动 取样器	HNM4 型重力活塞取样管	似原状、三级土样	砂性土、黏土
拖网			扰动、四级土样	碎石、结核

野外工作时，首先把采样抓斗和绳拉好，将采样抓斗张开，在张开的同时，将一支杆放入一搭沟内，采样抓斗就不会紧闭；通过拉绳缓缓地将采样抓斗放入池中，当到河底时，轻松一下拉绳，支杆和搭沟在弹簧的作用下会自动松开；用力提拉采样抓斗，这时采样抓斗会自动关闭，在关闭的同时会将河底污泥采入采样抓斗中。

（2）箱式取样器。DDC 系列箱式取样器也是专为表层沉积物调查而设计的底质取样设备，适用于各种河流、湖泊、港口、海洋等不同水深条件下各种表层底质的取样工作，并可取到多达 20cm 深的上覆水样。箱式取样器现已广泛用于表层沉积物调查、工程地质调查、物探验证调查、矿物调查、生物及地球化学调查，取样成功率较蚌式采泥器大大提高。

（3）重力取样器。重力取样器依靠重锤的自然下垂获取样品。DDC4-3 型重力活塞取样器是在 DDC4-2 型的基础上发展起来的一种中型底质柱状取样设备。该设备整体呈流线型，冲击力大，取样长度可达 8m，样品压缩扰动小，且操作简便。

（4）振动活塞取样器。振动活塞取样器广泛应用于海洋沉积物调查、近海海底岩土工程勘察、海洋矿物调查、地球化学调查、物探底质验证调查、滨岸工程、地质填图、水坝淤积调查等领域。该设备可保存在衬管中，用专用密封盖分段封存，以利于原状样的保存及室内分析测试。

（5）拖网。拖网也称岩石取样器。当底质为基岩、砾石或粗碎屑物质时，选用拖网取样。拖网也叫岩石、碎石取样器。

3. 样品采集

底质取样本着先测水深，再表层取样，之后进行柱状取样的思想。取样过程遵循原则为：

（1）深海取样应两次定位，调查船到站和采样器到达海底时各测定一次船位；

（2）样品采集应达到规定数量，并尽量保持原始状态；

（3）采集的样品一般应及时低温保存。

底质表层取样时，采取的样品应保证一定数量。沉积物样品不得少于 1000g，达不到此数量，该站列为空样，调查区内空样站位数不得超过总站位数的 10%。底质柱状采样常用重力活塞、振动活塞及浅钻等取样仪器进行。悬浮体采集一般使用横式采水器、颠倒采水器或南森采水器等，采水层次根据水深或调查要求确定，近海一般采集表、中、底三层。

8.9.2　海底浅地层剖面探测

海底底质探测主要是针对海底表面及浅层沉积物性质进行的测量。探测工作是采用专门的底质采样器具进行的，可以用挖泥机、蚌式取样机、底质取样管等来实施。这些方法可在船只航行或停泊时，采集海底不同深度的底质，也能够采集海底碎屑沉积物、大块岩石、液态底质等。其中，用于深水取样的底质采样管，分为有索取样管和无索取样管两种。海底底质探测也可以采用测深仪记录的曲线颜色来判明底质的特征。为了探测沉积物的厚度和底质的变化特征，可采用浅地层剖面仪、声呐探测器等，浅水区还可以采用海上钻井取样。在所有的海底底质探测手段中，基于声学设备通过获取海底底质声呐图像反映海床底质、地貌的方法具有简单、高效等特点。

1. 海底浅层剖面探测原理

海底浅层剖面仪是研究海底各层形态构造及其厚度的有效工具，其工作原理与回声测深仪相同。人们很早就发现，在用回声测深仪测深时，声音有时穿透底质层，在测深图上记录了海底沉积层及其构造。由于沉积层对声波的吸收系数比海水介质约高 1000 多倍，又因为回声测深仪的发射功率不大，所以，在深度较大和沉积物较坚硬的地区无法探测到必要的信息。

浅地层剖面仪由发射机、接收机、换能器、记录器、电源等组成。发射机受记录器的控制，发射换能器周期性地向海底发射低频率超声波脉冲，当声波遇到海底及其以下地层界面时，产生反射，返回信号，经接收换能器接收，接收机放大，最后传输给记录器，并自动绘制出海底及海底以下几十米的地层剖面。

　　海底浅层剖面仪的探测深度与工作频率有关。为满足生产的要求，经常应用的工作频率为 3.5kHz 和 12kHz 两种，前者探测地层深度 100m，后者约为 20m。频率增高，声波吸收衰减加大，探测深度减小；频率低，探测深度大，但是，剖面仪的分辨率差。探测深度与分辨率之间的矛盾是难以协调的。

　　海底沉积层中声波的吸收衰减是根据大量的取样在勘测船上或在实验室中测定的。沉积层中除了泥、砂、石灰石外，还夹杂着水，其构造是比较松散的，对于这种介质而言，其吸收衰减主要取决于声波传播过程中质点所引起的摩擦损耗。这种损耗与沉积物的孔隙度 n 有关，孔隙度表示沉积物体积中海水所占的百分数。在此列出由 Hamilton 等人根据测试结果获得的每千赫频率吸收系数 β 与孔隙度 n 的关系式（表 8-11）。

表 8-11　　　　　　　**每千赫频率吸收系数 β 与孔隙度 n 的关系式**

底质类型	孔隙度 n	吸收系数 $\beta(\mathrm{dB}/(\mathrm{m}\cdot\mathrm{kHz}))$
砂质沉积	36.0%~46.7%	$0.27470 + 0.00527 n$
细砂及泥砂	46.7%~52.0%	$0.04903 - 1.7688 n$
混合泥砂	52.0%~65.0%	$2.32320 - 0.0489 n$
粉砂质黏土	65.0%~90.0%	$0.76020 - 0.01487 n + 0.000078 n^2$

　　海底沉积层的结构是分层的，剖面仪测量的是地层界面反射信号的到达时间，若地层的声速是未知的，就无法正确判定各地层的实际厚度。但是，人们知道随着沉积层的厚度增加，沉积物质的密度就增大，沉积层中的声速将随着深度的增加而增加。因此，可假设沉积层中的声速在深度剖面内按常梯度增加，其关系式如下：

$$c(t) = c_0 + k(t) \tag{8.26}$$

式中：c_0 为沉积层表面声速；k 为沉积层声速梯度；t 为声波在沉积层中单程传播时间。利用地层界面回波的单程传播时间 t，求得沉积层中的平均声速为

$$c = \frac{c_0 + c(t)}{2} = c_0 + \frac{kt^2}{2} \tag{8.27}$$

　　由于海域不同，沉积层的底质构造不同，上式中的 c_0 和 k 不是常数，一般根据钻孔取样所测得的数据确定不同海域中 c_0 和 k 的经验值。由取样数据分析认为 c_0 在 1200~1800m/s，k 在 900~3900m/s^2 范围取值为宜。

　　根据沉积层中的声速和吸收系数与孔隙度之间的关系，建立海底沉积层的声学模型，通过遥测海底声学参数来判断和分析沉积物的物理特性。

2. 拖曳式浅地层剖面探测

1）技术指标

浅水型浅地层剖面仪工作水深在 100m 以内，探测记录深度为海底面以下（垂直）30~50m，记录分辨率为 20~30cm。深水型浅地层剖面仪工作水深在 6000m 以内，探测记录深度为海底面以下（垂直）200m，记录分辨率为 3~5m。主测线方向应与海底地形等深线的总趋势方向垂直，或者与区域地质构造走向垂直，联络测线方向与主测线垂直。

2）测量仪器

拖曳式海底浅地层剖面仪主要由声源、换能器件和接收记录器三部分组成。

3）仪器安装和使用

一般采取船尾拖曳方式进行测量工作，对浅水型浅地层剖面仪也可采用舷挂式在船的中后部一侧固定安装进行测量工作。发射机和接收机应接地良好，接收记录设备应安置在船尾部实验室。调查船应匀速、直线持续航行，不得随意停船；转换测线时，不得小角度转弯。浅水型浅地层剖面仪作业时航行速度不大于 6 节；深水型浅地层剖面仪作业时航行速度不大于 3 节。

3. 船载式浅地层剖面探测

1）技术指标

浅水型浅地层剖面仪主要技术指标和拖曳式浅地层剖面仪相同。深水型浅地层剖面仪工作水深在 6000m 以内，探测记录深度在海底面以下（垂直）30~150m，工作频率线性调频扫描高频段 15~10kHz，低频段 2.2~6.6kHz，输出至换能器基阵的功率峰值 3kW。

2）测量仪器

船载式浅地层剖面探测系统以深水浅地层剖面探测为主要内容，并可兼做水深测量。设备硬件由主机和两组安装于船底的换能器基阵及连接电缆组成，主机由计算机工作站、显示器、记录介质、发射接收机和线性功率放大器组成。

3）海上测量

调查船沿测线匀速航行，航速不得大于 10 节，船沿测线偏离不大于 100m，调查船进入和离开测线时，中途停船或改变航速时均要通告仪器操作室。

参 考 文 献

［1］白福成．多波束测深系统运动补偿新技术研究与硬件设计［D］.哈尔滨：哈尔滨工程大学，2007.

［2］暴景阳，刘雁春．海道测量水位控制方法研究［J］.测绘科学，2006，31（6）：49-51.

［3］暴景阳，许军，崔杨．海域无缝垂直基准面表征和维持体系论证［J］.海洋测绘，2013，33（2）：1-5.

［4］暴景阳，许军．卫星测高数据的潮汐提取与建模应用［M］.北京：测绘出版社，2013.

［5］暴景阳，翟国君，许军．海洋垂直基准及转换的技术途径分析［J］.武汉大学学报（信息科学版），2016，41（01）：52-57.

［6］边刚，刘雁春，卞光浪，等．海洋磁力测量中多站地磁日变改正值计算方法［J］.地球物理学报，2009，52（10）：2613-2618.

［7］边刚，夏伟，金绍华，等．海洋磁力测量数据处理方法及其应用研究［M］.北京：测绘出版社，2015.

［8］卞光浪，翟国君，刘雁春，等．海洋磁力测量中地磁日变站有效控制范围确定［J］.地球物理学进展，2010，25（3）：817-822.

［9］昌彦君，朱光喜，彭复员，等．机载激光测深技术综述［J］.科学视野，2002，26（5）：34-36.

［10］陈卫标，陆雨田，褚春霖，等．机载激光水深测量精度分析［J］.中国激光，2004，31（1）：101-104.

［11］陈宗镛．潮汐学［M］.北京：科学出版社，1980.

［12］邓凯亮，暴景阳，许军，等．用强制改正法建立中国近海平均海平面高模型［J］.武汉大学学报（信息科学版），2008，33（12）：1283-1287.

［13］邓凯亮，暴景阳，章传银，等．联合多代卫星测高数据确定中国近海稳态海面地形模型［J］.测绘学报，2009，38（02）：114-119.

［14］杜景海．海图编辑设计［M］.北京：测绘出版社，1996.

［15］多波束技术组．浅水多波束勘测技术研究［R］.青岛：国家海洋局第一海洋研究所，1999.

［16］方国洪，魏泽勋，方越，等．依据海洋环流模式和大地水准测量获取的中国近海平均海面高度分布［J］.科学通报，2001（18）：1572-1575.

［17］方国洪，郑文振，陈宗镛，等．潮汐和潮流的分析和预报［M］.北京：海洋出版社，1986.

[18] 冯士筰, 李凤岐, 李少菁. 海洋科学导论 [M]. 北京: 高等教育出版社, 1999.

[19] 管泽霖, 宁津生. 地球形状及外部重力场 (上、下册) [M]. 北京: 测绘出版社, 1981.

[20] 管志宁. 地磁场与磁力勘探 [M]. 北京: 地质出版社, 2005.

[21] 国家质量技术监督局. GB 12327-1998 海道测量规范 [S]. 北京: 中国标准出版社, 1999.

[22] 海司编研部. 中国海军百科全书 (第二版) [M]. 北京: 中国大百科全书出版社, 2014.

[23] 韩范畴, 李春菊, 贾建军. 海洋测绘数据库支撑下的航海图书生产与保障 [J]. 测绘科学技术学报, 2010, 27 (3): 213-216.

[24] 胡明城, 鲁福. 现代大地测量学 [M]. 北京: 测绘出版社, 1994.

[25] 胡鹏, 黄杏元, 华一新. 地理信息系统教程 [M]. 武汉: 武汉大学出版社, 2002.

[26] 胡善江, 贺岩, 陈卫标. 机载激光测深系统中海面波浪影响的改正 [J]. 光子学报, 2007, 36 (11): 2103-2105.

[27] 黄春晖. 海底电力电缆探测方法及实际应用 [J]. 电力技术, 2010, 19 (Z3): 20-26.

[28] 黄谟涛, 翟国君, 管铮, 等. 海洋重力场测定及其应用 [M]. 北京: 测绘出版社, 2005.

[29] 黄谟涛, 翟国君, 欧阳永忠, 等. 机载激光测深中的波浪改正技术 [J]. 武汉大学学报 (信息科学版), 2003, 28 (4): 389-392.

[30] 黄祖珂, 黄磊. 潮汐原理与计算 [M]. 青岛: 中国海洋大学出版社, 2005.

[31] 纪旻. 基于 GPS 定位技术的重力式码头变形监测研究与数值模拟分析 [D]. 浙江: 浙江工业大学, 2014.

[32] 李宏利. 电子海图技术国际标准研究 [M]. 北京: 海潮出版社, 2005.

[33] 李家彪, 王小波, 吴自银, 等. 多波束勘测原理技术与方法 [M]. 北京: 海洋出版社, 1999.

[34] 李建成, 姜卫平. 长距离跨海高程基准传递方法的研究 [J]. 武汉大学学报 (信息科学版), 2001, 26 (6): 514-517.

[35] 李青侠, 张靖, 郭伟, 等. 微波辐射计遥感海洋盐度的研究进展 [J]. 海洋技术, 2007, 26 (3): 58-63.

[36] 李轶. 多相流测量技术在海洋油气开采中的应用与前景 [J]. 清华大学学报 (自然科学版), 2014, 54 (01): 88-96.

[37] 刘伯胜, 雷家煜. 水声学原理 [M]. 哈尔滨: 哈尔滨工程大学出版社, 2010.

[38] 刘吉平, 郑永宏, 周伟副. 遥感原理遥感信息分析基础 [M]. 武汉: 武汉大学出版社, 2012.

[39] 刘经南. 坐标系统的建立与变换 [M]. 武汉: 武汉测绘科技大学出版社, 1995.

[40] 刘良明, 刘廷, 刘建强, 等. 卫星海洋遥感导论 [M]. 武汉: 武汉大学出版社, 2005.

[41] 刘晓，李海森，周天，等．基于多子阵检测法的多波束海底成像技术［J］．哈尔滨工程大学学报，2012，33（2）：197-202.

[42] 刘雁春，暴景阳．海道测量水位改正数学模型［J］．海洋测绘，1992，12（4）：17-22.

[43] 刘雁春，陈永奇，梁开龙，等．近海海洋测量瞬时海面数学模型［J］．武汉测绘科技大学学报，1996，21（1）：20-24.

[44] 刘雁春．海洋测深空间结构及其数据处理［M］．北京：测绘出版社，2003.

[45] 楼锡淳，朱鉴秋．海图学概论［M］．北京：测绘出版社，1993.

[46] 吕华庆．物理海洋学基础［M］．北京：海洋出版社，2012.

[47] 麻常雷，高艳波．多系统集成的全球地球观测系统与全球海洋观测系统［J］．海洋技术，2006，25（3）：41-50.

[48] 孟德润，田光耀，刘雁春．海洋潮汐学［M］．北京：海潮出版社，1993.

[49] 宁津生，陈俊勇，李德仁，等．测绘学概论［M］．武汉：武汉大学出版社，2012.

[50] 宁津生，黄谟涛，欧阳永忠，等．海空重力测量技术进展［J］．海洋测绘，2014，34（3）：67-72.

[51] 欧阳永忠，黄谟涛，翟国君，等．机载激光测深中的深度归算技术［J］．海洋测绘，2003，23（1）：1-5.

[52] 平健．GPS定位技术在港口工程测量中的应用［J］．科技信息，2010（19）：358.

[53] 秦臻．海洋开发与水声技术［M］．北京：测绘出版社，1984.

[54] 屈新岳．海洋调查工作的发展与现实问题分析及对策［J］．气象水文海洋仪器，2011，28（3）：100-102.

[55] 施一民．现代大地控制测量［M］．北京：测绘出版社，2008.

[56] 侍茂崇，高郭平，鲍献文．海洋调查方法［M］．青岛：青岛海洋大学出版社，1999.

[57] 侍茂崇，高郭平，鲍献文．海洋调查方法导论［M］．青岛：中国海洋大学出版社，2008.

[58] 侍茂崇，高郭平，鲍献文．物理海洋学［M］．济南：山东教育出版社，2004.

[59] 孙成权，张志强．国际全球变化研究计划综览［J］．地球科学进展，1994，9（3）：53-70.

[60] 孙昊，李志炜，熊雄．海洋磁力测量技术应用及发展现状［J］．海洋测绘，2019，39（06）：5-8+20.

[61] 唐秋华，刘保华，陈永奇，等．基于改进BP神经网络的海底底质分类［J］．海洋测绘，2009，29（5）：40-43.

[62] 田坦．水下定位与导航技术［M］．北京：国防工业出版社，2007.

[63] 王崇明，王晓琳，杨海忠，等．"世越号"整体打捞起浮过程中沉船状态监测［J］．水道港口，2019，40（05）：611-615.

[64] 王崇明，张彦昌，隋海琛．渤海近平台段海底管线电缆定位技术研究［J］．测绘通报，2013（S1）：280-282+286.

[65] 王利锋，蒋新华，王冰，等．多波束测深系统在航道测量中的关键问题探讨［J］．海

洋测绘，2014，34（05）：55-58.

［66］ 王闰成．侧扫声呐图像变形现象与实例分析［J］．海洋测绘，2002，22（5）：42-45.

［67］ 王西苗．码头工程中变形监测数据处理［J］．工程建设与设计，2016（08）：235.

［68］ 王正涛，姜卫平，晁定波．卫星跟踪卫星测量确定地球重力场的理论和方法［M］．武汉：武汉大学出版社，2011.

［69］ 吴永亭．LBL精密定位理论方法研究及软件系统研制［D］．武汉：武汉大学，2013.

［70］ 吴自银，阳凡林，罗孝文，等．高分辨率海底地形地貌—探测与处理理论技术［M］．北京：科学出版社，2017.

［71］ 夏真，林进清，郑志昌．海岸带海洋地质环境综合调查方法［J］．地质通报，2005，24（6）：570-575.

［72］ 谢锡君，翟国君，黄谟涛，等．时差法水位改正［J］．海洋测绘，1988，8（3）：22-26.

［73］ 许枫，魏建江．侧扫声呐系列讲座（一）、（二）［J］．海洋测绘，2002，22：52-59.

［74］ 许军，暴景阳，于彩霞，等．海洋潮汐与水位控制［M］．武汉：武汉大学出版社，2020.

［75］ 许军，暴景阳，于彩霞．平均海面传递方法的比较与选择［J］．海洋测绘，2014，34（1）：5-7+20.

［76］ 许军．水下地形测量的水位改正效应研究［D］．大连：海军大连舰艇学院，2009.

［77］ 阎季惠，李景光．全球海洋观测系统及我们的对策初探［J］．海洋技术，1999，18（3）：14-21.

［78］ 阳凡林，暴景阳，胡兴树．水下地形测量［M］．武汉：武汉大学出版社，2017.

［79］ 阳凡林，李家彪，吴自银，等．浅水多波束勘测数据精细处理方法［J］．测绘学报，2008，37（4）：444-457.

［80］ 阳凡林，卢秀山，于胜文，等．海洋测绘专业教育的发展现状［J］．海洋测绘，2017（2）：81-85.

［81］ 阳凡林．多波束和侧扫声呐数据融合及其在海底底质分类中的应用［D］．武汉：武汉大学，2003.

［82］ 杨鲲，吴永亭，赵铁虎，等．海洋调查技术及应用［M］．武汉：武汉大学出版社，2009.

［83］ 姚鸿斌．港口航道工程中精密水下地形测量的实现［J］．中国水运（下半月），2013，13（12）：319-320.

［84］ 姚永红．多波束合成孔径声呐成像技术研究［D］．哈尔滨：哈尔滨工程大学，2011.

［85］ 于波，翟国君，刘雁春，等．噪声对磁场向下延拓迭代法的计算误差影响［J］．地球物理学报，2009，52（8）：2182-2188.

［86］ 喻敏，惠俊英，冯海泓，等．超短基线系统定位精度改进方法［J］．海洋工程，2006，24（1）：86-91.

［87］ 翟国君，黄谟涛，谢锡君，等．卫星测高数据处理的理论与方法［M］．北京：测绘出版社，2000.

［88］翟京生，彭认灿，暴景阳，等．现代海洋测绘理论和技术［M］．北京：解放军出版社，2016.

［89］张红梅，赵建虎，杨鲲，等．水下导航定位技术［M］．武汉：武汉大学出版社，2010.

［90］张立华，李改肖，田震，等．海图制图综合［M］．大连：海军大连舰艇学院，2014.

［91］张立华，贾帅东，董箭，等．数字水深模型构建理论与方法［M］．北京：测绘出版社，2019.

［92］张立华，李改肖，郑义东，等．海图制图综合［M］．北京：国防工业出版社，2014.

［93］张小红．机载激光雷达测量技术理论与方法［M］．武汉：武汉大学出版社，2003.

［94］赵建虎，刘经南．多波束测深及图像数据处理［M］．武汉：武汉大学出版社，2008.

［95］赵建虎，沈文周，吴永亭，等．现代海洋测绘［M］（上、下册）．武汉：武汉大学出版社，2007.

［96］赵玉新，李刚．地理信息系统及海洋应用［M］．北京：科学出版社，2012.

［97］郑义东，彭认灿，李树军，等．海图设计学［M］．天津：中国航海图书出版社，2009.

［98］中国测绘学会．中国测绘学科发展蓝皮书（2009卷）［M］．北京：测绘出版社，2009.

［99］中国测绘学会．中国测绘学科发展蓝皮书（2010—2011卷）［M］．北京：测绘出版社，2012.

［100］周成虎，苏奋振．海洋地理信息系统原理与实践［M］．北京：科学出版社，2013.

［101］周立．海洋测量学［M］．北京：科学出版社，2013.

［102］朱光文．我国海洋探测技术五十年发展的回顾与展望（一）［J］．海洋技术，1999，18（2）：1-16.

［103］朱华统．常用大地坐标系及其变换［M］．北京：解放军出版社，1990.

［104］Geng X, Zielinski A. Precise multibeam acoustic bathymetry［J］. Marine Geodesy, 1999, 22（3）：157-167.

［105］Guenther G, Brooks M, Larocuqe P. New capability of the "SHOALS" airborne LiDAR bathymeter［J］. Remote Sensing of Environment, 2000, 73（2）：247-255.

［106］Hellequin L, Boucher J, Lurton X. Processing of high-frequency multibeam echo sounder data for seafloor characterization［J］. IEEE Journal of Oceanic Engineering, 2003, 28（1）：78-89.

［107］Hellequin L. Statistical characterization of multibeam echosounder data［C］. OCEANS 98 Proceedings IEEE, France, 1998.

［108］Hughes-Clarke J E, Lamplugh M, Czotter K. Multibeam water column imaging: improved wreck least-depth determination［C］. Canadian Hydrographic Conference, Canada, 2006.

［109］Hughes-Clarke J E. GGE 3353-imaging and mapping II: submarine acoustic imaging methods［EB/OL］. Http：//www. omg. unb. ca/GGE/SE_3353. html, 2010.

［110］ IHO S-100. Universal Hydrographic Data Model（1st edition）［M］. Monaco： IHO，2010.

［111］ IHO S-101. Electronic navigational chart product specification（1st edition）［M］. Monaco： IHO，2013.

［112］ Kammerer E，Hughes Clarke J E. A new method for the removal of refraction artifacts in multibeam echosounder systems［D］. Canada：The University of New Brunswick，2000.

［113］ Karpik A P，Lipatnikov L A. Combined application of high precision positioning methods using GLONASS and GPS signals［J］. Gyroscopy and Navigation，2015，6（2）：109-114.

［114］ Marques C. Automatic mid-water target detection using multibeam water column［D］. Canada，The University of New Brunswick，2012.

［115］ Kleinrock M C. Overview of sidescan sonar systems and processing［C］. OCEANS 91 Proceedings IEEE，USA，1991.

［116］ Evans D，Lautenbacher C C，Spinrad R W，et al. Computational techniques for tidal datums handbook［J］. NOAA Special Publication NOS-CO-OPS2，2003，2.

［117］ Stanic S，Goodman R. Shallow-water bottom reverberation measurements［J］. IEEE Journal of Oceanic Engineering，1998，23（3）：203-210.

［118］ Tang K K W，Mahmud M R，Hussaini A，et al. Evaluating imagery-derived bathymetry of seabed topography to support marine cadastre［J］. International Archives of the Photogrammetry，Remote Sensing & Spatial Information Sciences，2019.

［119］ Xie Y，Yao D. Application of GPS RTK positioning technology in the driving test system［J］. Hans Journal of Wireless Communications，2016，06（2）：39-45.

［120］ Yang F，Su D，Ma Y，et al. Refraction correction of airborne LiDAR bathymetry based on sea surface profile and ray tracing［J］. IEEE Transactions on Geoscience & Remote Sensing，2017，55（11）：6141-6149.